新手父母

懷孕40週
全指南

Your Pregnancy
Week by Week

葛雷德‧柯提斯（Glade B. Curtis）、茱蒂斯‧史考勒（Judith Schuler）◎合著

陳芳智◎譯

總 目 錄

總目錄

總 目 錄

總 目 錄

總目錄

從滿心期待到用心懷孕

周怡宏

周怡宏小兒科診所院長 ・ 中山醫院小兒科主治醫師 ・
前長庚兒童醫院新生兒科助理教授兼主任 ・ 前臺大醫院小兒部新生兒科主治醫師

結婚後準備懷孕，自然是許多想要體會為人父母者的盼望，與此同時，心中卻又充滿焦慮與緊張。老一輩的長者常告訴我們，做任何事之前應有準備、有目標，才不會容易在過程中出差錯。禮記中庸中說道「凡事豫則立」，也就是這個道理。

行醫近 30 年中，個人很欣賞許多的準父母能在期待的過程中，調整自己的心態，準備迎接新生命的來臨，也認真的請教諮詢有經驗的前輩，希望能在懷孕與育兒有更好的自信了解。在十月懷胎中，時間似乎被設定了一般，不管是日月如梭，抑或分秒必爭，通常我會建議每一對準父母們要仔細挑選一本恰當的懷孕參考書籍，這本《懷孕 40 週全指南》就是您最好的選擇。

本書作者葛雷德・柯提斯（Glade Curtis）醫師是美國著名的醫學博士暨婦產專科醫師，也是美國婦產科醫師學院院士（FACOG），同時更是 5 個孩子的父親，著有多本與懷孕生產有關的專書。行醫經驗超過 25 年，接生次數超過 5 千次。作者的行醫理念就是提供孕婦詳細的資訊，讓她們能深入了解將要面臨的懷孕相關風險與疾病、可能遭遇到的種種問題，以及可能必須進行的程序或手術。相信能帶給懷孕中的準媽媽與準爸爸詳實可信的資訊，並提供您針對不同問題時清楚可行的處理建議。

《懷孕 40 週全指南》的編輯特色是以週為單位、真確記錄懷孕過程並詳細描述每週的母體變化及胎兒發育，使準父母不但可充分體會自己身體的改變，也同時了解胎兒的成長經歷。本書依懷孕的週次分為 40 個單元，每一單元都涵蓋多項重要的主題介紹，包括寶寶有多大、妳的體重變化、寶寶的生長及發育、妳的改變、哪些行為會影響胎兒發育、妳的營養、其他須知以及當週運動等。

　　本書中也有準備許多貼心的小提醒，還附有多項實用紀錄表格，包括寶寶出生記錄表、懷孕大事紀要等，讓準父母可以完整的記錄懷孕中各種資料，日後對爸媽或者孩子都是重要的懷孕史資訊，更是一生的回憶。

　　個人謹誠摯的推薦《懷孕 40 週全指南》，也希望您從懷孕的第一天就開始有計畫的閱讀，必能受益良多，對懷孕過程也將充滿享受的期待。

面對肚子裡面的小生命，您準備好了嗎？

陳國瑚
台北慈濟醫院婦科主任 · 台灣大學公共衛生博士

　　我們常常說懷胎十月，其實懷孕四十週加總起來只有九個多月而已。這個時段好像很長，有時又讓人感覺一下子就過去了。這段時間裡身體產生了奇妙的變化，準媽媽有看著寶寶成長帶來的喜悅，卻也有隨著週數增加多出的煩惱：期待寶寶平安降臨，但是又擔心自己無法照顧；還要擔心體力無法復原，身材不能恢復；懷孕的過程中更要忍受種種的不舒服……這樣錯綜複雜的心情，有時不是身歷其中難以體會。

　　懷孕，是身體最神奇的變化和過程，讓人又高興又恐懼：高興的是，以後會有一個可愛的小寶寶陪在身邊；恐懼的是，過程中常常有許多的不舒服。其實這些就是上天給予每一個準媽媽的考驗，試鍊每一個準媽媽能不能通過考驗，成為一位真正的母親。

　　令人頭痛的是，這些不舒服常常讓人很困擾：有的不舒服，像是孕吐和腳腫，可能只是懷孕的生理變化，卻讓人度日如年；有的不舒服，像是出血和腹痛，則可能是孕期疾病的表徵，必須加倍小心，適時診斷與處理。我們常說生產是每一個準媽媽所要承受的苦難，然而，當寶寶平安降臨人世間的那一刻，這一切的苦難都值得了。

身為婦產科醫師，我的雙手迎接每一個新生命的到來，我深知每個準媽媽懷孕和生產的辛苦。她們有許多的不適必須忍耐，她們有太多的問題想問：懷孕的時候可以做什麼運動？寶寶現在是長什麼樣子？身體會有什麼樣的變化？若是不舒服要如何處理？什麼東西可以吃？什麼東西不能吃？再來要做什麼檢查？這些問題都很重要，即使我已經重複同樣的答案千百遍，連門診的護理師都聽到會背了，但我總是努力回答，像一台點唱機一樣。因為我所說的千百次，常常就是每個準媽媽經歷的第一次。

　　然而，產檢的時間終究有限，婦產科醫師不可能隨時在每一個準媽媽身邊回答問題或提供建議。這時一本正確而詳實的工具書就顯得非常有用了。《懷孕40週全指南》便是這樣的一本書，以每一週做一個分隔，從專業角度闡述孕期生活、醫療、運動等注意事項，鉅細靡遺，簡直就是一本醫學字典，孕婦絕大部分的問題都可以從其中得到解答。

　　我的建議是可以照著懷孕的週數研讀，當孕婦對於懷孕的了解越多，未知的恐懼就越少了。我很樂意推薦這樣一本好書給所有的準媽媽。

以「週」為單位的懷孕陪伴書

許淳森

台北醫學大學・市立萬芳醫院 副院長兼婦產部主任

《懷孕 40 週全指南》算是一本非常暢銷的好書，在美國已修訂第 7 版，若以 5 分位的排序它是排在 4.43，可見頗獲好評。

作者葛雷德 . 柯提斯（Glade Curtis）醫師是美國婦產專科醫師，也是美國婦產科醫師學院院士（FACOG）。行醫經驗超過 25 年，接生次數超過 5 千次，資歷非常豐富。

而另一位共同作者史考勒小姐則擁有亞歷桑納大學土桑分校的家庭醫學理學碩士學位。他們著作這本書，即希望能提供育齡媽媽詳細的資訊，讓她們能深入了解某些婦產科疾病，可能遭遇到的種種問題，以及必須進行的程序或手術為何。

除此之外，這本書以為期一週的週公式來幫助準父母了解懷孕的細節，包括胎兒的每週發展、關於此孕程中最新的研究報告，還有相關疑問釋疑，以幫助準媽媽們克服及了解整個懷孕歷程。

這本書在懷孕之前的健康也花了不少篇幅詳述，希望媽媽們能在完好的身體基礎下孕育健康的寶寶，這點似乎是其他書本所欠缺的。之後每一章節都有小提示及叮嚀，包括會影響懷孕的健康狀況、影響寶寶發育的行為、各時期需注意的營養，以及介紹各階段不同的運動，來減輕孕期的不舒服，若能詳細地研讀，在懷孕的過程中，必能勝任愉快，且可孕育出健康寶寶，組成和樂美滿的家庭。

沉浸在育兒樂趣

詹金淦
衛生福利部桃園醫院小兒科主治醫師

　　當新生兒報到，家中增添了一位新成員莫不讓人萬分喜悅，緊接著也開始展開一段新手父母的適應期。

　　在育兒路上，新生兒的作息與生長發育關係著他的健康，所謂「一眠大一寸」，新手父母無不希望寶寶能長得頭好壯壯。如何能照顧的得心應手，相信是許多初為人父母即欲求知的問題。我在門診中也常遇到父母詢問相關育兒問題，例如：「如何幫寶寶餵母奶」、「寶寶便便顏色正常嗎」、「該讓寶寶獨睡嗎？仰睡好還是側睡好？」、「怎麼幫寶寶洗澡」一連串的問題，都是新手父母每天可能面臨到的情況。

　　這本《懷孕 40 週全指南》，裡面詳盡介紹新生兒的照顧知識，打從醫院返家開始，教您如何幫寶寶挑選汽車座椅和正確安裝，讓寶寶能一路平安返家。日常的飲食，母乳提供豐富的營養，對想要親餵母奶的媽媽來說，正確的餵奶姿勢教學，簡單易懂；事先閱讀可以稍稍減緩新手父母的壓力和緊張感，實為一本實用的參考書籍。

　　迎接新生兒讓家中氣氛多了一分熱鬧，新手父母想要擺脫手忙腳亂的生活，適時了解新生兒的作息與生長發育，就能多一分知識與安心。隨著新生兒成長，他將愈來愈愛探索周遭環境並且與人互動，每個階段都能帶給新手父母不同的新鮮感和成就感，祝福在養兒路上的爸媽，都能享受育兒的樂趣，歡樂滿盈。

值得信賴的《懷孕 40 週全指南》

黃貴帥
三軍總醫院婦產部染色體檢驗中心主任

　　從事婦產科醫師 16 年來，我最大的喜悅就是有機會迎接新生命的來臨。懷孕、生產對許多女性和家庭帶來非常大的改變。在準備懷孕與妊娠過程中，對婦女們身心靈造成極大的壓力，對準媽媽而言，由於生理和心理的變化因人而異，因此心中有非常多的疑問；連在旁邊的家人、準爸爸難免產生很多的擔心與害怕。

　　在我多年的產檢門診與接生經驗裡，發現準爸媽們有非常多的不安與焦慮，礙於門診無法在第一時間替準爸媽們詳細解答。很高興看到本書作者葛雷德・柯提斯（Glade Curtis）醫師所寫的《懷孕 40 週全指南》，他是一位經驗相當豐富的婦產專科醫師，行醫經驗超過 25 年，接生次數超過五千次；同時也是美國婦產科醫師學院院士（FACOG），在經驗與學理上都有非常豐富與專業的經驗。

　　葛雷德・柯提斯從事醫學教育寫了將近 20 本的懷孕書籍，榮登美國最佳的暢銷書，這本《懷孕 40 週全指南》締造上百萬本的銷售量，至今已進行第七版，市場佳評如潮。

我閱讀後，認為本書讓人倍感親切，準爸媽們在門診和媽媽教室裡所提的問題或是遇到的狀況，書中都能深入淺出的解釋與說明，並提供最新資訊，化解準爸媽心中疑慮。此外，作者善用圖表方式說明方便閱讀，還貼心的加上對準爸爸的提醒，倍感用心。

　　希望這本書能提供給即將準備懷孕的夫妻或是準爸媽們豐富的資訊，從孕期營養、飲食、運動或是產檢該注意事項、待產中狀況都給予詳細及問答式的說明，讓讀者一目了然。

　　相信有這本書可以讓更多的準爸媽們對孕程有所準備，孕婦不僅可以更了解自身狀況，也可以讓準爸爸參與另一半的懷孕及生產過程，讓整個妊娠過程更加順利。閱讀之外，若懷孕期間有任何疑問，準爸媽們可以跟產檢醫師或相關護理人員諮詢和討論，一起度過美好的 280 天。

貼心照顧您～從孕前到產後

黃文郁
天主教耕莘醫院婦產部主治醫師・ 輔仁大學醫學系講師

在婦產科的產前檢查門診中，新手爸媽總是格外引人注意的一群，因為按耐不住緊張的情緒，且充滿著各式各樣的疑問，似乎想把醫師帶回家般。他們也特別有研究精神，常常研讀許多書籍、雜誌、網路討論等等，所以坊間有關母嬰照護的書刊也相當多，以期滿足這些準父母的求知慾。因此選擇一本適當、正確、好讀、並能涵蓋從孕前到產後照護的書，應當可以符合多數人的期望。

本書的特色在於逐週介紹懷孕期間的各種生理變化、胎兒發展進度、各週數可能遇到的不適，以及飲食的調養，和適合的產前運動等等。內容豐富而文字卻淺顯好讀，與其將之視為孕期的百科全書，還不如當它是妳博學多知的好朋友。

一般翻譯書通常會遇見的問題就是水土不合，因國情不同而寫出來的文字常讓讀者有隔靴搔癢的感受。雖然本書原作者為美籍醫師，書中難免會提到一些有關美國的就診習慣與當地做法，但編輯時貼心的加入符合本國國情的小提醒及備註，讓讀者幾乎感受不到這是一本翻譯書籍，讀來格外輕鬆而親切。

妳可以隨意的以一個或多個小章節來閱讀，但又常讓人忍不住想一直看下去，隨著懷孕的週數增加，它能陪伴你度過孕期的大小不舒服，並與腹中胎兒共同成長，彷彿讀到書末胎兒也順利生產了，是你懷胎過程中最佳的撫慰書。

享受育兒時光

裴仁生
衛生福利部桃園醫院小兒科主任

在迎接嬰兒出生的前夕，相信許多準爸媽已經開始添購新生兒用品並布置嬰兒房，沉浸在愛的氛圍中。當寶寶誕生之後，家庭的生活步調與作息開始圍繞著新生兒打轉，進入實戰階段。有些人早在懷孕階段就會被過來人嚇大說，等寶寶出生後就會過著沒日沒夜的生活，睡眠嚴重不足；當然也有好的情況，就是寶寶帶給家庭歡樂的氣氛……不管如何，它都是一條必經之路，一分甜蜜的負擔。

剛出生的寶寶，一切作息與需求都得仰賴父母，他們唯一的方式就是透過哭泣來表達，對新手父母來說，雖然初期可能和寶寶還在找尋磨合期，經過一段時間之後，就能從寶寶反應和跡象找到節奏，適時滿足他不同的需求。

每個寶寶的先天氣質不同，他同時也在適應外界環境，對比較敏感的寶寶來說，一旦接收到外界刺激，反應比較大，哭聲也跟著較為宏亮。這時爸媽當下可能會不知所措，無法安撫寶寶。其實在育兒照護上，有一些準則可以依循，新手爸媽可以透過閱讀，了解寶寶生理和心理需求，從容應對。

《懷孕 40 週全指南》由國外權威醫師所著，裡面除了教導孕期知識外，在育兒上也提供相當豐富的觀點，供新手父母參考，是一本難能可貴的懷孕與育兒寶典。寶寶是最可愛的天使，孩子的笑容足以融化每個父母的心，育兒工作雖然有疲憊也有歡樂，願新手父母都能在照護上得心應手，享受育兒時光。

度過一段美好孕期

黃建勳
衛生福利部桃園醫院婦產科主任

　　自驗孕棒出現兩條顯示線，再到正式領取媽媽手冊後，恭喜妳，妳已升格為準媽媽囉！在接下來的孕程裡，準媽媽開始思考如何給予腹中胎兒足夠的營養，特別在懷孕的初中後期，不同階段要攝取哪些養分，哪些食材含有胎兒需要的營養素，在《懷孕 40 週全指南》中，一一分門別類說明，讓準媽媽一目了然，攝取正確食物才能讓胎兒頭好壯壯。

　　隨著胎兒成長，孕婦肚子日漸隆起，身形跟著改變，皮膚變化、腿部水腫、甚至走路愈來愈喘……種種不適都因著懷孕而出現徵兆。該如何預防或改善呢？相信是許多準媽媽心中的疑問。

　　飲食吃得巧，不陷入「一人吃兩人補」的迷思，採取重質不重量，孕期體重控制得當，產後減重自然恢復得快。於是，書中依照懷孕週數提供適當的運動項目，準媽媽可以按表操課，幫助準媽媽伸展四肢。懷孕期間謹記運動時不要強求，以安全為上，讓孕期也能維持良好體態。妊娠期間，準爸爸有可能心疼另一半，不免心情跟著起伏不定，書中特別針對準爸爸部分列出提醒，在老婆妊娠期間適時從旁協助，給予支持力量，讓她孕期安心又自在。

　　懷孕過程是婦女一段美麗的旅程，孕育一個新生命需要在各方面細心呵護與注意，多吸取相關知識有助於對妊娠多一分認識，相信此書可以提供相當實用的見解。孕程中，準媽媽做好定期產檢，和產檢醫師多諮詢，就能安心度過懷孕 40 週，迎接新生命的到來。祝福所有的準媽媽們健康、生產順利！

資訊豐富的懷孕工具書

蕭勝文
林口長庚醫院婦產部助理教授‧英國倫敦大學胎兒醫學博士

在門診中，曾聽過新手媽媽形容著，這妊娠的四十週簡直如同男人服兵役一樣煎熬；且肚子裡的小小班長時不時的出些難題，這新兵媽媽可就頭暈目眩的噁心不舒服！這樣每天數著饅頭心想這樣等待的日子何時過去。

我心想如果有本教戰手冊可以指導著這些剛入伍的新兵媽媽，這妊娠的四十週就不會再如當兵般煎熬了；而像是參加了一個四十週的幸福夏令營。當我閱讀了《懷孕40週全指南》這一本書後，其中文字深入淺出、敘述條理清楚；當中關心的角色不僅僅是準備想懷孕和已經懷孕的媽媽，更包含了給準爸爸的小叮嚀；從不同的方向來說明孕期可能發生的狀況和快速解除的小秘方，著實是一本資訊豐富的工具書！

極力推薦給新兵媽媽們實用的教戰手冊《懷孕40週全指南》，這四十週對準媽媽而言不再是磨練，而是可以細細感受、品味這快樂且幸福的四十週！

在「書」與「豬」之間

鄭丞傑
高雄醫學大學國際長‧高雄醫學大學婦產科教授暨婦科主任‧
台北醫學大學婦產科兼任教授‧台北婦女健康學會理事長

有道是「第一胎，照書養；第二胎，照豬養」這是譏笑為人父母者，在第一胎懷孕時，莫不如臨大敵，戰戰兢兢。話雖如此，「第一胎，照書養」就真的十分完善了嗎？也未必！因為坊間專門給孕產婦看的書，真可謂汗牛充棟，然而令人激賞的好書卻相當罕見，這本《懷孕40週全指南》則是一本21世紀的絕佳孕產婦最佳指導書籍，因為它具有以下幾個特色：

(一)**方便查閱**：此書採用以懷孕週數為順序來編寫，因此可以依序閱讀，也可以在每一個週數查到所需的資訊，如果沒有，那麼在附近的週數中，一定可以找到。

(二)**資料最新**：此書內容資料相當新穎，例如近年來才流行的三合一或四合一唐氏症篩檢，偵測早產的胎兒纖維結合素（fibronectin）……等，在這本書也都提到了。

(三)**內容完整**：此書不但把胎兒的每一個器官的發育都寫到了，甚至連準媽媽準爸爸該注意的事項，例如，心理調適、飲食、營養、走路、運動、洗澡、使用電腦、喝咖啡、喝藥草茶……等，全都告訴您該怎麼辦。

此書不但涵蓋了所有懷孕期間可能碰到的併發症或其他內外科系疾病，例如，糖尿病、高血壓、氣喘……等，無所不包，甚至連產後餵母奶、結紮、臍帶血貯存等都寫了，實在是包羅萬象，十分完整。

現代人往往習於上網尋找一些片斷破碎的資訊，因而時常只是一知半解，如能買一本書，從頭到尾仔細看一遍，其實最能獲益。不論您是新手父母，還是老經驗了，這本嶄新、方便、完整又本土化了的好書，絕對是您們最佳的參考書籍！

提供讀者最想知道的懷孕資訊

特別感謝戈尼・高登（Courtney Gordon M.S., PA-C）與瑪琳達・摩斯曼（Melinda Mossman, FNP-C）在本版修訂認證助產士、醫師助理與專科護士的資訊方面，提供了寶貴的協助。

葛雷德・柯提斯（*Glade B. Curtis*）。在本書這次第七版的修訂時，我維持了過去風格，繼續把和病人及她們配偶、以及我專業同僚團隊們的問答篩選出來入書。從這些即將為人父母的朋友身上，我有了新的領悟，也更能體會他們的喜悅。我為我病人的幸福感到衷心的快樂，也感謝她們所有的人，讓我有幸參與這奇蹟之旅。

我必須感謝體諒我、寬容我的妻子，黛比，以及我的家人。他們在這需要他們付出很多的行業裡，給了我很大的支持。在這承諾之下，他們更是支持我、鼓勵我，讓我去追尋寫作本書的種種挑戰。感謝大衛・史提芬提供的牙科專業知識。我的父母則一直對我付出毫無條件的愛與支持。

茱蒂斯・史考勒（*Judith Schuler*）。 我想感謝我的家人、朋友，以及來自全世界，和我分享她們在懷孕旅程中種種問題和疑慮的朋友。她們在幫助我們提供所有讀者心目中想要的懷孕資訊上，居功甚偉。

獻上我的謝意給我的母親，凱・高登（Kay Gordon），感謝她對我的愛與持續不斷的支持。謝謝我的兒子，伊恩，你的興趣、友誼與愛。也謝謝鮑伯・魯辛斯基（Bob Rucinski）在許多方面協助了我——專業、專才以及鼓舞。

第一章

準備懷孕

　　世上最神奇的事莫過於懷孕，它讓妳參與了生命創造的過程。為生育事先做好計畫，可以提高讓妳舒適度過懷孕期的機會，並生出健康的寶寶。生育準備，指的是身心兩方面。

　　妳的生活型態影響著妳自己與寶寶。如果妳的生活型態健康，就能控制自己與寶寶可能接觸到的許多環境。懷孕最初的3到8週最為關鍵；在這段重要的時間裡，許多女性可能連自己懷孕都不知道。大多數女性察覺自己懷孕時，可能已經懷孕4到8週了。等到去找醫師通常是8到12週的事了。很多重要的大事都發生在懷孕的最初幾週。

　　如果妳在懷孕前，就擁有健康的身體，那麼對於懷孕、陣痛及分娩所引起的身心壓力，就較有餘裕應付。

孕婦的健康狀態

　　過去，大家都只強調懷孕期間的身心健康，而現在，大多數醫師認為，要維持整個孕期的健康，看的不該只有懷孕的這9個月。完整的孕期，應該擴充到12個月，其中包括了至少3個月的懷孕準備期。

　　現在部分醫學專家更是建議，所有生育年齡的女性生活的方式應該和試圖懷孕時一樣。為什麼呢？因為有50%的懷孕都不是計畫懷孕，也就是，有50%的準媽媽並未以最認真的方式來好好照顧自己，所以可能會因此影響到寶寶。以準備懷孕的方式來過好每一天，妳才能確保所生下的孩子，在生命之初都有一個健全的開始。

準備懷孕

懷孕之前有許多準備工作，是妳可以先做的。

• **達到理想的體重。**體重過重的女性懷孕時比較容易發生妊娠併發症，而體重不足的女性則不容易懷孕。

• **攝取大量的蔬菜水果。**選擇飽和性脂肪低的食物，以保持健康的新陳代謝。

• **開始進行規律的運動，並持之以恆。**每天運動30分鐘，每週至少5天。懷孕之前和懷孕期間的運動可以讓妳在整整9個月裡，感覺舒服。

• **請去預約孕前健康檢查，告訴醫師妳固定吃的藥，如果妳有任何疾病，請先進行控制。**在停止避孕之前，先約時間，進行各種醫療檢查。

• **確定自己該注射的疫苗都確實注射了。**進行麻疹和水痘的檢驗，確定自己具有免疫力。如果需要注射疫苗的話，先查查看，嘗試懷孕之前，必須等上多久才算安全。

• **檢查 HIV（人類免疫缺乏病毒，俗稱愛滋病）狀況。**要清楚自己和孩子父親的血型。和另一半一起把各自的家族病史寫下來。

• **請醫師幫妳檢查鐵質濃度。**懷孕之前如果缺鐵，懷孕期間會更加疲勞。檢查甲狀腺。

• **並檢查膽固醇濃度。**濃度太高要多吃纖維質含量高的食物，低的話則吃飽和脂肪。懷孕期間膽固醇濃度過高可能會引起高血壓。

• **花一些時間來停止避孕丸的效果──時間至少要3個月。**可以參考用圖表方式記下自己的受孕週期，或是以排卵預測裝置。

• **開始服用孕婦維生素，並停止每日的綜合維生素。**懷孕期間，多未必是好。葉酸的推薦攝取量是 400 微克／日，這樣的量即足以預防某些類型的先天性畸形。懷孕之前先攝取葉酸可以提供懷孕最初28天內的保護，這一點非常重要。

• **使用或攝取草藥時要小心。**例如像金絲桃（St. John's wort）、鋸

棕櫚（saw palmetto），
和紫錐花（echinacea）；
這些會影響受孕。

懷孕小提示

即使沒懷孕，也請以懷孕的方式對待自己的身體。那麼當妳懷孕時，飲食、運動都會在正軌上，也會避開有害物質。

• **找牙醫師檢查牙齒，需要的話並進行治療。**牙齦問題必須獲得控制，不然懷孕期間風險會提高。

• **戒菸，也避免抽到二手菸或三手菸。**戒酒。遠離工作場所和居家中危險的化學物質。降低生活中的壓力。

懷孕前先去看醫師

懷孕前先去看醫師，檢查一下身體狀況並討論懷孕的計畫。那麼一旦懷孕了，妳就知道自己的健康狀況很不錯。

看醫師時，醫師會問妳一般病史，也會問及和健康與生活型態相關的種種問題。妳的回答必須讓醫師有概念，這樣一旦懷孕，才知道要如何讓妳保持健康。

• **醫師會詢問妳的婦科病史。**請盡量清楚、誠實的回答，幫助醫師了解懷孕對妳可能造成的影響。醫師常問的問題包括了上次月經來潮的日期、月經週期的長度、第一次月經來潮的年齡，是否定期做子宮頸抹片，以及有沒有罹患過性傳染病等。之前的生育經驗也會被記錄下來。

• **醫師還會問妳是否動過外科手術。**之前如果做過剖腹產或其他外科手術，都可能對懷孕造成影響，所以一定要告知。

• **醫師也要了解你們的家族病史，特別是妳這邊的家族病史。**請問妳自己的母親、姑姑、阿姨和姊妹們，懷孕時是否曾經出現過併發症，也請仔細探問家族中是否有人懷過雙胞胎、三胞胎甚至多胞胎。如果家族曾經有人出現過先天性畸形，那就要盡量多收集資料。如果妳或配偶的

家族中有遺傳性疾病，請讓醫師知道。

• **告訴醫師妳服用中的所有藥物，以及正在做的檢查**。範圍必須包括妳正在接受治療的所有病症。藥物則應包括現在正在服用的成藥、草藥、營養補充品和維生素。懷孕前回答這些問題總比懷孕後要容易。

• **如果妳被問到生活型態，以及現在正在服用或使用的東西也不要驚訝**。這些東西包括了香菸、酒精、合法藥物、運動方案、工作，以及在職場和居家環境中可能會接觸到的化學物質。

回答時請誠實以對，醫師是要幫妳評估妳的情況。如果因為不好意思或害怕而隱瞞事實，對妳或妳希望能孕育的寶寶都沒好處。

如果妳有受孕的問題

如果妳有受孕的問題，請和醫師談談。如果妳年齡超過35歲，有受孕方面的問題，醫師可以告訴妳一些改變生活型態、及其他因素的辦法，讓妳懷孕的機會提高。

如果妳的月經週期超過36天或短於23天，排卵可能會是個問題。醫師可以告訴妳各種判斷妳是否處於排卵期的方法，並告訴妳何時排卵。

妳可能聽人說過，想懷孕的夫妻，歡愛的次數不應該太頻繁。但新的研究顯示，一週數次的性愛實際上可以促使男性製造更多精子，而增加的數量高達30%。

孕前健康檢查

懷孕之前,請先做一次健康檢查。這次的健康檢查應該包括子宮頸抹片與乳房檢查。檢驗項目則包括德國麻疹、血型等。如果妳已經40歲或超過40歲,那麼最好加做乳房攝影。如果妳曾經曝露於人類免疫缺乏病毒或肝炎之中,最好安排相關檢驗。如果妳的家族有遺傳疾病,如糖尿病,最好也安排檢查,確認是否罹病。如果妳原本就有一些慢性病,如貧血,醫師可能會建議妳做一些特殊的檢驗。

在進行任何包含放射線的檢查項目之前,先要求驗孕。放射線的檢查項目包括了照X光、電腦斷層掃描及核磁共振造影等。進行檢查前先使用可靠的避孕方法,確定妳並未懷孕。

孕前檢查項目

醫師會做很多檢驗來找出可能影響妳懷孕的問題。妳可以馬上進行處理,不必等到以後。以下的檢查可以在安排孕前看診時進行。如果其中一些項目之前做過,可以不必重複再做。

- ♥ 健康檢查。
- ♥ 子宮頸抹片。
- ♥ 乳房檢查(40歲以上還要加做乳房攝影)。
- ♥ 德國麻疹和水痘。
- ♥ 血型及RH因子檢驗。
- ♥ HIV／AIDS檢驗(高危險群者必須做)。
- ♥ 肝炎篩檢(高危險群必須做)。
- ♥ 疫苗以及免疫篩檢。
- ♥ 性傳染病篩檢(高危險群必須做)。
- ♥ 因種族或族群背景必須篩檢的基因性遺傳疾病。
- ♥ 根據家族病史,篩檢其他遺傳性疾病,包括地中海型貧血、血友病。

停止避孕

在妳為懷孕生子做好萬全準備之前，最好還是避孕。如果妳正在治療某種疾病，或即將要進行某項檢查，請先將療程或檢查做完，之後再嘗試懷孕（如果此時沒有避孕，可能會意外懷孕）。

當妳停止常態性的避孕方式後，最好還是用其他的避孕方式來等待月經週期恢復正常。

• **如果妳使用的是避孕藥、避孕貼片或避孕環**：大多數的醫師都會建議妳停用後，先等月經恢復兩、三個正常週期，再嘗試懷孕。如果妳立刻就懷孕，要推算受孕時間會比較困難，所以要正確算出預產期也就比較困難。

• **如果妳原來使用子宮內避孕器**（intrauterine device ，**簡稱IUD**）：想要懷孕之前，必須將避孕器取出。不過，還安裝著IUD時，也是可能懷孕的。取出子宮內避孕器的最佳時間，是在經期之中。

• **如果妳裝的是Implanon或其他皮下植入避孕藥**：一定要在取出後經過2、3個正常的月經週期，再嘗試懷孕。取出之後，正常的月經週期可能要好幾個月才能恢復。如果取出Implanon之後立刻懷孕，要推算懷孕的確實日期及計算預產期就很困難。

• **如果妳是注射狄波**（Depo-Provera）**這種荷爾蒙來避孕**：嘗試懷孕前至少應先停止注射3到6個月，之後再等2、3個正常的月經週期，再行懷孕。

懷孕之前的疾病

先和醫師討論一下妳的慢性病狀況。如果有慢性病，妳在懷孕之前與懷孕期間會需要更多的照護。

貧血

貧血是指體內血紅素不足，以致無法將氧氣運送到全身各處的細

胞。貧血的症狀包括了虛弱、疲倦、呼吸短促及皮膚蒼白。

　　妳在懷孕前也許一切正常，沒有貧血，不過懷孕後，卻可能出現貧血的現象，這是因為胎兒會從母體吸取大量的鐵質。如果懷孕前，母體內的鐵質就不夠，妳有可能因為在懷孕期間，胎兒對妳體內鐵質的需索極大而導致貧血。

　　如果妳有鐮狀細胞貧血或地中海型貧血的家族病史，在懷孕之前，請先和醫師討論。如果妳在服用愛治膠囊（Hydroxyurea），請討論是否應該繼續服用。我們並不確定這個藥物在懷孕期間使用是否安全。

氣喘

　　多數治療氣喘藥物不會對懷孕造成不良影響，不過，妳所服用的任何藥物，都應該詳細告知醫師。最好能在懷孕之前，先將氣喘的毛病好好控制住。

膀胱或腎臟問題

　　膀胱感染，像是泌尿道感染，在懷孕期間發生的頻率會更高。如果放任泌尿道感染而不治療，可能會造成腎臟發炎，即腎盂腎炎。腎結石在懷孕期間也可能會引起問題。

　　如果妳曾動過腎臟或膀胱手術、有重大的腎臟問題，或是腎臟功能比正常衰弱，請告訴醫師。在妳懷孕之前，可能必須先對腎臟功能進行評估。

　　如果妳只是偶有膀胱感染的毛病，不必緊張。在妳懷孕之前，醫師會判斷是否需要進一步檢驗。

糖尿病

　　如果妳患有糖尿病，可能不容易懷孕。如果妳的糖尿病在懷孕期

間沒有好好控制，胎兒有先天性缺陷或畸形的風險就會提高。

如果妳有糖尿病的家族病史，或懷疑自己患有糖尿病，最好能在懷孕之前先徹底檢查，以減少發生流產及其他問題的機會。如果在懷孕前沒有糖尿病，但在懷孕後漸漸地出現糖尿病情形，這種糖尿病就稱為妊娠糖尿病。

多數醫師建議，懷孕之前先將糖尿病好好的控制2、3個月以後，再嘗試懷孕。

懷孕會提高身體對胰島素的需求，但懷孕卻會讓身體對胰島素排斥力提高。有些口服糖尿病用藥會對胎兒造成問題。妳也要每天數次檢查血糖值。

如果妳是糖尿病患者，那麼妳產檢的次數會比較多、懷孕期間進行的檢驗也會較多。照料妳懷孕的醫師必須和治療妳糖尿病的醫師進行密切的合作。

癲癇

如果妳正在服用藥物治療癲癇，在懷孕之前，一定要先告訴醫師。有些藥物在懷孕期間是不應該使用的。如果妳是多藥併用，可能會被告知只能吃其中的一種。

癲癇發作對孕婦及胎兒都非常危險，因此，一定要按時照劑量服用，千萬不可以擅自減少劑量或停藥。

心臟病

如果妳的心臟有任何問題，務必在懷孕前就先諮詢醫師。有些心臟疾病在懷孕期間可能會更加嚴重，分娩時也要同時服用抗生素。而心臟問題也可能嚴重影響妳的孕期健康。

高血壓

高血壓會對孕婦及腹中的胎兒造成許多問題。如果妳在懷孕之前就有高血壓，懷孕前就必須先和醫師配合，降低血壓。需要的話，應開始運動並甩掉多餘的體重，並依照醫師囑咐服用高血壓藥物。

有些抗高血壓藥物在懷孕期間服用是安全的，有些則非如此。千萬不可任意停藥或減少藥量，這是非常危險的！如果妳計畫要懷孕，可以請醫師改開在受孕期及懷孕期間都能安全使用的藥物。

狼瘡

狼瘡的治療因人而異，可能會用到類固醇。患有狼瘡的女性懷孕的風險會增加，懷孕期間需要更多照護。

如果妳在服用胺基甲基葉酸（methotrexate，滅殺除癌錠），嘗試懷孕之前必須停藥。不過，切勿自行停藥，請跟妳的醫師說明，請他開其他替代的治療藥物給妳。

偏頭痛

約有15～20％的孕婦有偏頭痛的情形，不過，許多孕婦發現，懷孕時偏頭痛的次數會變少，強度也減弱。如果懷孕期間需要服用藥物來治療頭痛，最好先請醫師檢視所服用的藥物是否安全。

類風濕關節炎

如果妳患有類風濕關節炎，告訴醫師妳正在服用的藥名。有些藥物對孕婦而言是危險的。胺基甲基葉酸（methotrexate）懷孕期間絕對不可服用，因為胎兒會有流產及發生先天性畸形的可能。

甲狀腺問題

甲狀腺激素分泌過多或過少都不正常。懷孕會改變用藥的需求

量，所以懷孕之前，妳必須先檢查，讓醫師判斷正確的用藥劑量。懷孕期間需要持續進行檢查。

背部手術

如果妳曾經動過背部手術，先和外科醫師討論一下妳的懷孕計畫。如果妳的下背部曾經動過手術，會建議妳先等3到6個月，再來嘗試懷孕。如果動的是融合手術，等待時間通常要6個月到1年。

為什麼要等呢？等待是為了要讓妳的背在承受懷孕的壓力前，有時間復原，以減少問題及併發症的產生。在妳計畫懷孕之前，務必先找妳的外科醫師檢查。

懷孕之前的用藥

每當醫師開立處方箋或者囑咐妳服用某些藥物時，妳們都應該意識到妳可能隨時會懷孕，這點很重要。一旦真的懷孕了，藥物的使用要更加注意。

有些藥物在未懷孕時服用是安全的，但懷孕後繼續服用就會有害。胎兒大多數的器官發育是在懷孕初期（0～3個月），這段期間非常重要，盡量不要讓胎兒曝露在不必要、或是有害的物質中。如果懷孕之前能好好控制藥物的使用，懷孕後就會覺得比較舒適。

有些藥物原本就只供短期服用，如治療感染的抗生素；有些藥物則是用來治療慢性病或需長期服用，如治療高血壓及糖尿病的藥物。有些藥物在懷孕時服用是沒關係的，甚至還有助於懷孕。不過，有些藥物在懷孕時服用是不安全的。

疫苗接種

當妳接種疫苗時，請採取可靠的避孕方式。研究顯示，懷孕之前就接種各式疾病的疫苗，比懷孕期間接種要好。有些疫苗是孕婦不宜

的，有些則沒關係。

孕前健康檢查時，請問醫師妳疫苗的注射時間是否到了。經驗法則是，計畫懷孕前至少3個月前把疫苗打完。

一般來說，疫苗在懷孕初期中最具傷害性。如果妳懷孕前需要施打德國麻疹、三合一疫苗（MMR疫苗──麻疹、腮腺炎、德國麻疹）或是水痘疫苗，專家會建議妳在施打4週以後再嘗試懷孕。

這個經驗法則有個例外，就是流感疫苗；懷孕期間任何時候施打都可以。不過，不要採用噴鼻式的流感疫苗──這種疫苗，孕婦不宜。如果妳是因為工作理由或其他原因被建議施打流感疫苗，那就打吧！流感疫苗可以保護妳和胎兒。

謹慎用藥

　　懷孕之前，用藥安全謹慎。請記住下列原則。
· 如果妳有避孕，除非想懷孕，否則不要停止避孕。
· 處方藥要完全按照醫囑服用。
· 如果妳懷疑自己可能懷孕了，或醫師開藥時妳並沒有避孕，請提醒醫師。
· 不要自行診斷、自行服藥或吃以前剩下的藥物。
· 絕對不要吃別人的藥。
· 如果妳對藥物的服用有任何疑問，服藥前請先跟醫師確認。

遺傳諮詢

如果妳是第一次懷孕，或許還不會想到要做遺傳諮詢。不過，遺傳諮詢的分析能讓妳與配偶更深入了解，未來在生兒育女時可能會出現哪些問題，以便在知情的狀況下做相關的決定。

基因學是研究特質與特徵是如何透過染色體與基因，從父母親遺

傳給子女的。

遺傳諮詢主要的目的是幫助妳和配偶了解在妳們這種特定的情況下，有可能出現什麼狀況。遺傳諮詢人員不會為妳做任何決定，但可能會建議妳做某些檢驗，並將檢驗的原因及結果及其代表的意義告訴妳。在妳與遺傳諮詢人員討論時，不要隱藏任何資料，也不要認為有些事難以啟齒而隱匿不談。

大多數需要做遺傳諮詢的夫婦，在懷孕之前通常都不知道要做，直到生下了有先天性缺陷的孩子以後，才發現有遺傳方面的問題。如果妳有下列任何狀況，可以考慮進行遺傳諮詢：

♥ 分娩時超過35歲。

♥ 曾產下先天缺陷的孩子。

♥ 自己或配偶有先天缺陷。

♥ 妳或配偶的家族，曾有唐氏症、心智發展遲緩、囊腫纖維症、脊柱裂、肌肉萎縮症、出血性疾病、骨骼或骨質問題、侏儒症、癲癇、先天性心臟缺陷，或有失明的家族病史。

♥ 妳或配偶有遺傳性耳聾，即是由connexin-26基因缺陷所造成的先天性耳聾。

♥ 妳及配偶有血緣關係。

♥ 曾習慣性流產（流產三次或三次以上）。

♥ 如果妳的配偶是黑種／非裔美國人（鐮刀型紅血球疾病的風險會提高）

♥ 配偶年齡超過40歲。

基因檢測

遺傳諮詢人員可能會跟妳說明各種檢驗。超過一千種以上的疾病

可以透過基因檢測檢驗出來，不過這些大多屬於罕見疾病。

35歲後懷孕

　　現在許多婦女選擇在事業有成以後才結婚，有更多夫婦在結婚多年後，才決定生兒育女。因此，第一次懷孕的高齡孕婦愈來愈多，不過很多高齡孕婦都能平安度過懷孕期，並產下健康的寶寶。

　　我們發現，高齡婦女在懷孕時，有兩個最大的顧慮：一是懷孕會對自己造成什麼影響，另外一個則是自己的年齡會對懷孕造成什麼樣的影響。當母親年齡較大時，也就是孕婦年齡超過35歲，出現以下狀況的風險的確會提高：

♥ 產下唐氏症的孩子　　　　♥ 多胎妊娠

♥ 高血壓　　　　　　　　　♥ 胎盤提早剝離

♥ 骨盆腔壓力增加或者骨盆腔疼痛　♥ 出血及其他合併症

♥ 子癇前症　　　　　　　　♥ 早產

♥ 剖腹產

　　妳還會發現，20歲年輕時懷孕的確比40歲容易。其次，40歲的妳，可能已經有工作或其他較大的孩子來瓜分妳的時間。懷孕後，妳會發現要休息、運動及適當的飲食都比較困難。

　　任何會隨著年齡提高發生率的疾病，都有可能會出現在孕婦的身上。超過35歲的高齡產婦，最常出現的懷孕併發症就是高血壓，另一個高發生率的疾病是子癇前症。高齡產婦出現早產、骨盆腔壓力增加及骨盆腔疼痛等問題及異常的機率，也比正常年齡的產婦高。

　　醫學研究指出，高齡孕婦產下唐氏症孩子的機率比較高。有很多檢驗可以幫助高齡孕婦檢查胎兒是否患有唐氏症，而唐氏症正是羊膜

穿刺最常檢驗的常見染色體病症。

研究也顯示，孩子父親的年紀也是很重要的。染色體異常所引起的先天性缺陷更常發生在較高齡的母親，與年過40歲的父親身上。部分研究人員更建議男性最好在40歲以前完成生育之事，不過，這個論點仍有爭議。

如果妳是屬於高齡孕婦，最好在懷孕前盡量將身體維持在最佳的健康狀態，以增加成功孕育健康寶寶的機會。多數專家建議，40歲時最好做一次基本的乳房X光攝影檢查，並且要在懷孕之前做。在準備懷孕時，飲食及健康的照護也要多加留意。

懷孕前的體重管理

多數人飲食如果均衡，身體就可保持健康，工作也就較有幹勁。懷孕之前就開始訂定良好的飲食習慣，並且徹底執行，胎兒在最初的幾週或幾個月裡，才能夠獲得良好的營養。

一般婦女通常都要等到確定懷孕後，才會開始注意自己的健康。如果能夠預先計畫，寶寶就能在9個月的孕期中，全程處於健康的環境，而不只是6、7個月。

體重管理

部分研究人員相信，體重會影響受孕的機會。體重過重或過輕，都會改變性荷爾蒙、月經週期、排卵、甚至影響到子宮內膜。這些任何一項都會增加受孕的難度。

如果妳的體重過輕，身體就無法分泌足夠的荷爾蒙，讓妳每個月都能順利排卵。妳可能也無法提供最好的營養給胎兒。

就算妳體重過重，開始嘗試懷孕時也不要節食，或吃減肥藥。如果妳體重過重，或是有肥胖症，要懷孕會比較困難。

檢查妳的飲食習慣，看看要怎麼做才能讓所攝取的飲食對妳和胎

兒都很健康。嘗試懷孕前先努力減重對懷孕的幫助會很大，可以降低懷孕產生併發症與胎兒發生先天性畸形的可能性。

　　嘗試懷孕之前，如果想採取某種特殊的飲食方式來增加或減輕體重，請務必和醫師討論。因為節食可能會讓妳和發育中的胎兒所需要的維生素與礦物質攝取量減少。

維生素、礦物質及中草藥的攝取

　　不要自行調配大量或少見的綜合維生素組合、礦物質或草藥來吃。因為妳可能會劑量過高！有些特定的維生素，例如維生素A如果攝取過量，會造成胎兒的先天性畸形。也有部分專家認為，有許多草藥會暫時降低男性和女性的生殖力，因此，妳和配偶都不應服用金絲桃、紫錐花和銀杏。

　　懷孕前至少3個月，就應該停止服用所有額外的營養補充品，讓飲食均衡，並吃一顆綜合維生素或孕婦維生素。如果妳計畫懷孕的話，大多數的醫師都會樂於開孕婦維生素給妳的。

葉酸

　　葉酸是維生素B群的一種，對懷孕的健康很有幫助。準媽媽如果能在懷孕的至少一年前就開始每天吃葉酸，可以降低胎兒發生某些先天性畸形及懷孕問題的風險。如果妳懷孕前每天攝取0.4毫克（400微克）葉酸，可以幫助寶寶對抗脊椎與腦部

綠茶警告

　　想要懷孕時，不要喝綠茶，就算只喝一、兩杯也不行。綠茶會提高胎兒罹患先天性神經管缺損的機率。問題就出在綠茶中的抗氧化劑，它會降低葉酸的功效。懷孕的最初幾週，葉酸如果足夠就能有效降低罹病的風險。所以，等寶寶出生後，再享受綠茶吧。

的先天性缺陷,這是一種稱之為「神經管缺損」的疾病。確定懷孕後再服用,要預防這些疾病,可能已經嫌晚了。

現在,葉酸在其他許多食物中也能發現。飲食均衡而多樣化可以幫助妳達成目標。許多食物中都含有天然葉酸,包括了蘆筍、酪梨、香蕉、黑豆、青花菜、柑橘類水果與果汁、蛋黃及綠色豆子、綠色葉菜類、小扁豆、肝臟、長豆、車前草、菠菜、草莓、鮪魚、小麥胚芽、優格,以及加入葉酸的麵包與麥片等。

開始養成良好的飲食習慣

在懷孕以前養成的飲食習慣,通常會延續到懷孕後。現在女性非常忙碌,多半吃得匆忙,也不太注意到底吃下哪些東西。如果妳沒有懷孕,或許並不要緊,但是懷孕之後,妳自己及發育中的胎兒對營養的需求會迅速增加,這時,就不能再忽視了。

• **飲食要均衡**。過度依賴維生素或偏食,對自己及胎兒都會造成傷害。如果妳身上有病,如多**囊**性卵巢症候群,某些食物可能可以改善妳受孕的機率。妳可以把以下食物添加到妳的日常飲食之中,這些食物包括了青花菜、菠菜、高麗菜、核果、水果、海菜、海苔、豆子和魚。

• **如果妳有特殊的飲食需求,在懷孕前請跟妳的醫師談談**。可以討論的內容有是不是吃素?平日的運動量有多大?是否會過時忘食?妳的飲食計畫(是否有減重或增重的計畫?)、以及有哪些特殊的飲食需求等等。如果妳

如何避免害喜?

如果在懷孕的前一年,吃了過多富含飽和脂肪酸的食物(如起司及紅肉等),懷孕時便可能會害喜得很厲害。因此,如果妳計畫要懷孕,最好減少這類食物的攝取。在懷孕前就開始固定吃綜合維生素可能也可以降低害喜的風險。

是因為疾病原因才必須養成特殊的飲食習慣，請先跟妳的醫師討論。計畫要懷孕時，每週魚類的攝取量不要超過340公克。懷孕期間不建議禁吃魚。

懷孕前的運動習慣

運動對妳身體有益。運動的好處包括能控制體重、讓妳感覺舒暢，還可以增加體力與耐力，這點在懷孕後期就會顯現出它的重要性。

最好在懷孕前，就養成規律的運動習慣。請將生活型態加以調整，加入規律的運動習慣。這不但對現在的妳有很大的好處，對懷孕期的體型維持也會有幫助。

不過，運動不可以過度，否則就會出現問題。當妳想懷孕時，要避免過分密集的訓練，也不要突然增加運動量，更不宜從事會讓妳把體能消耗推至極限的高度競技運動。

找一種妳喜歡，不論天氣如何都能固定並持續進行的運動。如果能加強下背部及腹部的肌力，對懷孕會很有幫助。

如果妳對懷孕前後的運動還有疑慮，不妨請教醫師。懷孕前妳做得很好、很容易就做到的運動，懷孕以後可能會變得困難。

懷孕之前的非法藥物

我們非常清楚，毒品與酒精對於懷孕的影響很大，也深信，懷孕期間最安全的方式，就是遠離毒品與酒精，完全不要碰。

如果妳有酒癮或濫用非法藥物的問題，一定要讓醫師知道，並加以處理。在懷孕最初的13週裡，**寶寶**正經歷懷孕期間最重要的發育期。受孕之前的至少3個月內，這些不需要的東西都不要去碰。

有些單位可以提供協助，幫助妳在懷孕之前就戒除非法藥物濫用的問題，需要的話，敬請尋求協助。為懷孕預做準備可以成為妳和配偶改變生活型態的好理由。

抽菸會對卵子和卵巢造成傷害。如果妳在計畫懷孕前一年就開始戒菸，成功受孕的機率會提高，流產的機率也會降低。

抽菸或抽二手菸會讓身體排出葉酸。孕婦抽菸，胎兒會有體重過輕或其他問題。

給爸爸的叮嚀

如果你的另一半改變了自己的生活型態來準備懷孕，例如戒菸或戒酒，這時一定要多多支持她。如果你也有相同的習慣，請一起努力戒除。

大多數專家都同意，懷孕期間喝酒，並沒有所謂安全的量。酒精會通過胎盤，直接對胎兒造成影響。懷孕時，如果大量喝酒，可能會造成胎兒酒精症候群或胎兒酒精接觸症，請現在就戒酒。

古柯鹼對胎兒的危害在受孕後的第三天就可能產生！整個孕程都吸食古柯鹼的孕婦，發生問題的風險也較高。請在停止避孕前就先戒除古柯鹼。

大麻也會通過胎盤，進入胎兒的神經系統，造成長期性的影響。如果妳的配偶吸食大麻，請鼓勵他戒除。

工作與懷孕

當妳計畫懷孕時，還需要考慮到自己的工作。有些工作可能會被認為對懷孕有礙。工作場所中可能接觸到的一些物質，像是化學物質、吸入物、放射線或溶劑，都可能造成問題。請把工作上會接觸到的東西當作生活型態的一部分來考量。在確定自己的工作環境安全無虞之前，請繼續採取可靠的避孕方式。

檢查一下妳保險的涵蓋範圍和福利，以及公司對於產假的規定。如果不事先籌劃的話，產前照護和分娩可能會花掉妳不少錢。

久站的女性生下來的孩子體型偏小。所以工作如果常常需要久

站，可能就不是懷孕時的好時機。工作的情況請跟醫師討論。

> 壓力如果過大，要懷孕會比較困難。研究指出，壓力降低後，懷孕的機會就會提高。請嘗試減少生活裡的壓力，受孕的機會應該就會提高。

性傳染病

經由性行為的接觸，將感染或疾病傳給他人，稱為性傳染病，或簡稱性病。性病會影響受孕能力，也可能傷害成長中的胎兒。而妳所採取的避孕方式，對於染病的機率也可以產生影響。例如，保險套及殺精子軟膏可以降低得到性病的危險。另外，如果妳的性伴侶不只一位，得到性病的機會就會大幅增加。

有些性病的感染會造成骨盆腔發炎。骨盆腔發炎會使輸卵管形成疤痕組織引起阻塞導致受孕困難，也容易造成子宮外孕。要修補受到損傷的輸卵管有時得動手術。

保護自己，避免染上性病

一定要保護自己，避免感染性病。使用保險套、限制性伴侶的人數。不要與有多重性伴侶的男性有性接觸。如果可能受到感染，即使沒有任何症狀也請立刻進行檢驗。如果覺得自己可能感染性病，請立刻找醫師治療。

第二章

剛開始懷孕

本書能幫助妳了解懷孕，讓懷孕的過程更舒適愉快。透過本書，妳可以了解自己體內發生的變化與寶寶的成長及改變。妳並不是單獨一個人承受這一切的——每年都有好幾百萬位女性成功的完成了懷孕的過程。

本書的內容依照週數來分，因為這是醫師看待懷孕的方式，用相同的方式來看待妳和寶寶的改變比較有意義。這樣妳和妳的另一半也能更密切的把妳的改變和寶寶的成長聯繫在一起。

每週的插圖能讓妳清楚地看到自己及胎兒的改變及生長。每週主題所涵蓋的範圍，除了描述特別需要關注的部分，也描述了胎兒的大小、妳身體的改變以及妳的行為如何影響寶寶等。

本書資訊雖豐富，但並不是用來取代妳和醫師之間的討論——有什麼疑慮或關切的事，一定要和醫師討論。妳可以利用本書中的內容作為談論時的起始點。而本書則可以幫妳把疑慮或有興趣了解的地方以文字表達出來。

懷孕的徵兆及症狀

妳身體上的許多改變都可以顯示妳懷孕了。如果妳覺得自己出現了以下症狀中的一或多個，而妳相信自己應該是懷孕了，請前往婦產科檢查：

♥ 月經沒來　　　　　♥ 噁心反胃，嘔吐則未必

♥ 疲倦　　　　　　　♥ 嫌惡某些食物，或有嗜吃的行為

♥ 頻尿　　　　　　　♥ 乳房變化或有脹痛的感覺

♥ 嘴中有金屬感　　　♥ 骨盆腔有以前沒有過的敏感或感覺

妳會先注意到哪一個狀況？事實上，每位婦女都不一樣，不過月經沒來，妳可能會想到是否懷孕了。

> 本書設計的方式是以週為進度，一週一章，逐週介紹整個孕程。如果妳有想尋找的特定主題，請翻閱前面的目錄。因為妳想了解的主題可能會出現在後面的週數之中。

預產期

懷孕開始的日子應該從最後一次月經開始時算起。也就是說，醫師計算的方式是，妳在真正受孕之前兩週就已經開始了！從最後一次月經開始時算起，懷孕的孕程是280天，或40週。

預產期對懷孕來說很重要，這是因為它可以幫助醫師決定何時需要安排哪些特定的檢驗，或常規檢查。預產期的計算也有助於預估寶寶的生長狀況，並在預產期超過時指出來——這在預產期接近時，對妳而言非常重要。

預產期只是一種推算，不是確定的日期。20個孕婦中只有1個人是在預產期當天生產的。妳可能眼睜睜看著預產期到了，寶寶卻還沒動靜。請把預產期當作一個目標，一個可以殷殷期待，並做好準備的日子。

大多數女性不知道自己受孕的日期，但一般都知道上次月經什麼時候開始，而這就是懷孕開始計算的起點。如果不是以這個日期作為計算的起點，要計算預產期可能有點複雜，因為每個女性的月經跟以前月經週期的長短都不太一定。

預產期是由最後一次月經出血的第一天算起280天。利用這種方法計算出來的懷孕期，叫做懷孕週數或月經週數，這也是大多數醫師追蹤懷孕期時間的方式。這種計算方法與排卵週數（受孕週數）有些差

距，後兩者短少兩個星期，因為是從實際受孕日開始算起。

有些醫學專家建議預產期應該不要用哪一天，而是用哪一週來算，也就是以7天為一期來看分娩發生的時間。而這個時段可能出現在第39到第40週之間。由於預產期當天生產的女性很少（只有5%），所以用週為單位來看預產期，有助於減輕準媽媽們對於孩子何時出生的焦慮。

時間的定義

懷孕週數（月經週數）——從上次經期的第一天開始算，比實際的受孕時間早上兩週。這是大多數醫師用來和妳討論妳妊娠的週數。懷孕的平均長度是40週。排卵週數（受孕週數）是從受孕那天算起。平均懷孕時間的長度是38週或266天。

- 三月期：每個三月期大約13週。懷孕有三個三月期。
- 陰曆月數：懷孕平均10個陰曆月數（每月28天）。
- 預計的分娩日：預計分娩日或預產期。

妳可能還聽過以三個月為一期來區隔懷孕階段的方法。三月期的計算方法是將懷孕期區分為三段，每一段是一個三月期，大約是13週，這種區分法的好處是將各個發育的階段集中。

以40週的算法來看，妳實際上是在第3週懷孕的，因此，關於懷孕的各種討論及細節，都是從第3週開始，一週一週敘述的；預產期則在第40週尾。每週的討論範圍還包括了妳成長中寶寶的實際週數。舉例來說，在懷孕第8週的章節當中，妳會看到：

懷孕第8週（懷孕週數）

胎兒週數：6週（受孕週數）

從這裡，妳可以得知在懷孕任何一個時間點，胎兒的實際週數。

不論妳採用哪一種方法來計算懷孕的時間，懷孕所需的時間是不會改變的。

懷孕第1、2週的小提示

一般藥房所賣的驗孕劑，檢驗的結果都很準確，有些甚至早在懷孕第10天（亦即預定月經要來之前4天左右），就能檢驗出陽性的反應。

月經週期

月經是一種正常的週期性變化，定期將子宮腔內的血液、黏膜及細胞碎片排出。月經週期中有兩種重要的週期循環，一個是卵巢週期，另一個是子宮內膜週期。卵巢週期會提供一個卵子來受精。子宮內膜週期則在子宮內提供一個適合的環境，讓受精卵著床。一個新生女嬰在出生時身上約有二百萬個卵子。在進入青春期之前會減少到大約四十萬個左右。身上卵子最多的時候，實際上是在尚未出生之前。當肚子裡的女性胎兒在5個月大時（也就是出生前4個月時），體內的卵子多達六百八十萬個！

有四分之一的女性在排卵的時候，會感覺腹痛或不舒服，稱為排卵痛或經間痛。一般認為，這種現象可能是因為卵泡破裂時所產生的液體或血液刺激所導致，但是並不能只憑這種現象來判定是否排卵。

妳的健康狀況對懷孕的影響

妳的健康是懷孕期間最重要的事情之一。良好的健康照料對胎兒的發育和健康都非常重要。均衡的營養、適度的運動、充分的休息及能否好好的照顧自己，都會影響懷孕。本書提供了一些實用的資訊，包括妳可能會使用的藥物、可能要做的檢驗、可能會用到的東西、以及許多和妳相關的主題等，以便讓妳明了，哪些行為會影響到自己及肚子裡胎兒的健康。

醫師的選擇

　　妳接受的醫療照護會影響到妳的懷孕狀況，以及對懷孕的忍受度，要選擇提供妳懷孕期間各種照護的醫師或醫療人員時，妳會發現妳的選擇很多。產科醫師是專門照顧孕婦的專科醫師，他們的照護還包括了接生。產科醫師或是婦科醫師是從醫學院畢業，經過考試取得醫師資格後，再經過婦產科專業訓練後考試合格，取得專科證照的醫師。不論是產科還是婦科醫師都必須在醫學院畢業後，完成更進一步的訓練（住院醫師訓練）才能考照。

可能讓妳膽顫心驚的資訊

　　為了盡量提供最多懷孕的資訊，我們在書中也收錄了一些嚴肅的話題，而內容可能會讓妳覺得「膽顫心驚」。這些資訊不是用來讓妳心生恐懼的，而是將懷孕期間有可能發生的某些特定醫療狀況，實際呈現出來。

　　萬一女性遇上了嚴重的問題，她和另一半或許會想盡辦法，多了解內情。如果這位女性有個朋友，或是認識懷孕期間也有相同問題的女性，閱讀這樣的資訊應該可以幫助她減輕心中的恐懼。我們也希望，這樣的探討可以讓孕婦在出現問題時，幫忙建立起和醫師間的對話。

　　幾乎所有的妊娠都是平安順利，無事度過的，什麼嚴重狀況都沒出現。不過，請務必理解，我們只是想盡量涵蓋最完整、包括各個層面的懷孕資訊，這樣萬一有需要進行了解，手上就有資料了。知識就是力量，手上有各個方面的實際資料可以讓妳覺得更能掌握妊娠。我們誠摯的希望閱讀資訊可以助妳放鬆心情，有個絕佳的妊娠經驗。

　　如果妳覺得有些嚴肅的話題嚇著妳了，那就不要讀！又或者，有些資料可能不適用於妳的妊娠，跳過去就好。需要深入了解某些狀況時，只要知道資料在那裡就行。

周產期醫師是專攻高風險妊娠的婦科醫師。需要周產期醫師的女性非常少（只有十分之一）。但如果妳擔心自己過去的健康問題，可以請問妳的醫師，妳是否需要去看周產期專科醫師。

另外一種資格則是「專科認證」。並非所有接生的醫師都有這種認證，這種認證不是一個必須資格。「專科認證」表示這位醫師曾經多花了不少時間去準備並通過考試，證明他們有照顧孕婦並進行接生的資格。

有些女性會選擇家庭醫師作為照護她們的人。這是因為有些社區太小，或過於偏遠，沒有婦產科醫師所致。家庭醫師提供內科、小兒科、婦科／產科的看診服務。很多家庭醫師都有豐富的接生經驗。如果有問題，妳可以轉到產科醫師那裡去。舉例來說，如果妳必須採取剖腹產來生產，就是一個例子。

溝通的重要性

能和醫師溝通是很重要的。妳要能放心開口詢問醫師妳心裡的問題。妳的醫師對懷孕的照護經驗豐富，他一定會善用經驗，盡心盡力照顧好妳。

妳應該將心中的疑慮及最在意的部分告訴醫師。因此，不必擔心妳的問題很奇怪，因為他可能早就聽過了。妳的要求可能不明智，或甚至有風險，但事先問明白是很重要的。如果妳的要求是可行的，還可以和醫師一起計畫進行，以免事情出現無法預期的發展。

給爸爸的叮嚀

你可能會注意到，在另一半懷孕期間，你的生活也必須做一些改變。你必須調整參加各種活動的次數以及時間，可能也無法跟從前一樣常常出差或旅遊。不過，請別忘了，懷孕只有9個月。好好支援懷孕的另一半可以讓你們兩人的日子都舒服一點。

找到最適合妳的照護者

要如何找到符合需求的人選呢？如果妳已經有一位令妳滿意的醫師了，那麼妳就不必忙囉！如果還沒有，也可以請最近剛生過寶寶的朋友推薦，或問問當地醫院產房護士的意見。當地其他科別診所的醫師，如小兒科或內科醫師，也可以推薦醫師給妳參考。

選擇醫師時，通常也是在選擇他合作的醫院。選擇分娩地點時，請記住以下幾點：

♥ 這家醫療設施是不是就在附近？

♥ 醫院對配偶的規定有哪些？分娩時，他可不可以在旁陪伴？

♥ 如果妳必須剖腹產時，配偶能不能陪同？

♥ 醫院可以進行硬脊膜外麻醉嗎？

♥ 是否為健保特約醫療院所，是否是妳投保的醫療險所認可的醫療院所？

影響寶寶發育的行為

愈早開始考慮到妳的行為及活動對腹中寶寶造成的影響愈好。許多在平常吃喝，或用起來沒有問題的東西，卻會對胎兒造成傷害，這些東西有藥品、菸草、酒精及咖啡因等等。

抽菸

抽菸會讓妳的血壓升高，因為妳的血管會變窄，寶寶接收到的氧氣量和營養都會減少。抽菸也會引起血栓。這兩個影響正是懷孕期間抽菸造成傷害的罪魁禍首。

香菸的煙會透過胎盤傳給寶寶；所以妳抽菸的時候，妳肚子裡的寶寶也在抽！香菸的煙中含有超過250種的有害物質，這些物質都會傷

害到發育中的寶寶。

　　抽菸的孕婦在懷孕期間產生的併發症比不抽菸的孕婦多，由抽菸媽媽產下的孩子體重也比一般平均體重少了約兩百多公克。

　　有人相信懷孕期間抽無煙的香菸是可以接受的。可沒這回事！不管是哪種無煙的香菸產品，抽菸者的血液中還是都會出現尼古丁，這正是造成問題的主因之一。

　　• 抽菸對妳和寶寶的影響。在懷孕期間，香菸的煙會使妳的風險提高，也會使寶寶的風險提高。寶寶出生後發生新生兒猝死症的比例較高，嬰兒時也比較容易興奮激動。妳在懷孕期間攝取的尼古丁可能

尼古丁貼片、戒菸口香糖和口服戒菸藥Zyban

　　妳心裡可能在想，懷孕期間不知道是否可以利用貼片、口香糖或是口服戒菸藥來協助戒菸。我們並不了解孕婦若採用上述任何一項來戒菸，對胎兒是否會有特定的影響。

　　• Nicotrol：有吸入劑、噴鼻劑、貼片或口香糖的型式，以Nicoderm　和Nicorette的品牌名稱行銷，很多地方都有販售。Nicotrol製劑含有尼古丁，孕婦不宜。

　　• Zyban：（耐煙盼，bupropion hydrochloride）則是不含尼古丁的戒菸口服藥，也作為抗憂鬱藥Wellbutrin或Wellbutrin SR來發售。孕婦不宜。

　　• Chantix：（varenicline tartrate）則是相當新的戒菸處方藥，不含尼古丁，但也是孕婦不宜。研究顯示此藥可能會降低胎兒的骨質密度，導致出生時體重過輕。

　　如果孕婦無法自行戒菸，會建議以尼古丁替代療法來協助戒菸。研究顯示，這類產品的優點高於風險，不過部分專家並不同意。他們不相信尼古丁上癮引起的問題可以藉由尼古丁來戒除，而噴劑、吸入劑、貼片和口香糖中都含有尼古丁。如果妳有戒菸的問題，請與妳的醫師討論。

會讓寶寶在出生後也會產生尼古丁戒斷症的情形。

　　母親懷孕時抽菸與孩子後來的體重過重有關。此外，抽菸媽媽產下的孩子比較容易罹患急性的耳炎及呼吸道問題。研究也顯示，如果妳懷孕期間抽菸，孩子成人以後很可能變成癮君子——也就是懷孕期間母親抽菸所生下來的孩子將來較容易有尼古丁成癮的趨勢。

　　• **即使妳本身不抽菸，風險還是存在。**有些研究指出，不抽菸的孕婦和她未出生的孩子如果曝露在二手菸（空氣中有香菸的煙）中，也就等於曝露在尼古丁與其他有害物質之中。此外，研究人員現在還要談論另外一種新的威脅——三手菸。三手菸指的是，即使煙味已經消失，香菸的毒素還是殘留在衣料、頭髮、皮膚和其他表面，如牆面、地毯及地板上，其危害性並不亞於二手菸。三手菸是否仍有殘留，線索是味道——如果妳還聞得到，就表示危害還在。

戒菸的祕訣

- 列出幾項能取代抽菸的活動，特別是需要動手的工作，例如拼圖或針線工作。
- 列出幾樣想買給自己或寶寶的東西。把花在買香菸的錢省下來，買這些東西。
- 找出所有會刺激妳想抽菸的事。什麼樣的事情會讓妳有想抽菸的衝動？想辦法避免這些情形。
- 戒掉飯後一根菸的習慣，刷刷牙、洗洗碗或散個步。
- 如果妳習慣在開車時抽菸，將車子內外清理乾淨，再使用車內芳香劑。開車時跟著收音機或CD唱歌。也可以暫時不要自己開車，搭巴士或暫時與人共乘。
- 如果妳實行戒菸時遇到困難，研究顯示利用「戒菸熱線」尋求幫助，會比單打獨鬥有效兩倍。妳可以找有相同戒菸經驗的人談談。在台灣，妳可以撥打「戒菸專線服務中心」的免付費戒菸專線：0800-63-63-63。

如果**寶寶**的爸爸在他受孕之前就抽菸，懷孕期間還抽，那孩子出現問題的風險就會比較高。如果雙親在孩子成長期間都抽菸，孩子罹患白血病的風險就會增加。

• **現在就戒菸。**妳可以怎麼做？戒菸，這答案聽來容易，做來難。就實際面來看，如果妳抽菸，那麼懷孕之前和懷孕期間至少少抽點菸，或戒菸。

戒菸時發生戒斷症狀是很正常的，但這是身體正在復原的象徵。在戒斷時期的煙瘾可能是最大的，但之後數週，症狀就會逐漸減輕。或許，藉著妳懷孕的這個契機，請家中每位成員都一起來努力戒菸吧！

喝酒

部分專家相信，酒精對於發育中胎兒的危害程度，可能高居有害物質榜首之一。

中度飲酒的孕婦發生問題的機率可能會增加；而懷孕期間酗酒的孕婦，胎兒則可能出現先天性畸形。酒精對於中樞神經系統的發育影響最甚，因此寶寶生下來可能會有身體上的缺陷。

在懷孕的前期之中喝酒，可能會導致胎兒出現顏面破相。在中期之中喝酒，則會干擾腦部的發育。在末期之中喝酒，受到干擾的則是胎兒神經系統的發育。

服藥時還喝酒，對寶寶的傷害風險更高。為求安全起見，甚至連藥房賣的咳嗽感冒成藥都要非常小心。這些藥物中很多都含有酒精成分，有些含量甚至高達25%！

有些孕婦想知道，如果只是應酬喝一點酒，有沒有關係呢？我們不知道懷孕期間有什麼所謂的安全飲酒量。為了**寶寶**的健康，孕婦在懷孕期間最好滴酒不沾。

• **胎兒酒精症候群。**懷孕期間妳如果有酒下肚，**寶寶**身上就可能

會出現胎兒酒精症候群和胎兒酒精接觸症。

患有胎兒酒精症候群的**寶寶**不論出生前後都會有生長遲滯的情形，而且還常常出現心臟、四肢和顏面上的問題。患有酒精症候群的孩子，可能會出現行為、語言和運動機能上的問題。15%～20%患有此病的孩子在出生後不久就會死亡。大部分的研究顯示，孕婦每天大約喝到4、5杯時，胎兒酒精症候群就可能發生。

輕度的畸形是胎兒酒精接觸症所造成的。這種病症只要攝取非常少量的酒就可能發生。許多研究人員因此下結論，懷孕期間沒有安全的飲酒量。只要喝酒，都不安全。

其他應忌用的物品

孕婦吸食大麻會干擾寶寶的腦部發育，引起很多問題。懷孕期間，藥用大麻也不該使用。使用大麻的風險明確，孕婦應禁用大麻。

古柯鹼在胎兒受精後幾天就能開始造成影響了。它會造成各式各樣的畸形。安非他命，其中也包含了甲基安非他命被指為各種先天性畸形的禍首。由服用安非他命母親所產下的孩子會出現戒斷症狀。

妳的營養

妳在懷孕期間的營養非常重要，可能必須增加熱量的攝取才能符合需求。在前期間（前13週），孕婦每天應該攝取約2200卡熱量的食物。在懷孕的中期及末期期間，每天應該再多加300卡熱量。

這些額外的熱量，能提供妳能量以供應胎兒生長所需，也能讓妳度過體內的各種改變，維持身體的運作。

寶寶可以利用這些熱量來製造及貯存蛋白質、脂肪及醣類。他也需要能量來讓身體功能發揮運作。

飲食只要均衡、多樣化應該就能滿足妳大部分的營養需求了。不過，這些熱量的「質」也很重要。如果這些食物來自大地及樹上（意

思就是天然現摘的），就比盒裝或罐頭的好得多。

至於額外增加的300卡就要小心了，並不是要妳將分量加倍。事實上，一個中等大小的蘋果及一盒低脂優格，加起來的熱量就超過300卡了！

其他須知

產前檢查分成兩類——篩檢與診斷性檢查。篩檢是評估胎兒發生特定先天性畸形的風險。這類的檢驗可以提供一個基本資料，以評估是否需要進一步的檢查。診斷性檢查可以提供近乎確定的結果。只是，部分的產前診斷性檢查帶有極低的流產風險。這些檢查在隨後的週數中會有敘述。

每週的運動

每週的討論內容中都會包括一段運動的解說，也會提供插圖，讓孕婦可以在懷孕期間做些安全的運動。如果妳身體健康，也沒有什麼妊娠問題，專家認為妳每週可能可以適度運當3到5次，每次至少30分鐘。研究顯示活躍的孕婦，懷孕期間發生的問題比較少，而寶寶產生問題的風險也不會提高。

如果妳在懷孕之前就有運動的習慣，懷孕期間請持續下去，至少可以用中度的強度繼續。

第一次進行產前檢查時就跟醫師討論運動相關事宜。醫師會根據妳的個

料理中的酒

大多數的孕婦都知道，懷孕時要避免喝酒。不過，很多菜餚都要加酒料理，那怎麼辦呢？最好的方法，就是將加了酒的食物烘烤或燉煮1小時以上。因為經過長時間的烹調，食物中所含的酒精應該都揮發殆盡了。

人狀況給予建議。本書所附的運動是無負重運動，應該不致於引起什麼問題，所以妳或許可以做到第一次產檢為止。如果妳有做有氧運動和負重運動，那時一定要提出來跟醫師討論。

做運動可以調節、鍛鍊並加強各個不同的肌肉群，有些肌肉群是妳為求懷孕的舒適起見，希望能鍛鍊到的。此外，有些運動還能鍛鍊到妳在分娩時會用到肌肉群。所以愈早開始愈好！

妳可以建立一套運動來做，隨著肚子變大再加以增減。有些運動是站姿、有些是坐姿、有些是跪姿，而有些則要躺下來。我們建議妳先翻閱一下每週的運動，選擇吸引妳的來做。

我們告訴所有的孕婦要閱讀並練習凱格爾運動，來鍛鍊骨盆腔底的肌肉力量。懷孕期間好好練習這個運動在許多方面都有好處，特別是孕程中以及生產以後的尿失禁問題。事實上，這個運動適合所有的女性，無論年齡幾歲，都應該每天練習。

懷孕體重管理表

如果妳想把懷孕期間體重的增加情況繪製成圖表，我們在這裡提供了一個範例供妳使用。以下所列的週數是根據妳產檢的時間所選列的。如果妳的約診時間和我們所列的週數不同，請改用妳看診的週數。

懷孕之前的體重 _____

每次看產檢的週數   **增加的體重**

8   _____

12   _____

16   _____

20   _____

24   _____

28   _____

30   _____

32   _____

34   _____

36   _____

37   _____

38   _____

39   _____

40   _____

懷孕期間增加的總體重 _____

第三章

懷孕第3週
〔胎兒週數1週〕

寶寶有多大？

現在胚胎還非常小 ——此時胚胎還只是一群快速分裂及生長的細胞，實際大小有如針尖。如果不是在妳肚子裡看不見，不然肉眼勉強可以看見。這群細胞看起來一點也不像胎兒或寶寶；它的樣子像是第63頁的插圖。第1週，胚胎長度大約0.15公釐。

妳的體重變化

在懷孕的第3週，根本還感覺不到任何改變，只有極少數的女性知道自己已經懷上了孩子。請別忘了，現在根本還沒到下次月經該來的日期。

寶寶的生長及發育

受精是精子與卵子的結合。這個結合是發生在輸卵管的中間部分，稱之為「壺腹」的地方，而不在子宮裡面。精子一路往上游過子宮腔，然後出去到達輸卵管，在管中與卵子相遇。

當精子與卵子結合後，精子會穿過卵子的外層，也就是輻射狀冠層，然後溶解穿過卵子的另外一層透明層。雖然此時還有許多精子想穿透卵子表層，但通常只有一個精子能順利通過，進入卵子，並與之結合受精。精子的薄膜與卵子的薄膜會互相融合，並將彼此封閉在同一層薄膜或囊袋中。精子進入後，卵子表面會立刻起變化，以阻止其他精子進入。

61

精子一旦進入卵子，頭部就會增大，稱之為精原核，而卵子則稱為卵原核。精原核與卵原核上的染色體會交融。

當這種情形發生時，來自雙親、非常微小的資訊及特徵，也會因此交互融合。來自父母雙方的染色體，將賦予胎兒獨特的特性。人類染色體的數目，正常為46個，父母雙方分別提供23個。也就是說，妳的寶寶是妳和妳配偶染色體資訊的組合。

這一團發育中的細胞群，叫做受精卵。受精卵會邊分裂邊慢慢移動，通過輸卵管進入子宮。此時，這些細胞又叫做胚葉細胞。當胚葉細胞繼續分裂，會漸漸形成實心的球狀，叫做桑椹胚。桑椹胚內的液體也會漸漸積聚，形成胚胞（或譯為囊胚）。

接下來的這個星期，胚胞會由輸卵管繼續行進到子宮腔（約是在輸卵管中受孕後3～7天）。當胚胞進入子宮腔時，會隨意貼在子宮壁中繼續生長及發育。

受孕後一週，胚胞就會附著在子宮壁上（稱為著床），而細胞則會鑽進子宮的內膜中。

妳的改變

有些女性在排卵的時候，自己會有感覺。像是腹部可能會有輕微的痙攣或疼痛，或者陰道分泌物增加。當受精卵在子宮腔內著床時，有些女性會有微量出血的現象。

現在時間還太早，妳不會注意到有什麼變化，只是變化馬上就會出現了。

生男或生女？

寶寶的性別，在受精的那一剎那，就已經由精子決定了。帶著Y染色體的精子，孕育出的寶寶就是男孩；帶著X染色體的精子，孕育出的寶寶就是女孩。

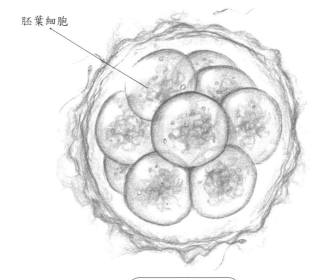

胚葉細胞

（受孕3天的胚胎）

圖中有9個細胞，是剛受孕3天的胚胎。胚胎由許多胚葉細胞所組成，胚葉
細胞集合形成胚胞。

哪些行為會影響胎兒發育

服用阿斯匹靈

　　服用阿斯匹靈時必須很小心，因為可能會讓出血增加。如果妳在懷孕期間服用阿斯匹靈，寶寶出現某些問題的風險就會變高。研究顯示，阿斯匹靈以及一些非類固醇類的抗發炎藥物（NSAIDs），例如Advil、Motrin和Aleve，都會提高流產的風險。剛受孕後，風險最高。阿斯

> **懷孕期間服用阿斯匹靈**
>
> 　　有些狀況下服用阿斯匹靈是有益的，可以用來應付懷孕的一些病症。

匹靈也會引起血液中凝血功能的改變。如果妳在懷孕期間有出血，或是妳已經在懷孕尾聲，快要分娩了，知道這一點非常重要。

服用所有藥物時，都要仔細看上面的標籤，檢查是否含有阿斯匹靈成分。有些非處方的抗腹瀉藥物中就會含有阿斯匹靈。水楊酸（salicylate）的攝取也要很注意。胃藥Pepto-Bismal（佩普）、抗腹瀉藥Kaopectate和部分皮膚藥膏中都含有水楊酸。

如果妳需要止痛藥或退燒藥，一時又無法與醫師取得聯繫詢問，那麼乙醯胺酚（acetaminophen，藥名Tylenol或普拿疼）倒是一種可以短期使用的成藥，妳和寶寶都不必太擔心有問題。

懷孕期間維持運動

運動對於很多孕婦來說都是很重要的。事實上，研究指出，超過60% 以上的孕婦都有運動。不過，根據統計，只有15%的孕婦每週運動次數會達5次或5次以上，每次30分鐘。

運動的目的是為了保持好體能。體力好的女性在進行分娩這種極度費力的事時，能夠做得比較好。

妳可以從運動中得到好處。運動可以紓解背痛、增加體力與肌力，促進血液循環與身體的柔軟度。噁心和便秘的情況也會減少；妳睡得會比較好、覺得不那麼累，心情也能獲得改善。

運動可以保護妳，讓妳少生病。定期運動可以降低心臟血管疾病、骨質疏鬆、抑鬱症和肥胖症發生的風險；還能降低妳發生部分妊娠問題的機率。大多數的運動項目，每天都可以適度的進行30分鐘。

研究指出，在懷孕初期的孕婦如果有運動，子癲前症發生的機率最高可減少35%。一般相信孕婦運動可以降低壓力與血壓，促進胎盤的生長。

運動可以幫助妳控制懷孕期間的體重，產後要瘦身會容易些，恢復產前的身材的時間甚至可以更加快速。研究指出，如果妳懷孕期間

有運動，寶寶的生命會有一個比較健康的開始。

懷孕期間運動並非毫無風險，不過，請注意傾聽身體的聲音。運動的風險有體溫升高、流到子宮的血液減少，以及可能傷害到母體的腹部。

有很多運動類型都是孕婦可以選擇的，每一種都有其優點。有氧運動在想維持身材的女性之間，是很受到歡迎的。塑肌運動也是強健肌肉、增加氣力一個極受歡迎的方式。很多女性是選擇將兩者合併為一。適合孕婦的運動選項有健走、健身車、游泳，以及專為孕婦設計的有氧運動。

• **有氧運動。**要讓新血管健康，有氧運動是最好的了。妳每週必需做3到5次，每次維持至少15分鐘，而且運動期間心跳速度都維持在每分鐘110到120次之間。（每分鐘110到120次是不同年齡層的大概設定目標。）每週進行至少兩個小時的低強度有氧運動，可以幫助妳降低發生懷孕問題的風險。

如果妳懷孕前就有在做有氧運動，懷孕期間可能還是可以繼續，但心跳率要降低，以免發生問題。現在可不是讓妳打破自己記錄，或為即將到來的馬拉松進行訓練的時候。如果妳有任何問題，在第一次產檢時，都拿去請教妳的醫師吧！

懷孕期間，不要開始進行高強度的有氧運動，或是增加訓練內容。如果妳在懷孕之前並沒有進行固定的強度運度，那麼懷孕期間，散步、游泳可能是妳最該選擇的運動了。

如果妳有運動的話，有些事情是妳必須小心注意的。不要讓體溫飆高到

第3週小提示

在開始任何運動規劃之前，請先跟妳的醫師討論。妳們可以根據妳的種種狀況與運動習慣，一起訂定出適合的運動方案。

超過攝氏38.9度。有氧運動和脫水現象都可能讓妳的體溫升到比這溫度還高。鍛鍊的時間要短，特別是在大熱天。

以前我們曾經建議孕婦運動時心跳應保持每分鐘140次以下。不過，現在美國婦產科協會（ACOG）對孕婦的建議則是每天運動30分鐘，對心跳速率則沒有特別限制。

如果妳覺得疲累，不要跳過某段鍛鍊不做，而是要減少運動的強度或長度。有時候妳需要的可能只是拉拉筋，伸展一下身體而已。每週至少要動個幾次。拉筋伸展可以降低壓力的程度，讓妳緩和下來。

‧肌肉力量。有些女性運動是為了加強肌肉的力量。要強健肌力，就必需有阻抗的動作。一般來說，肌肉的收縮方式有三種：等張收縮、等長收縮及等速收縮運動。等張收縮運動是在產生張力的同時，肌肉縮短，如舉重。等長收縮運動時肌肉會收縮，但肌肉長度不變，例如，推一面靜止不動的牆。而等速收縮運動則是肌肉以固定的速度運動，像是游泳。

一般來說，心肌與骨骼肌是無法同時一起強化的。要強化骨骼肌，必須以舉重物的方式來鍛鍊，但是我們舉重的時間並無法持久到足以鍛鍊心肌。

如果妳進行的是使用自由重量器材（free weights）的運動，可能的話，盡量坐下來做。最好穿上臀部有支撐墊的褲子。在懷孕末期之中，不要舉超過6.8公斤的重量，只要增加次數即可。

負重運動是增加骨質密度、避免骨質疏鬆最有效的方法。肌力強化運動還有增加身體柔軟度與協調力、改善情緒及增加靈活度等等好

處。運動前好好的伸展及熱身，運動後則做好收身操，才可以改善身體的柔軟度，避免傷害。

．**其他類型的運動。**妳還有其他的運動類型可以選擇。平衡球是個好選擇。在大的運動球上運動對背部來說比較容易，也可以強化核心肌群。有些孕婦還利用球來減輕分娩時的陣痛呢！

妊娠瑜伽和彼拉提斯課程都是懷孕初期間不錯的選擇。做10分鐘的瑜伽或彼拉提斯運動可以促進妳的血流，讓肌肉獲得伸展。

水中有氧運動對舒緩背部和骨盆腔的疼痛也可能有幫助，妳不妨試試看。即使一週只做一次，對於疼痛的減輕也有幫助。

．**運動的一般準則。**在開始任何運動規劃前，請先諮詢過醫師。獲得醫師的許可後，再循序漸進開始運動。先從15分鐘的鍛鍊課程開始，兩節之間休息5分鐘。

每15分鐘量一次脈搏，請測量頸部或手腕的脈搏15秒，然後次數再乘以4，大約就是每分鐘的脈搏數。如果脈搏跳得太快，就必需稍事休息，直到脈搏降回每分鐘90次以下。

運動前後要有充分時間做好暖身及收身操。把運動的時間分成小段，配合每天作息。四段10分鐘的散步比一段40分鐘的散步容易做到。

運動時，穿著冷暖適中的舒適衣物，以及一雙舒適的好運動鞋，

給爸爸的叮嚀

你的另一半在接下來的9個月將會經歷很多事情，身體會有很多改變。孕婦可能會害喜、胃灼熱、消化不良、疲累，並出現其他一般性的不適，偶而還會發生嚴重的事情。如果能事先知道你們將面對什麼樣的改變，對你們會很有幫助。為此，我們推薦你一定要讀本書特別為即將成為爸爸的你所寫的內容——給準爸爸的叮嚀。

支撐力愈大愈好。運動前後和之中都要喝水，脫水會引起抽筋。

　　如果妳記得要收縮腹部和臀部來幫助支撐下背部，感覺就會舒服些。運動時不要摒住呼吸，也不要讓自己過熱。逐漸增加妳攝取的熱量數。

　　懷孕時，做起身及躺下動作時都要特別小心。懷孕16週後，運動時不要平躺，因為平躺的姿勢，會使流到子宮及胎盤的血量減少。運動完後最好面向左側躺，休息15～20分鐘。

　　不要做危險的運動，如飛輪運動——這些高強度的固定式健身自行車鍛鍊，懷孕期間是不推薦的，因為會容易導致脫水，心跳也會過快。如果妳對飛輪運動已經頗有經驗了，請在產檢時和醫師談談。

　　• **萬一發生問題。**如果運動時發生陰道出血或有體液流出、呼吸急促、暈眩、嚴重的腹痛或任何其他的疼痛或不適，立刻停止運動。如果妳有（或知道妳有）心跳不規律、高血壓、糖尿病、甲狀腺疾病、貧血或任何其他的慢性病，請先諮詢妳的醫師，而且務必要在他的監管之下才能運動。如果有下列情況，要運動，務必要先跟醫師商量：有過三次或三次以上的流產經驗、子宮頸無力症、子宮內胎兒生長遲滯、早產、或懷孕期間曾出現異常出血情況。

妳的營養

葉酸的使用

　　葉酸即維生素B9，對孕婦非常重要。天然葉酸（folate）是葉酸儲存於食物中的形式。而葉酸則是維生素B的合成版。在嘗試懷孕之前以及懷孕初期就服用葉酸是很重要的，因為那個時期是葉酸最有幫助的時候。

　　服用葉酸對於孕婦和胎兒都有益處。我們知道，罹患糖尿病的女性服用較高濃度的葉酸會有幫助。服用葉酸的其他好處還包括了可以

降低氣喘和過敏形成的風險。

葉酸對於避免胎兒發生問題也有幫助。神經管缺損有可能發生在懷孕初期的胚胎身上，那時孕婦通常連懷孕的自覺都還沒有。神經管缺損的類型很多，最常見的就是脊柱裂，脊柱裂是脊柱未能閉鎖，以致脊髓和神經外露。

現在的研究指出，懷孕之前與懷孕初期時服用葉酸，可以幫助預防或降低胎兒發生神經管缺損的機率。但一旦確定懷孕，要來預防神經管缺損的發生，為時已晚。

• **攝取葉酸**。孕婦的身體對於葉酸的代謝量是正常量的四到五倍。葉酸無法久存於體內，所以妳需要每天補充。孕婦維生素中含有0.8到1毫克的葉酸，這通常已經足以應付正常懷孕所需。研究人員相信，如果孕婦在懷孕之前到懷孕的第13週期間，每天都能服用400微克（0.4毫克）的葉酸，就可以幫助預防神經管缺損的發生。所有孕婦都建議依此量攝取。

葉酸不足也可會導致母體貧血。如果妳懷了多胞胎，或是患有克隆氏病，葉酸的量都必須增加。

部分研究人員建議，懷孕前先攝取400微克的葉酸，但懷孕確認後則要追加到600微克。有些研究人員更建議孕婦每天必須攝取1毫克，或甚至更多的葉酸。更有一些研究人員相信，胎兒有高神經管缺損風險的孕婦（之前生育過的孩子有這問題、或者孕婦本身有癲癇症、糖尿病，或某些特定疾病）每天應該服用4毫克。請和妳的醫師討論。

有些藥物會干擾葉酸的代謝。這類藥物包括了aminopte-rin、carbamazepine、滅殺除癌錠（methotrexate）、 phenytoin、phenobarbital、diphenylhydantoin 和 trimethoprim-sulfa（Septra、Bactrim）。

抽菸也會把體內的葉酸消除，而抽二手菸則會使體內的葉酸濃度降低。此外，喝綠茶也會阻礙身體吸收葉酸，因此要避免。

• **添加葉酸的食物**。如果每天吃一杯添加葉酸的早餐麥片泡牛

奶，再喝一杯柳橙汁大概就能達到每天所需葉酸量的一半了。許多天然的食物中都含有葉酸，像是水果、豆子、啤酒酵母、黃豆、全穀類產品，以及深綠色的葉菜類。均衡的飲食可以幫助妳達到葉酸攝取的目標。

其他須知

懷孕期間的出血

懷孕期間陰道出血和零星出血的確會讓人擔憂。所謂的陰道出血程度大約與月經出血相當，甚至更多。而零星出血則是陰道出血的程度少於一般固定的月經出血量。

懷孕初期發生出血的現象的確會讓妳為寶寶的健康感到憂慮，擔心是否有流產的可能。當妳的子宮長大，在形成胎盤、盤結血管時，出血情況是可能會發生的。在懷孕中期，性交或進行陰道檢查時都可能導致出血。懷孕末期的出血就可能是前置胎盤的跡象，或是陣痛開始了。

就算妳懷孕期間出現過任何類型的出血情形，也不算罕見。部分研究人員估計約有20%的孕婦在懷孕初期之間會出現出血的情況。並不是所有的孕婦出血，都會導致流產。

如果妳出血了，請去看醫師。如果妳的出血情況已經引起醫師的關切，他就會安排進行超音波檢查。有些超音波檢查可以照出出血的原因，但在懷孕初期，可能也找不出原因。

如果有出血情況時，大多數的醫師都會囑咐要休息、減少活動並避免歡愛。手術或藥物對這種情況大多是沒用的，可能不會造成任何不同。

> 劇烈的運動或性交可能會引起出血。如果有這種情況，請立刻停止活動，讓醫師檢查看看。

懷孕的好處

· 懷孕期間，過敏和氣喘情況可能會感覺有好轉，因為由身體所分泌的天然類固醇會讓症狀減輕。
· 懷孕有助於預防卵巢癌。女性初孕的年齡愈輕、懷的胎數愈多，受益程度愈高。
· 懷孕中、後期間，偏頭痛的情況通常會消失。
· 月經的痙攣痛在懷孕期間會成為過去式。附帶的好處是，生產完後，不會再回來！
· 子宮內膜炎會引起骨盆腔的疼痛、嚴重出血，並會讓部分女性在月經期間出現其他問題。而懷孕會使子宮內膜炎的情況不再蔓延。
· 懷孕可以保護女性，預防乳癌。研究人員相信，生長中胎兒所分泌的高濃度蛋白質可能和年輕母親乳癌風險較低有關。蛋白質可能會干擾到雌性激素在引起乳癌上的危險性。

第3週的運動

　　站在距牆面一、兩步的地方，雙手放在肩前。把手放在牆上，身體往前靠。身體往牆靠近的時候，手肘彎曲。兩腳腳跟平站在地面上。用手慢慢把身體推離牆面，然後站直。重複10 到 20 次。鍛鍊上背部、胸部和手臂的力氣，紓解小腿的緊繃情形。

第四章

懷孕第4週
〔胎兒週數2週〕

如果妳剛剛發現自己懷孕了，不妨從前面的章節讀起。

寶寶有多大？

這時，腹中的胎兒還非常小，身長約0.36到1公釐。

妳的體重變化

這時候，妳還沒有顯現出懷孕的樣子。第73頁上的插圖可以讓妳了解肚子裡的寶寶有多小。因為還太小，所以妳根本不會注意到有什麼改變。

寶寶的生長及發育

胎兒的發育還在非常初期的階段，但許多重大的變化已經在陸續發生了！植入的胚胞，此時已經嵌入子宮內膜的更深處，將來將充滿羊水的羊膜袋也在此時開始形成。

胎盤正在成形中；胎盤在製造荷爾蒙以及運送氧氣與營養上扮演了非常重要的角色。與母體之間的血管網絡，正在開始建立。胎兒的神經系統（腦部與其他構造，像是骨髓）正開始發育。

不同的層葉細胞開始發育。胚層會發育成胎兒體內各個特殊的部位，如器官。一般來說，胚層有三層：外胚層、內胚層及中胚層。外胚層會演變為神經系統（包括大腦）、皮膚及毛髮；內胚層會演變為胃腸道的內襯組織及肝臟、胰臟和甲狀腺；中胚層則會演變為骨骼、結締組織、血液系統、泌尿生殖系統及大部分的肌肉。

妳的改變

　　這週結束前，妳可能還在等待月經的來臨。當月經沒來時，妳第一個反應可能就是：是不是懷孕了？

黃體

　　卵巢中，卵子來自的部位就叫做黃體。如果妳懷孕了，這個部位就會被稱做妊娠黃體。黃體在卵子排出後會立刻形成，它的外觀看起來就像個充滿液體的小囊袋，會迅速產生變化，準備開始製造荷爾蒙，例如黃體激素。黃體激素會在胎盤發育完成接手前，先支援懷孕所需。

　　我們相信黃體在懷孕最初的幾週內非常重要，因為它會製造分泌黃體激素。在懷孕的8到12週之中，胎盤便會取代其功能。到了懷孕的第6週左右，懷孕黃體便會萎縮。

第4週的小提示

　　二手菸和三手菸都會傷害孕婦和她肚子裡面的寶寶。所以請癮君子不要在妳懷孕的時候，在妳身邊吞雲吐霧。妳也要避免到有人抽菸的地方。

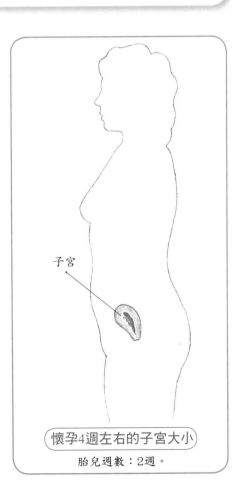

子宮

懷孕4週左右的子宮大小

胎兒週數：2週。

哪些行為會影響胎兒發育？

先天性畸形

懷孕時，幾乎所有的準父母都會擔心孩子是否健康。其實，大多數的父母都多慮了。只有極微少數的新生兒會出現重大的先天性畸形，而這些缺陷或畸形都是在懷孕初期中發生的（懷孕的最初13週。）

• **構造性先天缺陷**。是胎兒的某部分身體並未正確形成，或是不見了。心臟缺損與神經管缺損是最常見的構造性先天缺陷。

• **基因性缺陷**。則是因為基因出錯所致。有些基因性缺陷是遺傳的，有些則是發生在精子與卵子結合時。而其他的先天性缺陷則是因為曝露於特定的化學物之中，像是藥品、酒精、毒品或有毒物質，例如放射線、鉛或水銀。而孕婦如果被特定的病毒感染，例如德國麻疹，也可能會導致胎兒的畸形。

當妳發現自己月經沒來時，寶寶體內80%的器官都已經開始發育了。

• **畸胎學是一門專門研究胚胎發育異常的學科**。而畸胎原則是造成先天性缺陷或畸形的物質。負責照護孕婦的人員常會被問到哪些物質是有害的。

有些物質如果在胚胎發育的特定時間接觸到，就會造成重大的先天畸形。但如果是其他時間接觸到，情況則不會那麼嚴重。在懷孕的13週左右，胎兒主要的發育大致已經完成。過了該段時間，這些有害物質的傷害性可能就是生長較緩，或是器官長得較小。其中一個明顯

例子就是德國麻疹。如果
胚胎在懷孕的前3個月感
染了德國麻疹，會造成先
天性缺陷，像是心臟功能
不良；但如果在懷孕晚期
受到感染，傷害性就會小
得多。

> **阿嬤的治便秘秘方**
>
> 　　如果妳有便秘的問題，可
> 以用225cc的水加入2茶匙的蘋
> 果醋。早晚各喝一杯。

　　每個女性對於特定物質的反應、以及接觸量的大小都有很大的差
別，酒精就是一個好例子。有些寶寶就算酒精的量很大，也似乎無關
痛癢，但有些寶寶只要一點點量，傷害就很大。

藥物及毒品的使用與濫用

　　如果妳有服用藥物或毒品，請誠實告訴醫師。不論妳吃了什麼，
或是吃過什麼可能會影響到肚子裡寶寶的，全部都要說出來。藥物或
毒品的受害者是妳的孩子，引起的後果可能很嚴重。醫師如果事先了
解妳的用藥情形，才能好好處理。（下頁所列的圖表能幫助妳了解藥
物及其他物質可能產生的影響。）

妳的營養

　　除非妳很幸運，是那種大吃大喝也不怕胖的體質，否則懷孕期
間，妳大概不能隨心所欲的想吃什麼，就吃什麼。即使是那樣，妳對
於選擇吃下肚的食物種類，也要嚴格注意。

　　要吃有營養的食物，別吃那些空有熱量的東西（含有大量糖和脂
肪的食物）。選擇新鮮蔬菜水果。可能的話，盡量避免攝取咖啡因。

各種物質對胎兒的影響

有很多物質都會影響胎兒的早期發育。下表所列是各式物質對發育中胎兒可能的影響。

物質	對寶寶的可能影響
酒精	胎兒酒精症候群、胎兒生長遲滯
安非他命	胎盤早期剝離、胎兒生長遲滯、胎死腹中
男性荷爾蒙（雄性激素）	生殖器發育性別不明（嚴重程度視藥物劑量及服藥時間而定）
血管收縮素轉化酶抑制劑（ACE inhibitors）（enalapril, captopril）	胎死腹中、新生兒死亡
抗凝血劑（Anticoagulants）	骨骼與手部異常、胎兒生長遲滯、中樞神經系統異常、眼睛異常
抗甲狀腺藥物（propylthiouracil、碘化物、methimazole）	甲狀腺機能不足、胎兒甲狀腺腫
巴比妥酸鹽（Barbiturates）	可能有先天性缺陷、戒斷症候群、飲食習慣不良、抽搐
鎮靜安眠藥物，苯二氮平類 Ben-zodiazepines（包括 Valium 煩寧和 Librium 利眠寧）	增加先天性畸形的機率
咖啡因	出生體重過輕、小頭、呼吸出現問題、難以入睡、失眠、躁動不安、恐慌、鈣的代謝困難、胎兒生長遲滯、智能不足、小頭畸形、其他各種嚴重的畸形
有抗膽素激素（Carbamazepine）	先天性畸形、脊椎裂
化療藥物（methotrexate、aminopterin）	增加流產風險
抗凝血藥物類 Coumadin derivatives（warfarin）	痔瘡（出血）、先天性缺陷、流產及死產
癌德星（Cyclophosphomide）	暫時性不孕
動情激素（乙烯雌酚）Diethylstilbestrol（DES）	生殖器官（男性與女性）異常，不孕

物質	對寶寶的可能影響
葉酸拮抗劑 （胺基甲基葉酸methotrexate、氨基喋呤aminopterin）	胎死腹中、先天性缺陷
黏膠與溶劑	先天性缺陷、包括身材過短、出生體重過輕、小頭、關節及四肢有問題、顏面特徵異常、心臟缺損
碘-131（10週以後）	放射線的副作用、生長限制、先天性缺陷
A酸 （Isotretinoin，粉刺用藥Accutane）	增加流產機率、神經系統缺損、顏面缺陷、顎裂
K他命	行為問題、學習障礙
鉛	增加流產及死產的比例
鋰鹽（Lithium）	先天性心臟病
甲基安非他命	胎兒生長遲滯、難與人親近、愛抖動、超吹毛求疵
喜克潰（Misoprostol）	顱骨缺損、腦神經麻痺（cranial-nerve palsie）、顏面畸形、四肢殘缺
尼古丁	流產、死產、神經管缺損、出生體重低、智商低、閱讀障礙、輕微腦功能失調症候群
有機汞	大腦萎縮、智能不足、癲癇、抽搐、失明
多氯聯苯（PCBs）	可能有神經系統方面的問題
Phenytoin （Dilantin）	胎兒生長遲滯、小頭畸形（micr-ocephaly）
黃體素Progestins（高劑量）	女胎男性化
鏈黴素（Streptomycin）	聽力喪失、腦神經受損
四環黴素（Tetracycline）	牙齒琺瑯質發育不全、恆齒變色
沙利竇邁（Thalidomide）	嚴重的四肢殘疾
Trimethadione	唇顎裂、胎兒生長遲滯、 流產
Valproic acid	神經管缺損
維生素 A及衍生物 （isotretinoin、etritinate、retin-oids）	胎死腹中及先天性缺陷
X-光治療法	小頭畸形、智能不足、白血症

（編輯自美國婦產科學院的A.C.O.G.技術公告236　Teratology畸胎學）

其他須知

增加體重

　　妳必須準備增加體重了。這對妳和成長中寶寶的健康都很重要。要站上體重計，盯著它上升，對妳來說可能不是一件可以簡單辦到的事。不過，請妳了解，現在增加體重沒有關係，但總也不必放任自己大吃特吃。妳可以謹慎的吃，但必須吃得營養來控制體重。體重必須增加到一定的程度，才能應付懷孕所需。

> 　　懷孕期間妳是一人吃兩人補，但妳不必真的吃下兩倍的分量，而是要兩倍聰明的吃！

　　研究人員發現一般正常體重的女性，懷孕一胎期間體重如果增加17公斤以上，更年期後發生乳癌的風險比較高。產後沒瘦身回去，風險也會較高。

　　妳在懷孕初期之中所增加的體重和寶寶出生時的大小，關係密切。如果妳在懷孕初期間增加了很多體重，生出來的寶寶也會較大。從另一方面來看，如果懷孕初期妳並未增加很多體重，妳的寶寶可能會稍微小一點。

環境中的污染物

　　對妳而言健康的環境，對發育中的寶寶才健康。環境中有一些污染物，對妳和寶寶來說可能

給爸爸的叮嚀

　　養成習慣，隨手把喜歡的懷孕書籍抽出來讀，隨著另一半孕程的推進，每週跟著讀，以了解懷孕每一週發生的事。

是有害的。避免曝露於這樣的環境之中非要重要。

• **我們還不太了解許多化學物質的安全性**。所以可能的話，請盡量避免曝露於其中，但要避開所有的化學物質，應該是不可能的。所以，如果妳知道自己的四周將佈滿各式各樣的化學物質，那麼吃飯前請好好洗手。如果妳家的貓或狗，脖子上套著防跳蚤的項圈，請別去碰觸牠們。

• **鉛**。某些橡膠漆裡面含有鉛。而部分油性的油漆和溶劑也別去用。溶劑是化學物質，會把其他的物質溶化，請看產品標籤。

如果妳家中是用青銅水龍頭、鉛水管、或是銅製水管，但上面有焊鉛，飲水中可能就會含鉛。如果妳覺得家中自來水水質異常，可去電台灣自來水公司各地服務所或營運所，台水公司將派員服務，視需要取樣免費檢驗。在用水之前，先讓水流30秒，這樣可以降低水中的含鉛率。冷水的含鉛率比熱水低。

如果妳使用水晶的高腳酒杯，那裡面也含鉛。有些芳香蠟燭的芯心也是含鉛的，應避免接觸其中的任何一種。

• **砷**。則可能藏在戶外，就在妳家的後院子裡——傢俱、平台、遊樂設施組等等由加壓木板板材製作的材料都是以鉻化砷酸銅來防腐的。從戶外進來後，請徹底洗手。

抗憂鬱藥物

如果妳在服用抗憂鬱藥物Paxil，請馬上和醫師討論。妳可能需要在懷孕早期就改用其他的治療方式。但是，在還未諮詢過醫師前，不要擅自停用任何抗憂鬱藥物。

Paxil 是屬於一種選擇性血清素再回收抑制劑類的藥物，有時也會縮寫為SSRI。懷孕期間使用Paxil的安全性，一直受到持續性的質疑。懷孕的初期與末期間使用Paxil可能會讓胎兒產生危險。

- 鉛：過去，鉛的污染源大多來自於大氣層；今天，鉛似乎無所不在，汽油、水管、銲錫、蓄電池、建築材料、油漆、染料及木頭防腐劑等可能都含有鉛。

  鉛很容易透過胎盤進入胎兒的體內，並早在懷孕的第12週就顯現影響──導致胎兒鉛中毒。懷孕時盡量避免與鉛接觸。如果妳的工作環境可能含有鉛，趕快與醫師商討對策。

- 水銀（汞）：對懷孕婦女有潛在的毒性也是長久以來，眾所皆知的事。過去的報告指出，孕婦食用遭汞污染的魚後，會對胎兒造成傷害，這些症狀多半與腦性麻痺及小頭畸形有關。

- 多氯聯苯：我們的周遭環境，有許多已被多氯聯苯污染。多氯聯苯是多種化學物質的組成體。在大多數魚類、鳥類及人類的身體組織裡，都能檢測出多氯聯苯。這正是孕婦懷孕期間應該限制魚類攝取量的原因之一。

- 殺蟲劑和農藥：有不少介質是用來除去不想要的動植物的。人類因為大量而廣泛的使用這些藥劑，造成本身普遍曝露在這些有毒的物質之中。其中最值得關切的危險物質包括了：氯苯乙烷、氯丹、七氯四氫甲印、林丹。

第4週的運動

坐在地板上，雙腳靠近身體，兩腳腳踝交叉。

在兩膝膝蓋或是大腿內側溫和施壓，參見右頁插圖。施壓時從1數到10，放開，然後再重複，做4到5次。之後將雙手放到膝蓋下，膝蓋輕輕往下壓，抗拒手的施力。從1數到5，然後放開。逐漸增加施壓的

次數，直到做到10 次，每天進行兩輪。這個運動可以鍛鍊骨盆腔底的
肌力與股四頭肌的肌力。

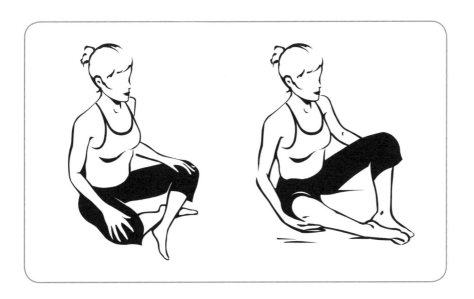

第五章

懷孕第5週
〔胎兒週數3週〕

如果妳剛剛發現自己懷孕了，不妨從前面的章節讀起。

寶寶有多大？

本週，妳肚子裡面的**寶寶**還不是很大，大約只有1.25公釐長。

妳的體重變化

這個時候，孕婦本身還沒有太大的改變。即使妳已經察覺自己似乎懷孕了，不過，要讓親友都發覺到妳的體型改變，似乎還早得很呢！

寶寶的生長及發育

這一週雖然仍屬懷孕早期，但是將來會發展成心臟的胚層，已經開始發育了。兩根管子會隨後接著發育，形成心臟，並在發育的第22天後，開始進行收縮。到了懷孕的第5到第6週時，用超音波檢查，已經能看到跳動的心臟了。

這時，眼睛首先開始出現。眼睛出現的時候，看起來像是一對空溝，在發育中的腦部兩邊，一邊一個。這兩個溝持續的發育，最後變成口袋狀，稱之為視泡。在初期發育時，眼睛是長在頭部兩側的。

中樞神經系統（大腦及脊髓）、肌肉及骨骼等都開始成形。**寶寶**軀幹的骨架，也在本週開始發育。

妳的改變

家用驗孕試劑的敏感度（正確性）已經非常高了，因此可以檢查

出早期的懷孕徵兆。驗孕主要是偵測是否有人類絨毛膜促性腺激素，這種荷爾蒙在懷孕早期就會出現。

很多牌子的驗孕試劑都能在受孕的10天就顯示出陽性（表示懷孕）的反應。

使用家用型驗孕試劑最好的時間是月經沒來的第一天，或是該日期之後的任何時間。如果妳驗孕的時間太早，即時妳真的有孕，也可能沒驗出來。太早驗孕的女性，有50%發生過這樣的事。

噁心和嘔吐

有些婦女懷孕後，最早出現的症狀是噁心，有時還會伴隨著嘔吐，這種現象稱為「害喜」。大概有一半的女性懷孕時會同時出現噁心、嘔吐的情形，有25%只有噁心，而只有剩下的25%，沒有任何害喜症狀。

> 如果妳懷孕期間，嗅覺變得特別靈敏，那麼害喜的毛病會更嚴重。

如果妳會暈車、暈船或暈機，或有偏頭痛，那麼可能就會害喜。害喜現象如果出現，通常都是在懷孕的第12週之前。

害喜有壞處，也有好處——有噁心與嘔吐狀況的女性，懷孕流產的機會比較低。害喜的情況愈嚴重，流產的可能性愈低。

害喜情形不論早晨或是傍晚都會發生。通常是早上一早就開始害喜，在妳變得活躍的白天，害喜症狀會減輕。這種現象可能在懷孕的第6週左右出現。

振作精神吧！害喜的情況通常都會好轉的，並在懷孕初期（第13週）左右消失。請耐心熬著，別忘記，這只是短暫的現象。

害喜會影響到懷孕期間體重的增加。許多有害喜情況的孕婦，一直到懷孕中期開始，噁心嘔吐的情況過去後，體重才開始增加。

如果害喜的情形搞到妳筋疲力竭，可以請教醫師對應之道。只要確認這種情況實屬正常，而妳的**寶寶**在肚子裡面也平安無事，那麼妳可能就會感到安慰。

‧**妊娠劇吐症**。噁心通常不會嚴重到需要以藥物來治療。不過，有種稱為妊娠劇吐症（也就是噁心和嘔吐都很嚴重）的病症倒是會讓孕婦劇烈嘔吐，導致營養和水分都流失。

如果妳有下面情況，就屬於妊娠劇吐症：二十四小時內無法喝下2250cc的流質、一週體重減少0.9公斤或是懷孕重量的5%、把血或膽汁都咳出來了。萬一出現以上狀況，請立刻去看醫師。

如果症狀很嚴重，請立即就醫。即使離原先安排的第一次產檢還有一段時間，妳也沒理由讓自己白白受苦，提前看診，可以使症狀早些獲得一些紓解。

研究顯示，如果妳有妊娠劇吐症，生女兒的機率會高出75％以上。專家認為，這是因為**寶寶**和準媽媽聯手在懷孕初期之中分泌了過量的女性荷爾蒙所致。

如果妳的噁心孕吐情況非常嚴重，以至於吃喝不下，或是覺得身體太不舒服，連日常起居都發生問題，請去看醫師，尤其是有下面的任何情況：尿液顏色很深、少尿、站起身時頭暈目眩、心跳很快或砰砰直跳，或吐到連血或膽汁都吐出來。

孕婦情況如果太嚴

第 5 週小提示

懷孕會影響妳的嗅覺。妳對氣味的敏感度現在很強。以前正常情況下不會對妳產生影響的味道，現在聞起來很糟糕。如果妳對食物的氣味很敏感，試著吃一塊乳酪、乾烤的核仁或冷雞肉。

重，可能就得入院治療，補充點滴，並以藥物治療。

‧**懷孕過後還有妊娠劇吐症？**大家都相信，因妊娠劇吐症而引發的症狀在懷孕之後都會消失。對大多數孕婦來說，的確如此。但有少數的女性即使在寶寶出生後，問題依然存在。

研究顯示，部分有嚴重妊娠劇吐症的女性在分娩後，症狀依然存在，要幾個月後才能恢復。這些症狀包括對食物反胃、胃食道逆流、消化問題、噁心、膽囊問題、疲累及肌肉無力。懷孕期間因為無法進食而接受點滴餵食的孕婦，出現這些症狀的比例最高。

如果妳妊娠劇吐症的情況到了寶寶出生之後還是持續，就需要去找營養師了。跟妳的醫師談談，在計畫懷下一胎前就尋求幫助，尤為重要。

‧**治療害喜症狀。**正常的噁心和孕吐是沒有百分之百的治療方式的。研究發現，有些孕婦覺得服用維生素B6有效。這是個不錯的治療方式，可以試試，因為簡單可行、價格又不貴。問問妳的醫師是否能開一種每日一錠型的PremesisRx。如果單獨服用維生素B6沒有效果，醫師可能加添一顆抗組織胺劑試試。

妳也可以問醫師，藥房的止吐成藥，如Emetrol是否可以服用。此外，也可以請教是否有讓腸胃負擔較輕的其他孕婦維生素可以改用。在懷

止吐手環（ReliefBand）

對於紓解害喜現象可能有幫助。這種手環穿戴的方式就和一般手環一樣，戴在手腕內側。它會發出溫和的電波刺激神經。這種刺激相信可以干擾在腦部與胃部傳送引起噁心的訊息。手環可以調整成不同的刺激程度，妳可以自行控制舒適度。手環可以在感到噁心開始前使用，或在不舒服時戴上。這種裝置不會干擾到妳的進食、防水防撞，所以任何時間都可以穿戴！

孕初期中，妳可以問醫師是否可以用一般的綜合維生素來取代孕婦維生素，或吃單葉酸補充劑。

穴位按摩、針灸和按摩對於噁心和孕吐都證明是有效的。穴位按摩手環和其他一些裝置可以用來止暈車、暈船，讓部分女性感覺比較舒適。

這段時期對胎兒的發育極為重要，如果不確定止吐草藥、成藥或其他任何療法在懷孕期間使用是否安全，千萬不要接觸。

• **可以採取的行動**。少量多餐。專家們都同意，在這種情況下，妳應該吃妳想吃的東西——也就是只要吃得下都好，就算是發酵的麵包或檸檬汽水都行，想吃就去吃吧！有部分孕婦覺得蛋白質類食物比較容易留在胃裡不吐出來；這類食品包括了乳酪、蛋、花生醬、和瘦肉。一條55公克左右的黑巧克力對紓解噁心感也有幫助。

薑湯可以讓嘔吐的情況減輕。請以新鮮的薑熬煮薑湯，喝下後胃會比較鎮定。

如果妳聽人說葫蘆堊（Nzu）可以治害喜，千萬別信。這是一種源自非洲的傳統療法，看起來像一球球的泥巴或黏土，裡面含有高濃度的鉛和砷。

就算妳吃東西，食物無法留在胃裡，也要保持水分的攝取。脫水可比一陣子沒吃東西嚴重。如果妳很會吐，請選擇含有電解質的水分來補充妳嘔吐流失的。請教醫師對於補充的水分，是否有好的建議。

頻尿、乳房變化

懷孕初期，妳可能會常跑廁所。這種頻尿的情況常會持續整個孕期。到了接近分娩時，情況可能更討厭，因為子宮愈來愈大，會壓迫到膀胱。

妳可能也注意到乳房的變化了。乳房及乳頭常會出現刺痛或疼痛，乳暈也可能會變黑，乳頭周圍的腺體有可能隆起。

害喜的有趣現象

- ·噁心和孕吐在亞洲和非洲沒美國那麼常見。
- ·懷多胞胎比較容易害喜。
- ·胃灼熱和胃食道逆流讓害喜情況更糟糕。
- ·除了害喜之外,懷孕初期會引起噁心和嘔吐的病症還有胃腸炎、闌尾炎及腎盂腎炎、及某些代謝方面的疾病。
- ·如果噁心嘔吐的症狀不是出現在懷孕初期,而是等到懷孕後期,那就不是害喜了。

疲憊

懷孕初期,妳可能會覺得筋疲力竭。早上爬不起床,或是下午很容易就睡著了。別擔心——這很正常,特別是在懷孕初期。

疲倦的情形也常會持續整個孕期。要消除疲勞,可以服用孕婦專用維生素或吃醫師開的補充劑。睡眠及休息,一定要充足。如果妳覺得很疲倦,請減少吃糖、少喝有咖啡因的東西,因為這兩種東西非但不能消除疲勞,反而會讓妳覺得更累。

寶寶成長時,妳的身體必須消耗許多能量。慢慢來處理疲憊的問題吧,盡量努力試試。可能的話,白天找時間休息。要對抗疲憊,可以遵守45秒鐘規則—— 如果做一件事情只要需要45秒或是更短,那就去做吧!這樣可以幫助妳減輕疲勞並紓解壓力。

妳也可以試試其他讓妳覺得舒服的事。薰衣草有鎮定的功效,吸一下味道就能收到效果。

專家相信芳香療法能收鎮定之效。如果妳在桌上或家中插上一把漂亮的鮮花,壓力也會隨之減輕。

有80%的孕婦,在懷孕的某段時期,晚上都會睡不好。部分理由是因為荷爾蒙的改變與肚子變大。下午時間小睡一下可以讓妳提振精

神，彌補一下沒睡好的覺。

很多準媽媽一個晚上爬起來5次，或甚至5次以上，這樣白天當然會疲憊。而寶寶的運動、腿部抽筋以及呼吸急促都能讓妳在懷孕晚期睡不著覺。晚上有充分的休息是非常重要的，特別是懷孕晚期。研究顯示，孕婦晚上的睡眠時間如果少於六個小時，需要進行剖腹產的機率就會高出四倍。

哪些行為會影響胎兒發育？

開始產檢

當妳懷疑自己懷孕時，「我應該什麼時候去看醫師？」往往是妳先會問自己的問題之一。為了媽媽和寶寶的健康，好的產前照護是很必要的。當妳有好理由相信自己懷孕時，盡早安排產檢。月經錯過幾天後就可以開始了。

避孕期間懷孕

如果妳一直都在避孕，請告訴妳的醫師。沒有哪種避孕方法是百分百有效的，偶而也會失敗，即使是口服避孕藥也一樣。如果這種事發生在妳身上，請不要驚慌。如果妳確定自己懷孕了，不要再吃避孕藥，盡快預約時間去看醫師吧！

即使裝了子宮內避孕器（IUD），也可能懷孕。萬一發生這種事，請立刻去看醫師，討論子宮內避孕器應該取出還是留下。大部分的狀況下，醫師都會盡量拿掉子宮內避孕器的。如果留在原處不動，流產的風險也會稍微提高。

受孕的時候，妳採用的避孕方式也可能是殺精劑、避孕海綿或子宮帽；這些對發育中的胎兒並不會造成傷害。

有研究對平價商店和診所使用的驗孕試劑進行了比較，發現平價商店賣的驗孕組就和診所採用的高價版一樣靈敏。

妳的營養

正如之前所描述的，懷孕期間妳可能必須應付害喜的問題。如果妳有害喜的現象，可以參考下列幾種方法來減輕不適：

♥ 盡量少量多餐，不要讓胃撐得太飽。

♥ 多多補充大量水分。

♥ 找出哪種食物、哪些氣味及哪些狀況，會讓妳覺得噁心，並盡量避免。

♥ 盡量不要喝咖啡，因為咖啡會刺激胃分泌胃酸。

♥ 睡前吃一點高蛋白質或高碳水化合物類的點心，也有幫助。

♥ 請另一半在妳早上起床前，先幫妳烤一片土司，吃完再下床。也可以在床邊放一些小餅乾或穀片等，早晨醒來時，先吃一點再下床。這些都有助於抑制胃酸。

♥ 臥室保持涼爽及通風。涼爽新鮮的空氣，會讓妳感覺比較舒適。

♥ 慢慢起身下床。

♥ 如果妳必須服用鐵劑，最好在飯前一小時或飯後兩小時。

♥ 當妳噁心反胃的時候，吃一點蘇打餅乾、冷雞肉、椒鹽卷餅，或是薑餅。

♥ 咬一點生薑或喝一些薑湯。

♥ 鹹食能抑制某些人的噁心症狀。

♥ 喝檸檬水或吃西瓜，可能可以減輕症狀。

其他須知

懷孕時增加的體重

孕婦在整個懷孕期間所增加的體重，個別差異很大，可以從體重不增反減，一直到增加大約23公斤，甚至更多，所以很難去設定一個懷孕期間的「理想」體重。不過專家們還是認為，懷孕期間如果能增加「建議」的體重，妊娠會比較健康。

懷孕期間到底應該增加多少體重必須參考懷孕之前的體重。專家都認為，懷孕之前量得的體重是懷孕期間應該增加多少重量的最佳參考指數。此外，如果妳身高矮於157公分，請選擇建議增加範圍中最低的數字。

統計數字顯示，有45%孕婦增加的體重比應該增加得多。如果妳也如此，那麼不但本身發生問題的風險會提高，也把寶寶置於風險之中。而且孩子在7歲前體重過重的風險也會高得多。

許多專家都呼籲，在懷孕20週前，每週應該只增加0.3公斤，20週到40週之間，則是每週0.5公斤。另一些研究人員則為不同體重，也就是體重過輕、正常、過重和肥胖的孕婦製作了體重增加參考原則，請參見本頁的圖表。

懷孕的體重增加情形

懷孕前體重情況	建議增加（公斤）
體重過輕	13 到 18
正常體重	11 到 16
體重過重	7到 11
肥胖	5 到9
病態肥胖	醫師會判斷增加多少

要了解懷孕期間增加多少體重為佳可以參考BMI（體脂肪指數）。懷孕期間，BMI體重增加的參考原則如右：

- 體脂肪指數低於18.5——體重增加在13 到18公斤之間
- 體脂肪指數數介於18到25——體重增加在11 到16公斤之間
- 體脂肪指數數介於26 到29——體重增加在 7到 11公斤之間
- 體脂肪指數數在30或以上——體重增加在 5 到9公斤之間
- 體脂肪指數在40及40以上——醫師會判斷增加多少

　　幾乎一半的女性在懷孕之前都有體重的問題。不過，懷孕期間不應該節食，但這也不表示妳就不必注意自己吃什麼。妳應該多多重視才對！寶寶必須透過妳攝取的食物，才能獲得適當營養。

　　研究顯示，如果妳懷孕之前節食太多，懷孕期間增加的體重可能就會超過建議體重，所以請嚴格注意妳的飲食計畫，選擇可以提供營養給妳自己和肚子裡成長中的寶寶。注意壓力不要過大，也不要太過勞累。如果妳壓力很大，身體疲憊或焦慮，就可能會攝取較多的脂肪、甜食、及垃圾零食，導致懷孕期間，體重增加情況不健康。

　　如果妳打算以母乳哺育，懷孕期間把體重養得太重可能會引起哺育上的問題，比應增體重多出來的體重可能會延後母乳分泌的時間。

子宮外孕

　　在正常懷孕的情況下，受精是發生在輸卵管內，然後受精卵會一路穿過輸卵管，來到子宮，並在子宮壁上著床。

　　子宮外孕發生在懷孕最初的12週之內，情況是受精卵著床的地點在子宮腔外。最常發生子宮外孕的部位，就在輸卵管。

　　研究人員相信性傳染病是子宮外孕成長的主要原因，尤其是披衣菌與淋病。如果妳得了性病，第一次產檢就要告訴醫師。如果之前曾發生過子宮外孕，也一定要告知，因為復發率有12%。

　　曾經因為骨盆腔發炎症、其他發炎或感染、不孕、子宮內膜異位、輸卵管或腹部手術導致輸卵管受損，發生子宮外孕的機率也會提

高。母親懷孕期間抽菸、接觸動情激素（乙烯雌酚），以及懷孕時年齡較高都會讓子宮外孕的風險提高。使用子宮內避孕器避孕，子宮外孕的機會也會增加。

子宮外孕的症狀包括陰道出血、腹部疼痛及乳房觸痛或噁心等症狀。不過，因為這些症狀與正常懷孕的症狀相同，因此不易診斷是否為子宮外孕：

- ♥ 痙攣或下背疼痛
- ♥ 下腹部壓會痛
- ♥ 出血或有褐色分泌
- ♥ 因為失血而無力、頭昏目眩或快昏倒
- ♥ 肩膀疼痛
- ♥ 噁心
- ♥ 血壓低

•子宮外孕的診斷。診斷子宮外孕時必需驗血作HCG定量檢查，即測量血液中的人類絨毛膜促性腺激素的量質。正常懷孕時，HCG的量迅速增加，約每兩天增加一倍。如果HCG數量並未如預期般增加時，就要懷疑是否為子宮外孕。

超音波檢查也是診斷子宮外孕的利器。如果是子宮外孕，就可以從輸卵管看到，腹腔內的積血也能看見。

現在，醫生可以使用腹腔鏡來對子宮外孕進行更好的診斷。腹腔鏡探查術只需要在肚臍周圍及下腹腔做幾個小切口，醫師就可以將體型很小的腹腔鏡直接置入腹腔，清楚的觀察腹腔及骨盆腔內的器官，也可以立刻察覺是否子宮外孕。

子宮外孕發生在輸卵

給爸爸的叮嚀

在另一半懷孕期間，你如果可以出手幫忙打理房子內外，自己也會住得更愉快。如果你能幫忙購物，處理家中雜事，兩人的日子都會更輕鬆。

管時，必須儘早診斷及治療，以免輸卵管破裂受到損傷，導致必須將輸卵管整個切除。輸卵管一旦破裂出血，會造成體內大出血，因此必需趁早診斷治療。

　　大多數子宮外孕都是在懷孕6～8週時檢查出來的。早期診斷的關鍵就在於妳和醫師對任何出現症狀的溝通程度是否良好。

　　• **子宮外孕的治療**。發生子宮外孕時，醫師的治療原則就是去除懷孕，保住生殖能力。如果需要開刀，就必須全身麻醉，再以腹腔鏡除去胚囊；或直接剖腹（切口較大，且不使用腹腔鏡），切除胚囊。兩者術後都同樣需要一段麻醉恢復期。不過，有許多子宮外孕必須將輸卵管整個切除，如此將影響日後的生殖能力。

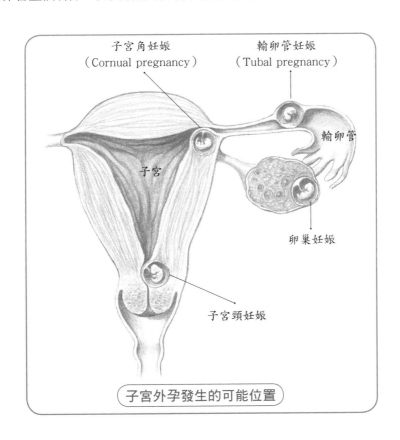

子宮角妊娠
（Cornual pregnancy）

輸卵管妊娠
（Tubal pregnancy）

輸卵管

子宮

卵巢妊娠

子宮頸妊娠

子宮外孕發生的可能位置

對於胚囊未破裂的子宮外孕，已有不需開刀的新療法：使用胺基甲基葉酸（methotrexate滅殺除癌錠）這種治癌藥。這種藥物一般多用肌肉注射，有時也經腹腔鏡或經陰道超音波導引注射在外孕的地方，且必須在醫院或門診進行，並仔細觀察給藥過程。這種藥物是一種細胞毒素，能夠終止懷孕。治療之後，HCG值將會降低，意味著懷孕已經終止，症狀也會立即改善。使用胺基甲基葉酸來治療子宮外孕時，必須等3個月才能再次嘗試懷孕。

第5週的運動

輕輕抓住椅背或檯面，以保持平衡。雙腳打開與肩同寬，站好。讓身體重量擺在兩個腳跟以及挺直的軀幹上。彎膝，身體軀幹往下，成蹲姿，不要駝背。以蹲姿持續5秒，然後打直，回復到起始的站姿。一開始重複做5次，然後慢慢增加到10次。強化髖關節、大腿以及臀部的肌力。

第六章

懷孕第6週
〔胎兒週數4週〕

如果妳剛剛發現自己懷孕了，不妨從前面的章節讀起。

寶寶有多大？

頂臀長，又稱冠臀長是指寶寶從頭量到臀部的的高度或距離。本週寶寶的頂臀長度約2～4公釐。這種測量方式，比從頭頂量到腳跟的方式普遍，因為胎兒大多雙腿彎曲，因此，很難測量頭頂到腳跟的長度。

妳的體重變化

妳已經懷孕1個月了，應該開始注意到自己身體的變化了。妳的體重可能胖了一點，或瘦了一點。如果這是妳第一次懷孕，肚子可能還不會有什麼變化，但是乳房或是其他地方可能增加了一點重量。如果妳在此時作骨盆檢查（內診），醫師通常可以摸到子宮，也會注意到子宮大小有些改變。

寶寶的生長及發育

本週是胚胎期（從受孕開始到懷孕的第10週，或是從受孕開始到胎兒發育的第8週）。胚胎期是胚胎發育最容易受到干擾的時期。大部分的先天性缺陷／畸形也是發生在這段最重要的期間。

如第97頁的插圖所示，寶寶的身體現在有頭，還有一個尾部。在這段期間左右，早期的大腦腔室開始形成。前腦、中腦、後腦和脊髓已經成型了。

心管分成幾個鼓室凸起，分別發育成為腔室，稱為心室（分左右）

與心房（左心房與右心房），形成的時間在第6週和第7週之間。如果有適合的儀器，有時候在第6週之前還能用超音波看見心跳。眼睛也在成型中，四肢芽則隱約可見。此時，心臟管已融合，開始收縮，產生心跳。心跳的情形，在超音波檢查時可以看得見。

妳的改變

胃灼熱（溢胃酸）

胃灼熱是懷孕時最常見的不適症狀之一。之所以稱為胃灼熱，是因為胸腔中間部分會出現灼熱感，這種不適感往往在吃完東西不久後出現。有胃灼熱現象時，嘴巴裡會有酸味或苦味，彎腰或躺下時，也會疼痛。

懷孕初期，約有25%的孕婦會出現胃灼熱的情形。之後，當胎兒越來越大，壓迫到消化道時，情況會更嚴重。

胃灼熱發生在消化道放鬆，而胃酸從食道逆流而上時。懷孕期間經常發生，原因為：食物通過腸道的速度變慢，而胃部又因為子宮變大，上升至腹腔，稍微造成壓迫所致。

大多數孕婦的症狀都不會很嚴重，只要少量多餐，避免某些姿勢，如彎腰及平躺等，多半就能改善。如果妳剛吃完一頓大餐就立刻躺下，一定會發生胃灼熱現象。（事實上，任何人都會這樣，不只是孕婦。）

有些制酸劑能使大部分症狀獲得改善，這些制酸劑包括了氫氧化鋁、三矽酸鎂及氫氧化鎂（Amphojel、Gelusil、鎂乳、Maalox）。如果要服用這些藥物，最好遵照醫師指示或藥品包裝上對孕婦的指示。千萬不要服用過多的制酸劑，也不要服用重碳酸鈉類的藥物，因為它們含有過多的鈉成分，會使體內的水分滯留。

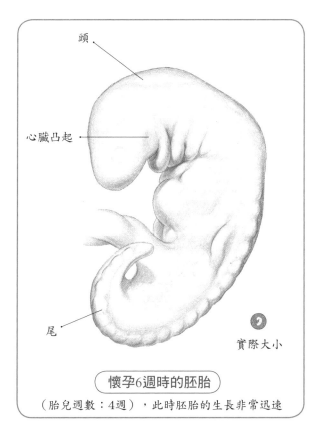

頭

心臟凸起

尾

實際大小

懷孕6週時的胚胎

（胎兒週數：4週），此時胚胎的生長非常迅速

　　還有一些辦法也能幫妳應付胃灼熱。試試以下的方式，看看哪種對妳有效。

♥　不要吃太飽。

♥　不要吃會讓妳引起胃灼熱的食物。

♥　晚上太晚不要吃宵夜。

♥　喝碳酸飲料要適度。

♥　烹飪時少放些油脂。

♥　穿寬鬆的衣物。

- ♥ 餐後不要彎腰駝背，尤其是懷孕晚期。
- ♥ 餐後以及發生胃灼熱情況時，嚼口香糖30分鐘。
- ♥ 舔舔硬的糖果。
- ♥ 做些運動，但是開始做運動前兩個小時不要吃東西。
- ♥ 做比較平順的動作，避免將胃酸推擠到食道去。
- ♥ 降低生活中的壓力。.
- ♥ 舒緩胃灼熱症狀的另一種方式就是餐前以半個檸檬榨汁、鹽少許，對225cc的水調成檸檬汁喝。餐後吃1茶匙的蜂蜜也可以紓解不適。

・**胃食道逆流。**懷孕期間，胃食道逆流可能會被錯認為胃灼熱。這種病很常見，但經常被忽略了。胃食道逆流三個最常見的症狀包括了：胃灼熱、嘴巴有酸味或苦味、以及吞嚥困難。其他的症狀則包括了久咳不癒、長期聲啞、胃不舒服以及胸痛。

消化不良與胃灼熱的區別

有些有胃灼熱狀況的人卻稱自己是消化不良，殊不知消化不良和胃灼熱可不是相同的事。雖然起因類似，在許多例子中治療方式也類似，但兩者其實是不同的。消化不良是一種病症，而胃灼熱只是消化不良的一個症狀。

消化不良是上腹部和胸部感覺不適及疼痛的一種籠統感覺，症狀包括了飽漲感、脹氣，伴隨著打嗝和噁心。有時候，胃灼熱也是一個症狀。

有幾個原因都可能會引起消化不良，其中包括了吃太飽、吃了特定的食物、喝酒或碳酸飲料、吃太快或太多、吃太油膩或太辛辣、喝太多含咖啡因的飲料、抽菸或吃太多高纖維食物。焦慮和憂鬱症也可能讓症狀加重。

要慎選所吃的食物。吃太多辛辣、太酸或多油的食物都會使胃食道逆流情況更嚴重。

只有醫師能判斷妳是否有胃食道逆流的情形，所以，如果妳為此所苦，請在產檢時告訴醫師。醫師應該會開一些懷孕期間也能安全服用的藥物給妳。如果妳現在有在服用處方藥或成藥來治療疾病，在繼續服用前，請先詢問醫師。

便秘

懷孕時，妳的排便習慣可能會改變。多數孕婦會發現有一點便秘的問題。懷孕期間有兩件事會讓懷孕問題更多——荷爾蒙增加、以及血流量增加。水喝得不夠，也會引起脫水（和便秘）。

請多多增加流質和水分分的攝取。含水量高的食物有果汁冰棒或冰沙、西瓜或由新鮮水果汁製成的雪泥。此外，纖維質含量高的食物保水時間比較久，可以幫助妳軟便。

運動也有幫助。運動時，身體姿勢會改變，進而刺激大腸的蠕動，提高肌肉的收縮，幫助食物順利通過腸道。

如果妳有排便的問題，很多醫師都會建議使用溫和的瀉劑，像是鎂乳或是黑棗汁。有些特定的食物，像是麩皮和黑棗都可以增加飲食中的分量，有助於紓解便秘問題。

沒有諮詢過醫師，獲得醫師的許可，不要隨便使用瀉藥。排便時不要用力；太用力會引起痔瘡。

哪些行為會影響胎兒發育？

懷孕期間如果感染性病，就會傷害到胎兒。因此如果罹患性病，必須盡快治療好！

生殖器單純性皰疹

皰疹對妳的**寶寶**是危險的。如果妳在懷孕期間感染皰疹，**寶寶**的風險就很高。如果皰疹第一次發作是在接近分娩時，胎兒發生問題的機率更高。

懷孕期間感染生殖器單純性皰疹沒有安全的治療方法。有部分孕婦在懷孕的最後一個月會被施以抗濾過性病毒藥物Valacyclovir，看看是否能壓抑發作的情況。研究發現，此藥可以減少近70％的發作。如果這種皰疹在懷孕晚期發作，孕婦最好採取剖腹產。

念珠菌感染

孕婦罹患念珠菌感染的情形較為普遍。念珠菌感染對懷孕並不會造成很大的不良影響，但會讓人感覺很不舒服或焦慮。

念珠菌感染有時很難控制，懷孕期間可能需要較頻繁或是較長的治療時間（一般人只需治療3～7天，孕婦就必須治療10～14天）。用來治療的藥膏對孕婦來說很安全，只是要避免使用抗黴菌製劑Fluconazole（Diflucan），這種藥物懷孕期間使用並不安全。伴侶不需要一起接受治療。

新生兒通過已經受到感染的產道時，很容易罹患鵝口瘡，使用抗黴菌的抗生素Nystatin（寧司泰定）來治療效果不錯。

陰道炎

陰道炎是女性最常見的性病，對懷孕不致於造成太大影響。

治療方式之一是以殺菌劑咪唑尼達Metronidazole（Flagyl）來同時治療妳和妳的伴侶。只是，治療時有個問題，部分醫師認為此藥不應用於懷孕初期，因此，大多數的醫師都是選擇在懷孕初期之後，才開始幫感染嚴重的孕婦進行治療。

人類乳突病毒（又稱尖形濕疣，菜花）

人類乳突病毒會引發生殖器濕疣（尖形濕疣）。尖形濕疣在懷孕期間長得特別快，這是因為懷孕期間免疫力下降、體內有妊娠荷爾蒙、流到骨盆腔部位的血液增加所致。

第一次產檢時進行的子宮頸抹片檢查可以確認妳是否感染了這病症。HPV是子宮頸抹片結果異常最主要的原因之一。如果妳有生殖器濕疣，第一次產檢時就要告知醫師。

濕疣的根部在懷孕時會變大。有極少數的病例甚至會在分娩時，將陰道出口阻塞住。如果妳的尖形濕疣數量很多，可能必須採剖腹產。此外，胎兒生出來後，聲帶上可能也會長一些小小的良性瘤。

所有9到26歲的女性都建議施打HPV疫苗，但懷孕期間並不適合。不過，哺乳期間倒被認為是安全的。

淋病

淋病對孕婦、配偶及通過產道的嬰兒，都會造成危害。胎兒通過產道時，可能會感染淋病性眼炎，這是一種非常嚴重的眼睛感染。因此，所有新生兒一出生就必須立刻點眼藥水，以避免感染。事實上，就算在懷孕期間，淋病也是一種很容易治療的疾病，只需使用盤尼西林或者其他安全的藥物即可來治療。

梅毒

梅毒的篩檢檢驗，對孕婦、配偶及胎兒，都非常重要。幸好這種少見的感染還是可以治療的。懷孕期間進行梅毒篩檢可以降低胎兒染上梅毒的機會。如果妳在懷孕時期，發現生殖器附近有開放性潰瘍時，一定要立刻請醫師檢查。盤尼西林或者其他安全的藥物都可以治療梅毒。

披衣菌

披衣菌感染是一種常見的性傳染病，多是經由口交或其他性行為感染。

子宮外孕可能也與披衣菌的感染有關。一項研究結果顯示，被研究的女性病例中，有70％的子宮外孕併同有披衣菌感染。

有些醫師則認為，服用避孕藥的婦女較易感染披衣菌。採取用阻斷式避孕方式，如保險套或子宮帽，併用殺精劑，可能較能避免披衣菌的感染。

感染披衣菌的孕婦，分娩時，很容易經由產道將病菌傳染給寶寶。一旦感染此菌，會使新生兒的眼睛受到感染，所幸這還算容易治療。但新生兒在生產時也可能因遭受感染而導致肺炎，有致命的風險。

披衣菌感染若未治療，可能引發骨盆腔炎，而批衣菌感染正是骨盆腔炎最主要的原因之一。

批衣菌感染可能完全不會出現症狀──事實上，有75%的感染者是沒有症狀的。感染的症狀包括了外陰部有灼熱感或發癢、陰道有分泌物、排尿疼痛或頻尿，或是骨盆腔部分疼痛。

批衣菌感染常用四環黴素（tetracycline）來治療，不過這種藥物孕婦忌用。懷孕時，可以用紅黴素（erythromycin）來治療。醫師也可能開Zithromax（日舒）這種抗生素給妳和妳的配偶使用。

療程結束後，醫師會再做一次細菌培養，以確認感染已經痊癒。懷孕期間可能會重複進行檢驗，確保分娩時妳並未罹患此病症。

骨盆腔發炎

骨盆腔發炎是一種上生殖器的嚴重感染，感染的範圍很廣，包括子宮、輸卵管，甚至上行至卵巢。骨盆腔發炎時，偶爾會覺得骨盆腔疼痛，有時則不會出現任何症狀。

感染可能會造成傷疤，阻塞輸卵管，造成懷孕不易或甚至不孕，也較容易發生子宮外孕的情形。這種情況，有時候甚至會需要開刀來剝除受損粘黏的部位。

人體免疫缺乏病毒和愛滋病

• **人體免疫缺乏病毒**。人類免疫缺乏病毒是造成愛滋病（後天免疫不全症候群，簡稱AIDS）的病毒。

愛滋病毒入侵血管後，身體就會開始產生抗體來對抗疾病。血液檢驗可以偵測出這類抗體。愛滋病毒檢驗成果呈「HIV陽性」的人，會把病毒傳給他人，但這並不表示感染者本人得了愛滋病。

病毒會使免疫系統變得衰弱，讓身體很難抵禦疾病。婦科出現的一些毛病可能是受到愛滋病毒感染的早期跡象——像是陰道潰瘍、念珠菌感染久久不癒、骨盆腔嚴重發炎。如果妳發現自己有上述任何一種情況，請儘快跟醫師討論。

病毒可能要經過數週或數個月才能檢驗出來。在大多數的例子中，病人在接觸病源後6到12週可以驗出抗體。但有部分病例的潛伏期則長達18個月，抗體在18個月後才被驗出。

就算檢驗結果呈現陽性，病人也可能一段時間不會出現症狀。研究顯示，每天服食市面上含維生素B、C和E的綜合維生素可以使HIV的進程延後，也延後需要投以抗反轉錄病毒療法藥物（俗稱雞尾酒療法）的時間。

專家建議愛滋病毒的高風險群應該在懷孕之前，或是懷孕初期儘早進行檢驗，然後在懷孕末期再次複檢。

我們所知的小兒愛滋病毒感染病例，有90%和懷孕有關——在懷孕期間、分娩過程或是哺乳期間，由母親垂直傳染給孩子。研究顯示，早在懷孕的第8週，病毒就能從被感染的母親身上傳給孩子了。分娩過程，母親也能把愛滋病毒傳染給孩子。愛滋病毒檢驗結果成陽性的母

親是不建議親自哺育母乳的。

研究顯示，如果以某些藥物治療的話，感染愛滋病毒的母親幾乎可以消除把病毒傳染給孩子的機會。

妳的營養

懷孕期間，妳必須慎選食物。妳必須吃對東西、吃對量，還要有飲食計畫。妳應攝取富含維生素及礦物質的食物，特別是鐵質、鈣、鎂、葉酸及鋅。此外，妳還需要補充纖維質。

下面列出妳應該攝取的食物以及所需的量，請盡量每天攝取。

- ♥ 麵包、麥片、麵食和米飯──每天至少6分
- ♥ 水果──每天3到4分
- ♥ 蔬菜──每天4分
- ♥ 肉類及其他蛋白質來源──每天2到3分
- ♥ 乳製品──每天3到4分
- ♥ 脂肪、甜品及其他「無」熱量食品──每天2到3分

其他須知

第一次產檢

第一次產檢所需的時間最久，因為有很多事情得進行。不過，如果妳在懷孕前已經做過孕前健康檢查，那麼，其中一些讓妳關切的事，或許已經跟醫師討論過了。

妳可以先請教醫師，然後觀察他的答案或建議是否符合妳的需要。這一點非常重要，懷孕期間，妳會跟醫師交換許多的意見及想法，醫師提出的建議和理由，妳也要仔細思考。妳必須把想法和感受

了解分量

　　妳或許覺得要吃足讓成長中寶寶能健康成長的全部分量是一件難事。不過，很多人卻吃太多了，因為她們不了解所謂的「分量」或是「一分」真正的含意。

　　吃東西的時候，請注意一下吃下肚的分量──這些分量必須是「正常」的分量。

　　・一杯（小碗）蔬菜──1個電燈泡的大小（註：即250cc）

　　・一分果汁──1個香檳杯大小

　　・一個鬆餅──1片CD大小

　　・一茶匙的花生醬──大拇指尖端大小

　　・85公克的魚──眼鏡盒大小

　　・85公克的肉──1副撲克牌大小

　　・一顆小的馬鈴薯──1張 3x5 索引卡大小

　　要仔細閱讀分量說明。常犯的一個錯誤就是只看表中所附的熱量／營養表，卻忘了要乘以分數。有時候，甚至連小小的一包，可能就含有兩分或三分所列的分量，所以當妳吃下一整分時，就必須把熱量乘以二倍或三倍。

與醫師分享，這點非常重要。

　　第一次產檢時，醫師會先詳細詢問妳的病史，內容包括一般疾病以及與婦科或產科相關的病史等。月經的週期？曾經吃過哪些藥、對哪些藥物過敏？如果妳曾經墮胎或流產、曾經開刀或因為其他原因住院，這些重要的資訊，也一定要誠實告知。

　　第一次產檢時，可能會做許多醫學檢查，這些也可能在後續的產檢中完成。如果妳對這些檢查有任何疑問，可以請教醫師。如果妳認為自己可能是高危險妊娠，也要提出來與醫師討論。

最棒的懷孕方式

每個女人都希望自己懷孕時能快樂健康。請從現在開始，確保自己將有一個最佳的懷孕歷程！試試以下的方法。

第 6 週的小提示

大多數產婦，在懷孕的前7個月，每 4 週產檢一次；第8及第9個月，每 2 週做一次產檢；最後1個月則需要每週檢查。如果有問題，產檢的次數就會增加。

・**制定優先順序**──檢查一下自己需要做什麼，才能幫助到自己和在肚子裡發育中的寶寶。做必須做的事，判斷哪些是行有餘力再做的事，剩下的就順其自然。

・**讓身邊其他人也參與妳的懷孕**──當妳讓身邊的人，像是伴侶、家人和好友也參與妳的懷孕過程時，他們就能了解妳所經歷的一切，並給予妳更多的體諒與支持。

・**以尊重與愛待人**──妳可能很難受，特別是懷孕初期。妳害喜情況嚴重，覺得要適應「準媽媽」的角色實在很困難。如果妳能花時間讓別人了解妳的感受，他們才能理解妳。要尊重別人對妳的關懷，以善意與愛待人，他們會同樣的回饋妳。

・**製造美好記憶**──要留下美好記憶需要一點小小的計畫，但絕對值得。當妳懷孕時，日子似乎永無止盡。不過，從經驗而論，懷孕的時光過得飛快，很快就會成為昨日記憶。現在就一步步記錄下生活中的許多改變吧。請另一半一起來一點一滴留下想法和感受，也一起拍照留念！在未來的日子裡，當妳回首和他一起分享這段生命裡面的高低起伏時，妳和孩子都會很高興，當初妳做了這件事！

・**可以放鬆就放鬆**──消除生活中的壓力是很重要的事。請做一些可以讓妳放鬆，並專注在現在生活中要務的事吧！

・**享受這段暖身期**──懷孕這段時間，很快就過去，屆時妳將成

為一位新手媽媽，承擔身為人母人妻的所有責任。妳在其他專業或個人生活領域也有屬於自己的責任必須挑起。所以好好專注於你們的兩人關係！

• **迎向正面的事**——妳可能會從親友那裡聽到一些負面的事情，別理會那些！大部分的懷孕結果都很好。

• **不要害怕開口求助**——妳的懷孕對其他人來說也是重要的事。如果妳請親好友幫忙，他們會高興的。

• **取得資料**——今天的資料來源很多，像是我們的書、各式各樣的雜誌、文章、電視節目、廣播訪問節目以及網路。

• **笑容**——妳就是最特別的奇蹟，發生在妳和妳另一半身上的奇蹟。

第6週的運動

站立，左邊靠在沙發或是堅固的椅子旁。用左手捉住椅子的扶手。雙腿打開與肩同寬，左腳往後離右腳三步左右。屈膝，直到大腿骨與地面平行。腳趾彎曲，膝蓋往下壓。這

個姿勢保持3秒鐘，然後回到站姿。抬起右腳，壓臀部肌肉1秒鐘。先從3次開始，然後加到6次。另外一隻腳也重複相同的動作。強化髖關節、大腿以及臀部的肌力。

第七章

懷孕第7週

〔胎兒週數5週〕

如果妳剛剛發現自己懷孕了，不妨從前面的章節讀起。

寶寶有多大？

　　妳的**寶寶**在本週有驚人的成長！本週剛開始時，**寶寶**從頭頂到臀部的長度約只有4～5公釐，大小約相當於一顆BB彈。到了本週末，**寶寶**的大小大約成長兩倍，長到約1.1～1.3公分。

妳的體重變化

　　儘管妳急著向全世界宣布懷孕的喜訊，但目前可能還沒有顯著的變化。不過別著急，改變很快就要出現了。

寶寶的生長及發育

　　胎兒腿部的芽胞開始出現，外觀有如魚的短鰭。如109頁的圖上所示，手臂的芽胞已經長成，分化成為手及臂——肩兩個部分。手和腳的則有一個盤形，將來會發育成手指及腳趾。

　　心臟在這個時期已經分裂成左右兩個腔室。而這兩個腔室之間有個開口，稱為卵圓孔。這個開口可以讓血液由其中一個腔室進入另一個腔室，然後進入肺部。出生時，這個開口就會閉合。

　　這個時期，主支氣管（空氣在肺臟裡的主要通道）已經出現了。大腦正在發育；前腦會分為兩個大腦半球。眼睛及鼻孔也開始發育。

　　腸道在形成中，闌尾（盲腸）和製造胰島素的胰臟也出現了。有一部分的腸子會突起，變成臍帶，等到胎兒發育後期，臍帶就會縮回腹部裡面。

妳的改變

　　妳的改變是漸進式的。到了這時候，妳的體重或許增加了1、2公斤。如果妳體重沒增加，或是還減少，那也沒關係。在未來幾週，體重就會逐漸回升。不過，妳可能還會害喜，也有懷孕的其他早期症狀。

哪些行為會影響胎兒發育？

成藥的使用

　　將近65%的孕婦在懷孕期間會使用某些藥物，其中包括了非處方藥物，也就是一般稱作的「成藥」。成藥常被用來消除疼痛和不適。

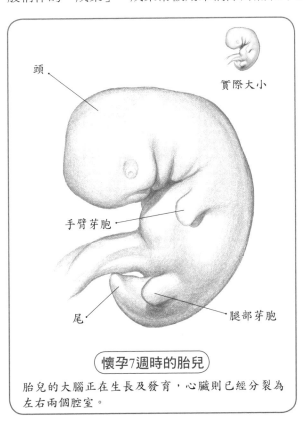

頭

實際大小

手臂芽胞

尾

腿部芽胞

懷孕7週時的胎兒

胎兒的大腦正在生長及發育，心臟則已經分裂為左右兩個腔室。

以下是一些跟成藥相關的事實，以及成藥可能對妳產生的影響。懷孕期間服用任何一種藥物都要非常謹慎小心。

- 懷孕初期，不要服用偽麻黃鹼（sudafed）類鼻炎藥物。
- 不要服用含有碘的感冒藥。碘會讓胎兒產生問題。
- 抗過敏藥Claritin和抗組織胺類抗過敏藥Zyrtec（驅特異）在懷孕中使用是安全的。
- 懷孕時不建議使用吸入式氣喘藥Primatene Mist。
- 如果妳在沒懷孕期間，經常喝優冒發泡式維生素（Airborn）來預防感冒，懷孕期間最好先停止，因為此種維生素對孕婦的安全性尚未經過測試。
- 制酸劑的使用要很小心，因為會影響鐵質的吸收。
- 如果妳有念珠菌感染的問題，請教醫師可以用哪種成藥來治療。例如特康唑（Terazol）或咪康唑（Monistat）是否可用。

許多人並不把成藥當作是藥，也不管是否懷孕，都照吃不誤。因此有研究人員認為，孕婦服用成藥的比例，有增加的趨勢。

有部分的成藥在懷孕期間使用是不安全的。很多成藥中都含有多種藥物成分。舉例來說，止痛藥裡可能就同時含有阿斯匹靈、咖啡因及非那西汀（phenacetin）等多種成分，而咳嗽糖漿或安眠藥裡；成分中可能就含有酒精。

仔細閱讀成藥成分標示與包裝中關於懷孕的安全性說明 —— 幾乎所有的藥物都會有這類資訊。舉例來說，部分制酸劑可能會引起便秘與脹氣。

第 7 週的小提示

在尚未取得醫師的許可前，不要自行服用任何一種成藥超過48小時。如果情況沒有改善，醫師可能以其他方式幫妳治療。

只要使用得當，有些成藥也能在懷孕期間安全的使用。請參考下列所示：

♥ 止痛解熱藥——乙醯胺酚（如，普拿疼、泰諾）

♥ 解鼻充血劑——撲爾敏或稱氯苯那敏chlorpheniramine（Chlor-Trimeton）

♥ 噴霧式解鼻充血劑——羥甲唑oxymetazoline（Afrin、 Dristan長效型）

♥ 咳嗽藥——右旋美沙酚dextromethorphan （諾比舒咳Robitussin；Vicks Formula 44）

♥ 胃藥——制酸劑（Amphoje、Gelusil、 Maalox、鎂乳）

♥ 喉嚨舒緩藥——喉糖 （Sucrets）

♥ 瀉劑——容積性瀉劑 （Metamucil、Fiberall）

如果妳覺得自己的症狀或不適感嚴重程度超過預期，請就診遵循醫師的指示，好好照顧自己。

服用乙醯胺酚 （普拿疼）

大部分的專家都認為乙醯胺酚在懷孕期間使用是安全的——這種成分很難避免，因為超過兩百種以上的藥品都含有這種成分！不過研究卻指出，乙醯胺酚很容易就會攝取過量，因為很多藥劑裡都有它的存在。妳在治療某種病症時，可能並不了解許多藥物都含有這種成分。吃一種以上的藥物來治療某種病有其危險性。一定要好好閱讀藥品上面的標示！例如說，治療感冒或流行感冒時，只服用一種藥物，而且劑量一定要正確。

妳的營養

乳製品的補充

乳製品在懷孕期間是非常重要的營養來源。乳製品含豐富的鈣和維生素D，對妳和**寶寶**都非常重要。鈣質可保妳骨質健康，**寶寶**則需要鈣質才能發育出強健的骨骼和牙齒。

孕婦每天應該攝取1200 毫克的鈣（是未懷孕婦女推薦量的1.5倍）。孕婦維生素中的含量大約是300 毫克，所以請確定妳每日都能從適當的食物中攝取到額外的900 毫克。

食品包裝都會標示營養成分，妳可以注意其中鈣的含量。把妳每日食物中的含鈣量一一寫下，確定妳能獲得足夠的1200 毫克。

• **優良的鈣質來源**。鮮乳、乳酪、優格和冰淇淋都是優良的鈣質來源。其他含鈣的食物還有青花菜、青江菜、芥藍菜、菠菜、鮭魚、芝麻、杏仁、各種乾豆燉煮、豆腐。有一些食品中則是添加了鈣，如某些柳橙汁、麵包、麥片和穀類。請看看超市食物架上的標示。

以下是一些妳可以選用的乳類製品，以及其分量：

♥ 鄉村乳酪──¾ 杯

♥ 加工乳酪（美式）──55公克

♥ 卡士達醬或布丁──1 杯

♥ 鮮奶（全脂、 2%、1%、脫脂）──225公克

♥ 天然乳酪（巧達乳酪cheddar）──40公克

♥ 優格（原味或加味）──1 杯

如果妳想降低攝取的熱量，可以選擇低脂的乳製品。低脂乳製品中的鈣質含量是不會受到影響的。優質的低脂乳製品包括了脫脂牛奶、低脂優格和低脂乳酪。

　　妳可以把脫脂奶粉加進日常食譜，以增加鈣的攝取。例如，在馬鈴薯泥和肉塊中加入起司片。使用新鮮水果和牛奶製作水果奶昔；再加上一杓冷凍優格或是冰淇淋。煮燕麥片的時候，裡面放脫脂或低脂的牛奶；煮濃湯的時候，以牛奶取代水；以柳橙優酪乳取代原味柳橙汁。

　　有些食物會影響鈣質的吸收。鹽、茶、咖啡、蛋白質和沒有發酵的麵包都會降低鈣質的吸收量。

　　如果妳在服用抗生素，請看一下用藥說明。如果上面說不要和含鈣食物一起服用，那麼請在餐前一小時或是餐後兩小時再服用抗生素。

　　如果妳無法從飲食中攝取到足夠的鈣質，請醫師幫妳開立鈣的補充劑。

　　• **乳糖不耐症。**如果乳糖無法被適當的消化，就會產生氣體、脹氣、腹部絞痛和腹瀉的情況；有這種問題的人就被稱作有乳糖不耐症。如果妳有乳糖不耐症，還是有很多來源可以取得鈣的。可以試試看添加了鈣質的食品，像是加了鈣和維生素D的米漿或豆漿。妳在超市或食品行可能也買得到不含乳糖的奶製品。如果妳喜歡吃乳酪，也有一些無乳糖的品牌可以選購。妳可以問問食品行。

含鈣量有多少？

　　要計算妳所攝取的食物中，含鈣量多少有點困難。產品包裝說明中列的通常是食品中含鈣的比例。這實在有點令人困惑，因為妳很難知道裡面到底含了多少鈣。

　　解決的辦法就是除了包裝說明中的百分比是以未懷孕女性每日的推薦攝取量為基礎計算的，也就是每日800 毫克。如果包裝上寫著「鈣 20%」，妳只要把800拿來乘以0.2就好，這樣妳就會得到一個160 毫克的量。拿筆記錄妳每日從食物中攝取了多少鈣。妳需要的總量是每日1200毫克。

Lactaid 這種乳糖酵素可以幫助身體分解乳糖，懷孕期間使用並無警告不妥或是需要慎用。不過，服用之前還是先問問妳的醫師。

> 身體每次是無法吸收500 毫克以上的鈣的，因此妳每天得分開攝取。早餐時，如果妳喝了添加了鈣的柳橙汁與麵包、牛奶麥片、以及一盒優格，妳攝取的鈣就多過500 毫克了，不過，妳的身體卻無法吸收這麼多！

李斯特菌症

李斯特菌症是一種食物中毒，由罹患李斯特菌症孕婦所產下的寶寶發生問題的風險也較高。

要防範李斯特菌症，不要食用未殺菌的牛奶或其乳製品，請務必仔細閱讀產品的說明文字。

其他未經消毒的食品，食用時也必須非常謹慎，例如某些果汁。從生鮮市場或是傳統市場買果汁的時候必須小心。果汁可能未經殺菌，而未經殺菌的果汁之中可能含有很多生菌。

未煮熟的禽肉、紅肉、海鮮及熱狗也常含有李斯特桿菌。因此，所有的肉類和海鮮都必須煮熟再吃。也要小心食物間的交互污染。假如妳把生的海鮮或熱狗放在檯子或砧板上，之後再放上其他食物前，放置過海鮮的地方必須以肥皂和熱水，或是殺菌劑徹底清潔過。

其他須知

懷孕期間的親密行為

很多夫妻都想知道，懷孕期間可不可以行房。很多男性心中也會

猜想，性愛是不是會傷害到成長中的**寶寶**。對情況健康的孕婦和她的另一半來說，性愛生活是沒關係的。

密集的性生活應該不會傷害到健康的妊娠。如果妳的懷孕屬於低風險妊娠，性交和高潮應該都不會造成問題。寶寶會被羊水好好的保護住。

如果妳有任何問題，產檢時要提出來問。如果妳和妳的伴侶一起去看醫師，他在聽到醫師的忠告後，應該會受益良多。

性愛不僅僅只是性交。愛侶在一起可以享受的感官方式還有很多，包括了彼此按摩、共浴以及言語上的性愛。不論妳們做什麼，都要誠實的和另一半分享妳的感受——並保持幽默！

孕婦維生素

服用孕婦維生素對妳和**寶寶**來說都非常重要。請確定妳的孕婦維生素中含有碘——這對胎兒的腦部發育非常重要。最近的研究發現，只有一半左右的孕婦維生素中有碘。

吃孕婦維生素後的一個小時內不要喝茶或咖啡。這些飲料會妨礙碘的吸收。Omega-3 脂肪酸以及DHA 對寶寶腦部的發育都很好。妳可以問一下妳的藥師或醫師，妳所服用的孕婦維生素中是否有含。

妳需要更多鐵質嗎？

供應妳懷孕期間足夠熱量來增加體重的所有飲食中，幾乎都含有足夠的礦物質，讓妳不致於有礦物質不足的問題。不過，

給爸爸的叮嚀

當另一半告訴你懷孕的事情時，知道她在說什麼是很重要的。她如果用了你不明白的名詞，可以請她解釋給你聽，或是閱讀本書。了解一下未來幾個月將會聽到的懷孕專有名詞會很有用的。

只有少數女性會攝取到足夠的鐵質，能應付懷孕所需。孕婦推薦的劑量是每日27毫克。

懷孕期間，孕婦對於鐵質的需求會增加。鐵質的攝取在懷孕的後半段最為重要。大多數的孕婦在懷孕初期間並不需要補充鐵劑。如果妳在那個時期補充鐵，噁心和嘔吐的症狀可能會更嚴重。此外，鐵也可能讓妳胃不舒服，引起便秘。

其他的補充劑——鋅、氟化物

• **鋅**。鋅這種礦物質對於瘦弱或體重不足的孕婦，也有很大助益。一般認為，鋅能夠幫助瘦弱的孕婦，產下較健壯的健康寶寶。最近的報告認為，鋅與感冒時間的縮短與症狀的減輕有緊密的關聯性。過去妳甚至曾用過這些治療感冒的法子呢！不過，我們還是建議妳在利用鋅的製品來治感冒前，先跟醫師談談。我們對於以鋅來治療孕婦感冒產生的影響並無資訊可查。

• **氟化物**。至於氟化物及氟的補充劑對孕婦是否有好處，至今仍沒有定論。有些人認為，懷孕時補充氟劑，能讓孩子的牙齒更健康，但是並非所有人都同意這個觀點。孕婦補充氟，還未有傷害胎兒的報告出現。有些孕婦維生素中就含有氟。

膀胱過動症與尿失禁藥物

妳是不是在吃藥治療膀胱過動症呢？如果有的話，在懷孕之前，或是一發現自己懷孕了，一定要儘快去找醫師。醫師會告訴妳懷孕期間是否該繼續用藥。

膀胱過動症是大腦告訴神經，膀胱滿了，需要排尿，其實不然。症狀包括了每天上廁所多達12次以上，晚上需要爬起來上兩次或甚至更多次，以及突然尿急必需立刻上廁所，漏尿的情況也可能出現。

孕婦維生素

　　孕婦維生素包含許多妳和寶寶所需的物質，所以妳應該持續天天補充，直到寶寶出生。典型的孕婦維生素包含了以下成分：

- **鈣**：除了能建構寶寶的牙齒及骨骼外，還能強健妳自己的。
- **銅**：預防貧血，幫助骨骼形成。
- **葉酸**：減少胎兒發生神經管缺陷的機率，幫助血球細胞形成。
- **碘**：幫助控制新陳代謝。
- **鐵**：預防貧血，有助於胎兒血液系統的發育。
- **維生素A**：強健身體及促進體內的新陳代謝。
- **維生素B$_1$**：強健身體及促進體內的新陳代謝。
- **維生素B$_2$**：強健身體及促進體內的新陳代謝。
- **維生素B$_3$**：強健身體及促進體內的新陳代謝。
- **維生素B$_6$**：強健身體及促進體內的新陳代謝。
- **維生素B$_{12}$**：促進血液形成。
- **維生素C**：幫助身體吸收鐵質。
- **維生素D**：強化胎兒的骨骼及牙齒，幫助妳的身體吸收磷及鈣。
- **維生素E**：強健身體及促進體內的新陳代謝。
- **鋅**：協助妳體內液體的平衡，幫助神經系統及肌肉系統正常運作。

　　治療這些毛病的藥物是透過肌肉放鬆的方式來達成目標的。常用的處方藥包括了Ditropan、 Detrol LA、 Sanctura 和 Enablex。

第7週的運動

　　站立，右邊靠在沙發或是堅固的椅子旁。用右手捉住椅子的扶手，抬起右腳，放在某件傢俱的扶手上。往前彎身，直到覺得腿有伸展到、拉到筋。維持該動作10秒。左腳也一樣重複。伸展大腿後腱肌肉，強化大腿的肌力。

第八章

懷孕第8週
〔胎兒週數6週〕

如果妳剛剛發現自己懷孕了，不妨從前面的章節讀起。

寶寶有多大？

懷孕8週時，寶寶由頭頂到臀部的長度約1.4～2公分，大小有如一顆花豆。

妳的體重變化

妳的子宮愈來愈大了，所以，妳應該已經注意到，腰圍開始有些變化，衣服也變緊了。如果妳有做骨盆檢查時，醫師也會發現，妳的子宮已經變大了。

寶寶的生長及發育

寶寶持續生長並改變。請將120頁懷孕8週的胚胎圖與前面的圖相比較，妳是否可以看出其中的變化呢？

眼睛開始朝著臉部的中間移動，眼皮的皺摺也出現在臉上了。眼睛裡面的神經細胞開始發育。

鼻尖現在看得見了，內耳及外耳也在成形中。身體的軀幹開始拉長、變直。

心臟的主動脈瓣及肺動脈瓣已經清晰可見。從喉嚨位置延伸到肺臟的管狀物，也已經開始分支，有如樹木的分岔。

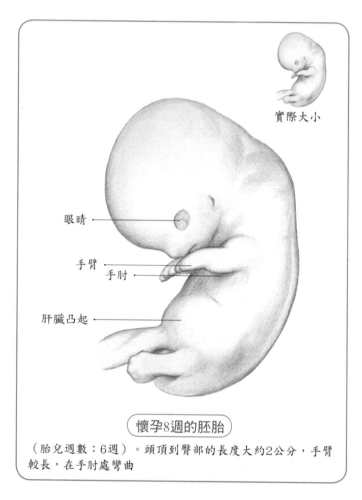

實際大小

眼睛

手臂

手肘

肝臟凸起

懷孕8週的胚胎

（胎兒週數：6週）。頭頂到臀部的長度大約2公分，手臂較長，在手肘處彎曲

手臂比之前長了，也出現了手肘的部位。手臂現在可在手肘部分彎折，並在靠近心臟部分稍微彎曲。手臂跟腿往前伸展了一些。手指和腳趾的尖端現在看得出來了。

妳的改變

子宮長大時，妳的下腹部或腰側，有時會有些絞痛或些微疼痛，有些人則會感覺到子宮緊縮。有些孕婦子宮緊縮或收縮的感覺，會持

續整個懷孕期。如果妳沒有這些感覺，也不要緊，但如還有陰道出血的情況，就要立刻去看醫師了。

頭痛與偏頭痛

• **頭痛。** 有些孕婦在懷孕期間會有頭痛的情況。壓力、疲勞、熱氣、噪音、口渴、飢餓、音樂聲音太大以及強光都會引起緊張性頭痛。吃的東西要多注意才好，有些食物容易引起頭痛，例如花生、巧克力、乳酪和某些肉類。鼻塞也會增加頭痛的機會。

叢集性頭痛發作時是一陣一陣連著來的，可以持續一個鐘頭到幾週，甚至幾個月。這類型的頭痛可以使用普拿疼或泰諾這種乙醯胺酚成分的藥物來治療。

> 懷孕晚期頭痛或偏頭痛的情況無法消除可能是一種警訊。請立刻打電話給妳的醫師！

頭痛欲裂，但不想吃藥嗎？還有其他辦法可以試試看。運動有幫助、按摩頸部和肩膀也可以讓緊繃的肌肉放鬆。如果妳因為鼻塞頭痛，用一塊熱的濕布蓋在鼻子和眼睛上，或是在頸下放一個冷敷袋。把圍巾折成5公分寬的布條，綁在頭上，讓結打在頭部最痛的點上也有幫助。

• **偏頭痛。** 偏頭痛通常是遺傳性的毛病。大約

第 8 週的小提示

要徹底洗手，特別是妳的手摸過生肉或是上過廁所後。這個簡單的小動作可以預防許多因為細菌和病毒散播引起的感染。

有20%的孕婦在懷孕的某個階段會發生偏頭痛的情況。

偏頭痛持續的時間從幾個小時到3天。有些孕婦因懷孕期間荷爾蒙濃度變化所致，常會偏頭痛。

薑汁對偏頭痛有效——用一小搓薑粉泡到水裡喝，效果可能和處方藥一樣好。當妳初次出現症狀時，用1/3茶匙的薑粉加入一杯水調和。以這種比例調製薑汁，每天喝3到4次，連喝3天。

坐骨神經痛和骶髂關節痛

有些婦女在懷孕期間，偶而會發生坐骨神經痛，這是一種非常難以忍受的疼痛，通常發生在臀部，並向下，沿著大腿後側或外側延伸。有些人會把坐骨神經痛錯認為骶髂痛。不過，這兩種疼痛是不一樣的兩件事。

• **坐骨神經痛**。是刺痛、麻痛，由臀部往下，一路延伸到大腿和大腿股。治療坐骨神經痛最好的辦法，就是側躺，以不疼痛的對側部位躺下，紓解對坐骨神經造成的壓迫。將網球放在堅硬的表面，坐在上面也有紓解的功效。

• **髂關節痛**。任何一側腰部或臀部關節的地方感覺有猛力的刺痛，痛感可能會一直往下延伸到腿部。洗個溫水澡（溫水就好，不要燙）、服用乙醯胺酚也會有幫助。

哪些行為會影響胎兒發育？

面皰

有些孕婦發現自己懷孕期間，面皰的情況改善了，但這種情況可不是人人如此。有部分的孕婦發現即使懷孕之前，面皰從未造成困擾，但懷孕期間面皰反倒變成麻煩了。

面皰（也稱為痤瘡）的種類從白頭、黑頭，到發炎的紅色膿胞都

有。在懷孕初期之中爆發是相當普遍的事，因為體內的荷爾蒙變化實在太迅速了。粉刺還可能出現在頸部、肩部、背部和臉上。

要治療面皰，請先用溫和的清潔劑洗臉，然後再塗上不會阻塞毛孔的防曬乳液。不要使用含有水楊酸的產品。水楊酸在懷孕期間的安全性並不清楚。喝很多水似乎也有幫助。

要使用外面可以買到的治療面皰成藥前，請先問過醫師。懷孕前皮膚科醫師開立的所有面皰處方藥膏或膚用產品，除非問過醫師，否則都不要使用。每天使用兩次15%的壬二酸（azelaic acid）藥膏是安全的。

醫師常會開口服A酸來治療面皰，不過，懷孕期間，千萬別吃！懷孕初期間服用口服A酸會提高胎兒流產或造成先天性畸形的機率。

流產與死產

幾乎所有的孕婦都會擔心流產的問題，但事實上，發生的機率大約只有20%。當胚胎或胎兒還無法自行在子宮外獨立存活時，懷孕突然終止稱為流產，這種情況通常發生在懷孕的最初3個月。懷孕20週以後失掉胎兒，稱為死產或死胎。

很多導致流產的原因也適用於死產，在這裡的討論中，我們將兩者通稱為「流產」。

流產的部分徵兆包括了陰道出血、腹部絞痛、來去不定的疼痛、發自腰部，往下延伸到下腹部的疼痛，以及胚胎組織的流失。如果妳有上述任何一種症狀，立刻打電話給醫師。

> 篩檢提供的是找出可能發病的機率。診斷性檢驗則是判斷是否有病。

• **流產的原因**。導致流產的原因通常不明。但早期流產最常見的原因則是胚胎早期發育異常。專家相信造成流產的原因很多，其中包括了：

♥ 染色體異常　　　　　　　♥ 罕見感染

♥ 荷爾蒙問題　　　　　　　♥ 孕婦的年齡

♥ 子宮有問題　　　　　　　♥ 抽菸

♥ 慢性病　　　　　　　　　♥ 喝酒

♥ 懷孕早期發高燒

♥ 自體免疫性疾病

♥ 肥胖症，特別是體脂肪指數高於35的孕婦

♥ 意外事故或大手術留下的創傷

♥ 懷孕初期後子宮頸閉鎖不全

服用阿斯匹靈和非類固醇類消炎鎮痛藥也會增加流產的風險。懷孕之前與懷孕期間，咖啡因也會使流產風險提高。有些專家則認為孩子父親的年齡也與流產風險有關。無論孕婦的年齡如何，和較年輕的男性相比，35歲以上的男性造成配偶流產的風險比較高。

以下內容探討的是流產的類型與原因以提醒妳能注意是否有任何流產的症狀。

此外，許多因素也會影響到胚胎及胚胎所處的環境，包括放射線、化學物質（毒品及藥物）及感染等。這些因素稱為畸胎原，會造成胚胎畸形；這在懷孕第4週已有詳盡的說明。

此外，孕婦感染也是流產的主因。例如感染弓蟲病及梅毒等。

不同類型的流產

• **迫切性流產（或稱先兆性流產）**。是懷孕的前半段陰道發生出

血性分泌。這種出血可能持續數天甚至數週，可能伴有腹部絞痛或痛感，但也可能完全不痛。如果痛的話，感覺就像生理期的疼痛一樣，或者輕微的背痛。這時，好好臥床休息安胎可能是妳唯一能做的事，不過，繼續活動並不是造成流產的原因。沒有任何藥物或措施，能避免流產。

• **不可避免性流產**。是指羊膜破裂、子宮頸擴張，血塊和／或胚胎組織由陰道排出的流產。如果有這種狀況發生，胎兒幾乎都是保不住的。此時，子宮通常會開始收縮，將胚胎或受孕組織一起排出去（因為這種流產不一定會見到胚胎或成形的胎兒）。

• **不完全性流產** 。發生不完全性流產時，懷孕組織不會一次排清。部分組織排出後，還有部分組織留在子宮內，因此可能造成大量而持續的出血，直到子宮整個清空為止。

• **過期流產**。是指孕婦體內還留著早先已經死亡的胚胎。這時可能沒有任何症狀，也沒有出血，因此，常在懷孕終止後數週，才發現早已胎死腹中

> 即使不幸流產，研究顯示，下次懷孕時胎兒健康的機會還是高達90%。

大約有1 ～2%的夫妻有習慣性流產的經驗。習慣性流產通常是指三次或三次以上連續流產。研究顯示曾有過習慣性流產經驗的夫妻，有60～70% 實際上會順利懷孕。

• **化學性懷孕**。是指能分泌荷爾蒙的懷孕組織已經形成，讓懷孕的檢測成陽性結果。不過，胚胎組織很快的死亡，根本沒能形成懷孕。

　　當妳出現疑似流產的徵兆時，不要猶豫，立刻去看醫師！通常最先出現是陰道出血，接著就是腹部絞痛。不過，此時還要考慮到會不會是子宮外孕。因此，必須抽血做HCG定量檢查，幫助醫師診斷是否為正常懷孕。但是如果只做一項檢查，還是不足以作為診斷的依據，所以，接下來的幾天期間，醫師還是會重複檢驗。

　　如果懷孕已經超過5週，超音波檢查也會很有幫助。有時雖然可能還會繼續出血，但只要能看到胎兒的心跳，還是能讓人感覺心安。如果超音波檢查無法得到結果，醫師可能會要求妳7～10天後再做一次超音波檢查。

　　如果出血及腹部絞痛的時間拉長，胎兒可能就保不住了。等到子宮內的胚胎組織完全排出、出血停止、腹部也不再絞痛後，就表示已經流產了。不過，萬一子宮內的組織沒有排除乾淨，可能就需要做子宮頸擴張與刮除的手術（即墮胎手術），將子宮刮除乾淨。這個手術最好還是做，這樣妳才不會因為出血太久，而發生貧血或感染。

　　有些醫師會給孕婦服用黃體激素來安胎，但醫學專家並不認為應該施以黃體激素，也不認為黃體激素能防止流產。

　　• RH因子與流產。如果妳的血型是RH陰性，又曾經流產，妳就必須接受RhoGAM的治療。這種治療只適用於RH陰性的女性。RhoGAM是用來保護妳，使妳不至於對RH陽性的血液產生抗體。

給爸爸的叮嚀

　　如果你們家裡飼養寵物，另一半懷孕期間，請接手照料的工作吧!幫忙換貓砂（孕婦不能做這項工作）、蹓狗（施力拉狗可能會傷到她的背部）。幫忙買飼料和其他用品（她才不會因為提大型重物而拉到背）。記得定期幫寵物約診，帶寵物上獸醫院。

• **死產**。死產是胚胎在懷孕20週之後死亡。造成死產的原因很多，包括了孕婦年齡較大、懷著多胎或是一個以上的胎兒。大約有50%無法解釋原因的死產和胎兒本身有問題有關。

胎死腹中對孕婦來說是個很悲痛的經驗，需要時間才能慢慢恢復。妳和妳的伴侶可能有很多問題和疑惑。想找出問題的答案，請和妳的醫師好好討論吧！

• **如果不幸流產或胎死腹中**。流產或胎死腹中是讓人很難接受的打擊。有些夫妻還經歷過不只一次，所以更難面對。在大多數的案例中，再次發生流產只能歸咎於機率或是「運氣太差」。除非連續流產三次或三次以上，否則大多數的醫師都不建議進行檢驗，試圖來找出流產的原因。

失掉了孩子千萬不要自責或責怪伴侶。如果想靠著回溯以往，去看自己曾經做過什麼、吃過什麼，或曾經曝露在什麼樣的環境中，試圖來找出流產的原因，通常只是徒勞無功罷了。

萬一不幸流產或胎死腹中，請給自己一段時間，好好恢復吧！無論是在身體上或情感上。在過去，我們曾建議剛流產的夫妻不應立刻嘗試再次懷孕，應該先等上3、4個月，讓女性的經期和荷爾蒙濃度都恢復正常之後。不過，也有部分專家認為不必等那麼多個月再來嘗試。他們相信，當女性的月經來了以後就可以立刻再嘗試懷孕。

妳的營養

要每一餐都吃得很營養可能很難。妳可能無法一直都能攝取到所需的營養素、以及所需的量。下面列出的是妳每日應該攝取的各種營養素來源。懷孕時的每一餐，都請盡量吃些全穀類、蔬菜水果、瘦肉的蛋白質以及健康的脂肪。

孕婦維生素並不能取代食物，所以，不能完全靠它來供給身體所需的維生素及礦物質。食物才是妳最重要的營養來源！

食物中營養素的來源

營養素（每日需求量）	食物來源
鈣（1200毫克）	乳製品、深色葉菜類、乾豆類、豌豆、豆腐
葉酸（0.4毫克）	肝、乾豆與豌豆、蛋、青花菜、全麥穀類製品、柳橙及柳橙汁
鐵（30毫克）	魚、肝、肉類、禽肉、蛋黃、乾豆及豌豆、堅果、深色葉菜、乾燥水果
鎂（320毫克）	乾豆及豌豆、可可、海鮮、全穀類製品、堅果
維生素B6（2.2毫克）	全穀類製品、肝、肉
維生素E（10毫克）	牛奶、蛋、肉類、魚、玉米脆片、葉菜、植物油
鋅（15毫克）	海鮮，肉類、堅果、乾豆及豌豆

其他須知

懷孕期間可以戴牙套嗎？

懷孕期間戴牙套到底有沒有關係？如果妳已經戴上牙套了，有些情況可能會讓妳在治療時比較麻煩。如果妳有害喜情形，嘔吐狀況嚴重，那麼妳要非常仔細的照料妳的牙齒。刷牙對於清理牙齒上的酸性很重要。牙套箍緊後，妳可能會想吃軟的東西。若是只有幾天，那還可以接受。如果感覺不舒服，可以服用乙醯胺酚來止痛。

如果妳已經約好日期要戴牙套了，之後卻發現自己有喜，那也別驚慌。請聯絡妳的牙齒矯正師，告訴他妳懷孕了。

如果妳的牙齒必須照X光，那就比較會有顧忌，但X光是整個治療計畫中很重要的一環。現在的儀器設備和數位放射攝影技術都很先進，可以降低照X光這類放射線的風險。

妳需要上牙套的牙齒可能不只一顆。拔牙本身可能無害，不過使

用麻醉藥來拔牙對妳和寶寶就不好了。妳的治療計畫必須跟婦產科醫師與牙齒矯正師都討論過，獲得他們同意才能開始。

產檢項目

當妳去找醫師，進行第一次或第二次產檢時，醫師可以幫妳安排很多種不同的檢驗，其中包括了血液檢查。此外，還可以做尿液分析、尿液培養、子宮頸細胞培養以檢查性病。子宮頸抹片也是可以進行的檢驗，其他的檢驗則視需要安排。

大部分的檢驗都是透過血液進行的。如果妳不敢抽血，或是抽血後會頭昏眼花，甚至昏倒，可以請妳的伴侶陪妳去。可以安排的血液檢驗包括了：

- ♥ 全血球計數（CBC），檢查妳血液中的鐵質量，以及是否有感染。
- ♥ 德國麻疹之抗體陽性檢驗，看你是否有德國麻疹的免疫力。
- ♥ 檢驗血型，看妳是哪種血型（A、B、AB 或 O）。
- ♥ RH-因子檢驗，看妳是不是 RH-陰性。
- ♥ 血糖濃度檢驗，看妳是否有糖尿病。
- ♥ 水痘檢驗，看妳是不是曾經出過水痘。
- ♥ B型肝炎檢驗，看妳是否曾接觸過B型肝炎。
- ♥ 梅毒篩檢（包括VDRL 或 ART）。
- ♥ 易栓症的檢驗。
- ♥ 人類免疫缺乏病毒／愛滋病毒檢驗，看看是否遭受愛滋病毒感染。

問問醫師是否有需要做甲狀腺機能不足相關的檢驗。研究人員相信，所有孕婦在懷孕初期都應接受促甲狀腺激素（TSH）的檢測。研究

顯示，懷孕16週後，孕婦的促甲狀腺激素濃度若在正常之上，發生流產或死產的機率就比正常濃度的孕婦高出四倍。

弓蟲症

如果妳養貓，要小心罹患弓蟲症。這種疾病多半是因為食用了生的、或遭受污染的肉類，或者直接接觸到病貓的排泄物所致。這種原蟲會通過胎盤，直接侵犯胎兒，母體通常不會出現症狀。

如果在懷孕時感染，可能會引起流產，或導致嬰兒在出生時遭受感染。弓蟲症在孕婦體內時，胎兒可能會產生嚴重的問題。這種病可以用抗生素來治療，但最好的治療方式就是事先預防。

請別人清理貓砂或處理貓的排泄物。跟貓玩耍後，記得要徹底洗手，不要讓貓爬上櫃檯和餐桌。處理過肉類或摸過了泥沙後，記得要將雙手洗乾淨。肉類最好煮熟再吃。在準備及烹調食物時，避免食物交叉污染。

懷孕期間的安全藥物

病名	可選用的安全藥物
面皰	過氧化苯（benzoyl peroxide）、克林黴素（clindamycin）、紅黴素（erythromycin）
氣喘	吸入劑—β抗腎上腺素藥物（beta-adrenergic antagonists）、類固醇、咽達永樂（cromolyn）、溴化伊普托品（ipratropium）
細菌感染	頭孢類藥（cephalosporins）、克林黴素、合治炎（cotrimoxazole）、紅黴素、硝化富蘭音（nitrofurantoin）、盤尼西林
躁鬱症（Bipolar disorder）	鹽酸氯丙嗪（chlorpromazine）、易寧優錠（haloperidol）
咳嗽	止咳片、右旋美沙酚（dextromethorphan）、鹽酸苯海拉明（diphenhydramine）、可待因（codeine）（短期可）

抑鬱症／憂鬱症	鹽酸氟西汀（Fluoxetine、如百憂解）、三環抗鬱劑（tricyclic antidepressants）
頭痛	乙醯胺酚
高血壓	苯太素（Hydralazine）、甲基多巴（methyldopa）
甲狀腺機能亢進	可待因、茶苯海明（dimenhydrinate）
Hyperthyroidism	丙硫氧嘧啶（propylthiouracil）
偏頭痛	可待因、茶苯海明（dimenhydrinate）
噁心嘔吐	抗組織胺劑多西拉敏（doxylamine）　加維他命B6（pyridoxine）
消化性潰瘍	制酸劑、雷尼得定（rantidine）

第8週的運動

　　用舒服的姿勢坐在地板上。將右手舉高過頭，吸氣。盡量舉高，從腰部開始伸展。手肘彎起來，手臂往下拉到身側，吐氣。左邊也重複。每邊做4～5次。紓解上半部的背痛、頸肩以及背部的緊張。

第九章

9 week

懷孕第9週
〔胎兒週數7週〕

如果妳剛剛發現自己懷孕了,不妨從前面的章節讀起。

寶寶有多大?

本週,胚胎從頭頂到臀部的長度約2.2～3公分,約等於一顆中型橄欖的大小。

妳的體重變化

本週妳會發現自己的腰身明顯粗了一圈。這是因為子宮已經把骨盆腔塞滿,開始往上長到肚子去了。

寶寶的生長及發育

如果能看到子宮的內部,妳就會發現**寶寶**改變很多。

寶寶的手臂和腿,長長了不少。手指明顯變長,指尖有點腫腫的,這是因為指尖的觸摸墊正在發育。雙腳接近軀幹的中線位置,而且已經幾乎能在身體前面相互碰觸了。

寶寶的頭現在更能豎立了,頸部也發育得更好。眼瞳本週形成,視覺神經也開始形成。眼皮幾乎能夠覆蓋整個眼睛了,在此之前,眼睛還無法闔上。外耳已經完整發育,清晰可見。此時胎兒已經會扭動身體及四肢,並可透過超音波清楚的顯現這些動作。

胎兒雖然還很小,但看起來已經很有人形了。不過,因為外生殖器都非常類似,要再等幾週以後,才有可能清楚辨識出性別。

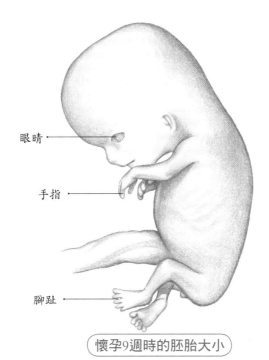

實際大小

眼睛

手指

腳趾

懷孕9週時的胚胎大小

（此時受孕時間約46～49天）。腳趾已經成型，腳已經較容易辨認了。頭頂到臀部的長度約為2.5公分

妳的改變

妳的血液系統在懷孕期間改變很大，體內的總血量會增加大約50%。總血量高才能滿足妳與肚子裡成長中**寶寶**所需，並保護妳們兩人。這一點在分

給爸爸的叮嚀

問問另一半，希望你陪她去哪一次產檢。有些夫妻時間許可的話，每次都同行。請她告訴你每次的產檢日期和時間。

娩時也很重要，因為分娩時會流失部分血液。

總血量從懷孕初期開始就增加。增加量最高的時期在懷孕中期。懷孕末期還是會繼續增加，只是速度放慢了。紅血球數量增加表示妳身體對於鐵質的需求量也會增加，所以容易引起貧血。如果妳在懷孕期間貧血，身體會很容易感到疲倦，或覺得好像生病了。

哪些行為會影響胎兒發育？

乳糜瀉

有乳糜瀉表示妳對麥子的麩質過敏，無論是小麥、燕麥、裸麥或是大麥都可能。這種過敏病症會任由妳的免疫系統攻擊自己的小腸，導致營養吸收不良。症狀包括了腹瀉、腹部疼痛、脹氣、易怒以及抑鬱。（註：台灣相當罕見。）

一般生活上的預防措施——洗三溫暖、泡熱水澡及電毯

有些女性對於洗三溫暖、泡熱水澡及做水療有疑慮，她們想知道透過這些方式來放鬆有沒有關係。

我們建議懷孕時最好不要洗三溫暖、泡熱水澡或做水療。胎兒是依賴母親維持正常的體溫的。如果母體持續維持高體溫，並繼續一段時間，就可能傷害胎兒。

懷孕期間是否能使用電毯和電熱墊，有一些反對的聲音。部分專家質疑電毯可能會影響健康。電毯會產生低週率電磁波，發育中的胎兒對電磁波比成人來得比較敏感。由於孕婦及胎兒到底可以承受多少程度的電磁波，至今仍無定論，因此為了安全起見，懷孕時最好不要用電毯。要保暖還有其他不少方式，例如使用羽絨被、羊毛毯或窩在妳另一半的身上。

孕期體重增加

到孩子要出生前，每位準媽媽平均增加的體重在11到16公斤之間。以體重增加13.6公斤左右的孕婦為例，體重分配的情形如下：

約5公斤	母親本身貯存（包括脂肪、蛋白質及其他營養成分）
約1.8公斤	體液容積增加的量
約900公克	增大的乳房組織
約900公克	子宮
約3400公克	胎兒
約900公克	羊水
約700公克	胎盤（連接母親與胎兒間的組織，用來運送養分及排除廢物。）

妳的營養

　　蔬菜及水果對孕婦來說非常重要。不同的季節會出產不同種類的蔬果，所以這是讓飲食多樣化的一個絕佳方式。蔬菜水果是各種維生素、礦物質及纖維質的優質來源。吃各式各樣的蔬果可以從中得到足夠的鐵質、葉酸、鈣質及維生素C。

　　購買美國生產的維生素時，請認明U.S.P. 認證標示，這代表該維生素品質優良。（註：台灣請認明健康食品標章）

　　生吃蔬菜時，請記得加一點脂肪來幫助腸胃吸收蔬菜中的營養素。一點點沙拉醬、一片酪梨或是

第 9 週的小提示

　　一直以來流傳著一種説法，懷孕期間燙髮，頭髮不會捲。我們倒覺得唯一要注意的就是，燙髮的氣味對妳造成的影響。燙髮液或染髮液的味道可能會讓妳很不舒服。

少許堅果都可增添蔬菜的風味。不想吃蔬菜時，把蔬菜入湯可以增加妳飲食的多樣性，也為湯品加料。和三明治或義大利麵相比，蔬菜燉肉湯提供的營養價值較高，熱量卻比較低。可以利用火烤、烘焙或水煮的方式把蔬菜加入妳的飲食中。用一點點肉來炒蔬菜，或是把豆子加到燉菜和湯裡。

美味低卡的維生素C來源

有五種優質的維生C來源是很容易添加到飲食去的。如果妳對體重很在意，這些食物也是低卡洛里的喔！請試試以下食物：

- 草莓——94 毫克
- 柳橙汁—— 1 杯82 毫克
- 奇異果——1顆中型奇異果74 毫克
- 青花菜——半杯煮過的，58毫克
- 紅色彩椒——1/4顆中型的紅色彩椒57毫克

維生素C 很重要

懷孕期間，維生素C非常重要，它在許多方面都可以幫助妳和寶寶。維生素C 的每日建議攝取量是85毫克——比孕婦維生素中的含量還多一點。這多出來的維生素C可以從蔬果中攝取。

每天至少應該吃一至兩分富含維生素C的水果及一分深綠色或深黃色蔬菜，來補充更多鐵質、纖維質及葉酸。下文列出適合孕婦攝取維生素C的蔬菜水果及每分的量。

- ♥ 葡萄柚：3/4杯。
- ♥ 香蕉、柳橙、蘋果：中型1個。
- ♥ 青花菜、胡蘿蔔或其他蔬菜：1/2杯。
- ♥ 水果乾：1/4杯。
- ♥ 馬鈴薯：1個中型。
- ♥ 綠色葉菜：1杯。
- ♥ 蔬菜汁：1/2杯。
- ♥ 果汁：1/2杯。

維生素C的攝取量不要高過建議的劑量；攝取量太高容易引起胃部絞痛和腹瀉，也可能會對嬰兒的新陳代謝造成負面影響。

其他須知

別看令人焦慮的電視節目

有些女性看了電視上講陣痛和分娩的節目後就變得非常焦慮。這些節目或許有趣，但是希望妳了解到，這些情況可能是「最糟情況」的示範，也就是，節目拍攝的有可能是非正常狀況下的分娩個例。

大多數的陣痛／生產經驗都不像電視的那般危急或煽情。就算內容不那麼煽情，我們發現，孕婦看過這些節目後通常會變得焦慮不已。如果妳之前還沒有陣痛和分娩經驗，看到即將出現在自己身上的陣痛和分娩畫面，多少會被嚇到，這很正常。

小心網路資訊

有些孕婦會拿一些稀奇古怪的網路資訊來詢問醫師。妳不能因為在網路上可以看到、讀到某些資訊，就認為它一定是真實的。

阿嬤的治脹氣秘方

如果妳覺得自己口氣不佳，腸胃脹氣，可以在口中同時咀嚼新鮮的薄荷葉及洋香菜葉。

我們知道網路上可以找到很多好的資訊，不過，同樣的，網路上也可以找到很多錯誤的資訊。如果妳想針對某個主題尋找建議或事實，一定要非常謹慎的去閱讀妳找到的東西。

如果妳對找到的資訊有疑問，請把它列印出來，下次產檢的時候帶去找醫師討論。有任何問題或疑慮，產檢時都可以詢問。

睫毛增長液

處方的睫毛增長液，像是 Latisse，以及市面上買得到 Revitalash 都是能使眼睫毛變長變濃密的產品。如果妳平時就使用這類產品，懷孕時最好先停用。這類產品在懷孕期間的安全性並無太多資訊可考，所以為了安全起見，寧可先放棄，也不要事後感到後悔。

結核病

妳和寶寶罹患結核病的機率很低。即使結核病的病例數增加，對多數孕婦來說，風險還是非常低的。

結核病是由結核桿菌所引起的疾病。結核病的診斷是透過結核菌素皮內檢驗進行的，這種檢驗在懷孕期間也能安全進行。如果檢驗結果呈陰性，就無需進行進一步檢驗。但萬一呈現陽性，通常會安排照胸部X光。

結核病有開放性和潛伏性，潛伏性結核病潛伏期可能很久。開放性結核病在胸部X光中可以看得出來。潛伏性的結核病則無症狀，就算照胸部X光，看起來也是正常的。大多數感染結核病的人都是先有潛伏性結核病，然後轉化成為開放性，引起咳嗽、不一定有痰、發燒、夜晚盜汗、痰中帶血（咳血）、疲勞以及體重減輕。

結核病需以藥物來治療。大部分治療結核病的藥物，懷孕期間都能安全服用。

寶寶是從母親的血液中感染到開放性或是潛伏性結核病的，但也可能是在出生後呼吸到細菌。如果妳有結核病，寶寶出生後，應該立刻請小兒科醫師會診。如果妳目前屬於傳染期，寶寶就必須先跟妳隔離一段短時間。大多數結核病患者在投藥治療兩週後就不會再傳染了。在那之後，妳才能安全的以母乳進行哺育。

育兒花費

每對夫妻都想知道，生養一個孩子到底要花多少錢。這個問題實際上有兩個答案——花費很高，而且因所居住的地區不同，差異性極大。

在台灣，這項費用會因為妳的懷孕過程、選擇的生產方式及醫療院所層級而有不同。不過，大部分的費用都將會由健保給付。勞保局也有生育給付可以申請。妳可以事先問一下健保局和個人及公司所投保的保險公司下面相關的問題：

♥ 產婦的福利有哪些？

♥ 剖腹產是否給付？

♥ 高危險妊娠的給付包括哪些範圍？費用多少？給付上限是多少？

♥ 健保給付的範圍包括哪些？

♥ 住院以前，是否要辦理什麼程序或手續？

♥ 懷孕期間哪些檢查有給付？

♥ 陣痛及生產時所做的檢查是否給付？

♥ 陣痛及生產時，麻醉方式是否有給付？

♥ 哪些情況不給付？

♥ 寶寶出生後的給付包括哪些？

♥ 寶寶可以住院多久？

♥ 根據保險規定，寶寶是否還有其他額外的花費？

♥ 寶寶如何加入健保？必須在多短的時間內加入？

♥ 勞保的生育給付詳情如何？太太生產，先生是否可以申請生育給付？

　　產檢及生產的費用，大部分由健保給付。但高危險妊娠媽媽產前檢查的項目較多，有些健保可能不給付。詳細情形可以請教醫師、醫院及健保局。如果妳還有其他的健康保險，也可以詢問保險人員。

第9週的運動

　　扶住門框或是堅固的椅背。先從右腳來，抬起腳尖，腿往前舉高90度，然後放回地上。不要停，同一隻腳往旁邊抬高，盡妳所能盡量抬高，但不要高於90度。回到起始點。每一隻腳，重複做10次。鍛鍊腿部肌肉與臀部肌肉。

第十章

懷孕第10週
〔胎兒週數8週〕

如果妳剛剛發現自己懷孕了，不妨從前面的章節讀起。

寶寶有多大？

到了懷孕第10週，胎兒頭頂到臀部的長度約3.1～4.2公分，從本週起可以開始估量胎兒的體重。在此之前，胎兒實在還太小，無法每週去比較其體重。本週起，胎兒開始有些分量，這時胎兒約重5公克左右，大小約等於一顆梅子。

妳的體重變化

如果妳在懷孕期間體重增加得又急又快，可能罹患了葡萄胎妊娠。發生葡萄胎妊娠時，胚胎通常就不會發育了。葡萄胎妊娠時，胎盤內的異常組織會迅速生長。最常出現的症狀，是在懷孕的前3個月出血，此外，可能還伴隨劇烈的噁心與嘔吐。另一個症狀則是孕婦的體型，孕婦會出現與懷孕週數不相稱的體型。有一半的病例體型太大，但也有25%的孕婦體型過小。

診斷葡萄胎妊娠最有效的方法，就是超音波檢查，檢查畫面會出現有如「雪花片片」的圖樣。葡萄胎妊娠診斷通常是在檢查出血原因，或子宮為何成長過速時，才發現的。

葡萄胎妊娠有發展成癌細胞的可能性，所以確定是葡萄胎妊娠後，通常會儘快的安排子宮頸擴張及刮除術等墮胎手術，刮除乾淨。

處理完葡萄胎妊娠後，最好再避孕一段時間，以確保葡萄胎細胞已經徹底消滅。多數醫師都認為，至少避孕一年，然後才可以開始準備懷下一胎。

寶寶的生長及發育

懷孕第10週，胚胎期結束，進入胎兒期。在胚胎時期，胚胎很容易因各種因素而受到傷害，大部分的先天性缺陷／畸形就是在這期間發生的。知道寶寶安然度過重要的生長期，感覺很好。

話雖如此，還是有少數幾種畸形是發生在胎兒期的。藥物及接觸到有害物質，像是壓力或放射線（X光）等，在懷孕的任何一個階段都可能對寶寶造成傷害。因此，懷孕期間要持續避免接觸這些東西。

妳的改變

情緒的變化

當妳確定懷孕之後，妳的生活會受到多面性的影響。有些女性視懷孕為轉成女人的象徵，有些女性認為懷孕是上蒼的恩賜，但也有人認為懷孕是大麻煩。如果妳對懷孕並沒什麼興奮感，不要覺得自己是唯一有這種想法的人，這樣的事很常見。

什麼時候、以什麼樣的方式才將胎兒當做一個人看待，也因人而異。有些孕婦說，從一知道懷孕就將胎兒視為一個完整的人了；有些孕婦必須等聽到胎兒的心跳聲才有此種感覺，這時大約是懷孕的第12週；其他人則要等感覺到胎動，才有這種感覺，時間大約是懷孕的第16～20週。

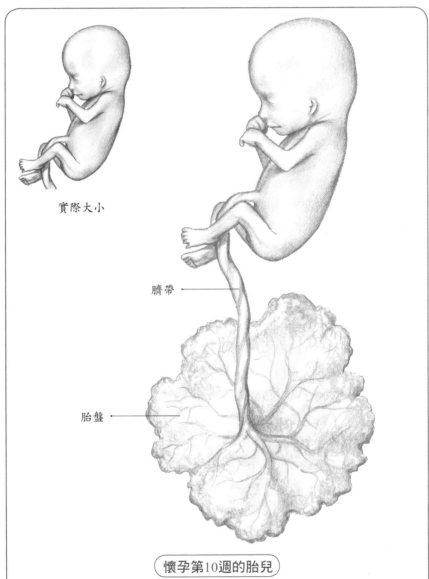

實際大小

臍帶

胎盤

懷孕第10週的胎兒

圖中可以看到胎兒以臍帶附著在胎盤上。已有眼皮，但保持緊閉，直到懷孕第27週（胎兒週數：25週）才會張開。

有時候，妳會發現自己變得多愁善感、情緒不穩定、很容易對微不足道的事情掉眼淚，或沈醉在白日夢裡。事實上，懷孕期間情緒總是比較容易起伏，這些都是正常的現象。

很多孕婦會想，到底為什麼情緒會變得起伏不定呢？大多時候，大家只是回答，「懷孕就是這樣的。」不過，其實背後主要的原因是，懷孕期間體內分泌的荷爾蒙作祟。這些改變真的會影響妳的情緒，讓妳容易忘東忘西、胡思亂想。

妳的情緒有時候是因其他事情引起的。舉例來說，妳哭了兩週了，心情低落，覺得人生很不值得或是沒有希望，做大部分的事情都覺得樂趣缺缺，生活十分抑鬱。這時，一定要把這種情緒和妳的醫師討論。

哪些行為會影響胎兒發育？

體重過輕

如果妳開始懷孕時，體重過輕，就必須面對特別的挑戰。懷孕期間，妳必須增重13～18公斤。不過，研究指出，大約有20%的孕婦無法增重到醫師建議增加的體重。

如果妳有害喜的現象，懷孕初期，很可能出現體重減輕的情形。如果妳體重過輕、因為害喜或其他問題而體重下降，請跟醫師說。

增加體重是為了提供寶寶生長發育所需的營養。如果妳在懷孕期間需要增加的體重比其他孕婦更多，不妨試試以下的秘訣，看是否有助於目標的達成。

- ♥ 別喝低卡的汽水或也別吃低熱量的食物。
- ♥ 選擇可以幫妳增重的營養食物，像是乳酪、果乾、堅果、酪梨、全脂牛奶和冰淇淋。
- ♥ 吃熱量較高的食物。
- ♥ 每日的飲食中，添加營養成分高、熱量也高的零食。
- ♥ 不要吃很多沒有熱量的垃圾食品。
- ♥ 如果妳因為運動燃燒掉很多卡洛里，那請減少運動量。
- ♥ 少量多餐。

疫苗與免疫

　　許多疫苗有助於預防疾病，注射疫苗也能保護妳不受感染。每一劑疫苗中都含有微量的減毒病原，當妳接種疫苗後，身體的免疫系統就會製造抗體來對抗以後的疾病。以大多數的例子來看，這種作法可預防妳得病。不過也有部分例子無法讓妳完全免於罹病，只是讓症狀減輕。

　　疫苗分為三種：活菌減毒疫苗、死菌疫苗、以及類毒素疫苗（以化學方式改變細菌中的蛋白質，是沒有傷害性的）。大多數的疫苗都是以死菌製成，施打這一類疫苗後幾乎不可能得病。而活菌疫苗的活菌病毒毒性是被減弱的，所以如果妳的免疫系統是正常的，應該不會因施打這類疫苗而罹病。

　　和美國與加拿大一樣，台灣大多數生育年齡的女性都已經打過疫苗，具有麻疹、腮腺炎、德國麻疹、破傷風以及白喉的免疫力了。但懷孕前最好還是做一下抽血檢查，看看體內是否還有麻疹和德國麻疹抗體。此外，也要請醫師診斷檢查腮腺炎抗體或是注射腮腺炎疫苗，確定妳有免疫力。

　　• **罹病的風險**。懷孕期間，盡量降低妳接觸到這些疾病的機會。

不要去已知有這些病症的地區。避免和患者（特別是孩童）接近。不過，如果要完全避免接觸到這些環境是不可能的。萬一妳一定要曝露於這些環境之中，那麼務必衡量一下得病的風險與接種疫苗間產生的不良影響，孰重孰輕。

注射疫苗後的確實療效，以及是否會對懷孕造成傷害，必須好好衡量。注射疫苗是否會對胎兒造成傷害，相關的研究資訊仍然不足。不過，孕婦絕不能接受麻疹活體疫苗注射。

• **懷孕期間應該接種的疫苗。**懷孕期間建議施打的疫苗有白喉百日咳破傷風疫苗以及流感疫苗。

白喉、百日咳、破傷風可以避免妳咳個不停。如果妳上次施打這支疫苗已經是十年前或更早的事了，那麼一定要去打。如果妳有進行園藝或種菜，雙手經常接觸泥土，務必要去補追一支。

如果妳在懷孕期間得到流行性感冒，可能會產生併發症，如肺炎。懷孕會讓妳的免疫系統產生變化，讓妳得到流感的風險提高。

建議所有打算在流感季節懷孕的女性一定要打流感疫苗。流感疫苗可以保護妳免受三種流感的侵襲。無論是在哪個孕期，流感疫苗都可以安全的施打。

• **懷孕期間的其他疫苗。**35%的孕婦有得到麻疹、腮腺炎或德國麻疹的風險，這是因為她們沒打過疫苗，或是疫苗注射太久，免疫力已經減弱了。MMR疫苗（麻疹、腮腺炎、德國麻疹）應該在懷孕之前或是生產以後施打。美國疾病管制與防治中心建議，女性在施打MMR三合一疫苗後，應該等至少一個月後再懷孕。

如果接觸到小兒麻痺病毒的風險較高的話，孕婦也應注射小兒麻痺疫苗。不過孕婦只能注射不活性（死菌）小兒麻痺疫苗。

如果醫師認為妳有罹患B型肝炎的風險，那麼懷孕期間注射這種疫苗也是安全的。如果妳有某些慢性病，像是肺病、氣喘或是心臟問題，可以請教醫師，注射肺炎鏈球菌疫苗的相關問題。這種疫苗可以

保護妳，免受導致肺炎、腦膜炎和耳朵感染的細菌侵襲。而且妳體內產生的抗體可以傳給寶寶，讓他有長達6個月的時間，不會有耳朵感染的問題。

• **懷孕期間硫柳汞的使用。**硫柳汞是加在疫苗中的保存劑，含有乙基汞（ethylmercury）。幾年前，給孩童使用的疫苗中曾經禁用，但現在大多數的疫苗中仍含有。部分專家建議孕婦施打疫苗時，應要求使用不含硫柳汞的疫苗。

美國疾病管制與防治中心認為孕婦施打含有硫柳汞的流感疫苗是沒關係的。他們表示，施打含硫柳汞流感疫苗的好處多過風險。美國婦產科學院也發表了類似的論述。

直到2001年，RH陰性孕婦施打的免疫球蛋白（RhoGAM）製劑中都還含有硫柳汞。不過，現在美國製作的免疫球蛋白已經不含硫柳汞了。

• **流行性感冒（流感）。**每一年，流感似乎都會變成問題，因為不同的流感病毒不斷的來來去去。

如果妳在流感爆發時身懷六甲，應該注射該類型的流感疫苗以及季節性的流感疫苗，懷孕任何一個階段都可以施打流感疫苗。

施打流感疫苗的前一晚，請務必特別早上床。因為當妳獲得良好休息時，注射疫苗時，體內產生的對抗感染的抗體可以多達兩倍。

除了施打季節性疫苗來自保外，妳還有其他方式可以保護自己。「避免出入公共場所」是妳可以保護自己的方式之一。不要去人多的地方，出門戴口罩並勤加洗手（流感病毒在門把、電話機之類的表面

上，最多只能存活兩個小時。）

請遵循醫師的指示用藥吃藥。服藥的好處勝過任何對**寶寶**可能產生的風險。流感的治療應該盡早開始，不必等到檢驗結果出籠，確定是哪種流感。

德國麻疹

懷孕前最好先檢查是否有德國麻疹抗體。因為德國麻疹病沒有適當的治療方法，所以最好的辦法就是預防。

如果妳的體內沒有抗體，分娩過後可以注射疫苗，而那時必須採用可靠的避孕方式。千萬不可在懷孕之前，或懷孕期間接種德國麻疹疫苗，以免讓胎兒曝露在德國麻疹病毒中。

懷孕期間出水痘

如果妳還沒出過的話，那麼懷孕期間得水痘的機率是二千分之一。水痘在懷孕的最初10週比較嚴重。不過，如果是懷孕末期中得，可能會影響胎兒的腦部發育。

如果妳在懷孕期間得了水痘，好好照顧妳自己。得水痘的病人中，有大約15%會轉成肺炎，這對孕婦來說很嚴重。如果妳在分娩前5天，或是生產後兩天得到水痘，**寶寶**也很可能會產生嚴重的水痘感染。

如果妳已經接觸了水痘並有感染的風險，請立刻聯絡妳的醫師。孕婦應該被施予以病毒球蛋白。如果妳是在接觸後的72小時內被施以病毒球蛋白，就可以有預防或減輕症狀的功效。如果妳已經得了水痘，那麼醫師可能會用抗濾過性病毒的藥物艾賽可威（acyclovir）來治療。

感染對胎兒的影響

孕婦如果受到感染或罹患某些疾病，可能會影響到胎兒的發育。下表列舉了一些感染及疾病，以及可能對胎兒造成的影響。

感染	對胎兒的影響
巨細胞病毒	小頭畸形、大腦損傷、聽覺喪失
德國麻疹	白內障、耳聾、心臟缺損，甚至可能影響全身器官
梅毒	胎兒死亡、皮膚缺陷
弓蟲症	可能影響所有器官
水痘	可能影響所有器官

妳的營養

懷孕期間，對蛋白質的需求量會增加，蛋白質對於妳和寶寶都很重要。在懷孕初期間，每天至少要盡量攝取170公克蛋白質，在懷孕中期及末期間，蛋白質的量最好增加到每天225公克。不過，蛋白質所提供的熱量來源，最好占所有熱量來源的15％。

許多蛋白質來源中都富含脂肪，如果妳必須控制熱量的攝取，最好選擇低脂的食物來源。妳可以選擇的蛋白質食物以及分量有：

- ♥ 乳酪，mozzarella：約30公克
- ♥ 雞肉（去皮烤雞肉）：半塊雞胸肉（約110公克）
- ♥ 蛋：1個
- ♥ 漢堡肉（烤的，瘦肉）：約100公克
- ♥ 牛奶：約225cc
- ♥ 花生醬：2大匙
- ♥ 鮪魚（罐裝水漬鮪魚）：約90公克
- ♥ 優格：約225公克

當妳以蛋或奶製品來做為蛋白質來源時，一定也要均衡的攝取植物性蛋白質，蛋白質才會完整。米、豆子、豆腐、芝麻、綠色豆子與杏仁都是很好的植物性蛋白質來源。如果食用蛋白質會讓妳不舒服，可以試試看含蛋白質的碳水化合物類食品（如米菓、麥片、椒鹽卷餅等）。

膽鹼、DHA的補充

一般認為，膽鹼及多元不飽和脂肪酸能夠促進寶寶的大腦發育。牛奶、蛋、雞肝、小麥胚芽、鱈魚、煮過的青花菜、花生及花生醬、全麥麵包及牛肉都含有膽鹼。懷孕期間，妳每日至少需要450毫克的膽鹼。

多元不飽和脂肪酸則存在魚肉、蛋黃、禽肉、肉類、芥花籽油、胡桃、小麥胚芽等食物內。如果妳在懷孕期及哺乳期間多攝取這些食物，就能幫助孩子獲得這些重要的物質。

孕婦的營養補充棒裡，有些含有DHA，而有些則添加了維生素與礦物質。如果妳在懷孕和哺乳期間能攝取各式樣含有膽鹼及多元不飽和脂肪酸的食物，就能幫助寶寶獲得重要的營養素了。

增加體重

懷孕期應該慢慢增加體重；體重如果不增加的話，會傷害到寶寶。就某些程度而言，妳體重增加的情形也是讓醫師了解妳

保持健康！

研究顯示，每日吃兩杯新鮮水果可以降低得到感冒和流感的機率達幾乎35%。新鮮水果可以幫助身體增加在喉嚨和鼻子中，可以對抗病毒的細胞。顏色鮮豔的水果是最好的選擇，像是柳橙類、奇異果、紅葡萄、草莓和鳳梨等。如果妳感冒了，多吃些營養豐富的食物也可以幫助身體製造更多白血球來對抗感冒。吃半杯的鳳梨或是半杯的甘藷都可以增強妳的抵抗力。

懷孕狀況的方式之一。

懷孕期間不是讓妳嘗試各種不同的減肥食物，或減少熱量攝取的時候。不過，這並不表示妳可以隨心所欲，愛吃什麼就吃，想吃就吃。要保持適度的運動、訂定合適的飲食計畫、不亂吃垃圾食物，就能幫助妳管理體重，食物要慎選。

其他須知

唐氏症

幾乎每個孕婦都會收到與唐氏症相關的資料。傳統上，高齡產婦更會被詢問是否要做各種檢驗，來判斷胎兒是否有唐氏症。

人類染色體的正常數量是46條，但是唐氏症患者則有47條染色體。唐氏症是最常見的染色體異常疾病，也是智能不足最常見的病因。大約每800個新生兒中，有一人有唐氏症。生來就有唐氏症的人還是可以活得很久的。有些女性生出唐氏症小孩的風險比較高，這其中包括了高齡產婦、之前曾生育過唐氏症小孩的孕婦、以及本身是唐氏症患者的孕婦。

很多檢驗都可以在胎兒仍在發育時就可以篩檢出唐氏症。這些檢查包括了：

- ♥ 母血的甲型胎兒蛋白檢驗
- ♥ 三指標母血唐氏症篩檢（註，台灣通常採二指標或四指標母血唐氏症篩檢）
- ♥ 懷孕中期四指標母血唐氏症篩檢
- ♥ 胎兒頸部透明帶篩檢
- ♥ 超音波

唐氏症的診斷檢查方式則包括了羊膜穿刺術以及絨毛膜取樣。

　　•**美國婦產科學院的建議。**美國婦產科學院建議，所有的孕婦，都應該進行唐氏症的篩檢。過去，一般是年紀高於35歲的孕婦，以及高唐氏症風險的孕婦才會進行唐氏症的篩檢。雖說很多懷有唐氏症孩子的孕婦並不考慮終結懷孕，但在孩子出生前先知道這訊息，分娩時才可以先好好計畫，提供特殊的照護。

　　雖說高齡產婦產下唐氏症小孩的比例較高，但大多數生下唐氏症孩子的還是較為年輕的媽媽。

　　如果妳的醫師要妳進行唐氏症的篩檢，請好好考慮。如果妳對這個病有任何疑問，請問清楚，再與妳的配偶一起決定是否進行篩檢。在懷孕初期之間進行的唐氏症篩檢，資料最是有用。

　　•**唐氏兒是特別的。**唐氏症的孩子可以把一種特別的、寶貴的生命品質帶到這世界。唐氏症的孩子可以把愛與歡樂帶給他們的家人和朋友，這一點很多人都很了解。

　　在背後支持一個唐氏症孩子會是個很大的挑戰。如果妳有個唐氏症的孩子，為求孩子生活中每一個小小的進步，妳會非常努力的。

　　所有準父母都應該知道以下這些資訊。唐氏症孩子平均的智商是60 到 70之間。大多數的孩子屬於輕微的智能不足，有些則智商正常，閱讀能力從幼兒園到大約高中畢業左右，平均則是國小三年級。

　　唐氏症患者在成年之後，將近90%有可被聘雇及獨立生活，或是在群體家中生活的能力。唐氏症的嬰兒如果存活下來，平均壽命大約有55年。

胚胎鏡檢查

　　胚胎鏡檢查提供醫師直接觀察子宮內胎兒的機會，胎兒的異常及問題有時也可以直接看到，醫師甚至可以借助胚胎鏡，直接進行子宮內的手術。

胚胎鏡檢查的目的，是讓會妨礙胎兒正常發育的問題在惡化之前就有機會能獲得修正。從胚胎鏡觀察胎兒，比使用超音波更直接、也更清楚。

如果醫師建議妳做胚胎鏡檢查，最好先跟他詳細的討論，了解這項檢查的利弊與風險。這項檢查必須要由經驗豐富的醫師來執行，導致流產的機率約3％～4％，而且並不是每家醫院都提供這項檢查。如果妳要做胚胎鏡檢查，但是血型是RH陰性，那麼施行這項檢查程序後，應施打免疫球蛋白。

絨毛膜取樣檢查

絨毛膜取樣檢查是準確性非常高的診斷性檢查，用來偵測胎兒是否有遺傳性先天畸形。採樣時機通常在懷孕早期，約懷孕9～11週之間。

與羊膜穿刺術相比，絨毛膜取樣檢查有一項優點，那就是能在懷孕早期取樣，而且一週後就能得知結果。如果要終止懷孕，也能夠儘早施行，對女性造成的風險也比較少。

絨毛膜採樣檢查是經由子宮頸或腹部，利用儀器從胎盤上取下一點胎兒組織送檢，看是否有異常。

如果醫師建議妳做絨毛膜採樣檢查，可以請問他風險性如何。這項檢查必須要由經驗豐富的醫師來執行。一般而言，造成流產的機率很小，大約是1～2％，和做羊膜穿刺術的安全性一樣。如果妳是RH陰性的孕婦，又做了絨毛膜採樣檢查，那麼施

給爸爸的叮嚀

你對懷孕期間的性愛有疑慮嗎？你們夫妻兩人可能都心存疑惑，所以請找出時間，找另一半一起和她的醫師談談。懷孕期間，偶而可能必須避免交歡。不過，懷孕卻是一個能夠促進夫妻情感、提高親密關係的機會。

行這項檢查程序後，應施打免疫球蛋白。

　　過去在台灣曾發生過做絨毛膜採樣，造成新生兒四肢末端缺損的情況，後來發現皆因在懷孕7、8週做的關係，現在建議懷孕10週之後才做，即不致造成缺憾。

第10週的運動

　　手腳一起跪在地上，手在肩膀下，膝蓋則直接在臀部下。抬頭時吸氣，眼前往前看。然後慢慢呼氣，將頭慢慢低下來。背部和肩膀弓起，腹部縮起來。做4次。伸展背部和腹部肌肉，增加身體的柔軟度。

第十一章

懷孕第11週
〔胎兒週數9週〕

寶寶有多大？

本週，胎兒頭頂到臀部的長度為4.4～6公分，胎兒體重約8公克。寶寶的大小，約等於一顆大檸檬。

妳的體重變化

懷孕初期即將結束。這段期間，妳的子宮大到幾乎充滿骨盆腔，妳或許可以在下腹部，恥骨上方中央摸到子宮。

寶寶的生長及發育

胎兒的生長非常快，胎兒的頭幾乎占了身長的一半。胎頭伸展時（即頭頂向後仰），下巴會從胸部抬起來，脖子也會伸展變長。手指甲也已經看得見了。

外生殖器開始顯現性別特徵，3週內就可見分曉。所有的胚胎一開始看起來都一樣，直到外表特徵開始出現。而胚胎發育成男生或女生則是由胚胎內的基因所決定。

這時候，小腸已經開始收縮、放鬆，推送物質經過腸道。小腸可以把糖分從腸裡送到寶寶體內。

妳的改變

懷孕後，有些女性會注意到自己的頭髮、手指甲及腳趾甲發生了變化：幸運的人發現自己的頭髮和指甲長得很快，但是有些人則會掉

頭髮，指甲也容易斷裂。
不過，並非人人如此，但
就算妳有這種情形也不必
擔心。

部分專家認為，懷孕
時頭髮及指甲會快速生
長，可能是體內新陳代謝
速度加快的緣故，也有些
人認為是孕婦體內的荷爾
蒙分泌改變所造成。不論
如何，這些變化都只是暫
時性的。

給爸爸的叮嚀

請不要忘記，除了害喜、
頭痛和腰圍改變外，懷孕是個
奇蹟！一個人一生之中，能有
幾次妻子有喜、喜獲佳兒的機
會呢？好好一起享受這段特別
的時光吧！當你日後回顧，笑
看這個成為父母的挑戰時，或
許會說，「當時也沒那麼糟糕
嘛！」

孕期疾病對妳的影響

懷孕期間，妳的身體會經歷許多改變，而這些變化幾乎是從受孕
的那一刻就開始了。這些改變讓妳的身體可以接受並包容在基因上與
妳「不同」的胎兒。而這些改變也會協助妳，讓妳的身體可以適應，
進而供給營養給胎兒、支援它，並為將來的生產預做準備。

大多數健康的女性對於這樣的改變是不會有問題的；不過部分女
性就會因此罹患懷孕相關的疾病。懷孕可以顯示某位女性在未來得到
某種病症的可能性，提醒她，某種慢性病可能會在不久的將來發生。
現在先採取步驟防範，可以預防將來發生嚴重疾病的可能。

其中一個明顯的例子就是妊娠糖尿病。懷孕期間有妊娠糖尿病的
女性，未來比較可能發生糖尿病。另一個例子則是患有子癲前症的孕
婦；這些孕婦未來發生高血壓的風險會比較高。

和醫師討論妳在懷孕期間經歷的所有改變，並研究現在和分娩之
後可以採取哪些步驟來降低未來得病的風險。

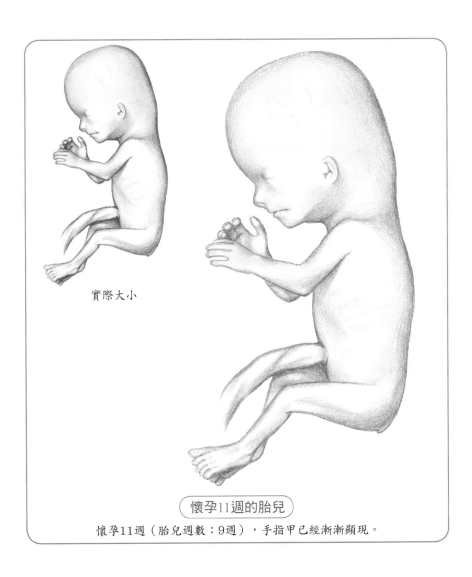

實際大小

懷孕11週的胎兒

懷孕11週（胎兒週數：9週），手指甲已經漸漸顯現。

哪些行為會影響胎兒發育？

懷孕時旅行

旅行會不會影響到胎兒，是孕婦經常問到的問題。如果懷孕過程

正常，也不是高危險妊娠，旅行通常是安全的。不過在確定行程或買票之前，最好先問問醫師的意見。

不論是妳是搭乘汽車、巴士、火車或飛機，至少每個鐘頭都站起來活動一下，並且定時去洗手間。

懷孕時旅行最大的危險，在於萬一有突發狀況，沒有熟識的醫師及病歷在身邊。如果妳確定要旅行，一定要有周全的計畫，不要太疲累，凡事放輕鬆。不應該進行旅行的跡象包括了：

♥ 臉部、手臂、腿、手或腳有嚴重的水腫。

♥ 出血。

♥ 嚴重的噁心和嘔吐。

♥ 肚子絞痛。

♥ 劇烈及／或持續性的頭痛。

♥ 發燒。

・**搭飛機旅行。**對大多數孕婦而言，搭飛機旅行是安全的。美國大多數的航空公司都准許懷孕36週以下的孕婦搭機。但國際線則減為懷孕的35週。華航與長榮等國際航空則有懷孕32週與36週以上孕婦禁搭的規定，搭乘時可能也必須視情況提出醫師的適航證明。

高風險妊娠的孕婦應避免任何的搭機旅行。如果妳計劃懷孕時搭乘飛機旅行，下列事情，最好牢記在心。

♥ 行前先去看妳的醫師，一定要得到他的「放行」才好旅行。

♥ 避免長途飛行（直飛的國外線或跨國線），因為長程飛機飛行的高度較高，氧氣較稀薄，會讓妳及胎兒的心跳增加，胎兒吸收的氧氣也會減少。

♥ 如果原本就有點水腫，最好穿上寬鬆的衣服及鞋子。事實

上，這項建議適用於所有旅客。不要穿褲襪、緊身衣、及膝的襪子或長統襪，也不要穿有束腰的衣物。

♥ 如果飛機有供餐，可以先預定特別餐。如果飛行時間長，但機上又沒提供食物，可以自備營養的小零食。

♥ 在機上最好補充大量水分，以免脫水。可以隨身帶個空瓶子，通過海關安檢後再去裝水。

♥ 飛行途中多起身活動筋骨，最好每小時走10分鐘。有時候也可以站起來動一動，促進體內循環。

♥ 最好要求坐在走道邊、靠近盥洗室的位置。這樣萬一妳必須頻繁的上盥洗室，才不用向人借過，麻煩他人。

乘車安全

有許多婦女會擔心，懷孕時開車或坐車時繫上安全帶，是否安全。事實上，如果懷孕過程正常，自己的感覺也不錯，懷孕時一樣能開車。

懷孕期間開車繫安全帶是很重要的，這樣可以真正的降低萬一發生車禍時，受傷的機會。

繫安全帶不會提高傷害到妳或寶寶的風險，事實上，還能保護妳們，讓妳們不致受到危及性命的傷害。研究指出，孕婦不

孕婦正確繫安全帶的方法

正確繫安全帶的方法如下：將安全帶繞過胸前及大腿上方，繫上。下方的安全帶應在腹部下，繞過大腿上方。肩膀的安全帶則置在雙乳之間，越過妳的鎖骨中間。安全帶不可以太鬆，否則會從肩膀滑下。無論是上方還是下方的安全帶都應該要鬆緊合適，綁起來舒服。然後調整座椅，不要讓經過妳肩膀橫越胸部的安全帶卡在頸部。妳可能要檢查一下安全帶的長度，或使用孕婦專用安全帶，確定安全帶不會太短，束在肚子上。

繫安全帶，萬一發生車禍，造成失血過多的機會高達兩倍，而失去腹中寶寶的可能性也高了幾乎三倍。以下是不繫安全帶常用的藉口及我們的答覆。

- 「繫上安全帶會傷害到寶寶。」發生車禍時，繫安全帶存活的機會比不繫高。妳存活下來，對肚子裡尚未出世的孩子是多麼重要。

- 「如果車裡起火，我不希望被安全帶綁住而無法逃生。」事實上，車禍引發汽車著火並不多見。在車禍死亡的例子中，高達25％是因為被彈出車外而摔死的，所以還是應該繫上安全帶，以防萬一。

- 「我是個優良駕駛。」遵守安全規則、做個技術優良的駕駛雖好，卻不能完全避免車禍。

- 「我只去附近轉轉，距離很短，不需要繫安全帶。」大多數車禍，都發生在離住家40公里的範圍內。

我們知道懷孕期間繫上安全帶是安全的，所以為了自己和寶寶，請繫上安全帶吧！盡可能讓妳的座位遠離安全氣囊，25公分左右是個不錯的距離。如果不是自己開車，可以考慮坐在後座。後座的中間位置是車上最安全的地方。

孕期的藥物分級

美國食品藥物管理局對於孕婦可能使用的藥物進行了分級，好讓服用藥物的準媽媽了解該藥物對寶寶的風險性。如果妳對於自己服用的藥物有任何問題，可以請教醫師該藥的安全性。

- **A級**——對孕婦進行過嚴格控管的研究，顯示藥物對胎兒並無風險性。傷害的可能性微乎其

食物中毒的機會提高

懷孕時，食物中毒的風險會增加。要避免生吃生蠔和貝類。煙燻或曬乾的海鮮也別食用，除非製作之前有先煮熟。吃肝臟類要限制攝取量，而冷藏的三明治肉醬和鵝肝醬則不要去碰。

微。產婦維生素和葉酸就被認為是A級孕婦用藥。

‧**B級**──動物實驗顯示對胎兒的風險性可能很多，但未經人體臨床試驗。B級藥物包括了某些抗生素，如Ceclor（cefaclor）。

‧**C級**──動物實驗顯示有副作用，或是未經控管的孕婦用藥研究。此級藥物只可在臨床的潛在好處大於對胎兒傷害的風險時才使用。可待因（codeine）就是屬於此級藥物中的一種。

‧**D級**──動物實驗顯示對胎兒有傷害性，或是未經動物或人體臨床實驗證實。有證據顯示對胎兒有害。如果孕婦罹患有性命之憂的疾病，又或是病情嚴重，安全性較高的藥物使用已經不見效時，此類藥物才會被使用。用於癲癇大發作時的藥物苯巴比妥（phenobarbital）就是D級用藥。

‧**X級**──證據顯示，此藥會引起胎兒的先天性畸形。對孕婦來說，風險高於任何可能的好處，所以懷孕期間完全禁用。口服A酸（Accutane）是屬於X級藥物。

妳的營養

碳水化合物能提供胎兒發育所需的大部分熱量，也能讓妳體內蛋白質的利用更有效率。碳水化合物種類很多，所以妳可以很容易就攝取足夠的分量。以下是常見的碳水化合物及每分的量：

♥ 薄烙餅（tortilla）：大的1個（註：類似蔥燒餅或蛋餅皮，但直接上鍋烙，不加油煎）

♥ 煮好的麵條、麥片或米飯：半碗

♥ 沖泡式麥片：約30公克

♥ 貝果：半個

♥ 麵包：1片

♥ 麵包捲：中等大小1個

如果妳心情低落，研究一下妳食用的碳水化合物吧！身體吸收並使用複合式碳水化合物的速度較慢，所以血糖濃度會比較穩定，對寶寶比較好，在安定起伏的情緒上也有幫助。複合式碳水化合物的優質來源包括了蔬菜、水果，以及豆子、小扁豆及燕麥。

其他須知

立即風險評估

唐氏症有一種篩檢方式稱為立即風險評估，讓孕婦在懷孕早期就能盡快得知檢驗結果，而這種篩檢方式的準確性有91%。唐氏症的立即風險評估分兩部分，分別是驗血與照超音波。

孕婦必須刺手指，將血液塗在檢測組中的卡片上，然後寄回檢驗室分析人類絨毛膜性腺激素的濃度，以及一種稱為妊娠血漿蛋白-A的物質。濃度如果太高，胎兒可能有唐氏症的風險。

篩檢的第二部分是進行胎兒頸部透明帶篩檢，也就是使用超音波來量胎兒頸部背面的空間。這個區域的空間愈大，胎兒有唐氏症的機率愈高。

X染色體脆折症

X染色體脆折症（Fragile-X syndrome）是智能不足最常見的遺傳性原因之一，男孩女孩都可能發生。

要做病因的基因檢測，必須進行DNA分析。做產前診斷需要羊水裡的DNA。所以這種產前檢驗應該針對X染色體脆折症的帶因者、以及有心智遲緩家族病史的孕婦施行。

超音波檢查

超音波檢查是評估懷孕狀況時最有價值的工具之一。但是，並非所有美國的醫師和醫院都認同應該做超音波檢查，也不認為每位孕婦都有必要做這項檢查。其實，超音波檢查確實對醫師助益良多，對孕婦健康的維護也貢獻卓著。（註：國內健保給付的產檢項目中，也包含了基本的超音波次數）。超音波檢查最大的好處，在於它不具侵襲性且安全，到目前為止，還沒有發現會對胎兒造成任何傷害。

超音波檢查使用高頻率的聲波掃描，然後藉著電能轉換器將之轉換為影像。不同組織所反射的聲波訊號各不相同，醫生可以藉此分辨，甚至可看出胎兒的動作，因此可藉由超音波詳細觀察胎兒的活動、身體某個部位的動作，例如心跳。藉超音波之助，胎兒的心跳早至懷孕的第5或第6週，就可以看到了。在懷孕的第6週時（胎兒週數4週），胎兒軀體及四肢的動作，已經看得見了。

醫師可能會因為下列原因而進行超音波檢查：

♥ 於懷孕初期，確定是否懷孕。

♥ 顯示出胎兒大小及生長速度。

♥ 確認是否是多胎妊娠（如雙胞胎甚至多胞胎）。

♥ 測量胎兒的頭圍、腹圍及股骨的長度，來判斷懷孕的階段。

♥ 辨識胎兒是否有唐氏症。

♥ 辨識胎兒是否有先天性畸形。

♥ 辨識胎兒是否有內部的器官問題。

♥ 計算羊水的量，以判斷胎兒是否健康。

♥ 確認胎盤的位置、大小及成熟度。

♥ 辨識胎盤是否異常。

♥ 辨識子宮是否異常或有腫瘤。

♥ 找到子宮內避孕器的位置。

- ♥ 診斷流產、子宮外孕及正常懷孕等狀況。
- ♥ 在做羊膜穿刺術、臍帶血採樣及絨毛膜採樣檢查時，導引醫師選擇正確的穿刺位置。

在超音波檢查之前，通常會要求妳脹尿，因此會先讓妳喝大量的水。因為膀胱位於子宮的前面，當膀胱排空時，子宮深藏在骨盆腔內，較不易看見，而且骨頭會阻斷超音波的訊號，使得影像難以辨認及解釋。膀胱脹滿時，子宮會由骨盆腔浮升出來，比較容易看得見。

• 其他的超音波檢查。陰道超音波檢查常用於懷孕初期，以便取得更好的視角來觀察胎兒及胎盤。進行陰道超音波檢查時，會將探頭置入陰道，然後再從這角度來觀察懷孕。

超音波檢查可以辨識某些先天性畸形風險較高的胎兒是否真有畸形。這樣用途的檢驗是在懷孕的第11到第13週之間進行的。檢查綜合了母血篩檢，與利用超音波來進行的測量，對於唐氏症的偵測，相當有效。

胎兒鼻骨評估則是另一種類型的超音波檢查，可以將唐氏症的辨識率提高到95%，偽陽性率很低。這種在懷孕初期間篩檢的好處就是可以早期診斷。

很多醫療院所還提供3D立體影像的超音波檢查。在懷孕第17週中會闢文討論。

• 超音波可以判斷寶寶的性別嗎？有些夫妻會要求做超音波檢查，以得知孩子的性別。如果胎兒的位置適當，生殖器也發育完成，醫師可以清楚的看見胎兒，性別就可以辨別了。不過，很多醫師認為如果單只為了胎兒性別，並不足以構成進行超音波檢查的充分理由。

胎兒的核磁共振攝影

超音波是檢查先天性畸形以及其他問題的標準檢查，通常也是第一個採用的檢查。不過，超音波還是有一些限制。

如果孕婦過於肥胖、羊水較少，或是寶寶的位置不正常，超音波還是顯示不出問題的。此外，懷孕中期是進行超音波的最佳時間，太早或太晚，效益可能會打折扣。

醫師有一種限制較少的檢查可以用——胎兒核磁共振攝影。當超音波所見不清晰，或是無法清楚看到時，胎兒核磁共振攝影的幫助最大。

核磁共振攝影不使用放射線。有幾項研究報告顯示，核磁共振攝影在懷孕期是可以安全使用的。不過，為求謹慎起見，核磁共振攝影在懷孕初期是不建議進行的。這種檢測在判斷某幾類特定的先天性畸形最管用。

不過超音波費用比核磁共振攝影低，故在尋找問題時，超音波還是首選。

> **第11週的小提示**
>
> 做完超音波檢查後，醫師可能會給妳一張胎兒的影像照片，有些醫院或診所甚至還會提供胎兒的錄影帶。如果妳想要這些東西做紀念，請在檢查前問問醫師。

第11週的運動

將妳的左手放在椅背上，或靠在牆上。右邊膝蓋抬高，把右手放在大腿下。背部拱起，把頭和骨盆腔往前靠。數到4之前都要保持這姿勢，身體挺直，然後把腿放下來。換左腳依樣運動。每一邊腳做5到8次。減少背部的緊繃情況，增加流到腳部的血流量。

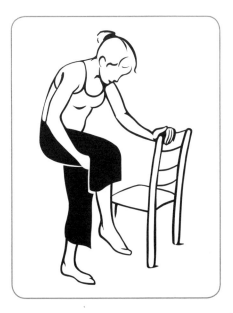

放輕鬆，平安快樂的懷孕！

　　懷孕時，擔心懷孕的種種，以及即將發生的事情（難熬的陣痛和分娩、出院回家時已經帶著孩子了），因此心情緊張，這也是人之常情。如果妳有焦慮的情形，請先好好處理，這是很重要的，之後再來想辦法讓妊娠變得更美好。以下列出的是一些可以讓妳不再掛心的事：

- 如果有人撞到妳的肚子，請別驚慌。寶寶被保護得很好。
- 搬東西沒關係。只是不能抬太重的東西。從超市提些小零嘴，或是手上抱個幼兒是不會對妳造成傷害的。但千萬不要舉重物。
- 不必擔心自己使用電腦、手機、微波爐或穿越機場安檢會有問題。這些程序使用的機器都不會產生太多「壞波」，對妳和寶寶造成傷害。
- 染髮或燙髮都沒關係。染燙藥劑中所含的化學物質不會對妳產生危害。不過，假使藥劑中的氣味讓妳覺得噁心，請等到妳不會受氣味影響後，再來染髮或燙髮。
- 隨著懷孕過程的進展，請妳的另一半幫妳照相。日後當妳拿出來回味的時候，記起當時自己體型有多龐大，會覺得很有趣。
- 請穿著美麗、有良好支撐力的孕婦專用胸罩，就算妳覺得不性感。這種胸罩可以讓妳覺得自己是美麗動人的（妳本來就是！）如果要讓胸部更舒適，可以試試睡眠專用胸罩。這種胸罩可以在妳睡覺時，支撐妳疼痛的乳房。
- 寶貝妳的雙腳，穿一雙舒服的好鞋。去做個足部舒療，或腳部按摩。兩腳痠痛的時候，泡一泡腳。使用足用乳霜也有幫助。

第十二章
懷孕第12週
〔胎兒週數10週〕

寶寶有多大？

此時胎兒重8～14公克，頭頂到臀部的長度約6.1公分。寶寶過去3週幾乎長大了一倍！

妳的體重變化

到了這個時間左右，妳應該可以感覺到子宮已經由骨盆腔移到了恥骨上方。懷孕前，子宮容量約只有10毫升（ml或cc）或更少。懷孕後，子宮壁會變得非常薄，卻強而有力，能容納胎兒、胎盤及羊水，容積足足增加500～1000倍。到了寶寶要出生前，子宮幾乎長到中型西瓜的大小，而子宮的重量變化也很大。寶寶出生時，子宮的重量幾乎接近1.1公斤，比起懷孕前的70公克，真可謂天壤之別。

寶寶的生長及發育

本週之後，寶寶體內已經很少有要開始成形的結構了，但是已經成形的結構都需繼續發育及成長。懷孕12週左右產檢時，妳應該聽得到胎兒的心跳了。產檢時，醫生會利用都卜勒胎心音計，將

給爸爸的叮嚀

本次的產檢可能可以聽到寶寶的心跳聲。如果你無法同行，可以請另一半幫你把寶寶的心跳聲錄下來，讓你之後可以聽到。

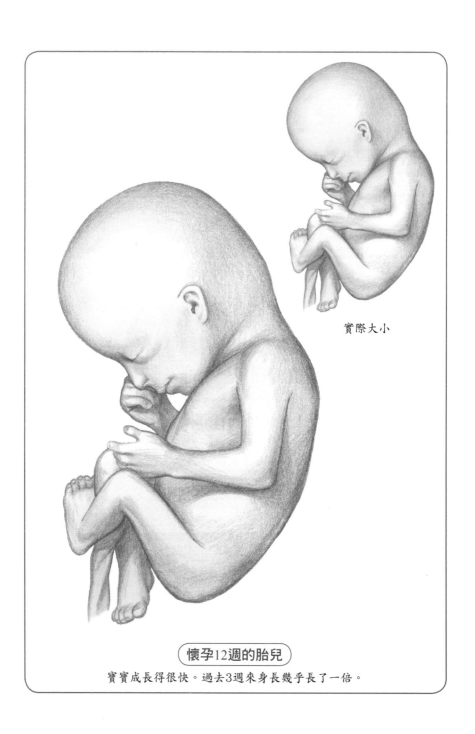

實際大小

懷孕12週的胎兒

寶寶成長得很快。過去3週來身長幾乎長了一倍。

胎兒的心跳聲放大讓妳能清楚聽到胎兒的心跳。

胎兒的骨骼還在形成中，手指、腳趾已經分開了，而指甲及腳趾甲也在長。身體表面開始出現稀疏的毛髮。

小腸現在能將食物推送穿過腸道，並有吸收糖分的能力。

位於寶寶大腦基部的腦下垂體，也在此時開始運作，製造荷爾蒙。神經系統則進一步發育。如果此時刺激寶寶，他就可能會瞇眼、張嘴、動動小指頭或腳趾頭。

羊水的量也持續增加，總量約50毫升。

妳的改變

到了這個時候，害喜的現象通常已經改善——這總是加分的一件好事。此時，妳的體型還不至於太臃腫，甚至還可能覺得舒適。

如果這是妳第一次懷胎，或許還在穿平常的衣物。但如果不是第一胎，可能已經開始飄出孕味了，妳可能會穿上寬鬆舒適的衣物，如孕婦裝，讓自己舒服些。

除了腹部開始隆起以外，身體的其他部位可能也開始變大。乳房漸漸變大，有時甚至會有點脹痛。臀部、大腿及側腰，也開始變胖。

皮膚的改變

懷孕時，很多原因都會讓妳的皮膚發生變化，像是懷孕分泌的荷爾蒙和以及皮膚被撐開。許多孕婦的腹部中線會變黑或呈棕黑色，這一條黑色的直線，稱為妊娠黑線。

•**膚色改變。**皮膚中的黑色素會分泌色素，而荷爾蒙則會讓妳的身體分泌更多色素，導致各式各樣膚色的改變。

•**皮膚癢。**孕婦的皮膚通常會乾、會癢。抹些乳液會有幫助，不過吃omega-3 脂肪酸也有幫助，對寶寶和妳都有益處。魚肝油、杏仁，和夏威夷豆裡面都含有豐富的omega-3 脂肪酸，沒吃魚的時候可以補充這

些食物。如果妳皮膚很敏感，還出現會癢的疹子，可以在患部皮膚上塗抹一些鎂乳（註：即胃乳，有殺菌和抗發炎的功效），有止癢的功能。

• **妊娠膽汁貯留症。**手掌心和腳掌心突然發癢，有可能是發生了妊娠膽汁貯留症，發癢的感覺會擴散到全身。也稱為妊娠膽汁鬱積性搔癢症，是一種皮膚病，孕婦全身會奇癢無比，但是不會出現紅疹。

這是罕見的病症，奇癢遍及全身，從懷孕末期開始，晚上通常還會更癢。其他的症狀有黃疸、糞便呈淺色、以及尿液顏色很深。治療方式有塗止癢藥膏以及進行紫外線照光治療。**寶寶**出生後數天內，症狀通常就會消失。

• **肝斑。**有時候這種稱之為肝斑或是孕斑的不規則褐色斑塊會出現在孕婦的頸部或臉上，但生產過後，顏色就會變淡或消失。大約有高達70%的孕婦在曬了太陽後就會出現這樣的肝斑。

預防肝斑最好的辦法就是不要曬到太陽，特別是每天日正當中，太陽最大的時候（早上十點到下午三點）。出門要擦防曬產品，並以衣物保護（戴帽子、穿長袖外衣、長褲）。生完孩子後幾個月，褐色的斑通常都會淡去。萬一沒有，可以問醫師，妳是不是可以使用維生素A酸（Retin-A）。

• **妊娠搔癢性蕁麻疹樣丘疹及斑塊。**有些孕婦會長出嚴重的、會癢的皮疹和紅色丘疹，位置從肚皮上開始，擴散到下身，然後是手臂和腿，這種病症稱為妊娠斑塊、毒性紅斑、多型性妊娠疹，或是妊娠搔癢性蕁麻疹樣丘疹及斑塊。

妊娠搔癢性蕁麻疹樣丘疹及斑塊是孕婦最常見的皮膚病，出現以後會由皮膚的皺褶處快速拓開，傷害皮膚組織，凸出疹子並產生發炎情形。

這種病通常發生在初胎孕婦的懷孕末期。最容易發病是懷孕期間體重增加很多的孕婦，或是懷多胞胎的孕婦。

好消息是，這種妊娠搔癢性蕁麻疹樣丘疹及斑塊不會傷害到寶

寶。而壞消息則是，癢起來可能癢到妳受不了，一心只想如何止癢，特別是在夜裡，所以妳會失眠。妊娠搔癢性蕁麻疹樣丘疹及斑塊通常在生產後的第一週之內就會消失，接下來的懷孕通常不會再發。

止癢的方式很多，包括了苯海拉明（Benadryl）、爽身粉、乳膏、爐甘石洗劑（calamine lotion）、泡冷水澡、燕麥澡、金縷梅、不穿衣服，以及使用紫外線照光治療。如果還是不能止癢，醫師還會開立口服的抗組織胺、或可局部擦用的類固醇或腎上腺皮質酮藥膏。

• **妊娠類天皰瘡。**妊娠類天皰瘡通常從肚臍邊開始起皰。有可能出現在懷孕中期或末期，或是緊接著生產之後。

50%的病例都是在肚子上突然出現奇癢的皰疹。剩下的50%則可能出現在身體上任何一個部分。通常來說，這種病會在懷孕的最後時間消失。不過，生產時或寶寶出生後可能立刻會大爆發。

治療的目的是為了止癢，並控制疹子形成的數量。燕麥澡、溫和的乳膏和類固醇都可以採用。妊娠類天皰瘡通常在產後數週就會舒緩，但是採用口服避孕藥的孕婦，下次懷孕可能會再發。對嬰兒沒有風險。

• **其他的皮膚變化。**血管蜘蛛痣（又稱毛細管擴張或血管瘤）是一種小小的皮膚隆凸，外觀呈紅色，內有血管分支，一直延伸到皮膚的表面。類似情形也發生在手掌，稱為手掌紅斑。血管蜘蛛痣及手掌紅斑通常會一起出現，但多半是暫時性的，產後一般會迅速消失。

許多孕婦的下腹部以下皮膚常會出現顏色較深，或因色素沉澱而產生褐黑色妊娠紋。妊娠黑線

第12週的小提示

如果腹瀉持續24小時以上，或時好時壞、反覆拉肚子，請打電話給醫師。一定要喝大量的水或運動飲料。吃溫和清淡的食物，像是清粥、吐司和香蕉。沒有醫師許可，不要擅自服藥。

就是因此形成的。妊娠紋沒什麼關係，不過可能會是永久性的。

‧**妊娠異位性發疹。**包括了三種會發癢的妊娠皮膚病——妊娠濕疹、妊娠癢疹，以及妊娠搔癢性毛囊炎。如果妳有濕疹，可能就需塗抹處方性皮膚用藥膏。

妊娠癢疹是一種我們了解很少的妊娠皮膚病。發病的樣子看起來像蚊子咬，會癢，治療方式為使用止癢藥膏與類固醇藥膏。這種皮膚病產後通常就會消失，對寶寶和妳都沒有危害。

妊娠搔癢性毛囊炎，好發於懷孕中期和末期，症狀是胸部和背部的毛囊區域隆起、發紅。通常會伴隨著輕微的發癢，產後2到3週通常就會好轉。

慢性高血壓

血壓是血液施加在動脈血管壁的強度量。如果妳在懷孕前就有高血壓，那就表示妳有慢性高血壓。這種病症，懷孕期間必須好好控制，以避免發生問題。

如果妳有高血壓，懷孕期間發生併發症的機會就比較高。寶寶出生時可能體重會過輕，或是／並且早產。

如果妳懷孕時血壓就高，醫師可能會多幫妳照幾次超音波來監控胎兒的生長情形。妳可以買個血壓計，在家隨時量血壓。

大多數的血壓控制藥物，懷孕期間服用都是安全的。不過，血管緊張素轉化酵素抑制藥（ACE Inhibitors）應該禁用。

哪些行為會影響胎兒發育？

懷孕時受傷

約有6～7%的孕婦曾經受傷，其中約65%發生車禍，35%跌倒或遭受攻擊、施暴，所幸九成以上都只是輕傷。

如果妳在懷孕時受傷，除了立刻接受緊急醫療照顧及處置外，還必須照會急診創傷科醫師、一般外科醫師及婦產科醫師。大多數醫學專家認為，孕婦在發生意外後的幾個小時應該留院觀察，才有足夠時間觀察胎兒是否有異狀。

懷孕期間好好照顧自己不要受傷是很重要的。要做到這一點，方法很多，只要好好練習並有此認知。以下是一些訣竅。

- ♥ 隨時張大眼睛，注意四周的環境。
- ♥ 從容行動不要趕，慢慢走，無論妳是走路、開車或以任何交通方式到達目的地──匆促是很多意外發生的主要原因。
- ♥ 避免一心多用──太多事情會讓妳分心，沒注意到安全。
- ♥ 穿舒適又安全的衣服和鞋子。別穿可能絆倒妳的長裙、帶小型一點的包包、把高跟鞋束諸高閣，改換舒服的鞋子。懷孕期間，舒適與安全常是一體兩面的。
- ♥ 在樓梯間、電扶梯、巴士、以及其他有把手的地方，有把手就拉把手。
- ♥ 每次坐車都要繫上安全帶。

妳的營養

懷孕時體重如果增加太多，對妳和寶寶都不健康，特別是在懷孕初期。體重過於笨重，不但妳挺著肚子時更不舒服，分娩時也會很辛苦，而產後要恢復苗條的身材，更是困難重重。

產後，大多數的女性都急著要儘快穿回「正常」的衣服，恢復產前的模樣。如果還必須跟多出來的好幾公斤奮戰，要達成目標就會受到干擾。

每一口食物都咀嚼十秒鐘，好好咬碎。這樣身體比較容易吸收其中的維生素與礦物質。

垃圾食物

妳的飲食不只影響到自己，還會影響到在妳腹中成長的**寶寶**。如果妳平常就沒吃早餐的習慣、還以包裝食品解決午餐，然後進速食餐廳打理晚餐，對妳的懷孕是毫無助益的。

當妳了解自己的行為會影響到寶寶的健康後，吃些什麼、及什麼時候吃都變得更加重要了。妳必須好好計畫攝取均衡的營養，不過別擔心，妳可以做到的。盡量避免含糖量／脂肪量很高的食物，以健康的食品來代替。如果妳是職業婦女，可以帶健康的食物作為午餐或點心，盡量少吃速食或垃圾食物。

脂肪及甜食

除非妳體重過輕，需要多增加一點重量，否則要攝取含脂肪的食物及甜食時就要謹慎些。這類食物，熱量大多偏高，營養價值卻很低，零星吃一點就好了。

與其吃營養價值不高的食品，如洋芋片或餅乾，倒不如選擇水果、某些種類的乳酪，或抹上少許花生醬的全麥麵包，後

如果長了乾癬

所有皮膚長乾癬的女性，在懷孕期間，有一半的人發現乾癬的情況有改善，這可能因為是體內的雌性激素濃度提高所致。

懷孕期間要治療乾癬可以使用潤膚乳液或外用的類固醇，這兩種方式都是安全的。懷孕期間治療乾癬的方式必須因人而異。

者既能讓妳止飢又能補充營養。以下是妳可以選擇攝取的脂肪食物及甜食，以及每一分的量：

- ♥ 糖或蜂蜜：1大匙
- ♥ 油：1大匙
- ♥ 瑪琪琳（人造奶油）或奶油：1小塊
- ♥ 果醬：1大匙
- ♥ 沙拉醬：1大匙

要注意花生及花生醬的攝取量。研究指出，懷孕期間吃太多花生產品，會提高胎兒日後罹患氣喘病的機率。

其他須知

第五疾病

第五疾病，也稱為微小病毒B19這是輕度到中度等級的疾病，可以透過飛沫傳染，在團體中迅速傳播開來，如教室或托兒所。

這種疾病會在臉頰留下有如被人掌摑的紅疹，紅疹會反覆發作及消褪，持續2～34天。關節疼痛則是另一個症狀。此病目前並無治療方式，對懷孕初期的胎兒傷害性最大。

如果妳覺得自己曾曝露於第五疾病之中，請與醫師聯絡。醫師會抽血檢查妳之前是否曾經感染過此病毒。

睡前吃點有營養的點心，對有些孕婦或許有幫助，然而對大多數孕婦而言並無必要。如果妳習慣在睡前吃冰淇淋或糖果，產後就必須為了減去多餘的體重傷透腦筋。如果睡覺時胃裡還有食物，會容易溢胃酸，或發生消化不良的現象。

第12週的運動

以左側側躺，身體也同向。用左手支撐妳的頭，右手放在身前的地面上，以保持平衡。吸氣並放鬆。吐氣時，慢慢抬起妳的右腿，盡量抬高，膝蓋或身體都不要彎，但腳掌可以隨意。吸氣，並慢慢放下妳的腿。右邊重複做。每邊做10次。訓練並強化髖關節、臀部以及大腿的肌力。

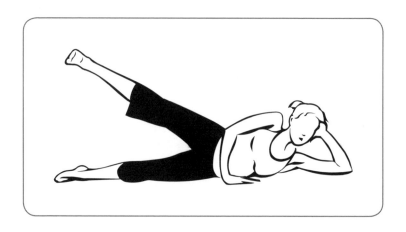

第十三章

懷孕第13週
〔胎兒週數11週〕

寶寶有多大？

　　妳腹中的**寶寶**，此時生長迅速，從頭頂到臀部的長度為6.5～7.8公分，重13～20公克，大小有如一顆桃子。

妳的體重變化

　　妳或許可以感覺到子宮的上緣已經來到肚臍下方約10公分的地方。到了本週，子宮已經充滿骨盆腔，並開始上升到腹腔內。子宮摸起來，就像一顆柔軟光滑的球。

　　懷孕到了這個週數，妳可能已經增加了一些體重。不過，如果妳有害喜現象、吃不下東西，體重可能不會增加太多。等到害喜現象減輕後，而胎兒的體重也開始迅速的增加時，妳的體重也會開始增加。

寶寶的生長及發育

　　從本週開始到24週，胎兒的成長速度驚人。現在寶寶的身長比起懷孕第7週，整整大了一倍。胎兒在體重上的變化也非常的大。

　　而此時胎頭的生長速度和身體的其他部位比較，相對比較慢。懷孕第13週時，頭的長度約占頭頂到臀部全長的一半；到了第21週，頭的長度只剩下身體的1/3了；出生時，寶寶的頭長更只剩下身體的1/4。胎頭生長的速度減緩時，身體的長度則急速追趕上來。

　　此時，原來長在頭的兩側的眼睛，現在已經往臉部靠攏。耳朵也回到正常的位置，也就是頭的兩側。外生殖器發育的成熟度已經足以

讓妳在子宮外檢查時，分辨出性別。

原本在胎兒肚臍部位膨出的腸子，此時也會逐漸縮回胎兒的腹腔。如果腸子無法自行縮回腹腔，胎兒出生時腸道還在腹部之外，就是發生臍膨出這種病症了。所幸這種病症的發生率僅萬分之一，而且通常可以透過手術修復，寶寶的預後情形也很良好。

妳的改變

妊娠紋

許多女性在懷孕期間都會出現妊娠紋。妊娠紋發生在皮膚深層的彈性纖維和膠原蛋白被拉開，留出空間給寶寶之時。當皮膚被撕開時，膠原蛋白會被分解，穿過層層皮膚層，在最上面的皮膚層中顯出粉紅、紅色或紫色的鋸齒狀裂紋。

大約有九成的孕婦會在胸部、腹部、髖部以及／或是手臂上出現妊娠紋。懷孕期間任何時間都可能長出妊娠紋。產後，妊娠紋可能會褪到與周圍皮膚相同的顏色，但是不會完全消失。

• **緩慢增重。**有個方式可以幫助自己，減少妊娠紋的發生，那就是緩慢而穩定的增加妳的體重。突然之間體重大增會讓妊娠紋隨之暴增。

• **喝大量的水，吃健康的食物。**含有豐富抗氧化物的食物可以提供妳組織修復及復原所需的營養分。攝取足夠的蛋白質以及少量的「好的」脂肪，像是亞麻仁籽、亞麻仁籽、魚油等對妳也有幫助。

雖說妳自認為可以預防妊娠紋的發生，但其實妳能做的實在不多。電視和雜誌中有很多廣告，號稱有藥膏和乳液可以預防妊娠紋，根本沒什麼效果。會得的人就是會得（有些非常幸運的女性，妊娠紋少到幾乎可以說沒有！）。妊娠紋也只是懷孕的一部分而已啊！

• **不要曬到太陽**。持續保持運動的習慣。也可請問醫師可否使用含果酸、檸檬酸或乳酸的藥膏，這類藥膏和乳液有部分成分可以改善皮膚的彈性纖維。

如果還未產檢，也還沒經過醫師允許，不要使用像是hydrocortisone或 topicort這樣的類固醇藥膏來治療妊娠紋。類固醇被母親皮膚吸收後，就會進入體內，傳給寶寶。而且妊娠紋除霜藥膏真的無法深入穿透到肌膚底層，修復妳受損的皮膚。

• **產後的妊娠紋治療**。生產後，妳身上的妊娠紋就有很多方法可以治療了，有些效果還挺不錯的。如果妳身上有很多妊娠紋，可以問問醫師有什麼藥膏可以塗抹，像是維生素A酸、Renova這兩種藥膏，以及雷射療法，效果都不錯。維生素A酸與乙醇酸併用時，效果非常好。

當然，最有效的治療方法就是雷射治療，但是雷射治療所費不貲，而且仍要與上述藥物一起使用。不過，雷射療法並非人人適用。

按摩也有幫助——按摩可以增加流至該區的血流，幫助皮膚去除表面的死細胞。

乳房的改變

妳的乳房正在發生變化。懷孕前，乳房約重200公克左右。懷孕期間，當妳乳房組織中的脂肪增加時，乳房的尺寸及重量都會增加。等到懷孕末期接近分娩時，每一側乳房的重量可達400～800公克。如果親自哺乳，每邊乳房的重量更可達800公克甚至更重。

乳房是由許多腺體、用來支撐乳房的結締組織、及用來保護乳房脂肪組織所組成，乳腺管連接乳囊及乳頭。每個乳頭裡都有神經末梢、肌肉纖維、皮脂腺、汗腺及約20個乳腺管。乳囊則與乳腺連接，通達乳頭。

女性乳房的大小及形狀並不相同。乳房組織通常由手臂下方往前伸展，從懷孕之初，妳的身體就在為哺乳進行準備。懷孕不久，肺泡

的數量就開始增加，尺寸也變大。位於乳頭附近的輸乳竇也開始形成，這裡將會用來存放妳所分泌的乳汁。早至懷孕的20週，妳的乳房就會開始分泌乳汁。

即使妳比預產期提前分娩，妳的乳汁也有足夠的營養可以餵養早產的寶寶。

妳可以能會注意到，皮膚下出現了血管，乳頭也有了變化，變得更大、更敏感。乳頭周圍有一圈環狀、有色的皮膚組織，稱為乳暈。懷孕時，乳暈顏色會變深、變大。深色的乳暈會成為寶寶視覺上的訊號，而乳頭上的凸起物，稱為蒙哥馬利腺體，則負責在妳哺乳時，分泌潤滑液來潤滑並保護妳的乳頭。

到了懷孕中期，乳房會開始分泌黃色的稀薄液體，這就是初乳。如果擠壓或按摩乳房，初乳就會由乳頭流出來。乳房愈長愈大時，有時也會出現和腹部一樣的妊娠紋。到了懷孕末期，乳房可能會有癢的感覺，皮膚也會被撐開。這時，使用無酒精成分的無香料潤膚乳液會些許幫助。在寶寶出生後幾天，乳房的大小會達到最大。

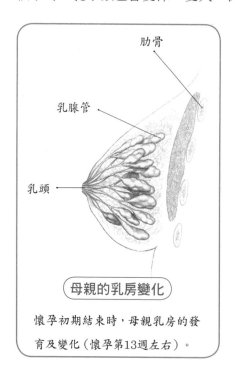

肋骨

乳腺管

乳頭

母親的乳房變化

懷孕初期結束時，母親乳房的發育及變化（懷孕第13週左右）。

哪些行為會影響胎兒發育？

職業婦女

今天很多女性都走出家庭，在外工作。懷孕期間，許多人還是繼續工作。大部分的孕婦如果可以選擇的話，還是會一直工作到生產。

這些女性對於懷孕期間工作是否安全，常會有顧慮。孕婦和其雇主心中有顧慮是很平常的事。

「我懷孕期間繼續上班是否安全？」

「我有可能整個孕程都工作嗎？」

「如果我繼續上班，會不會有對胎兒造成傷害或危險？」

當妳告訴老闆，妳懷孕了，心裡可能會焦慮，不過，這件事是一定得做的。妳最好讓他從妳本人那裡親自聽到，而不要透過第三者。請去查詢一下，公司對於女性員工懷孕與育嬰的政策與福利。進入孕程之後，記得凡事都要留書面記錄。

• **影響妳權益的立法。**由於台灣有一半以上的婦女是上班族或正在找工作，因此，超過100萬個寶寶的母親是全職或兼職的上班族。這些婦女，或多或少都曾擔心職業的安全及健康。

在台灣，勞基法第50條與性別工作平等法第15條則對女性勞工的產假做了詳細的規定。

♥ 女性勞工分娩前後，應停止工作，給予產假8星期（含假日），產假期間工資照領。

♥ 前項女工受僱工作在六個月以上者，停止工作期間工資照給；未滿六個月者減半發給。

♥ 女性勞工6個月以上分娩者，無論死產或活產，給予產假8星期，以利母體調養恢復體力。

♥ 女性勞工3個月以上流產者，應停止工作，給予產假4星期。

♥ 妊娠2~3個月流產者，應停止工作，給予產假1星期。妊娠未滿2個月流產者，應停止工作，給予產假5日。（產假期間薪資之計算，依相關法令之規定。）

而勞基法所制定的懷孕及生產相關請假規定如下：

♥ 註明經醫師診斷，懷孕期間需安胎休養者，其治療或休養期間之請假，併入住院傷病假計算。

♥ 未住院，一年之內合計不得超過30天。

♥ 住院者，兩年之內不得超過一年。未住院傷病假與住院傷病假2年合計不得超過1年。

♥ 普通傷假，請假未超過30天之部分，工資折一半發給。辦理請假手續時，雇主得要求勞工提出有關證明文件（勞工請假規則第十條）。

妳也可能因為懷孕，而有懷孕相關的不適症。這種情況可能是因為懷孕本身、懷孕產生的併發症，或是工作的特定情況，像是需要久站或是必須曝露於特定物質之中。

台灣勞基法第51條則規定，女性勞工在妊娠期間，如有較輕易的工作得請求改調。雇主不得拒絕，並不得減少其工資。

為了保護孕婦與產婦的安全，勞基法中也明文規定，女性勞工，於妊娠或哺乳期間，不得於夜間工作（晚上10點到清晨6點），且雇主應提供必要之安全衛生設施。軍公教人員則另有規定。

如果妳想進一步了解

給爸爸的叮嚀

你知道運動對孕婦是很重要的嗎？如果懷孕期間沒有出現併發症，所有的孕婦都會被建議，每週至少應運動5次。你可以請教照顧另一半的醫師，什麼運動是你們可以固定一起做的，像是散步、游泳。

懷孕與生產相關的法規，可以詢問各縣市政府的勞工局。

有些日常用藥，在懷孕後，妳可能不知道是否可以繼續服用。Zicam 是感冒成藥，可以紓解感冒症狀。Amitiza 是處方藥，用來治療便秘。Ambien 和 Rozerem則是安眠藥。如果妳有考慮使用上述這些藥物，請先問過醫師，他會告訴妳應不應該使用。

• **懷孕期間工作的風險。**要了解哪種特定工作對懷孕會造成哪些風險，相當困難。

然而，我們的目標是要將會傷害母親和胎兒的風險降到最低，同時也讓準媽媽安心繼續工作。從事一般性質工作的孕婦，整個孕程都應該可以持續工作，直到生產。

不過，孕婦在工作內容上可能必須做一些調整。如果妳的工作需要抬東西、攀爬、搬東西或是久站，可能就得做一些改變。懷孕初期，妳會頭昏、疲倦或噁心，這些可能會提高妳受傷的機率。多增加的體重與挺著的大肚子也會影響妳的平衡，增加妳懷孕後期跌倒的機率。

妳或許知道許多食物和飲料中都含有咖啡因，但妳知道現在有些食品是故意添加咖啡因的嗎？我們就發現某些洋芋片、糖果和麥片中都添加了咖啡因。吃這些食物之前，請務必閱讀上面的成分標籤。

如果妳的工作必須曝露在危險物質中，妳可能會需要做些調整。如果妳受僱於工廠、乾洗店、印刷事業、藝品業、電子生產業或在農田農場工作，妳可能會接觸到殺蟲劑與農藥、有毒的化學品、清潔溶劑、或像是鉛這類的重金屬。醫療保健行業的人員、教師或托兒業則可能曝露在有害的病毒之中。

萬一妳出現了任何一種健康上的問題，醫師都會要妳限制活動量，暫時先不要工作。醫師會開證明，表示妳有懷孕相關的不適症。這也就意味著，妳因為懷孕引起了健康上的問題，所以無法執行一般正常的職務。

• **請跟妳的醫師和雇主配合。**萬一出現了問題，像是早產或出血，請去看醫師。如果醫師建議在家臥床安胎，請聽他的指示。當孕程繼續時，妳每天可能必須減少一點工作時數，或換一些比較輕鬆的工作來做。要有彈性。如果妳讓自己累倒了，對自己和寶寶都沒有幫助，只會讓事情更糟糕。

• **照顧自己。**如果妳要工作的話，要聰明的做！不要去沾染任何可能危害自己和寶寶的事。不要穿腰部束得很緊的衣服，尤其當妳每天大半時間都坐在椅子上時。

坐在辦公桌前腰桿要打直坐好。放個矮凳子在地上，讓妳的腳能擱在上面。工作空檔時，以及午餐時間都要休息。每隔30分鐘左右，起來走動一下。上洗手間是個讓妳起身、四處走走的好理由。

• **多多喝水。**記得自備一分健康的午餐和小零食，持續攝取熱量。速食食物提供的大多是沒有營養的空熱量。此外，也請盡量降低自己的壓力，不要接新的專案，或讓妳太過耗神又花費時間的案子。

妳的營養

咖啡因是一種刺激成分，在許多飲料和食品中都有，像是咖啡、茶、各式不含酒精的飲料及巧克力中。某些藥品中也會發現咖啡因，

如頭痛藥。

懷孕期間，妳可能對咖啡因更加敏感。二十多年來，美國食品及藥物管制局一直建議孕婦不要接觸咖啡因，因為到目前為止，還沒有發現咖啡因對孕婦及胎兒有任何好處。

就算妳一天只喝兩杯225cc的咖啡，發生早產的風險還是高出了兩倍。

減少咖啡因的攝取，或從飲食中戒除。咖啡因會通過胎盤，傳送給胎兒——如果妳有輕微的神經緊張現象，寶寶也會受到相同的影響。咖啡因也會進入母乳中，如果妳餵寶寶母乳，他可能會有躁動不安、睡不安寧的情況。下面列出各種食物來源中咖啡因的量：

- ♥ 咖啡（約145公克）：60～140毫克或更高
- ♥ 茶（約145公克）：30～65毫克
- ♥ 巧克力可可飲料（約225公克）：5毫克
- ♥ 巧克力棒（約45公克）：10 to 30毫克
- ♥ 烘焙用巧克力（無糖黑巧克力，約30公克）——25毫克
- ♥ 無酒精飲料（約350cc）：35～55毫克
- ♥ 止痛藥（一般劑量）：40毫克
- ♥ 過敏藥及感冒藥（一般劑量）：25毫克

其他須知

萊姆症

萊姆症是一種由蜱蟲（俗稱壁蝨）傳染給人類的疾病。被咬的人，約有80％會出現一種特殊的皮膚病變——稱之為「牛眼」，也可能伴隨有如流行性感冒的症狀，4～6週後症狀會加劇。

發病初期，即使驗血也無法診斷出有萊姆症。不過如果病症持續，就可透過驗血診斷了。萊姆症會通過胎盤，不過，會對胎兒造成哪些影響仍是未知，研究人員正在盡力找出答案。

第13週的小提示

懷孕期間，如果不想接觸咖啡因，就必須詳細閱讀食物上的標籤。

治療萊姆症需要長期服用抗生素，其中許多藥物是孕婦也能安全使用的。盡可能避免接觸萊姆症的感染源。遠離有蜱蟲的地方，尤其是茂密的樹林。如果無法避免，請穿著長袖上衣、長褲、長襪及封閉式的鞋子，最好加上圍巾及帽子，把全身都覆蓋住。回家後要記得檢查頭髮，蜱蟲常會藏在其中。此外，袖摺、褲縫及口袋等部位，也容易藏匿蜱蟲，請一併檢查。

腸胃脹氣

懷孕時，妳發生腸胃脹氣的次數是不是比平時多？這種事不算少見。妳吃的食物當然和脹氣的發生有關，會容易引起脹氣的食物，每個孕期都不一樣。

細嚼慢嚥可以幫助妳減少吞進去的空氣量，產生的脹氣也會因此減少。保持運動——運動對整腸順氣是有助益的。特定的一些食物不要去碰，包括糖、某些乳品和麵包。糖醇是很多「輕」食中使用的代糖，這種代糖也會導致脹氣。

頸部透明帶篩檢

胎兒頸部透明帶篩檢是一種可以幫助醫師和孕婦檢驗胎兒是否患有唐氏症的檢查。這種篩檢的優點是，懷孕初期就可以得知結果。因為可以及早獲得檢驗結果，所以懷孕的夫妻如果想對懷孕下任何決定

的話，也可以盡早處理。

詳細的超音波檢查可以讓醫師好好測量胚胎頸部後面的空間。如果和驗血一起進行，兩種合併的結果（超音波外加驗血）就可以預測該孕婦懷有唐氏症寶寶的風險了。

瓶裝水也要注意有些瓶裝水也含有少量咖啡因呢！

第13週的運動

雙腳打開站立，膝蓋放鬆。右手握一個輕量的東西（約450公克即可），右手手臂往上伸直，超越頭部。收縮腹部的肌肉，稍微彎腰，然後手臂往下搖擺，越過左腳，繞完完整的一圈，讓手臂回到起始點，也就是右邊肩膀上方，完成這項運動。每一邊重複8次。強化背部和肩膀的肌肉。

第十四章
懷孕第14週
〔胎兒週數12週〕

寶寶有多大？

本週，胎兒頭頂到臀部長8～9.3公分，大小有如拳頭，重約25公克。

妳的體重變化

這個時候孕婦裝已經是「必需品」了。然而，有些孕婦會以不扣釦子、拉鍊不拉到底，或用橡皮筋、別針來增加褲頭的寬度，再撐一陣，不換上孕婦裝。有些孕婦則是穿上另一半的衣物，但這種情況通常也維持不了太久。如果妳穿上較為合身的舒適衣服，而這衣服也還有寬鬆的空間能讓身體成長，妳會感覺比較舒適，也更能享受懷孕的過程。

寶寶的生長及發育

如第189頁的插圖中所見，寶寶的耳朵已經移到了頭部的兩側。脖子也持續拉長，下巴不再垂在胸前。

妳的改變

表皮肉垂和痣

懷孕會讓皮膚的表皮肉垂和痣都發生變化並生長。表皮肉垂是小小的息肉，在妳身上可能是第一次出現，懷孕期間可能還會繼續長大。懷孕期間也可能有新痣出現，而原來就有的舊痣則可能變大、顏色變深。如果妳發現身上的痣有任何變化，請指給妳的醫師看！

痔瘡

痔瘡（肛門周圍或裡面的血管擴張）是懷孕期間或產後常見的問題。在懷孕中期和末期間，孕婦常會長痔瘡。這是因為妳體內的賀爾蒙改變了，而妳成長中的寶寶對此頗有貢獻。懷孕愈近後期，痔瘡可能就會愈嚴重。它也會隨著懷孕次數增多而一次比一次嚴重。

> 不要食用亞麻油（這和亞麻籽油不同）。亞麻油是常被建議用來治療便秘的草藥方。如果在懷孕的中期和末期間食用，會提高早產的風險。

要治療痔瘡必須攝取大量的纖維素並喝很多水。軟便劑和高纖食品也有幫助。吃纖維素錠、或在食物或飲料中添加纖維素產品，都是很好的治療方式。如果痔瘡讓妳很不舒服，可以跟醫師說。他會告訴妳用哪種方式治療最好。妳也可以試試以下的方法，看看能否減輕痔瘡的不適感。

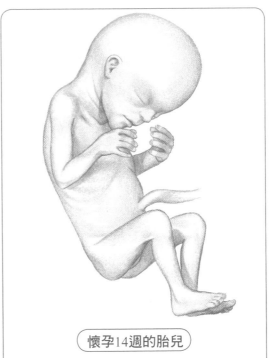

懷孕14週的胎兒

胎兒持續地改變。到了本週，耳朵和眼睛已經移到更趨近正常的位置了。

♥ 每天至少以抬高雙腳及臀部的姿勢，休息一小時。

♥ 睡覺時雙腳抬高，雙膝微彎。

♥ 平日要攝取大量的纖維素，並多多喝水。

♥ 溫水坐浴（水不要太熱），可減輕症狀或疼痛。

♥ 到藥房買不必處方籤的塞劑使用，可能也有幫助。

♥ 含有皮質類固醇（Hydrocortisone）的外用類固醇成藥，也有
止癢、消腫等功用。可以請問醫師相關的使用資訊。

♥ 在痔瘡部位冰敷、冷敷或敷上藥棉。

♥ 不要久坐或久站。

♥ 起身走動通常可以減輕肛門的壓力。

♥ 如果妳的痔瘡很痛，普拿疼可以幫助紓解疼痛。

懷孕期結束後，痔瘡情況通常會好轉，但是不會痊癒。當孕期結束後，可以試試上述的治療方式。

哪些行為會影響胎兒發育？

照X光、電腦斷層掃描、核磁共振檢查

•**照X光**，有些孕婦會擔心，放射線檢查會不會傷害胎兒？這些檢查，在懷孕的任何階段都能做嗎？很可惜，到底多少「量」才是安全的，不會傷害到發育中的寶寶，我們並不清楚。

不過，孕婦仍然可能罹患肺炎或盲腸炎，這時就必須照X光來協助診斷與治療了。在做任何檢查及治療前，妳都有責任誠實告知負責檢查的醫師及相關醫護人員妳是否懷孕了。在進行檢查前先處理好安全性的問題及風險，事情會比較容易處理。

如果妳在照了一張或數張X光後，才發現自己懷孕了，可以請問醫

師，照X光對寶寶可能造成的危害。

> 如果妳喜歡聽寶寶的心跳聲，現在已有裝置可以讓妳在家中盡情的聽！有些人相信，這種作法會加深父母親和孩子之間的親密連結。如果妳對家用的都卜勒器材有興趣，可以在產檢的時候請問醫師，或上網查一查。

• **電腦斷層掃描**，也被稱為CT或CT 掃描，是一種非常特別的X光檢查，它結合了X光檢查及電腦的分析。許多研究人員認為，電腦斷層掃描的放射線量比一般X光檢查的放射線量要少得多。不過，在確切了解這些劑量對胎兒造成的影響之前，還是要謹慎使用。

• **核磁共振檢查**，簡稱為MRI，是現今另一種廣泛使用的檢查。雖然到目前還沒有核磁共振會傷害胎兒的報告，但最好不要在懷孕的前3個月內做核磁共振檢查。

牙齒的照護

懷孕期間，至少要去看一次牙醫，並於看診前告訴醫師妳已經懷孕了。如果妳需要治療牙齒，最好延後到懷孕的第13週以後再做。不過如果無法等待，就必須立刻治療，例如發生了感染，不治療可能會傷害妳及腹中的胎兒。

治療牙齒時，可能需服用抗生素或止痛劑。如果必須服用藥物，服藥前請務必先取得婦產科醫師的許可。不少抗生素和止痛藥都可以在懷孕期間使用。

> 牙膏，或用烘焙用的小蘇打粉。不要使用含有酒精成分的漱口水。如果刷牙讓妳覺得噁心想吐，試試其他牌子的牙膏。

懷孕期間如果因為牙科治療需要麻醉，一定要特別注意。局部麻醉沒關係，但是要盡量避免使用氣體麻醉或全身麻醉。如果非不得已，必須進行全身麻醉，一定要由經驗豐富的麻醉醫師執行，而且麻醉前一定要告知醫師，妳已經懷孕。

• **牙齦疾病。**懷孕期間，賀爾蒙的改變會讓牙齦問題惡化，而懷孕期間造血量的增加則會讓牙齦容易腫脹，更加可能發生發炎感染。

> 懷孕期間，如果妳因為某些病況而疼痛難忍，例如，牙齒的根管有問題，或是嚴重抽筋，普拿疼又無法止痛時，可以請問妳的婦產科醫師，是否可用麻醉型的止痛藥磷酸可待因（analgesic codeine）。這種藥在懷孕初期與中期間使用，被認為是安全的。

牙齦炎是牙周病的第一期，症狀是牙齒流血、牙齦發紅。起因是因為細菌在牙齦與牙齒之間的空隙滋生。專家認為，這些細菌會進入血管，流到身體的其他部分，引起體內其他地方的發炎。

一般的牙線和牙刷都可以預防牙齦炎的發生。

• **牙齒的緊急狀況。**懷孕期間也可能出現牙科

第14週的小提示

如果妳不得不做牙科的治療，或診斷性檢驗，請告訴牙醫師或妳的婦產科醫師妳懷孕了，這樣他們才能特別照顧妳。在下任何決定之前，請兩位醫師談一談會很有幫助。

的急症，如根管治療、拔牙、蛀牙、齒膿腫或是因車禍、或受傷造成的牙科緊急事件。嚴重的牙齒問題都需要立刻治療，不能拖到孩子出生後才處理。因為不處理的後果可能比治療的風險還要高。

懷孕期間，有時免不了必須照牙科X光。拍攝X光片之前，妳一定要在腹部覆蓋鉛製圍裙來保護。

妳的營養

如果剛懷孕體重就已經超重，會給妳帶來一些特別的問題。體重正常的婦女，懷孕期約增加11～16公斤，但是如果妳懷孕前就超重，醫師可能會要求體重增加的程度要少於正常。因此，妳必須選擇低熱量、低脂的食物。妳也可能需要營養師協助擬定健康飲食計畫。即使如此，懷孕期仍然不能任意節食。

其他須知

體重過重

就身體質量指數（簡稱BMI）來看，指數介於25到29之間的被認為是「過重」，超過30被認為是「肥胖」，而指數在40以上，就被認為是「肥胖症」（病態的肥胖）。

請醫師在妳產檢時幫妳測量身體質量指數，妳也可以利用下面的公式，自己計算。要了解自己的身體質量指數必須使用懷孕前的體重。舉例來說，一位身高163公分、體重72公斤的女性，身體質量指數是27，屬於「過重」範圍。而另一位身高也是163公分，體重83.5公斤的女性，身體質量指數是32，屬於「肥胖」。還有一位身高同樣是163公分的女性，體重108公斤，身體質量指數是41，屬於「肥胖症」。

如果妳的體重過重，懷孕時就會產生各種問題。體重增加太多（超過醫師告訴妳的量），必須採用剖腹產的機率會提高。而且懷胎

時也比較不舒服，分娩的困難度也會增加。產下寶寶後，要甩掉懷孕期間增加的體重也較為困難。

體重過重的孕婦，產檢的次數可能必須增加。醫師可能因孕婦體重過重而難以確認子宮大小及位置，也不容易準確估算預產期，因此，必需做超音波檢查來確認。此外，也可能有需要增加其他的檢查。

• **照顧自己**。努力讓自己的總體重，慢慢增加。每週都自己量體重，並注意飲食的攝取。要吃營養、健康的食物，別去碰那些空有熱量的食物。可以約診營養師，請他協助妳訂定一分健康的飲食計畫。

• **懷孕期間不要節食**。可以從無脂肪或低脂肪的食品、肉類、穀類食品、蔬菜水果中取得所需的營養；這些食物之中都含有多樣化的營養素。懷孕期間，每天都要吃孕婦維生素。

和醫師討論一下運動的事，看看是游泳，還是散步才是適合所有孕婦的好運動。

飲食時間要固定，少量多餐──每天少量進食5～6次是一個蠻好的目標。妳每天的總熱量數應該在1800～2400大卡之間，而且每天的飲食都要做記錄，好好追蹤自己吃了什麼、多少量、什麼時間吃。這樣一來，萬一需要對飲食進行調整，才知道應該從哪裡著手。

身體質量指數（BMI）的計算方式

身體質量指數是由身高、體重計算得來的。計算時，請務必使用妳懷孕前的體重。計算的公式如下：

$$BMI = 體重（公斤）／身高（公尺）^2$$

舉例來說，一位體重69公斤，身高162.5公分的女性，BMI就是26。

$$69／(1.62)^2 = 26（BMI）$$

請親友陪妳去產檢

可能的話，請多讓另一半陪妳去做產檢。在妳開始陣痛前就先讓妳的配偶和醫師多多熟悉是一件好事。也許，妳的母親或婆婆，也想跟著去聽聽孫子或孫女的心跳聲。不然，妳也可以帶錄音筆去把寶寶的心跳聲錄下來，放給其他想聽的家人聽。

給爸爸的叮嚀

要當個貼心的老公，讓自己能被聯絡得上。如果出遠門，每天至少要打一次電話回家，讓她知道你心裡掛念著她和寶寶。你也可以請親友幫忙照顧一下，讓她萬一有事可以找得到人幫忙。

有些孕婦會帶著自己的孩子一起去產檢。如果妳偶而帶孩子出現，大多數的醫護人員不會太介意的。他們很了解，產檢時，不一定每次都能找到人幫忙看孩子。不過，如果妳有健康的問題，或有很多事情必須跟醫師商量，最好還是不要把孩子帶去。

如果孩子生病、剛出過水痘，或是感冒了，讓孩子留在家裡，別帶去傳染給其他在候診室的等待的孕婦。

第14週的運動

凱格爾運動可以強化骨盆腔肌肉，多加鍛鍊可以幫助妳在分娩時，放鬆肌肉。這個運動對於產後陰道肌肉的恢復也頗有幫助。凱格爾運動隨時隨地都可以做，沒有人會知道妳正在做！

坐著的時候，縮緊骨盆腔最底下的肌肉，愈緊愈好。分階段，一段一段往上縮緊骨盆腔肌肉，直到骨盆腔最頂端。當妳往上縮的時候，慢慢的從1數到10。持續片刻，然後再分段慢慢放鬆，這次也是再度從1數到10。每天重複2～3次。

妳也可以先縮緊骨盆腔肌肉做凱格爾運動，然後再縮緊肛門肌肉。持續幾秒，然後慢慢放鬆，接著反序進行。想了解自己這個運動是否做對了，在上廁所解尿時，看是否能在尿一半時憋住就知道了。

床蝨是圓形、沒有翅膀的蟲子，平常躲在床的裂縫、床墊、地板和靠枕裡。咬的時候不會痛，但第二天起來後就會出現類似蚊蟲咬傷的痕跡。光看咬痕無法斷定是不是被床蝨咬了。如果妳被咬了，好好找找床和床墊的摺痕、裂縫和下面，看是不是有蟲。這種蟲子很小，可能不容易找。

床蝨咬與其說有健康上的危害，倒不如說很惱人。被咬後會癢，甚至因為癢到抓破皮，產生二度感染。床蝨不會傳染疾病給人類，所以妳不必擔心蟲子咬了妳之前去咬了誰。

被床蝨咬，不要驚慌——床蝨不會傷到寶寶。但是，要盡量忍住別去抓。在患處塗上止癢或抗菌藥膏應該沒關係。妳可以打電話給醫師，請教他用什麼藥膏比較好。不要翻床過來噴灑殺蟲劑——曝露在化學藥劑的影響可是比被蟲咬還糟糕。如果妳發現了床蝨，也認為那的確是個問題，請找除蟲專家來幫忙。治蟲的方式包括使用殺蟲劑和熱驅法。不論採用的是哪種方式，都要小心，也要知道自己接觸了什麼。

第十五章

懷孕第15週
〔胎兒週數13週〕

寶寶有多大？

本週，胎兒頭頂到臀部長9.3～10.3公分，重約有50公克，大小有如一顆壘球。

妳的體重變化

妳肚子的變化改變了衣服貼合的程度。當妳只是穿上平常的寬鬆衣服，別人可能還無法明顯看出妳是孕婦。不過當妳穿起孕婦裝或泳裝，微凸的肚子就很明顯了。妳可以在肚臍下方 7.6～10公分的位置摸到子宮。

寶寶的生長及發育

現在要感覺到胎動還略嫌早了點，但在接下來的幾週中，妳就感覺得到了。妳的**寶寶**現在皮膚還薄，皮膚下的血管清晰可見。做超音波檢查時，妳可能會看見**寶寶**正吸吮著大拇指。

現在**寶寶**的耳朵看起來愈來愈正常了，每天都更像個人類了。

寶寶的骨頭已經成型，愈來愈硬。如果此時照X光，就能看得見**寶寶**的骨骼了。

妳的改變

甲型胎兒蛋白檢驗

胎兒成長時，肝臟會製造甲型胎兒蛋白，並將其中一部分傳入妳的血管裡。抽驗母親的血液可以檢查出母血中胎兒蛋白質的數量是否過多或過少，進而判斷胎兒是否可能出現問題。

母血甲型胎兒蛋白檢查通常在懷孕16～18週時進行。檢查時機要拿捏得宜，因為檢驗值通常與懷孕的週數及孕婦體重息息相關。這種檢查的重要用途就是幫孕婦判斷是否需要進行羊膜穿刺。

甲型胎兒蛋白質含量如果過高，表示胎兒可能有問題。不過，研究也發現甲型胎兒蛋白質數值過低，胎兒可能是唐氏症。如果妳血液中的甲型胎兒蛋白質含量正常，醫師可能會選擇做其他檢驗，來檢查是否還有其他毛病。

子宮頸抹片檢查

第一次產檢時，醫師可能就會安排妳做子宮頸抹片檢查。這項檢查通常是在懷孕初期做的。現在，這項檢驗的報告應該已經出來，而且妳也可能和醫師討論過了，特別是檢查結果如果異常時。

子宮頸抹片檢查可以找出子宮頸是否有癌變或已變成癌前細胞。這項檢查，因為可以早期發現治

第15週小提示

妳可以從現在開始學著習慣側睡，肚子愈來愈大時，側睡是最好的選擇。妳也可以墊個枕頭來支撐肚子，如仰臥時在背及腰的位置墊上一個小枕頭。側睡時，雙腿間夾一個枕頭，並將上面的腳跨在枕頭上，會讓妳覺得更舒適。坊間有特別為孕婦設計的孕婦專用枕頭，不僅使用方便，也會讓妳更舒服。

療、早期治療子宮頸癌，所以可以有效降低子宮頸癌的死亡率。

　　懷孕期間，子宮頸抹片檢查結果如果出現異常，一定要個別遵照醫師指示好好處理。如果異常的細胞檢查結論是「不是太壞」（癌變前，或不嚴重），懷孕期間就可能採取持續觀察追蹤的作法。

　　如果醫師對於檢查結果有疑慮，可能會要求進行切片檢查。這是一種檢查子宮頸的程序，可以看清異常的區域，然後在懷孕結束後採取活體組織，進行檢查。大多數的婦產科醫師都可以在門診時進行這種程序。

　　子宮頸細胞異常有幾種治療方法，但大多不適合在懷孕期間進行。所以情況如果不是太嚴重，可以等懷孕期結束後，再回頭來處理這個問題。

　　採取陰道自然產的孕婦在產後可能發現，之前異常的子宮頸抹片檢查可能出現了變化。一項研究顯示，在產前抹片檢查結果有問題的孕婦，有一半在產後再次檢查，會發現抹片檢查結果已經變正常了。

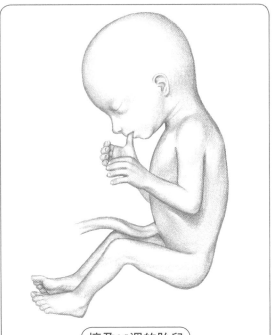

懷孕15週的胎兒

懷孕15週（胎兒週數：13週）時，會發現胎兒正吸吮他的大拇指。眼睛雖然在臉的正面了，但兩眼之間的距離還是分得很開。

哪些行為會影響胎兒發育？

超音波檢查

在懷孕中期間，超音波檢查可以有幾種用途，包括了多胞胎妊娠的診斷、伴隨羊膜穿刺術一起使用、檢查因前置胎盤、胎盤早剝、子宮內胎兒生長遲滯發生的出血，以及胎兒的健康狀況。在懷孕20週左右使用超音波可以判斷胎盤是否正常連結、是否健康。

改變睡姿

有些孕婦會擔心，懷孕時，自己的睡姿及睡眠習慣是否會影響胎兒。有些人想知道，懷孕時能不能趴睡，趴睡壓著肚子，會對成長中的子宮造成壓力。也有人想知道，懷孕後是否不應該再睡在水床上（繼續睡水床是沒關係的。）

隨著孕期的推進，妳的肚子愈來愈大，要找出舒適的睡姿也愈來愈困難。不過，最好不要仰睡，因為子宮愈長愈大，仰睡會壓迫到重要的血管（包括腹主動脈及下肢動脈），使腹部血液回流受到阻礙，造成流向體內某些重要部位及流向胎兒的血流減少，有時甚至會讓孕婦覺得呼吸困難。

學會如何側睡很重要。對某些女性來說，產後最喜歡的事就是又能趴睡了。

與醫師間的溝通

孕婦和醫師之間是否能有良好的溝通是成功醫病關係中最關鍵的一點；溝通不良會讓妳獲得最佳醫療照護的機會打折扣。能夠進行有效的溝通可以讓妳在處理與懷孕相關、性生活以及私密的私人議題上較不尷尬。因為如此，所以妳值得好好花時間，找一位能與妳建立這種關係的醫師。

為了要讓醫病關係成功，妳和醫師都必須有意願彼此嘗試了解，並互相尊重。有時候，溝通困難是因為彼此都太忙碌。要得到最好的照護，妳必須找一位能讓妳相處融洽，也能進行輕鬆有效溝通的醫師。

想獲得最好的照護，妳也必須竭盡所能當個最好的病人，好好遵守醫師的囑咐。如果有問題，或是不同意醫師的說法，不

給爸爸的叮嚀

有了寶寶，家中的財務也會有大幅變化。如果有需要，你得重新檢視自己的遺書並加以變更。你必須幫寶寶指定一個監護人，這樣萬一夫妻出了什麼事，寶寶才有人照顧。其他重要的事項還包括了檢查壽險和醫療健康保險，要確保家人能獲得足夠的保障。如果你們夫妻雙方都沒打算留在家裡照顧寶寶，你也必須考慮到育兒費用。

要聽若罔聞、置之不理，要好好和醫師討論。如果妳有困惑或是不滿意的地方，要說出來。醫師吩咐要做檢查或某些程序時，可以請教他之所以要做的理由，而且事後，一定要獲得檢查的結果報告。

就算是覺得很尷尬，也不要隱藏資訊不說。妳必須把醫師需要知道的、與妳相關的所有資訊都告訴他。如此一來，妳的醫療團隊才有能夠提供妳和寶寶得到最佳照護所需的所有資訊。

去產檢的時候，把想問的問題和疑慮寫下來；也把從醫師那裡獲得的答案寫下來，或是請跟妳同行的人幫妳記住重要的囑咐和建議。為了妳和寶寶的健康，妳在醫療照護上，必須當個積極主動的參與者。

•**更換主治醫師。**如果上述的建議都不管用，那麼更換提供照護的主治醫師也是沒關係的——這種事情，一直會有的。如果妳覺得自己必須找個新醫師，那就儘快開始找。妳也可以考慮一下，打電話到

妳計畫要生產的醫院，轉到產科，問問那邊的護士，推薦哪一位醫師。

去找新醫師進行第一次產檢時，要把病歷帶著。把所有妳正在服用的處方藥和成藥都帶著，草藥、營養補充品或任何其他正在服用中的藥物也都帶著。要做好準備，把所有和妳健康與妊娠相關的病歷，鉅細靡遺的提供給新醫師，讓他能完全掌握妳最即時的健康狀況。

妳的營養

這個時候開始，妳可能每天都要多攝取300大卡的熱量，以因應胎兒的發育及妳的身體所需。下面列舉的食物能讓妳每天多獲得300卡熱量，不過要小心，300卡熱量可不是一大堆食物。

- ♥ 選擇❶：2片薄豬肉片、½杯高麗菜、1根胡蘿蔔
- ♥ 選擇❷：½杯糙米飯、¾杯草莓、1杯柳橙汁、1片新鮮的鳳梨
- ♥ 選擇❸：130公克鮭魚排、1杯蘆筍、2杯蘿蔓生菜
- ♥ 選擇❹：1杯義大利麵、1片新鮮番茄、1杯低脂牛奶、1/2杯青豆、1/4個香瓜
- ♥ 選擇❺：1盒優格、1個中等大小的蘋果

其他須知

夜裡睡個好覺

現在，睡個舒舒服服的覺，對妳來不容易，而且之後更是愈來愈難。懷孕的不適會影響妳的睡眠。

研究顯示，如果一個女性在懷孕期間有睡眠干擾，那麼發生懷孕問題的機率也會比較高。睡眠不足也可能會提高妳發生產後憂鬱症的機會。而且如果妳一開始陣痛就筋疲力竭、氣力用盡，那麼採剖腹產

的機會就比較高。

　　睡眠不足在許多方面都會對妳造成影響。研究顯示，如果妳在懷孕的最後幾週，每晚的睡眠少於6小時，陣痛的時間會比較長。如果每晚的睡眠少於7小時，接觸到感冒病菌時，發生感冒的機率會提高。

　　睡眠干擾的情況在懷孕期間是很常見的——65～95%的孕婦睡眠都會產生一些變化。試試以下的辦法，看是否能幫妳獲得一夜的好眠。

- ♥ 養成良好的睡眠時間。每天按時睡覺、按時起床。
- ♥ 傍晚4點以後不要喝太多水，以免整晚得一直起身跑廁所。
- ♥ 晚上要避免有咖啡因的飲食。
- ♥ 睡前慢慢的喝下一杯牛奶。
- ♥ 養成規律的運動習慣。
- ♥ 臥房保持燈光黑暗、溫度涼爽。
- ♥ 茉莉花的香氣可以幫助妳儘快入眠、睡得較好、起床後也神清氣爽。
- ♥ 如果晚上容易感到胃灼熱，睡覺時可將上半身墊高一點。
- ♥ 把喜歡看的深夜節目錄下來，第二天再看。
- ♥ 即使很累，快要睡覺的時間之前也不要先打瞌睡或小睡。
- ♥ 如果妳晚上有胃灼熱的情況，撐著睡覺別躺下來，或是坐在舒服的椅子裡面睡覺。

　　研究顯示，睡前聽舒心撫慰的聲音可以讓妳的腦子更快進入睡眠狀態，並讓妳睡眠的時間和服用安眠藥時一樣長。要收到這種鎮定的效果，妳必須連續10天聽這種聲音，大腦才能被訓練到收效。

　　白天做15～30分鐘的伸展操可以幫助妳睡得好。伸展可以紓解肌肉的緊繃，讓妳在上床時更為放鬆。

　　坐在椅子邊緣，身體盡量往前傾，讓胸部靠到膝蓋。雙手在身側

自然下垂，輕輕伸展手指，讓指尖碰到地面。

如果試過上述方法後還是無法安然入睡，請跟醫師說，他會開藥給妳。妳也可以請醫師幫妳檢查血中鐵質濃度，這個也會影響睡眠。

研究顯示，如果妳白天吃了大量的高脂肪食物，晚上就會翻來覆去睡不著，為此付出代價。麵條和其他複合式碳水化合物可以助妳放鬆。

妳可能因為挺著個大肚子而出現呼吸急促的現象，干擾到睡眠。靠左側側睡，多用幾個枕頭把頭和肩膀墊高，如果這樣還沒用，睡前沖個溫水澡，或泡溫水澡（不可太熱）也可以幫助入睡。如果妳在床上一直找不到舒服的姿勢，可以試試看在活動躺椅上半坐著靠睡。

家暴

有研究指出，虐待在懷孕之初就會發生，而其他一些研究則顯示，懷孕期間，虐待的情況越來越多。有個觸目驚心的事實是妳必須知道的——會虐待配偶的男人，有高達60%的比例，日後也會虐待子女。如果妳不確定自己是否屬於被虐的關係，可以回答以下問題：

♥　配偶生氣的時候，是否會威脅我或對我丟東西？

♥　他是否會拿我花的費用開玩笑，或讓我難過？

♥　過去，他是否曾在身體上傷害我？

♥　他是否曾經強迫我性交？

♥　他打我時，是否說全都是因為我的錯？

♥　他是否答應過我，這種事情不會再發生，但其實不然？

♥　他是不是叫我要遠離自己的親戚朋友？

如果其中任何一個問題的答案是「是」，那麼妳們的關係可能不健康，或甚至有虐待的傾向。

很多被虐的受害者都自責；妳不該被責怪的。因為不管妳的男友或配偶說什麼，被虐都不是妳的錯。如果妳受到虐待，應該鼓勵自己立即尋求協助。介入的幫助可能會救了妳和妳未出世孩子一命。

找人談談──朋友、親人、教友或醫師都是很好的對象。在家暴方面可以提供妳幫助的專案、危機熱線、庇護所，以及法律協助很多。在台灣，妳可以撥打24小時的全國家暴專線113，尋求協助。

請制定一套安全計畫，其中包括過了「快速撤離」的辦法。推薦的安全計畫應該包括以下：

♥ 把行李打包好。

♥ 找好一個可以安全待著的場所，不論日夜都可以過去。

♥ 藏些現金在身上。

♥ 萬一受傷，知道去哪裡尋求幫助。

♥ 把必要物品好好收在安全的地方，像是處方藥物、健保卡、信用卡、支票、駕照、醫療記錄等。

♥ 做好報警的準備。

如果妳在能永久抽身之前就受了傷，請到最近的急診處求救。告訴那裏的人員，妳是怎麼受傷的。請他們開驗傷證明給妳，讓妳可以交給妳的醫師。

懷孕時的迷信

懷孕之後，妳可能就會陸陸續續聽到各式各樣的資訊──不管妳想不想聽。有些資訊還蠻有用的，不過有些可能就令人害怕，或覺得可笑。那麼應該照單全收嗎？未必吧！以下就是一些孕期迷信，萬一

聽到，付之一笑也就罷了。

- ♥ 如果一直嗜吃冰淇淋，就是缺鈣。
- ♥ 腳底冰冷表示懷的是男孩。
- ♥ 懷孕時看到老鼠，生出來的孩子身上會有長毛的胎記。
- ♥ 肚子尖突，表示懷的是男生。肚子渾圓就表示是女生。
- ♥ 吃莓子類水果，生出來的孩子皮膚上會有紅色斑點。
- ♥ 懷孕期間很會出汗，表示懷的是女生。
- ♥ 泡澡會傷到胎兒，甚至讓他淹水。（不過，請注意，熱水澡真的不能泡太久，像在做SPA一樣，才不會傷到胎兒。）
- ♥ 雙手高舉，伸展過頭，臍帶會繞住寶寶的脖子。
- ♥ 孩子的胎位高就是男生，胎位低則是女生。
- ♥ 愛吃菠菜就代表妳體內缺鐵。
- ♥ 懷孕期間的情緒會影響寶寶的個性。
- ♥ 使用技巧或東西就可以讓陣痛開始。別想利用散步、運動、喝蓖麻油、在顛簸的路上騎車或開車（反正，這在懷孕期間絕不是什麼好主意），或是用通便劑來催生。

有些懷孕的迷信居然還有些道理。如果妳聽說過，懷孕期間若有胃灼熱的問題，生出來的孩子會有一頭的頭髮，這竟然是真的！根據

害喜的時候，妳是不是個很難相處的人？

如果妳有害喜的情形，現在是妳開始好轉，覺得比較舒服的時候了。妳可以開始好好修復跟另一半的關係。當妳人不舒服的時候，是不是個很難相處的人呢？當妳的孕程推進時，妳的配偶也需要妳的支持，就如同妳需要他的一樣。妳們彼此要好好相待，互相支持，因為妳們是一體的！

研究，懷孕期間曾經歷過中度到重度胃灼熱的孕婦，生出來的孩子很多都有濃密的毛髮！引起胃灼熱的荷爾蒙也控制了毛髮生長。這個，誰會知道呢？

　　另一個說法則是，懷孕晚期如果有性事，會容易引發陣痛。孕婦懷孕36週以後如果還有性愛，提早生產的可能性會比沒有性愛的孕婦高。男人的精液中含有前列腺素，和孕婦的荷爾蒙結合後，可能會讓子宮開始收縮。

第15週的運動

　　把椅子放在牆角，這樣妳推的時候才不會滑動。右腳踏在椅子上，必要的話，用手撐在牆面上。左腿在身後拉開伸展，抬起胸膛，弓起背。轉肩，讓身體軀幹往右靠，維持25～30秒。左右兩邊各伸展3次。在開始進行腹部運動前先做這個伸展動作。鍛鍊背部肌肉。

16 week

第十六章
懷孕第16週
〔胎兒週數14週〕

寶寶有多大？

本週，胎兒頭頂到臀部長10.8～11.6公分，重約80公克。

妳的體重變化

6週前，妳的子宮僅重約140公克，現在已達約250公克了。圍繞在胎兒周圍的羊水，也繼續增加，已約有250cc。妳很容易就能在肚臍下約7.5公分的位置，摸到自己的子宮。

寶寶的生長及發育

胎兒頭上開始覆上了柔細的毛髮，稱之為「胎毛」的毛髮。臍帶已經連接到腹部上了，這個連結的位置也漸漸往胎兒的身體下方移去。指甲已經完全成形。

這個階段，胎兒的手腳已經會動了。妳在做超音波檢查時，可以看到胎兒手腳的舞動。本週開始，妳有可能可以感覺到胎動。許多孕婦形容，胎動的感覺就好像氣泡在腹內滾動。妳會好幾天都注意到有這種現象發生，但又不知道是怎麼回事。然後，妳會突然領悟到，原來這是寶寶在肚子裡活動！

妳的改變

就算還沒感受到胎動,也不要擔心,因為感受到胎動的時間也通常在懷孕的第16~20週。每個孕婦感受的情形都不同,每一胎之間不一樣。有的寶寶就是比較愛動。寶寶的大小,以及胎兒的數目也都會影響到孕婦的感受。

多指標合一檢查

多指標合一檢查指的就像是三指標和四指標母血唐氏症篩檢這類的檢查,通常都是在上次月經結束後算起的第15到第18週進行的。這類檢查測量的是妳血液中某些物質的濃度,而且也會考量妳的年齡、體重、種族、是否有抽菸,或有糖尿病,需要胰島素等等因素。

• 三指標母血唐氏症篩檢。這種篩檢做的不僅是甲型胎兒蛋白的檢查,更可以幫助醫師判斷妳是否可能懷了唐氏症孩子。三指標母血唐氏症篩檢,檢查的是妳的甲型胎兒蛋白濃度、人類絨毛膜性腺激素濃度以及未結合型春情素醇。濃度如果不正常,代表胎兒可能有問題。

這個篩檢的偽陽性程度較高,意思是,當檢查結果表示有問題時,實際上是沒

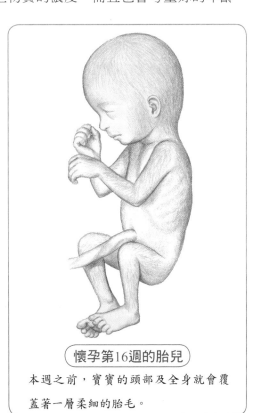

懷孕第16週的胎兒

本週之前,寶寶的頭部及全身就會覆蓋著一層柔細的胎毛。

問題的。導致這種結果的原因之一是推測的預產期錯誤。如果妳相信自己是懷孕16週，但實際上已經懷孕18週了，荷爾蒙濃度可能就會降低，導致檢查結果不正確。而且如果妳懷的是多胞胎，檢查結果也可能不正確。萬一妳檢查後發現結果不正常，醫師可能就會建議妳進行超音波檢查和羊膜穿刺術。

這種血液檢查的目的是找出可能疾病，是一種篩檢。之後醫師通常還會做診斷性檢查來進行確診。

給爸爸的叮嚀

在你心中，是否還有一些掛念沒有告訴別人？你是不是很擔心另一半和寶寶的健康？你是不是在想，在配偶陣痛和分娩的過程中，自己應該扮演什麼樣的角色？ 你會不會擔心自己能否做個好爸爸？把這些擔心害怕的事都告訴你的另一半吧！這不會加重她的負擔。事實上，當生命中這重大的轉變發生時，知道她並非是單獨面對這種排山倒海感覺的人，她或許也覺得如釋重負呢！

哪些行為會影響胎兒發育？

羊膜穿刺術

如果需進一步評估懷孕情況，通常會在懷孕16～18週間做羊膜穿刺檢查。這時候，子宮已經夠大，胎兒四周也有足夠的羊水，才能進行這項檢查。

在羊水中懸浮的胚胎細胞，可以經由實驗室中培養，用來鑑定胚胎是否有先天性畸形。目前已知的新生兒先天畸形超過400種，利用羊膜穿刺檢查，可檢查出40種（10％）左右，包括：

- ♥ 染色體問題，特別是唐氏症。
- ♥ 胎兒性別，這對判定性聯遺傳疾病特別重要，如血友病或裘馨型肌肉萎縮症。
- ♥ 骨骼疾病。
- ♥ 胚胎感染。
- ♥ 中樞神經系統疾病。
- ♥ 血液疾病。
- ♥ 代謝異常（化學變化異常或酵素缺乏）。

做羊膜穿刺時，通常需要超音波導引，以找到避開胚胎及胎盤的安全位置。做羊膜穿刺時，須先消毒子宮上方的腹部皮膚，下針位置必須先局部麻醉，再將長針刺入子宮，然後用空針抽出羊膜腔（胎兒周圍）內的羊水。如果妳懷著雙胞胎，必須從每個羊水袋中分別取出羊水。

羊膜穿刺檢查有其風險性，可能會傷害到胎兒、胎盤或臍帶，也可能會造成感染、流產或早產。雖然在超音波導引下做羊膜穿刺，可盡量避免併發症，但仍無法排除所有危險。

做羊膜穿刺時，可能還是會有一些胎兒的血液流到母體，造成問題，因為胎兒與母親的血液循環是各自獨立的，兩者血型也可能不同。這一點在RH陰性母親懷有RH陽性胎兒時更容易產生風險，因此，RH陰性的母親在做羊膜穿刺時，應該注射RH免疫球蛋白，以避免產生嚴重的Rh同族免疫反應。

這項檢查必須要由經驗豐富的醫師執行。

高齡產婦

愈來愈多女性到了3、40歲才懷孕。將近有15%的新生兒是由35歲

以及35歲以上的媽媽所生下的。

今日，許多醫學專業人士都是以孕婦的健康狀況，而非年齡來衡量懷孕風險的。懷孕之前就存在的疾病對女性懷孕期間的

健康影響最鉅。舉例來說，和20多歲但罹患糖尿病的孕婦相比，健康狀況良好的39歲孕婦產生問題的機率反而較小。女性是否胖瘦得宜對懷孕的影響也是更甚於年齡。

大多數的高齡產婦懷孕時，健康情況都相當好。身體狀況良好、又經常運動的女性，懷孕的過程可能會比年輕15到20歲的女性還輕鬆。只是有一個例外——40歲以上才懷頭胎的女性遭遇的問題，可能比同年齡，但之前已經生育過的女性多。即使如此，大多數健康的女性還是都可以平安的生下孩子。

有些健康問題與年齡有關，得病的風險會隨著年齡而升高。但除非妳定期去做產檢，否則是不會知道是否有問題的。

• **進行遺傳諮詢是明智的作法。**如果妳或妳的配偶有一方年齡在35歲以上，建議妳們先進行遺傳諮詢，這樣許多問題就可以先攤開來研究。染色體的問題有5%以上都是出現在35歲以上的族群中。

當母親年齡較高時，父親的年齡通常也是高的，而父親的年齡對妊娠也有影響。我們還很難說是母親、還是父親的年齡對於懷孕的影響較大，這一點需要更多研究才能確定。

• **高齡產婦的妊娠會不同嗎？**如果孕婦的年齡較高，醫師進行產檢的次數也會增加，而進行的產檢項目也可能會更多。妳會被告知要進行羊膜穿刺、或是絨膜絨毛取樣來確認孩子是否有唐氏症。

如果妳年過35歲，那麼懷孕發生問題的機率也會比較高。所以，

懷孕期間必須密切觀察所有問題的徵兆。有些病可能相當麻煩，但在優良的醫療照護下，通常可以處理得相當好。

•**高齡懷孕可能得付出一些代價。**孕婦的體重可能會增加得比較多、在從沒出現妊娠紋的地方發現妊娠紋、胸部下垂得比較多、覺得四肢無力。不過好好注意營養、運動並多多休息，幫助會很大。

由於懷孕很花時間和體力，所以疲憊可能是最大的問題之一，這一點也是高齡孕婦經常抱怨的。適當的休息對於孕婦自身和寶寶的健康都很必要。

適度的運動可以提振精力，紓解不適。不過在進行任何運動計畫前，先和醫師商量。

•**壓力也是個問題。**運動、健康的飲食和盡量多休息都可以紓解壓力。給自己一些時間。

有些孕婦覺得懷孕支援團體是幫助她們度過懷孕困難的好方式。妳可以問問醫師相關的資訊。

經研究證實，高齡產婦的陣痛和分娩過程可能會有些不同。陣痛的時間會比較長、必須進行剖腹產的機率也會比較高。在寶寶出生後，子宮收縮的速度可能不會太快、產後的出血時間會比較長。

妳的營養

好消息：孕婦應該經常吃點心，特別是在懷孕的下半段！在正餐之外，妳每天應該增加3到4次的點心時間。不過，有些事情仍需注意：❶吃有營養的小點心；❷正餐的量要減少，才吃得下點心。懷孕期的營養目標之一就是吃足夠的東西，讓妳自己的身體與寶寶成長所需的營養能隨時獲得補充。

點心當然是快速又容易吃才好，不過，妳最好花點心思，準備一些有營養的點心。切一些新鮮的蔬菜，準備低脂的沾料做生菜沙拉；手上準備一些水煮蛋；低脂乳酪及鄉村乳酪能提供鈣質；低熱量的花

生醬、椒鹽脆餅、原味爆米花也不錯；以果汁取代汽水，但若果汁裡含糖過多，不妨喝白開水。

其他須知

不要再平躺

第16 週是個轉捩點——不要再以背部平躺休息或睡覺了，運動或放鬆時也不要平躺在地板上。將身體靠在椅子上，或靠在枕頭上都可以，就是不可以背部平躺！

平躺會在主動脈和靜脈上施加壓力，讓流到胎兒身上的血流量減少，胎兒將無法獲得成長發育所需的所有營養。不要忘記這極為重要的動作，將寶寶的健康置於險境。

綠色環保妊娠

今日，許多人都會尋求各式各樣更環保的「綠色」方式來保護環境。他們盡其所能，為了自己、為了孩子，更為了全世界，積極的保護環境，其中可以著手的一個方式就是從「綠色」妊娠做起。

我們收羅了一些響應並施行「綠色」妊娠的方式，並列於其下：

- ♥ 檢查使用的化妝品及私人用品，看是否含有任何有害的化學物質。選擇對環境友善的產品。
- ♥ 有時選擇有機食品來吃，減少自己接觸到殺蟲劑和其他有害物質的機會。
- ♥ 購買二手的嬰兒服。
- ♥ 讓再生回收成為每日生活中的一部分。
- ♥ 把不再需要的所有東西捐贈或賣出去，騰出空間來做為寶寶以及他所需物品占用的空間。

♥ 盡量避免接觸戶外的污染物，像是汽車廢氣和廢煙。

♥ 可以的話，盡量以步代車。

♥ 可能的話，盡量自己種植蔬菜。菜園可以成為生活方式中美好的附加品。

♥ 燈具和設施中使用節能燈泡。

♥ 使用綠色的環保清潔用品、洗衣粉以及其他居家用品。請先確認，這些產品在懷孕期間，使用上是安全的。別忘了，並非所有綠色產品在懷孕期間使用起來都是安全的。

• **買一個水瓶，作為個人隨身之用，並且每天使用。**哺乳時，每天攝取1200毫克的鈣，以減低母乳中的含鉛量。如果妳的骨骼中鈣質不夠，身體就會從骨骼中把鉛吸出來。

如果妳居住的房子比較老舊，在開水龍頭準備飲水，或作為烹煮用水之前，先讓冷水流30秒到2分鐘。讓水流兩分鐘可以讓老舊水管中的鉛沖掉──熱水有把鉛從水管中濾掉的傾向。使用好的濾水器也有幫助。

• **修繕準備嬰兒房的時候，選擇無VOC或低VOC的環保塗料，**污染物較少。如果妳打算鋪地毯，盡量選擇自然的纖維材質，例如羊毛、麻料、或草編材料。最好找有綠色環保標章認證的地毯──所含VOC化學物較少。妳也可以請銷售人員在鋪地毯前，先把地毯攤開晾24小時，以減少有害物質。地毯鋪好後，把房間的門關上，打開窗子，先通風72小時。

• **寶寶的嬰兒床和寢具也盡量使用天然材質。**現在很多嬰兒用品都沒有

第 16 週小提示

妳平常喜歡吃的某些食物，懷孕後可能會讓妳反胃。妳可以選擇其他吃了不會反胃的、有營養的食物來代替。

戴奧辛、合成的石化材料或甲醛，包括嬰兒床床墊和寢具。

　　• **要注意精力的消耗程度，生活盡量清淡簡單。**個人活動和行為所產生的二氧化碳的排放量愈低，對環境愈好。舉例來說，淋洗五分鐘的熱水浴，大約會排放1.6公斤的二氧化碳到大氣層。如果淋浴十分鐘，更是排放高達3.2公斤的二氧化碳。搭公車，每1.6公里排放91公克，但自己開車，則是408公克，計算的基準是以每公升汽油跑9.8公里的排放量計算。

RH因子不合症與RH敏感性

　　每個人血液中的RH因子不是陽性就是陰性。如果妳血液中有RH因子，那妳就是陽性。大部分的人都是RH陽性。但是如果血液中沒有RH因子，就是RH陰性了。RH陰性的人口比例在美國的白種人身上約15%。（註：而亞裔人口則不到1%，華人則更是在0.3%到0.4%之間。）

　　RH陰性血型的孕婦懷著RH陽性的寶寶可能會面臨問題，導致寶寶病況嚴重。如果妳的血型是RH陽性，就不必擔心這類問題了。

　　• **RH因子不合症。**這種病是因為母親和胎兒的血液不合所引起。

　　如果妳本身是RH陰性，而胎兒不是，或者妳曾輸血或曾注射某種血液製品，就有可能會發生問題，變成RH敏感或變成RH同族免疫者。RH同族免疫意思是身體會自行製造抗體，在體內循環，這對妳不會造成傷害，卻會攻擊腹中的胎兒。

　　• **病因。**懷孕期間，妳和胎兒還是擁有各自獨立的血液系統的。不過，在某些情況下，血液會通過**寶寶**，傳送到母體。當這種偶發現象出現時，母體反應的方式是對胎兒的血液產生過敏反應，母體過敏化之後就會製造抗體；抗體會透過胎盤，攻擊胎兒的血液。抗體會破壞寶寶的紅血球細胞，導致胎兒發生貧血。

　　懷第一個孩子時，如果胎兒血液進入母親體內的血管內，那麼孩子有可能會在母體尚未過敏化之前生下。就算有，產生的抗體數量可能也還不足以傷害到寶寶。不過，抗體會終身留在母親體內循環，當母親懷

下一胎時，胎兒就可能發生貧血的情況。

•**預防問題發生。**如果妳是屬於RH陰性血型，懷孕之初就會先檢查是否有抗體。如果有抗體，表示妳已經過敏化了。如果沒有抗體，就表示妳尚未過敏化，只要注射RH免疫球蛋白就可以。

醫師可能會在懷孕的第28週左右建議妳施打RH免疫球蛋白，以免懷孕晚期發生過敏化的情況。在懷孕的最後三個月以及分娩過程中，妳比較可能會接觸到寶寶血液。如果過了預產期還沒生，醫師可能會建議再追加一劑RH免疫球蛋白。

如果寶寶是RH陽性血型，分娩後的72小時內，妳也必須注射RH免疫球蛋白。如果寶寶是RH陰性，則建議可在懷孕時注射一劑RH免疫球蛋白。

分娩後，如果驗血結果顯示已經有超出正常數量的大量RH陽性血球（來自於寶寶）已經進入妳血管中了，那麼妳會被施打RH免疫球蛋白。以後每次懷孕也都需要進行RH免疫球蛋白治療。

第16週的運動

現在妳了解自己為什麼在懷孕第16週後，不能平躺下來運動，以免壓迫到肚子。不過妳還是可以進行改正過，對寶寶友善的動作。請坐在地上，雙腿交叉。背靠牆。添些枕頭，增加舒適感。用鼻子吐氣，肚臍往內縮。維持5秒鐘，然後用鼻子吸氣。一開始先做5次，然後慢慢增加到10次。增強胃部肌肉，維持腰部和脊椎的強健。

第十七章
懷孕第17週
〔胎兒週數15週〕

17 week

寶寶有多大？

本週，胎兒頭頂到臀部長11～12公分。胎兒的體重是2週時的兩倍，約100公克，與妳手掌張開的大小差不多。

可在肚臍下方3.8～5公分處摸到子宮。本週，小腹凸出更加明顯，必須穿上有彈性的衣服或寬敞的孕婦裝，才會覺得舒適。配偶擁抱妳時，他也能感覺到凸起的肚子了。直到目前為止，妳的體重如果一共增加了2.25～4.5公斤之間，都屬正常。

妳的體重變化

6週前，妳的子宮僅重約140公克，現在已達約250公克了。圍繞在胎兒周圍的羊水，也繼續增加，已約有250cc。妳很容易就能在肚臍下約7.5公分的位置，摸到自己的子宮。

寶寶的生長及發育

本週起，胎兒體內的脂肪開始形成。脂肪也稱作脂肪組織，對胎兒體內熱量的產生及代謝非常重要。寶寶足月出生時，平均體重約為3.5公斤，而其中脂肪組織就佔2.4公斤左右。

妳或許已經能感覺到胎動了，如果還沒有，也不必太擔心，妳很快就會感覺到的。起初也不是每天都能感覺到胎動，隨著孕程的進展，胎動會愈來愈頻繁，也愈來愈強烈。

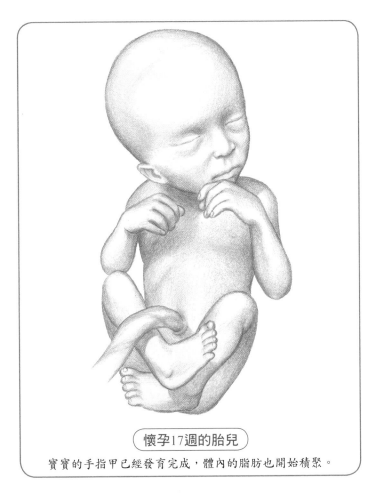

懷孕17週的胎兒

寶寶的手指甲已經發育完成，體內的脂肪也開始積聚。

妳的改變

懷孕期間感覺到胎動，可以讓妳安心，知道寶寶平安，這種感覺很好，特別是當懷孕過程出過問題時。

隨著孕程漸進，子宮頂端逐漸變成球狀。子宮快速向上伸展（向上腹部延伸），然後橫向生長，此時，形狀就會趨向橢圓。等到子宮充滿骨盆腔，就會往外及往腹腔生長，會將肚子裡的腸子往上及往旁邊推擠，有時候，子宮甚至會上升到肝臟附近。

當妳站立時，子宮會向前碰到腹壁前側，這時最容易摸到。躺下時，子宮會倒向後方，壓在妳的脊椎與大血管上（上腔靜脈及腹主動脈）。

圓韌帶痛

圓韌帶連結子宮上方的兩側與骨盆腔側壁。懷孕期間，子宮逐漸長大，圓韌帶也會被伸展及拉扯，變得更長更厚。

第 17 週的小提示

如果懷孕期間腿部抽筋，可以試試以下辦法：不要久站、盡可能側臥休息、做伸展運動。抽筋的部位可以貼上熱敷墊，但是每次熱敷時間不要超過15分鐘。吃些葡萄乾和香蕉——這兩樣都是絕佳的鉀來源。鈣質攝取不當也會讓腳部抽筋，每天一定要攝取1200毫克的鈣。多多喝水也有幫助。

有時候，妳一移動可能就會拉扯到這些圓韌帶，使妳感覺不舒服或疼痛，稱為圓韌帶痛。這種疼痛不至於造成太大問題，也表示子宮還在繼續生長。圓韌帶痛可能發生在單側，也可能雙側都有或一側較嚴重，但不會對妳及胎兒造成傷害。

如果感覺疼痛，躺下來休息會覺得比較舒服。如果痛得很厲害或併發陰道出血、陰道排出大量液體分泌物、劇烈疼痛等其他問題，最好去看醫師。

哪些行為會影響胎兒發育？

超音波的作用

在不同的時間點照超音波，功能不同。在懷孕中期間，超音波可以用來輔助羊膜穿刺的執行、檢查因前置胎盤或胎盤剝離引起的出血，擔心子宮內胎兒生長遲滯時，可以用來檢查、也可以用來評估胎

兒的健康情況，並診斷多胞胎。

超音波在診斷問題及確認上，被證明是非常有效的，而且通常與其他檢查併用。

• **3D 超音波**。很多地方都有3D超音波的設備，這種設備照出來的胎兒圖片詳細又清晰，影像的品質幾乎跟照片一樣好。對孕婦來說，3D檢查的方式和2D的超音波幾乎完全一樣，不同之處在於電腦將2D影像轉換成了3D影像。

懷疑肚子裡的**寶寶**可能出了什麼問題，而醫師想近看來確認時，就會使用3D超音波。3D超音波提供的資訊可以作為診斷和治療的輔助，幫醫護人員了解病症的嚴重性，並按此規劃一套療程，產後立即展開治療。

這種超音波在評估胎兒顏面問題、手腳問題、脊椎問題、神經管缺損問題上面，最有幫助。部分研究也顯示3D影像在幫助胎兒的雙親實際了解缺陷的情況時，提供的教導功能最為珍貴。醫護人員發現3D超音波的用途很多，包括了：

♥ 測量容量，例如，測量羊水的量。

♥ 更準確的測量頸部透明帶。

♥ 把胎兒的骨骼照得更清楚。

♥ 脊椎評量。

♥ 看清裂唇與裂顎問題間的細微差異。

♥ 看清腹壁上的缺損。

♥ 對胎盤進行更清楚的評估，如果妳懷的是一個以上的寶寶，幫助非常大。

♥ 幫助醫師看清更多臍帶上的異常。

♥ 協助篩檢出某些先天性缺陷／畸形。

陰道分泌物

懷孕時，陰道的分泌物（白帶）會增加。這些分泌物，通常是白色或黃色的黏稠液體。白帶並不是因為感染才分泌的。懷孕時，經過陰道表皮及黏膜的血流增加，使得陰唇部位呈現藍色或紫色，因此白帶就會增加。

如果妳覺得白帶量很多，可以使用護墊。不過盡量避免直接穿著褲襪或尼龍材質的內褲。親膚內衣最好選擇純棉材質的，通風比較好。

懷孕時很容易發生陰道感染，陰道的分泌物會出現惡臭，並呈現黃色或綠色，還會造成陰道內部及周圍的刺激及搔癢。如果妳出現上述症狀，請立刻去看醫師。有很多藥膏和抗生素在懷孕期間都可以安心使用，治療陰道感染的。

懷孕時的陰道灌洗

大多數醫師認為，懷孕時不可做陰道灌洗，尤其千萬不可使用球形灌洗器。陰道灌洗可能會造成出血，甚至造成更嚴重的問題。懷孕時不要灌洗陰道。

妳的營養

妳吃素嗎？

有些孕婦基於個人因素或宗教理由而吃素。但有些人懷孕後，吃肉會覺得噁心。所以，懷孕期間吃素到底適不適合，安不安全？如果妳很注意自己所吃的食物，也會慎選食

給爸爸的叮嚀

按摩不僅對於紓解伴侶的不適與疲倦有神效，還能舒緩她的焦躁。按摩可以放鬆你和她兩人的身心。幫你的伴侶紓解緊張、放鬆頭部、背部的緊繃肌肉，並幫她做足部按摩。你們兩人都會感覺舒暢的。

物的種類及組合，那麼吃素也無妨。

研究顯示，大多數素食的女性比肉食的女性吃得更營養、種類也很
豐富。素食者在飲食計畫中因為不吃肉類，所以會特別費心，多補充蔬
菜水果。如果妳是自願的素食者，而且已經維持一段時間，那麼妳應該
早就知道如何獲得所需的各類營養。萬一有問題，可以請教妳的醫師。
如果妳的妊娠有任何營養上的風險，醫師會要妳去找營養師。

懷孕期間，妳每天需要的熱量介於2200 到2700大卡之間，而且妳
必須吃出種類「適當」的熱量。新鮮的食物可以供給各式各樣的維生
素與礦物質。蛋白質的來源如果種類豐富，才能提供妳和寶寶所需的
能量。第一次產檢時，就把飲食問題提出和醫師討論。

以下是幾種不同的素食類型，各有其特色：

> ♥ 蛋奶素食，有吃奶製品和蛋類。
> ♥ 蛋素食，有吃奶製品。
> ♥ 純素食，只吃植物性來源，像是核果堅豆、種子、蔬菜、水
> 果、五穀雜糧和豆類。
> ♥ 長壽素，食物限於全穀、豆子、蔬菜和適量的魚和水果。
> ♥ 水果素，是素食中最嚴格的，只吃水果、堅果、橄欖油和蜂
> 蜜。

•**長壽素和水果素**，對孕婦的限制太大，無法提供足夠的維生
素、礦物質、蛋白質和熱量供應寶寶發育所需。

妳的目標是懷孕期間要吃進足夠的熱量，增加體重，妳可不希望
身體把所有的蛋白質都來拿來當能量消耗掉，因為這些熱量是妳自己
與寶寶成長所需要的。

廣泛的攝取各式全穀類、豆類、乾燥水果、利馬豆、以及小麥胚
芽應該就能獲得足夠的鐵質、鋅、和其他微礦物質。如果妳不喝牛

奶，飲食中也不吃其他乳製品，就必須找尋其他來源，補充維生素D、B₂、B₁₂和鈣。

對素食者來說，從食物中獲得足夠的葉酸通常不是問題。很多水果、豆類及蔬菜（尤其是深綠色葉菜）中都含有葉酸。

肉類食量很少，或根本不吃的孕婦，懷孕期間鐵質不足的可能性較高。想要獲得足夠的鐵質，每天必須吃各種穀類、蔬菜、種子與堅果、豆類及添加鐵質的麥片。菠菜、黑棗（或稱加州梅）以及德國酸高麗菜都是絕佳的鐵質來，乾燥水果和深綠色葉菜也是。豆腐也是優良的鐵質來源。用生鐵或鑄鐵鍋來煮食，因為無論妳煮什麼食物，食物上都會附上微量的鐵。

> 如果妳不吃肉是因為會噁心，請醫師幫妳轉介一位營養師吧！因為妳需要他的幫助來制定一套好的飲食計畫。

• 如果妳是蛋奶素食或是奶素食者，吃鐵質豐富的食物時不要配著牛奶一起喝；鈣質會妨礙鐵質的吸收。用餐時也不要喝茶或咖啡，因為其中的單寧酸會抑制75%鐵質的吸收。

如果想取得 omega-3 脂肪酸，食物中請加入芥菜籽油、豆腐、黃豆、核桃和小麥胚芽。這些食物中都含有亞麻油酸油，這是種omega-3脂肪酸。妳也可以食用亞麻籽粉和亞麻籽油——這兩種在市場上和健康食品專賣店都買得到。不過要注意，不要純亞麻。

素食者和不吃肉類的孕婦要獲得足夠的維生素E會有些困難。維生素E在懷孕期間很重要，因為可以幫助多元不飽和脂肪的新陳代謝，也有助於肌肉與紅血球的建構。含豐富維生素E的食物有橄欖油、小麥胚芽、菠菜和乾燥水果。

素食者較可能有鋅不足的情況，因此要注意每天鋅的攝取量。利馬豆、全穀食品、堅果、乾的豆子、乾燥的豆莢、小麥胚芽和深綠色葉菜都是優良的鋅來源。如果妳是蛋奶素食者，要獲得足夠的鐵和鋅比較困難。

杏仁中含有高濃度的鎂、維生素E、蛋白質與纖維素

如果妳是純素食者，完全不吃動物類食物，那麼妳的工作就更加艱辛了。妳必須請教醫師補充維生素B_{12}、鋅、鐵和鈣質的相關事宜。也多請吃蕪菁葉、菠菜、甜菜葉、青花菜、豆漿和豆奶類食品與豆製奶酪，以及添加鈣質的果汁。

其他須知

四指標母血唐氏症篩檢

四指標母血唐氏症篩檢是另外一種可以協助醫師診斷妳是否懷有唐氏兒的檢查，也能幫醫師篩檢其他問題，例如是否患有神經管缺損。

四指標母血唐氏症篩檢與三指標母血唐氏症篩檢一樣，只是還增加了抑制素-A的濃度檢查。抑制素-A的濃度檢查，外加原來三指標母血唐氏症篩檢中的三個項目，可以提高唐氏症的檢測率，偽陽性的比率也只有5％。

補充與另類療法

有許多補充與另類療法的技術是可以在懷孕期間，幫助孕婦的。補充療法指的是不被承認是正規傳統療法的治療方式與產品。醫師在實習訓練時並沒有學過，這些療法通常也不是由西醫執行的。與一般

傳統醫療方式併用時，就稱為「補充療法技術」。而取代傳統藥物時，就被稱作「另類療法」，或「替代療法」。

補充與另類療法很多都未經科學檢驗，所以沒有絕對的方式來判定某種療法是否安全或有效，所以採取任何一項之前，先跟醫師表明是很重要。

•**順勢療法**：是使用少量、高純度的物質來激起症狀。在高劑量下，這些相同的物質會引發症狀。脊骨神經醫學則是透過操控脊椎來紓解疼痛，並協助身體產生自行復原的能力。

•**磁場療法**：也稱為能量治療法則是透過磁力來紓解神經和關節的疼痛。這種療法透過低頻率的熱波、神經電刺激、以及電磁波來提供能量，治療身體。

•**針灸**：是在身體連接特定器官的能量點（穴道）上下針，針灸必須由訓練有素的中醫師或針灸師執行。研究顯示，針灸的好處很多，包括可改變到腦部的血行，也能促使身體自行分泌止痛物質。穴位按摩和針灸的原理類似，只不過針灸是在主要穴位上施針，而穴位按摩則是施壓。

•**引導式意象**：則是以想像的心靈圖像，結合視覺、嗅覺與聽覺，專注的去想像自己很健康的意象。這對於處理常見的壓力相關疾病，如頭痛或高血壓等，特別有效。

•**足底按摩法**：則是施壓於手和腳底的反射區，這些反射區則與身體的特定器官相連。

•**身心療法**：是心靈和身體一起治病的方式。其他一些常見的療法還包括了按摩、冥想、瑜伽和各種放鬆的方式。按摩療法源自於古代的醫療藝術，透過搓揉、及各種手法來操控身體組織，讓身心與精神都得到放鬆。妳可以按摩自己的頭、頸、前額、太陽穴、和手腳，也可以找專業的按摩師幫妳進行全身按摩，這對很多常見的小毛病都有舒緩的效果。

- **冥想**：可以讓心靈放鬆，讓妳接觸到思緒的更深處。冥想的種類很多，有些專注於呼吸吐納，有些則是想像看到不同的物體，或是重複單一字眼或念經。

- **正念減壓法**：可以讓身體對壓力的反應降低。瑜伽，Yoga，這個字則出於「融合」，是透過各種姿勢讓一個人的各個層面——精神、心靈、情緒與肉體，合而為一。

- **芳香療法**：是將萃取自芳香植物的精油添加到擴香器材，或肌膚用品上。

- **食品補充療法**：是以維生素、礦物質、藥草、及各種補品來預防疾病。藥草和藥草製劑則被當藥物使用。中醫的基礎理念是全身的氣行要順，人才會健康。氣窒礙則叢病生。

考慮請一位陪產員嗎？

妳可能會想，是否要請一位陪產員，在生育的時候來陪伴妳。陪產員是受過訓練、在產婦陣痛和生產過程中提供支持和協助的人。

如果妳和伴侶決定要聘請陪產員，陪伴陣痛與生產，請把決定告訴醫師。醫師有可能會覺得有陪產員在有侵犯感，因而否決這個想法。又或者，醫師可能可以把跟他有合作關係的陪產員姓名給妳。

如果妳決定要用陪產員，盡早開始尋找人選，從懷孕的第4個月就可以開始找了——而且不要晚於6個月。如果妳拖得太晚，雖然還是可以找到人，不過選擇就比較受限。盡早開始，妳才可以輕鬆，並以更挑剔的眼光來評估所面試的女性。

- **產後的陪產員**。除了有可以陪伴陣痛與生產的陪產員，也有產後陪產員（類似台灣的月子媽媽）。這些女性可以幫助妳，讓妳可以更輕鬆的度過成為母親的過渡期。產後陪產員可以透過教導和實際上的親身經驗，幫助新手媽媽和她的家人學會如何享受並照顧新生寶寶。

產後陪產員可以提供新手媽媽情感上與哺乳上的支援，確定新手媽媽被餵得飽飽的、水分充足，並且感到舒適。她還可以陪媽媽和寶寶去看小兒科，幫忙去買生活雜貨、準備三餐，以及做其他的家務，甚至可以幫忙看顧家裡大一點的孩子。

聘請陪產員時的提問

如果妳正在考慮聘請陪產員來陪妳生產，那麼在決定人選之前應該至少要面試一位以上。下面所列是一些妳會希望了解的問題，以及在面試後，應該要分析的事：

- 妳具有什麼資格，受過什麼訓練嗎？有認證嗎？是由哪個組織所頒發的認證？
- 妳自己生過孩子嗎？妳生產時採用哪種方式？
- 妳生孩子的理念是什麼？
- 妳熟悉我們選擇的生產方式嗎（如果有特定的方式想用）？
- 妳計畫用什麼方式幫助我們度過生產過程？
- 生產之前，妳有時間可以回答我們的問題嗎？
- 生產之前，我們可以多常見面？
- 陣痛開始時，怎麼和妳取得聯繫？
- 開始陣痛時，萬一妳無法提供幫助，那要怎麼辦？妳有其他一起合作的陪產員嗎？我們可以先見見其中幾位嗎？
- 妳有協助新手媽媽以母乳哺育的經驗嗎？產後妳有時間可以幫忙這一類的問題嗎？
- 妳的費用怎麼算？

妳要分析的項目包括了這位陪產員容不容易說話、是否容易溝通？是不是可以好好傾聽妳的問題，並加以回答？和她相處輕鬆嗎？如果不滿意面試的這一位陪產員，就再面試另外一位。

　　大多數人使用產後陪產員的服務通是在寶寶出生後的2到4週之間，不過所提供的支援可以從產後一、兩次的拜訪延長到3個月，甚至更久。有些陪產員是全天制的；有些是白天做3～5小時，或是做到當爸爸的回家，跟他換班。有些陪產員則做夜班，或甚至大夜班。

　　如果妳有意願，想請一位產後陪產員，那麼預產期之前幾個月就要做好安排。就算不知道孩子確切的出生時間（除非妳訂好日期，準備剖腹產），也可以事先簽好一位產後陪產員，確保到時候她可以幫忙。

挑選孕婦裝的訣竅

　　穿上孕婦裝可能是妳懷孕後的第一個公開訊息。現在的準媽媽運氣很好，今天的孕婦裝可比過去更有型也有更多款式了。以下是一些挑選原則，可以幫助妳選擇時尚、舒適，還能隨妳一起成長的孕婦裝了。

· 一定要確定孕婦裝還留有空間，懷孕後期能繼續穿著。

· 腰線不應該太高。要等到寶寶出生，路途還很遙遠。衣服若太緊身，會在腹部的血管上施加壓力，阻礙了流到腿部的血液。選購腰身鬆緊可調的褲子、裙子和短褲都可以避免這類問題的發生。

· 選擇孕婦胸罩時肩帶要寬，才不會增加背部斜方肌上的壓力。如果這塊肌肉太緊或糾結著，妳會脖子痠痛、頭痛、或是手臂刺痛或有麻木感。背心式的跑步運動型胸罩還可以將乳房的重量平均分到兩邊。

· 選擇可以穿出門上班（如果妳離家在外工作），休閒時候也能穿的衣服。褲子和舒服的上衣通常能一衣多穿，容易搭配。

· 妳可以買一套漂亮的洋裝，有特殊場合時可以穿。

· 別忘了鞋子——低跟款、可以搭配褲子和洋裝的。

第17週的運動

坐在地上，雙腿往前伸。雙手向前舉，與肩膀同高。坐在地上，往前移動，「走」6步，然後往後「走」，回到起始姿勢。前後重複7次。加強腹部肌肉，以及下背部（腰部）肌肉。

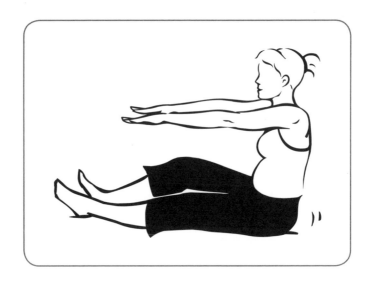

第十八章
懷孕第18週
〔胎兒週數16週〕

寶寶有多大？

本週，胎兒頭頂到臀部長12.5～14公分，重約150公克。

妳的體重變化

妳可以在肚臍下方兩根手指頭（約2.5公分）的位置摸到子宮，大小約和一顆香瓜差不多。

妳的體重增加了4.5～5.8公斤，增加的幅度因人而異。如果比這個數字更大，最好請教醫師，也許還要諮詢營養師，請他幫妳調整飲食。因為懷孕的過程還不到一半，後續體重還會增加很多，因此，不宜增加過多的體重。

寶寶的生長及發育

寶寶仍然持續發育，但生長速度會漸趨緩和。參考下頁的插圖，妳會發現，寶寶現在有人類的外觀了。

超音波可以偵測出胎兒的部分問題。所以如果懷疑胎兒有問題，當孕程推進，胎兒也繼續發育，醫師還會進行更多次的超音波檢查。

胎兒的血液會透過臍帶，流向胎盤，而胎盤裡則有從母親血液中送來，要運送到胎兒血液去的氧氣與營養。出生時，**寶寶**必須從原本仰賴母親氧氣供應的狀態，迅速切換到依靠自己的心肺。出生時，心臟的卵圓孔會閉合，血液就流到右邊的心室、心房、以及肺部尋求氧氣。這種轉換真是有如奇蹟！

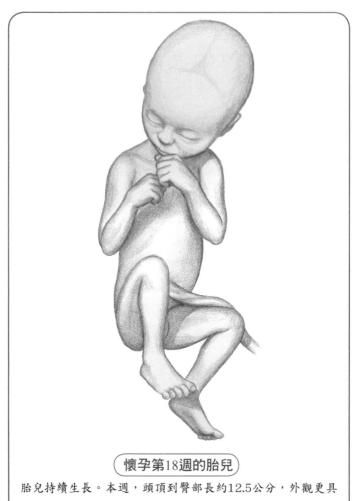

懷孕第18週的胎兒

胎兒持續生長。本週，頭頂到臀部長約12.5公分，外觀更具
人形。

妳的改變

🌿背痛

大約50～ 80%的孕婦在懷孕個某段過程中，都曾有腰痠背痛和臀

部疼痛的經驗。疼痛通常是出現在懷孕末期，肚子開始變大的時候。不過，疼痛也可能在懷孕早期就出現，一直持續到分娩（最長可達5、6個月）。

不過，疼痛的程度多屬輕微，不會太嚴重。有些孕婦是在過度運動、散步、彎腰、抬舉重物或久站後才產生嚴重背痛的。但有些孕婦則是起床或從坐姿起身時都要很小心。

鬆弛激素是造成問題的部分原因。這種荷爾蒙的作用在於放鬆關節，讓妳的恥骨可以擴張開展，以利於分娩。不過，關節鬆弛後，就會導致下背部的腰與大腿疼痛。疼痛的其他原因還包括了體重的增加（需要控制體重的另一個好理由）、胸部變大、肚子變大，讓姿勢改變。

> 腰椎痛是一種從腰部中心往外擴散的痛感，通常始於懷孕初期或中期。如果妳懷孕前就腰痛，懷孕期間還會經歷這種不適。參加孕婦瑜伽課程可以紓解疼痛，多多讓兩腳休息也是個治療的好辦法。

關節靈活程度一旦改變，有時就會影響到妳的姿勢，也可能造成背部不舒服。這種情形在懷孕後期，特別容易發生。

子宮漸漸長大，身體重心會慢慢地前移到腿部，就會影響到骨盆腔的關節。事實上，懷孕期間所有關節都可能鬆弛，這或許與荷爾蒙的增加有關。如果背痛的情形已經造成妳的問題，要去看醫師，檢查才是。

舒緩背痛的動作

是否有避免背痛或減輕疼痛的方法？妳可以試試下列的部份或全部方法，在懷孕期間愈早實行，功效愈大，到了懷孕後期妳就知道好處了。

- ♥ 注意體重增加的狀況，避免讓體重增加太多、太快。
- ♥ 懷孕時保持活躍，持續適度運動。
- ♥ 養成側睡的習慣。
- ♥ 白天也抬起雙腳側躺下來休息30分鐘。
- ♥ 保持良好的姿勢。
- ♥ 如果還有其他較大的孩子，最好趁他們睡午覺時，自己也小睡一下。
- ♥ 如果背痛，可以吃乙醯胺酚類的止痛藥物（如普拿疼）。
- ♥ 在疼痛的部位熱敷。
- ♥ 如果疼痛情形持續，或甚至更嚴重，請去看醫師。

如果妳腰部疼痛，可以冰敷，每次最多30分鐘，一天3到4次。腰痛如果還持續，請改成熱敷，時間次數相同。溫和的伸展動作也有幫助。

孕婦按摩也能紓解疼痛，妳可以請教醫師相關的資訊，或許能取得一些合格按摩治療師的資料。醫師也可能會建議妳使用孕婦束腹帶或托腹帶。

運動有助於腰痛的舒緩。游泳、散步和非撞擊性的有氧運動都有助益。腰部不適也可能意謂著有更嚴重的問題。有疑慮請去看醫師。

發炎性腸道疾病

- **發炎性腸道疾病**。指的是兩種常見疾病——潰瘍性大腸炎與克

隆氏症。

引起發炎性腸道疾病的原因很多，懷孕和飲食都有可能。所選擇的生活型態也會引起發炎性腸道疾病。不抽菸並服用omega-3脂肪酸似乎有幫助。

免疫系統有缺陷也是可能的病因，這種情況似乎有家族遺傳性。研究人員相信，基因異變會影響免疫系統作用的方式。發炎性腸道疾病最常見的症狀就是腹瀉與肚子痛。

給爸爸的叮嚀

看到你懷孕的另一半有多疲憊，你會很驚訝的。幫她分擔需要花精力去做的事吧！如果她是職業婦女，就更迫切需要你的幫忙了。你可以處理家中的雜務、幫她拿回送洗的衣物、幫忙跑銀行、送她的車子去洗 、幫她歸還圖書館的借書或租來的DVD片子。

腹瀉的程度從輕微到嚴重都可能發生，有時候，發炎性腸道疾病還會引起便秘。罹患這種病的人可能會因腹瀉而使水分與養分流失，導致發燒、疲憊、體重減輕，以及營養不良。肚子痛則是因刺激到控制腸道收縮的神經與肌肉所致。

部分發炎性腸道疾病患者還出現身體其他部位發炎的現象，這些部位包括了關節、眼睛、皮膚和肝臟。肛門四周也可能出現皮贅。

• **發炎性腸道疾病的診斷與治療。**要診斷是否罹患發炎性腸道疾病很難，因為這種病症的症狀和其他病症非常類似。如果妳體重減輕、一再腹瀉或腹部抽痛，就要懷疑是否患了發炎性腸道疾病。

醫師會要求驗血，幫妳檢查是否發炎、貧血，以及會順便看是否有其他症狀。醫師也會進行糞便檢查，看其中是否含血。醫師還可能要求進行腸道鋇劑攝影。

懷孕期間增加的體重超過醫師建議，會讓懷孕和生產過程都更困難。多出來的幾公斤更會增加妳產後恢復身材的難度，所以多多注意飲食內容。選擇可以提供妳和成長中寶寶營養的食物吧！

治療發炎性腸道疾病症狀最常使用的方式就是藥物。醫師會開立抗發炎藥物或是／以及免疫抑制劑。如果兩種藥物的反應都不佳，可能就需要進行手術。如果手續必須在懷孕期間進行，應該會選擇懷孕中期動刀。

懷孕期間，妳會需要做更多檢查。專家相信，懷孕期間做大腸鏡檢查、結腸鏡檢查、上消化道內視鏡、直腸切片或腹部超音波都是安全的，只是不要照X光和電腦斷層掃描。如果其他科醫師建議妳做核磁共振攝影，要請問妳婦產科醫師的意見。

• 發炎性腸道疾病與妊娠。大多數有發炎性腸道疾病的孕婦，都能有一個正常的懷孕，也能生出健康的寶寶。如果妳在懷孕之前沒先跟醫師說，那麼在停止服用任何藥物前，一定要先去看醫師。

如果妳懷孕時，發炎性腸道疾病有緩和的情況，那麼懷孕期間可能都會是這種緩和狀況。有65%的孕婦，情況就是如此。不過，如果妳的病症還是在發作狀態，那麼很可能整個孕期也都會維持這種狀況。

患有潰瘍性大腸炎的女性，有1/3在懷孕期間會復發，時間通常在懷孕初期間。發作最嚴重的時間大多在懷孕初期間，以及緊接著生產之後。

有發炎性腸道疾病的女性發生風險的機率也比較高。所以，產檢的次數會增加，所做的檢查也比較多。

哪些行為會影響胎兒發育？

❦ 懷孕中期間的運動

當妳的子宮愈長愈大，肚子逐漸隆起，妳會發現自己的平衡感也受到影響，行動也變得比較笨拙。此時並不適合做有近身接觸、或容易摔倒的運動，以免傷到自己或撞到肚子。

在整個孕程中，孕婦通常可以很安全的參與許多活動及運動，適度的運動及活動，對胎兒及母親都有好處。

不論選擇哪一種活動，產檢時最好先詢問醫師的意見。如果妳屬於高危險妊娠，或曾有過幾次流產經驗，那麼先跟醫師討論非常重要。此外，懷孕期間絕對不宜接受各種運動訓練或增加運動量，反而正應該趁著懷孕，減少運動量及劇烈的程度。妳可以遵循身體的感覺，它會告訴妳何時該慢下來。

哪些活動可以繼續做，哪些運動適合孕婦做呢？下面列舉幾種活動，並探討這些運動會對懷孕中期及末期造成什麼影響。

•妳會喜歡的運動。游泳是很適合孕婦的運動，水的浮力及支撐，能讓妳充分放鬆而感覺舒適。如果妳會游泳，整個懷孕期間妳都可以繼續。如果不會游泳，妳可以在有遮蔭的泳池裡，做一些水中運動。游泳這個運動，懷孕的任何時間都可以開始，只要運動量不要太劇烈就行了。

懷孕期間散步很好。散步時，妳可以與另一半談談心，共度美好的時光。即使天氣不好，可以散步的地方也很多，像是可以在封閉式的購物中心

第 18 週的小提示

運動期間，妳對於氧的需求量會提高。妳的身體會變重，平衡感也會改變，更容易動則疲憊不堪。當妳要調整運動計畫時，這幾點請牢記在心。

好好走走。以適當的步調，來回走個3公里左右，運動量就足夠了。隨著孕程的進展，妳需要放慢速度、縮短距離。只要不過度，在懷孕的任何階段，都可以開始散步。

如果妳喜歡騎自行車，也有安全的地方可以騎，那麼不妨跟另一半或家人好好享受騎車的樂趣吧！懷孕後身體的重心會改變，上、下車可能會比較困難，如果跌倒，可能會傷到妳，或妳腹中的寶寶。

天氣不好時或對懷孕晚期的孕婦來說，固定式的健身腳踏車是個不錯的選擇。不少專家建議，在懷孕的最後兩、三個月，最好改踩健身腳踏車，以免有跌下來的危險。

飛輪健身腳踏車是一種高強度的固定式健身腳踏車，不建議孕婦騎，因為可能會讓孕婦脫水，而且心跳加速得太快。

懷孕期間是允許慢跑的，但最好先請教醫師。部分女性在懷孕期間持續慢跑，不過萬一妳是屬於高危險妊娠，就不適合慢跑。

懷孕期間可不是增加跑步里程數，或為比賽加強訓練的時機。慢跑時，最好穿著舒適的衣物及支撐力良好、而且有良好避震效果的慢跑鞋。跑步前後一定要充分伸展，做足暖身操，之後也要做收身操來舒緩。

懷孕期間，妳可能需要放慢速度，並縮短跑步的距離，甚至讓跑步變成散步或走路。慢跑時或慢跑後，如果出現腹部疼痛、子宮收縮、出血或其他不正常的症狀，一定要立刻去醫院檢查。

我們經常被問及懷孕期間進行其他運動的相關問題。以下的內容，是妳想得知的各種運動資訊。

♥ 懷孕中期及末期，仍然可以打網球和高爾夫球，只是，因為不能太激烈，所以實際能提供的運動量有限。

♥ 懷孕時不宜滑水。

♥ 可以打保齡球，但運動量的多寡因人而異。懷孕後期要注意，不要扭傷了背。事實上，懷孕使得重心改變，不易保持

平衡,而保齡球是個容易跌倒的運動,所以比較困難。

♥ 不論是越野上斜坡,或是滑雪場的滑雪道,妳想滑雪以前,要先問過醫師。如果妳喜歡滑雪板,也要先跟醫師討論。因為懷孕會讓重心產生變化,平衡感會跟之前非常不同,如果不小心摔跤了,可能會傷到妳及胎兒。部分醫師允許懷孕早期的孕婦滑雪或滑雪板,但大多數醫師都認為,懷孕後半期不適合滑雪。

♥ 建議雪上摩托車、水上摩托車或是摩托車都不要騎。有部分專家認為,只要不要太費力拉扯,騎車沒什麼關係。不過,大多數專家都認為風險太高,尤其是本次懷孕原就有問題、或之前懷孕出過問題的孕婦,情況更是如此。

妳的營養

• **增加鐵質。**孕婦每天必須攝取30毫克的鐵質,以應懷孕所需。懷孕初期的幾個月,胎兒會抽取妳體內所貯存的鐵質,轉存到他的身體。這樣妳日後如果親自哺乳,**寶寶**就不會發生鐵質不足的情況了。

孕婦專用維生素中都含有大約60毫克的鐵,足以供應妳的鐵質需求。如果妳必須補充鐵劑,最好同時喝下一杯柳橙汁或葡萄柚汁,來促進鐵質的吸收。服用鐵劑或吃含鐵量豐富的食物時,不要配著喝牛奶、咖啡或茶一起喝,以免妨礙鐵質的吸收。

如果妳會覺得疲倦、注意力不集中、頭痛、暈眩、消化不良或者很容易不舒服,妳可能缺鐵。有個簡單的方法可以檢查自己有沒有貧血或缺鐵:翻開妳的下眼瞼,如果體內的鐵質足夠,下眼瞼應該呈現較深的粉紅色,指甲也應該呈現有光彩的粉紅色。

事實上,妳攝取的鐵質,只有10～15%被身體吸收,這些鐵質雖然被有效的貯存,妳還是需要吃含鐵豐富的食物,來維持體內基本的

貯存量。富含鐵質的食物包括雞肉、紅肉、內臟（肝、心、腎）、蛋黃、黑巧克力、乾燥水果、菠菜、甘藍菜及豆腐。攝取富含維生素C及鐵質的食物，就能確保鐵質吸收的情況良好。菠菜沙拉加柳橙果肉就是個好例子。

如果妳的飲食營養均衡、每天也服用孕婦維生素，那麼就不需額外補充鐵質。

其他須知

慢性疲倦症候群

慢性疲倦症候群是指長期嚴重疲倦，但起因並非直接由其他疾病所引起。光休息並無法使症狀獲得紓解。對於慢性疲倦症候群與懷孕間的關係我們還不清楚。

慢性疲倦症候群還會伴隨其他問題一起出現。被診斷出有此問題的患者，有65%有纖維肌痛。

女性患上慢性疲倦症候群的時間通常是在生育年紀。很多有慢性疲倦症候群的女性也都順利的懷孕，平安產下健康的孩子。有些孕婦在懷孕期間，症狀有改善，時間通常發生在懷孕初期之後，這或許得歸功於妊娠荷爾蒙。不過有些孕婦覺得情況維持一樣，有些甚至還惡化，在以後胎次的懷孕期間，情況可能還會更嚴重。

如果妳有慢性疲倦症候群，而且已經懷孕了，懷孕期間可能需要更多休息，部分孕婦甚至需要臥床安胎。

在產後的那幾週，約有 50% 的新手媽媽覺得和懷孕之前相比，感覺又復發，或是更加嚴重了。這或許是因為女性必須照顧新生兒，再加上妊娠荷爾蒙已經沒有了所致。

如果妳有在服用成藥，一定要告訴醫師。有些藥物必須停用，或是減少劑量。經研究證實，不管是懷孕前還是懷孕期間，葉酸都有益處。

適尿通／柔沛

　　妳可能在電視上，或是雜誌上看過這樣的說法：孕婦不應接觸某些藥物，特別是適尿通（Avodart）和柔沛（Propecia）。這樣的警語應該認真看待嗎？如果只是接觸，碰到一下，會不會傷害到在肚子裡成長的**寶寶**呢？

　　懷孕期間，孕婦的確不應該接觸到這兩種藥丸，原因是藥丸萬一被壓碎或弄破後可能產生的問題。藥物會被身體吸收。如果這種接觸是偶然發生的，應該趕快用肥皂和水把接觸到的範圍好好洗乾淨。我們進一步來細看這兩種藥物。

　　• 適尿通。 通常是用來治療良性攝護腺腫大的藥物。這種強力的荷爾蒙可以穿透皮膚，所以不要去接觸，也不要去弄破。接觸這種藥物可能會讓肚子裡的小男胎發生先天性畸形。男性在服用適尿通期間不應進行捐血，因為血液有可能會輸給孕婦，讓胎兒產生先天性畸形。

　　如果泌尿道感染已經變成問題了，那麼試著少吃點家禽肉和豬肉。這類肉品中可能含有對抗生素有抗藥性的大腸桿菌。

　　研究也發現，吃Avodart的男性精液中含有dutasteride，所以懷孕初期，也就是胎兒成形的時候，做愛時絕對不能不加保護，務必要戴上保險套。

　　• 柔沛。 則是用來治療雄性禿的藥物。柔沛藥丸都有外膜，不過，還是完全不要接觸為上策。萬一接觸到，男胎有可能會發生問題。如果母親不小心接觸到柔沛，倒是還沒有女胎發生先天性畸形的例子出現。

膀胱炎

泌尿道感染是孕婦最常見的膀胱及腎臟疾病。子宮愈長愈大時，會直接壓在膀胱和輸尿管上，

阻斷尿流。泌尿道感染也被稱作膀胱炎，症狀包括了急尿感、頻尿、解尿疼痛（尤其在快解完的時候最痛）。嚴重的泌尿道感染，甚至會出現血尿。

第一次產檢時，醫師通常會做尿液分析和尿液培養。懷孕的其他時間，或是有惱人症狀出現時，醫師也會檢查妳的尿液中是否有感染。

平時不要憋尿，只要有尿意，就盡快排空膀胱，這樣就可以減少造成膀胱炎的機會。性交後也最好立刻排空膀胱。

多喝水及小紅莓果汁，這些是預防尿道感染的不二法門。不過，沒問過醫師之前，不要擅自服用小紅莓補充品。

如果妳懷孕時，覺得自己好像有膀胱發炎的症狀，盡快去看醫師。細菌會穿過胎盤，影響寶寶。如果放著不治療，膀胱炎還會引發其他的懷孕相關問題。

很多治療膀胱炎的抗生素，在懷孕期使用都可以安全使用，不過也有一些抗生素，懷孕期間使用並不安全。詳細情況，醫師可以告訴妳。如果醫師開了抗生素給妳，一定要把整個療程的藥吃完。如果妳

保持泌尿道的健康

· 不要憋尿。有尿意就去上廁所。
· 每天至少喝3000cc 的水或水分，把細菌從泌尿道沖洗出去，這其中包括了小紅莓果汁。
· 性交後立刻排尿。
· 不要穿緊身的內褲或褲子。
· 上完廁所後擦衛生紙，由陰道前面往後擦。

不把這個毛病治療好，對胎兒會造成傷害！

　　•**其他的腎臟問題。**腎盂腎炎是一種由膀胱炎衍生出來的疾病，情況更嚴重。孕婦發生這類的感染比例大約1～2%。腎盂腎炎症狀包括頻尿、解尿有灼熱感、想解又解不出來、發高燒、寒顫及背痛等。

　　罹患腎盂腎炎一定要住院，並以靜脈注射抗生素治療。如果妳懷孕期間罹患了腎盂腎炎，或是膀胱炎復發，那麼整個懷孕期間可能都必須持續吃抗生素，以預防再度感染。

　　另一種與腎臟及膀胱有關的問題，就是腎結石，孕婦的發生率大約一千五百分之一。腎結石會造成背部及下腹部劇烈疼痛，有時還會伴隨血尿。

　　腎結石可能會痛到必須住院，治療時通常是開止痛劑，並大量喝水。如果結石能用這種方式隨著尿液排出，就不需開刀或用超音波碎石術來治療了。

　　部分女性患有慢性腎臟病，這會讓她們懷孕期間的風險增高。研究顯示，罹患慢性腎臟病的女性，發生各種問題的機率比較高。

第18週的運動

　　雙腳平站，雙手垂在兩側。當妳往前把雙手高舉過頭時，右腳往前跨出。雙手放回身體兩側，腿收回，恢復起始姿勢。重複7次，然後換成左腳往前跨。鍛鍊並強化雙臂、上背部、大腿背、以及臀部肌肉。

第十九章
懷孕第19週
〔胎兒週數17週〕

寶寶有多大？

本週，胎兒頭頂到臀部長13～15公分，體重約為200公克。想到從現在到他出生，大小將是現在的15倍就覺得很不可思議呢！

妳的體重變化

現在可以在肚臍下方約1.3公分的地方，很容易就摸到妳的子宮。請參見246頁的插圖，可以讓妳比較子宮、胎兒及妳的大小，側面圖能讓妳看得更清楚。

此時妳的體重約增加了3.6～6.3公斤，但胎兒只占了200公克左右。胎盤重約170公克，羊水占320公克，子宮則重約320公克，妳兩邊的乳房各增加了180公克。妳其他增加的體重則來自於血液量的增加，與母體其他的儲存。

寶寶的生長及發育

大約到了這個時候，**寶寶**可以開始聽到妳的聲音了——妳的心跳聲、肺部充滿空氣的聲音、血液流動的聲音，以及消化食物的聲音。

胎兒的「聽」實際上是在骨骼中感受到振動，然後傳送到內耳去。當母親的聲音透過骨頭振動傳過來，**寶寶**就可以「聽」見。研究顯示，和高頻相較，胎兒對低頻的聲音聽得比較清楚。

水腦症

水腦症會讓胎兒的頭顱變得很大,產下水腦症新生兒的機率約二千分之一,占所有嚴重胚胎畸形的12%。水腦症通常還與脊柱裂、脊髓膜膨出及臍疝氣有關連。

罹患水腦症時,有500～1500毫升的液體,會積聚在大腦,有時甚至更多。如果大腦組織被這些液體壓迫,就會產生極大的問題。

診斷水腦症最好的方法,就是超音波檢查,以懷孕19週時最容易診斷出來。但偶而也有些病例是在例行產檢時,「摸」或「測量」子宮時發現的。

過去,患水腦症的胎兒是無法在懷孕時就進行治療的,必須等到胎兒出生後,治療才能開始。現在有些情況,可以讓胎兒還在子宮內時,就先進行治療。

不過,水腦症是一種危險性很高的病症,屬於非常專門的治療技術,應該找精於治療此病症的醫師來處理。此病也需要與專精於高危險妊娠的周產期醫師會診諮詢。

每天都要少量多餐!

少量多餐比每日三大餐能提供更好的營養給寶寶。雖然每天吃下的熱量一樣,之間確有差異。研究顯示,血液中如果保持固定的營養濃度(少量多餐),比吃大分量的正餐但好一陣子不吃,對寶寶更好。三大餐表示血液中的營養濃度起起落落,對成長中的胎兒比較沒那麼好。少量多餐可以舒緩這種狀況,避免某些懷孕問題的出現。

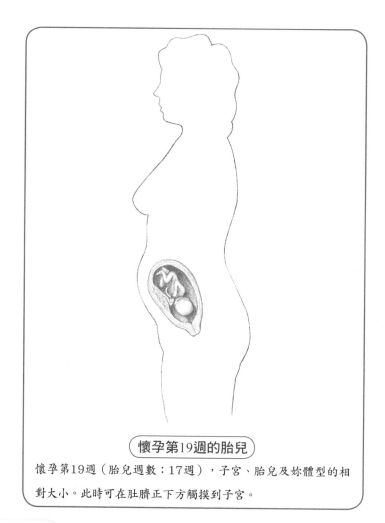

懷孕第19週的胎兒

懷孕第19週（胎兒週數：17週），子宮、胎兒及妳體型的相對大小。此時可在肚臍正下方觸摸到子宮。

妳的改變

暈眩的感覺

孕婦常會覺得暈眩，這種情形通常是血壓低所造成。暈眩現象常在懷孕中期出現，但也可能更早。

造成懷孕期低血壓的原因有二：第一個原因是子宮增大後，壓迫

到主動脈及下腔靜脈，造成壓力。這種情形稱為仰臥式低血壓，通常在孕婦平躺的時候發生。孕婦在睡覺或躺下休息時，最好側躺，不要平躺，就可以避免發生這種仰臥式低血壓。

第二個原因，是迅速改變姿勢所造成，例如由坐、跪或蹲姿，突然快速站起來，就會產生這種暈眩的現象，稱為姿勢性低血壓。當妳快速起身時，血壓會快速下降。只要注意從坐姿或臥姿起身時，慢慢站起來就可以避免這種暈眩了。

如果妳有貧血，可能也會覺得暈眩、昏倒或倦怠、很容易疲倦。懷孕時，醫師會為妳做常規的血液檢查，告訴妳是否貧血。

懷孕也會改變妳的血糖濃度。不論是高血糖或低血糖，都會讓妳感覺暈眩，甚至昏倒。許多醫師都會定期為孕婦做血糖測試，特別是有暈眩問題或糖尿病家族史的孕婦。

大多數孕婦可以採取下列幾種方法，來避免發生暈眩。如飲食均衡，不要錯過不吃某一餐或間隔很久未進食等。妳也可以隨身攜帶水果或餅乾，以便有需要時，立即提昇血糖濃度。下面方法也可一試：兩腳交叉，大腿內側緊緊互壓，或是用手擠壓橡皮球。

兩種動作都可以讓肌肉緊縮，改善流往頭部的血流，中斷妳要昏倒的感覺。

打呼

超過35%的孕婦會打呼。打呼的時候，上呼吸道會鬆弛，部分呼吸道還會閉合，因此讓妳無法吸入適量的氧氣，呼出適量的二氧化碳。

過去，專家認為懷孕時打呼，發生其他問題的機率較高，例如高血壓、生出的孩子容易體重不足等。但最近的研究則顯示打呼對胎兒的成長發育並無損害。

易栓症

部分女性在懷孕期間有血栓的經驗，這種病症正式的名稱就稱為易栓症。易栓症包含了範圍廣泛的各種血栓疾病。

遺傳性的易栓症在女性身上的發生率高達10%，如果在懷孕期間發病，母親和胎兒都會有問題，而血栓與其他懷孕問題的風險也會提高。

比基尼蜜蠟除毛護理

懷孕期間，做比基尼蜜蠟除毛沒關係。只是恥骨部分必須注意，不要做巴西蜜蠟除毛。這種除毛方式會把熱蠟放在陰道開口（陰唇）旁的皮膚組織上，這些部位在妳懷孕時會更敏感。

這種病症，很多醫師都不會進行檢查。如果妳有此病的家族病史，請要求檢查。部分研究人員發現，遺傳性易栓症和懷孕中、末期的流產有密切關係，但與懷孕初期的流產沒關係。

妳可以進行檢查，看看自己是否有罹病的風險。如果驗血結果顯示有問題，懷孕期間，醫師會開阿斯匹靈、以及低分子量肝素給妳服用。這種治療方式對部分孕婦效果不錯。

易栓症的併發症在後續的妊娠中會復發。所以曾有過易栓症的女性在之後懷胎時，降低風險非常重要。治療包括了葉酸補充品、肝素、以及低劑量的阿斯匹靈。

哪些行為會影響胎兒發育？

應注意的警訊

　　許多婦女都擔心懷孕時，會發生他們沒有警覺到的嚴重問題。事實上，大多數女性的懷孕過程都很正常。下文列舉出一些懷孕時應該特別注意

> **第 19 週的小提示**
>
> 　　懷孕期間，魚肉是健康的食物來源，不過每週吃魚的量不要超過340公克。

的症狀及徵兆。如果妳有這些症狀，請立刻去看醫師。

- ♥ 陰道出血。
- ♥ 臉部或手指嚴重腫脹。
- ♥ 腹部劇痛。
- ♥ 陰道流出大量液體，有時像泉湧，偶爾也會慢慢的流，或一直覺得濕濕的。
- ♥ 胎動情況改變很大或感覺不到胎動。
- ♥ 發高燒（體溫超過攝氏38.7度）或寒顫。
- ♥ 嘔吐嚴重到無法吃東西或喝水。
- ♥ 視力突然模糊。
- ♥ 解尿疼痛。
- ♥ 持續頭痛或頭痛劇烈。
- ♥ 外傷或發生意外，如突然跌倒或發生車禍，以及任何會讓妳擔心寶寶安危的狀況。

　　懷孕後期，如果妳感覺不到寶寶的胎動，飯後坐下或躺在安靜的房間，專心注意寶寶的胎動。如果兩個小時內，感覺到的胎動少於十

次，請去看醫師。

如果有什麼疑慮，一定要請問醫師，什麼都可以問，不要覺得不好意思。妳想問的問題，醫師可能早就聽過很多次。如果有問題，他們寧可早點知道，情況會比較容易處理。

妳的妊娠可能不是高風險，不過假使妳或寶寶發生了什麼問題，還是有可能會被轉介給周產專科

給爸爸的叮嚀

懷孕過了快一半了。對你們兩人而言，真是光陰似箭呢！多多營造和另一半的兩人時光吧！可以的話，盡量休些假或把事情推掉，留下時間來好好陪伴你的伴侶。你們可以一起把心力投注在懷孕上，準備迎接寶寶的降臨。你們甚至可以計畫一個兩人的「產前蜜月」，享受甜蜜愉快的兩人時光。

醫師進行諮詢，並接受可能的照護，等分娩時再回來給妳固定的婦產科醫師接生。

如果妳有在看周產期醫師，可能就必須在醫院生產，不能去妳原先所選定的接生場所。這通常是因為醫院才有專門的儀器設備，或是有能力進行妳和寶寶所需的專門檢驗與照護。

妳的營養

草藥的使用

如果妳平常就有使用草藥和植物，像是藥草茶、藥酒、藥丸或藥粉，治療各種疾病和健康問題的習慣，請妳停止！

妳可能深信某種草藥的療效非常不錯，用起來也沒問題，但是懷孕期間使用卻可能產生危險。舉個例來說，如果妳有便秘，可能會以番瀉葉（senna）來幫助排便。但是，番瀉葉是可能導致流產的！再舉

另外一個例子，懷孕前，妳可能一直在用金絲桃（或稱聖約翰草，St. John's wort）。現在就別用金絲桃了吧——因為它會對很多藥物造成干擾。當歸、普列薄荷（pennyroyal）、迷迭香（治療消化問題，非烹調用）、杜松（juniper）、側柏（thuja）、藍升麻（blue cohosh）和番瀉葉（senna）懷孕期間也都應該避免使用。

小心為上——只要不是醫師推薦給妳使用的，都必須非常謹慎才好。吃下任何東西之前，一定要先問過醫師。

其他須知

懷孕時過敏

免疫系統把某種物質當作有害物質反應時，就是過敏了。身體會釋放出化學物質跟這個物質對抗，而常見的反應包括了鼻塞、打噴嚏、流鼻水、眼睛或內耳癢。草本植物、野草、樹木、黴菌中的花粉也可能引起過敏。

而懷孕期間，過敏情況還會稍有惡化。有些孕婦比較幸運，原本困擾她們的過敏症狀，懷孕之後反而好轉，症狀也減輕了。

> 如果妳懷孕期間發生花粉症，寶寶有花粉症的可能性就會高六倍。

如果妳原本有在服用抗過敏藥物，懷孕後，不要自行假設懷孕後服用也是安全的。有些治療過敏的藥物，如特敏福（sudafed），不建議懷孕初期孕婦服用。抗過敏藥物通常是由數種不同的藥物組合而成，無論是否為處方藥劑，都要問醫師妳所服用的藥物為何，鼻噴劑也一樣。

懷孕期間可以安全使用的藥物包括了抗組織胺藥物與解充血藥。請問醫師哪些品牌對妳最安全。妳可以在醫師的監督下繼續接受過敏針劑注射，但從前若沒打過，就不要從現在開始。

盡量避開會引起妳過敏的過敏原。家中要徹底清潔，使用吸塵器的時候要記得戴口罩，吸塵器要使用HEPA濾心。如果妳住的地方天氣很乾燥，記得用加濕器。家中吸塵器的濾心，每個月至少都要清洗一次。

> 如果妳是豬草（ragweed）過敏，不要吃香蕉、小黃瓜、櫛瓜、香瓜或葵花子，也不要喝洋甘菊茶。這些都是屬於豬草類，會讓症狀加重。

鼻塞

對很多女性來說，懷孕期間鼻塞是很正常的事。懷孕時如果遇上過敏季，情況可能會特別糟糕，鼻子就塞得特別嚴重了。

解充血劑可以讓鼻內的血管縮窄，進而減少鼻子腫脹的情形。大多數專家都認為，短期使用Afrin來幫助鼻內消腫沒關係。不過，如果是長期性的消腫，應該請醫師開立長期舒緩的藥品，如懷孕期間也能安全使用的色甘酸鈉（NasalCrom）。請跟妳的醫師討論。

妳將會是單親媽媽嗎？

過去幾年來，單親媽媽的人數一直增加。在台灣，非婚生子女的比例也是逐年提高，以2010年為例，約占新生兒比例的4.4%。

有將近75%的未婚媽媽是意外懷孕。將近45%的單親媽媽認為自己是真的「單身」。有8%的單身母親有同性的伴侶。

許多女性選擇在沒有配偶的情況下生孩子。有些女性和孩子的父

親牽絆很深，卻沒選擇結婚。有部分女性則是在沒有伴侶的支持下懷孕的。

　　無論妳個人的情況為何，單親準媽媽有很多共同的擔憂與疑慮。研究顯示，如果女性有其他成年人可以提供支持，讓她倚靠，孩子在由單身女性所持家的家庭中，也可以養育得很好。不過，無論孩子是男是女，幼齡時生活中有男性的參與對孩子比較好。

　　•如果妳將會成為單親媽媽，請尋求親友的支持。家中有幼兒的媽媽可以體會妳所經歷的一切——因為她們最近才經歷過。如果妳的親友之中有人家中有幼兒，可以跟他們聊聊。

　　•獨自扶養孩子挑戰很多，樂趣也很多。單親媽媽在身體上和情感上都要好好的照顧自己。有時妳會產生被孤立、被打敗的感覺，所以擁有來自親友的強力支援很重要。許多單親媽媽都發現，和親人或好友住在一起，分攤費用，一起日常活動，不論是生活、還是照護子女都會比較容易。

　　•找值得依賴的人在懷孕期間、在寶寶誕生之後協助妳。有位女性說，她想過，如果寶寶半夜兩點大哭到無法控制，她要打電話給誰求助。當答案出來後，她心中就有一個可以信任的人，無論在怎樣的緊急事件中，包括懷孕期間與分娩後，都可以信賴的人。

　　單親媽媽的分娩計畫中需要特別規劃的部分是開始陣痛後，要如何送到醫院的方式。曾有位女性原本希望能由朋友開車送她到醫院生產，不過臨時卻找不到人。她的第二個選項是叫計程車（也是分娩計畫中的一部分），而計程車倒也從容不迫的將她送達了醫院。

　　•在產後，當妳帶著寶寶回家時，也需要有人來支援。可以考慮請家人、朋友、同事和鄰居來幫忙。坐月子的那個月，妳可能需要最多幫助。別人可以代勞的家務與雜事包括了：給妳獨處的時間、洗衣、煮飯、打掃和購物。

　　如果妳和親友並不親近，可以和其他單親媽媽為友，尋求情感上

與精神上的支持。這樣也可以讓妳有可以社交互動的支援團體，可以交換照顧孩子和其他工作。

‧**妳需要預立遺囑。**妳需要預先立好遺囑。如果妳之前還沒想過，現在就是立的時候了。如果妳已經立好了遺囑，孩子出生前先檢查看看是否需要改變或增添。

萬一妳出了事，要有人能代替妳照顧孩子。妳應該幫孩子立一個法定監護人。這個時間點上，找一個監護人是最重要的事情之一，萬一沒有，法院就會自行決定妳的孩子要由誰來照顧。

決定監護人人選後，在將名字寫到妳的遺囑前，先徵詢那個人的意見。他可能有什麼妳不知道的原因，無法接受妳委託的這個重任。至少選兩位能當妳孩子監護人的人選。先詢問首位人選的意願，如果對方接受，就把他的名字寫到妳的遺囑中去。也請選一位候補的監護人（妳也必須先徵得對方的同意），然後告訴他，妳會指名他為孩子的候補監護人。

如果妳想讓不同的人處理孩子的財務問題，可以指名另外的財產監護人。此人的主要職責就是處理妳留給孩子的所有財產。

‧**檢查保險是否足夠。**一定要在孩子出生前檢查妳的保險涵蓋範圍。妳一定要安排金錢的來源，這樣萬一妳不幸走了，照護孩子的金錢才不虞匱乏。妳也必須檢查「失能險」的保額是否足夠，才能保障妳和孩子的未來。

如果萬一妳出了什麼事情，妳也想要確保孩子有足夠的財務可以支持照護他到長大成人。這樣的險，通常就是終身壽險。

如果公司有幫妳加入團保，妳可以問問人事室保險的相關細節。不要忽略了這個重要的資源。

要有足夠的壽險額度才能確保孩子有足夠的財務支持，照護他到成人。

妳也必須重新檢查自己的健康險。在台灣，如果妳完全沒有其他

健康保險，也要確定妳的健保保費有定期繳納，這樣至少還有基本的保障。健保給付多項孕婦的基本檢查與照護，妳可以請問醫師。也請查詢一下，寶寶出生後，如何加入健保的事宜。

如果妳因為意外事故，必須請假無法上班，失能險就是很好的保障，可以在妳失能無法工作的時候，提供一筆定額的金錢應急。所有在職場中工作的父母親，都應該確保這種保障能確保收入的65～75%。

• **法律問題。**由於妳的情況特殊，所以情況可能很多，也會衍生出許多問題。妳可能會想，孩子的出生證明該怎麼填寫。在台灣，有些醫院的出生證明只有產婦欄，沒有配偶欄位。萬一有配偶欄，可以直接留白，或請醫院蓋上章劃掉。

依照新修正民法規定，即使沒有一起生活，非婚生子女的生父對有足證能證明是親生的子女有扶養的義務，而生母以及其法定代理人則可以向生父提起認領的訴訟。

好好保護妳的法律文件

遺囑立好之後，要收在安全的地方。如果是律師幫準備的遺囑，他會在他公司保留原始文件。妳可以考慮在家中的防火保險箱中放一分副本。

如果妳是參考遺囑範本，自行擬定的自書遺囑，那麼原始版本請放在銀行保險箱，家中也放一分副本。

根據我國民法第一千一百九十條規定：「自書遺囑者，應自書遺囑全文，記明年、月、日並親自簽名。如有增、減、塗改，應註明增減、塗改之處所及字數，另行簽名。」。若非依此方式為之者，不生效力。所以書寫遺囑時應完全符合此規範，方能生效。

如果妳選擇了親戚作為不動產執行人，那麼也可以考慮給他一分副本。

那麼幫孩子報戶口時呢？孩子出生60天內應該到戶政事務所辦理出生登記。而孩子是從母姓或從父姓呢？非婚生子女是從母姓的。若有生父認養，同時辦理出生登記，並持有生父母的約定從姓書，子女可以從父姓。

如果有問題，尋求答案是很重要的。以下是一些自願單親媽媽所提出的問題。我們也告知，這些是法律問題，應該由擅長家庭法的律師來回答。只是，當妳考慮要成為單親媽媽前，可以先弄清一些問題。

♥ 我是自己懷著寶寶的，所以很擔心萬一我出了什麼問題，有誰可以幫我和胎兒做醫療上的決定。關於這一點，我可以採取什麼應對的行動嗎？

♥ 我沒有辦理結婚登記，但是和孩子的父親關係很深。如果我在分娩過程或是生產後出了什麼事情，我的伴侶可以幫我做任何醫療上的決定嗎？

♥ 如果我出了什麼事情，我的伴侶有權在寶寶出生後幫我們的寶寶做任何醫療上的決定嗎？

♥ 如果我和寶寶的爸爸沒有辦理結婚，他對孩子有什麼法律權利呢？

♥ 我伴侶的父母親對於他們的孫子女（我的孩子）有法律上的權利嗎？

♥ 我寶寶的生父和我在得知懷孕之前，就已經分道揚鑣了。我有這義務告知他寶寶的事情嗎？

♥ 還有什麼事情是我這種特殊情況懷孕必須考慮的嗎？

如果孩子的生父決定要爭取孩子的監護權，那麼妳最好先和律師研究。即使孩子的生父並未參與整個懷孕與分娩過程，也不要假設妳

就可以自動獲得孩子唯一的監護權。

第19週的運動

　　身體右側離牆面兩步距離站立。左腳放在右腳前面30公分左右。膝蓋稍微彎曲，用右手撐在牆面上支撐。左手臂往上舉起，伸向牆面，頭彎過去。接下來，用左手環住妳的頭，摸右耳。持續5秒鐘，然後恢復原來的站立姿勢。重複5次，之後換邊，用右邊手臂伸向牆面。伸展腰部以及兩側肌肉。

第二十章

20 week 懷孕第20週

〔胎兒週數16週〕

寶寶有多大？

本週，胎兒頭頂到臀部長14～16公分，重約260公克。

妳的體重變化

恭喜妳，以懷孕40週的足月產來計算，懷孕的辛苦過程已經度過一半了。此時，子宮約在肚臍的位置。從懷孕到現在，醫師一直密切觀察妳及子宮的成長，在此之前，妳及胎兒的生長或許還不是十分規律，但從20週以後，成長及發育的速度，會變得更有規律。

測量子宮的成長

醫師常藉著測量子宮，來追蹤胎兒成長的情形。醫師會用手指及手指的寬度來測量子宮的大小，但有時也會借助量尺來度量。

醫師度量子宮大小時，需要有參考的基準點。有些醫師以肚臍作為基準點，有的醫師則是以恥骨連合作為度量的基準點。恥骨連合位於小腹的中間下方，是兩側恥骨接合的位置。恥骨連合的位置在尿道口的正上方，即肚臍下方15.2～25.4公分處，大約是在陰毛際線下方2.5～5公分的位置。

每位醫師量子宮的方法都不一樣，每個孕婦的子宮大小也都不相同，胎兒的大小變化更大。因此，每個孕婦的子宮大小，量起來都不會相同，甚至同一位婦女的兩次懷孕，子宮的大小可能都不相同。

如果妳給不常為妳檢查的醫師檢查，或是換了新醫師，妳的子宮

大小量起來就可能就不盡相同。這並不表示有問題或醫師有錯誤，只是度量的方法有些不同罷了。

測量子宮，一般是由恥骨連合為基點，量到子宮頂端。懷孕20週後，子宮每週約可長1公分。假如妳的子宮在懷孕20週時是約20公分，下一次產檢時（4週以後），大概就變成約24公分。

如果子宮量測值是約28公分，可能就需要做超音波檢查，以進一步評估，看看是不是懷了雙胞胎（多胎妊娠）或錯估了預產期。如果子宮大小只有15～16公分，也要做超音波檢查，看看是否是預產期估算錯誤，或有胎兒生長遲滯及其他的問題。

只要還在許可範圍內，測量出來的大小有變化是寶寶健康、胚胎也在成長中的跡象。如果結果不正常，就是一個警訊。如果妳對自己子宮大小以及懷孕期間成長的情況有疑問，可以請教醫師。

寶寶的生長及發育

胎兒的皮膚

胎兒的皮膚是由外層的表皮層及內層的真皮層這兩層組織發育出來的。到了現在，應該長到四層了，其中一層含有表皮隆凸，將來這層隆凸的組織，會形成指尖、手掌及腳底的厚皮。這些都是由基因來決定的。

真皮層在表皮層之下，形成乳頭狀的凸起，與表皮層相互交錯。每個凸起中都有一條血管（微血管）或神經。這些深層的組織層葉中，還包含大

第 20 週的小提示

如果妳現在做超音波，就可能可以看出寶寶的性別了。不過寶寶得合作，讓妳看到生殖器官才行。但就算性別很明顯，操作超音波的檢驗師也可能出錯。

量脂肪。

胎兒出生時，皮膚上會覆蓋一層白白的膏狀物，叫做胎脂。約從懷孕20週開始，胎兒皮膚的腺體就會開始分泌這種物質，包住體表，使胎兒不怕羊水的浸潤。

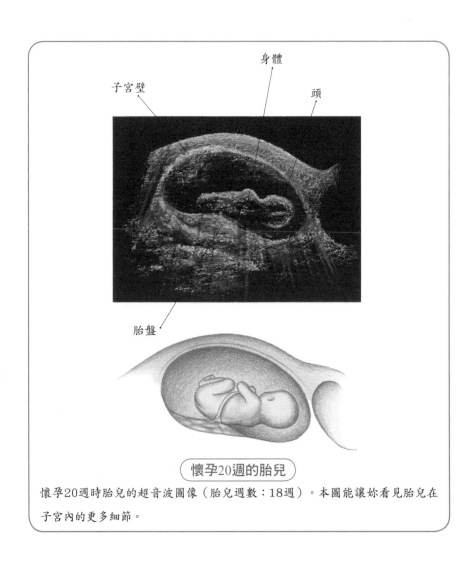

身體

子宮壁

頭

胎盤

懷孕20週的胎兒

懷孕20週時胎兒的超音波圖像（胎兒週數：18週）。本圖能讓妳看見胎兒在子宮內的更多細節。

懷孕12～14週時，胎兒開始出現毛髮。毛髮由表皮層長出。胎兒的上唇及睫毛最先出現毛髮，胎毛在出生後會自然脫落，並被新毛囊長出的濃密毛髮所取代。

超音波圖像

超音波檢查能讓人清楚了解懷孕的狀況。做超音波檢查時，妳所看到的圖像是動態的。

如果妳仔細看圖，意義可能更大。請閱讀標示，想像寶寶在子宮中的情形。超音波圖像就好像看物體的剖面。妳看到的是平面圖像。

這個時期做超音波檢查，能幫助醫師確認預產期。如果太早或太晚做超音波檢查（例如早兩個月或再晚兩個月），就比較不容易判斷出預產期。如果懷了雙胞胎或多胞胎，也可以由超音波檢查看出來。有些胎兒的問題，也能在此時由超音波檢查出來。

• **臍帶血採樣。** 又稱臍帶穿刺採血法，是胎兒還在子宮中就先採集胎兒血液的一種檢查方式。檢查的結果，幾天內就能得知；但和羊膜穿刺相比，這項檢查流產率稍微高些。

採血時，必須藉由超音波協助，用一根很細的長針，穿過母親的肚子到達臍靜脈。再經由針頭，抽取出少量胎血來化驗。臍帶血採樣能偵測血液的疾病、感染及RH因子不合症等情形。

妳的改變

腹直肌分離

胎兒成長時，腹部的肌肉（腹直肌）也會因伸展、拉長而分開。腹直肌原本附著在肋骨下方，垂直向下延伸到骨盆腔，當腹直肌由中線向兩側分開，稱為腹直肌分離。

平躺、抬起頭、腹部縮緊用力時，最容易察覺到腹直肌分離的

情形。這時，分離的腹直肌使得肚子上彷彿有一團鼓出的東西，有時還能摸得到肌肉邊緣。這種情形不會疼痛，對妳和寶寶也不會造成傷害。在分離的腹直肌中，可以摸到子宮，也更容易感覺到胎動。

如果妳是第一次懷孕，可能還不會注意到有這種分離。隨著懷孕次數的增加，腹直肌分離的現象會更清楚明顯。運動雖然能增強腹直肌，但腹直肌分離造成的突起或分隔溝卻仍然存在。隨著孕程的進展，腹直肌會愈向後分開，不過這些現象並不明顯，外觀也看不出來，但還是存在的。

類風濕關節炎

這是一種自體免疫性疾病，會攻擊身體上的關節或器官。懷孕期間，症狀會改善，甚至消失不見。大約有75%的類風濕關節炎患者在懷孕期間覺得症狀有減輕。疼痛減輕就意味著所需的用藥量減少。

治療類風濕關節炎的藥物中，有部分對孕婦相當危險，不過安全的也很多。懷孕之前，一定要跟醫師說，妳服用的類風濕關節炎藥物是那一種。

乙醯胺酚在整個孕程都可以使用。不過，懷孕後期非類固醇類消炎藥忌用，因為會提高胎兒罹患心臟疾病的風險。培尼皮質醇（Prednisone）通常是可以接受的，不過滅殺除癌錠（methotrexa）是禁用的，因為會導致流產以及先天性畸形。

恩博（Enbrel）是用來治療類風濕關節炎的新藥之一，但未經醫師許可，請勿擅自服藥。

類風濕關節炎不會影響妳的分娩過程，不過，有25%罹患類風濕關節炎的孕婦，都是早產。如果妳的關節有些限制，要找到舒服的生產姿勢較不容易。

生完孩子後的幾個月，原先的症狀可能就會回來。請在產後4週內

回去看妳的類風濕關節炎醫師。醫師可能會要妳繼續服用之前停止的藥物。如果妳以母乳哺育，在恢復吃藥前，先跟醫師討論一下用藥。

哪些行為會影響胎兒發育？

性關係

懷孕原本可讓妳與另一半間的關係更加親密，但隨著肚子愈來愈大，性交可能會因為讓妳感到不適而變得窒礙難行。事實上，只要加入一點想像，並且變化一下性愛姿勢（但孕婦不要平躺著，伴侶也不要直接壓在孕婦身上），妳們還是可以在懷孕期間享受魚水之歡。

如果妳感到另一半有情感上的壓力，擔心性交是否安全，或是求歡次數過於頻繁，不妨開誠佈公的跟他談一談。請他陪妳一起去產檢，跟醫師討論這些問題。

如果妳有子宮收縮、出血或其他問題時，妳們應該請教醫師。如果醫師建議暫停性愛，明白的請教他，這是表示不能交合，或是不能高潮。

人體藝術

女性穿刺、刺青的人數愈來愈多了。這類的人體藝術可能演變成為懷孕期間不得不處理的狀況，所以了解一下問題的癥結所在可以讓妳理解醫師的顧慮所謂何來。

最受歡迎的穿刺形式當然是穿耳洞了——很多

給爸爸的叮嚀

大約這個時間前後，你的配偶可能幫發育中的寶寶做過超音波檢查了。配偶的醫師需要做一次超音波檢查來了解很多事。進行這個有趣的檢查時，你或許會想在場參與——這是你第一次實際看到寶寶活動的時候！當你的配偶要預約這次有超音波的產檢時，請她把你的行程一起考慮進去。

女性都穿耳洞的。穿耳洞風險很低，醫師不會擔心的。

　　不過在身體的其他地方穿洞可就不同了。洞可能會穿在眉毛、鼻孔、鼻中隔、嘴唇、舌頭、乳頭、肚臍、陰唇和陰蒂上。在這些地方穿刺，醫師可能就有顧慮。口部的穿洞，可能引起各種感染，或吞下

妳比自己想得更性感

　　懷孕很性感！我們知道，很多男人都認為自己懷孕的妻子或女友美麗與性感都更勝從前，尤其是在懷孕中期。以下就是男士們告訴我們，他們為什麼認為懷孕的伴侶很性感的理由。

- 妳的肌膚因為使用更多乳液和滋潤油而變得更加光滑柔嫩。
- 妳會要求按摩和揉背，這就會演變成更多的按摩以及親密的性愛了。
- 發現不同的做愛方式很有趣。
- 懷孕期間的性事常需雙方都激發出更具創意的想法。
- 妳的懷孕讓他覺得自己走起路來虎虎生風，很有男子氣慨。對很多男人來說，老婆懷孕是他驕傲。
- 妳的雙峰可能更高聳（或是說，從未如此波濤洶湧）。
- 妳的秀髮濃密、指甲變長、肌膚光盈。
- 妳可能因為骨盆腔附近血流量增加，而在性方面變得很敏感。
- 妳的曲線超性感。
- 懷孕荷爾蒙讓妳性慾增強。
- 妳改變的體態，例如漲大的乳房激起了他的性慾。
- 妳對伴侶承諾的程度可能會強化妳們之間的親密感，在性和非性方面皆然。一起孕育一個孩子可能是最高信任的表現。
- 妳們可以很隨性，因為不用擔心避孕的問題。

珠寶裝飾。乳頭穿洞有可能會傷害到輸乳管，影響到哺乳。懷孕3到4個月後，肚臍上穿洞裝上的珠寶裝飾則必須移除，因為肚子被撐大後，珠寶如果留在肚臍上會造成扯裂或撕裂。不論是哪種類型的穿刺，都有可能形成傷疤組織。

> **懷孕期間覺得自己不迷人？**
>
> 　　身邊放置美麗的事物，讓自己產生美麗的感覺吧，例如，如花朵或漂亮的圖片。告訴自己，我很美麗也有幫助。性感睡衣可以讓妳產生性感的感覺。及臀短褲可以展現妳的美腿，蓬鬆的上衣則可以掩飾妳突出的肚子。

　　如果妳口部有穿洞掛裝飾，醫師會跟妳討論在生產前移除的事情。在某些情況下，珠寶如果沒有移除，麻醉醫師對於是否能保持呼吸道的暢通會有疑慮。

　　這種情況不算常見，但分娩過程中的狀況很多，難以預測，所以預產期靠近時，還是先把珠寶移除，以策安全。

　　如果妳身上有任何穿洞（除了耳洞），請提醒醫師。如果妳有顧慮，可以和他商量移除的事。

　　今天，許多人身上都有刺青。最常刺上刺青的部位是手臂、胸膛、背部、腹部、和腿部。孕婦和刺青相關的問題包括了刺青感染、有過敏反應、在刺青的部位形成傷疤組織、刺青部分有妊娠紋、以及移除不想要的刺青等等。

　　如果妳刺青的位置在會受到懷孕影響的部位，那麼看到它形狀改變也不要驚訝。例如，妳刺在肚皮上的可愛小蝴蝶，懷孕期間就可能變成大蝴蝶。除此之外，刺青上還可能出現妊娠紋。產後，皮膚還會鬆弛一陣，妳可愛的小蝴蝶可能會下垂，直到肚皮恢復「正常」。

　　懷孕期間不建議做去除刺青的動作，或刺上新的刺青，以免增加感染的機會。

妳的營養

許多女性在懷孕之前喜歡吃甜和人工甘味。這在懷孕期間是不是安全呢？有熱量的甜味包括了加工過與未精緻加工過的糖，像是砂糖、紅糖和玉米糖漿。未精緻加工過的糖包括了蜂蜜、龍舌蘭蜜和粗糖。所含的熱量則在每茶匙16到22大卡之間。如果妳使用了有熱量的甜味，飲食計畫中請添加一些沒有熱量的食物。

人工甘味

無熱量甜味，代糖可以減低熱量的攝取。最常使用一些代糖包括了阿斯巴甜、醋磺內酯鉀、蔗糖素、甜菊與糖精。孕婦可否食用這些人工甘味呢？

• **阿斯巴甜**：因為可以降低熱量，所以被添加在許多食品與飲料中，銷售時名稱為Nutrasweet 和 Equal。阿斯巴甜是由苯丙胺酸與天門冬氨酸兩種氨基酸組合而成。苯酮尿症患者不能食用阿斯巴甜。妳的飲食中，苯丙胺酸必須很低，否則寶寶會產生副作用。

• **蔗糖素**：是以Splenda為名販賣的，這是由蔗糖製作出來的，很多食品中都有。蔗糖素通過身體時不會被代謝，所以身體不會認為這成分是糖或是碳水化合物，因此熱量就很低。

• **甜菊**：是從甜菊植物的葉所提煉製造的，在美國以外的許多地方已經販賣幾十年了。在美國正式以PureVia 和 Truvia的品名販賣，始於2008年。懷孕期間是否能食用甜菊，可以請教醫師。

• **糖精**：是另一種常添加在飲食及食物中的人工甘味，和過去相比，雖然用量已經減少，但許多食品、飲料及食材中仍有添加。

研究指出，懷孕期間少量食用人工甘味應該是安全的。不過，懷孕期間如果可以避免，最好還是不吃。所吃的食物、所喝的飲料中，盡量不要含非必要的物質成分。

其他須知

傾聽胎兒的心跳

在懷孕的第20週，妳有可能可以透過聽診器聽到胎兒的心跳。在還沒有都卜勒胎心音計來聽胎兒心音，也沒有超音波來看胎兒心跳之前，醫師都是使用聽診器來聽胎兒的心跳。大多數孕婦在感覺到胎動後，一般就容易聽到胎心音了。

由聽診器聽胎兒心音與診所裡聽到的聲音不同，聽診器的音量不大。如果妳從來沒用過聽診器，第一次使用時，確實不容易聽到。不過隨著胎兒逐漸長大，心音會變得愈來愈大聲。如果妳無法由聽診器聽到胎心音，也不用擔心。事實上，即使是經常使用聽診器的醫師，也未必能很輕易的用聽診器找到胎兒心音！

當妳聽到颼颼颼（胎兒的心跳聲）的聲音時，必須能跟一種砰砰砰的聲音（母親的心跳聲），加以區別。胎兒心跳速率很快，通常每分鐘跳120～160下；母親卻只有每分鐘60～80下。如果妳無法分辨，可以請醫師教妳如何分辨。

骨質疏鬆症

骨質疏鬆症是一種骨頭的疾病，也就是骨質的密度流失，骨頭中間的空隙愈來愈大，以致於發生骨質的機率也提高。此病好發於年齡較高的停經後女性，不過，現在年輕女性也有病例出現。

我們相信低卡餐食、過度的運動、不運動與

> **阿嬤的治腳臭秘方**
>
> 不想使用藥物的時候，可以試試民俗療法。如果妳有腳臭的困擾，可以在腳上噴一些止汗劑——既能減少氣味，還能預防皮膚皸裂。

喝大量的低卡汽水是可能的原因。此外，體重過輕、貧血和閉經、抽菸、酗酒都會讓問題更嚴重。

　　年紀輕輕就罹患骨質疏鬆症可能很嚴重。骨頭會變得太過脆弱，所以真的會折斷。在晚年，骨質疏鬆症會非常嚴重。

　　如果妳自認有這方面的問題，請跟醫師說。如果妳有骨質疏鬆症，可能會對妊娠造成影響。

第20週的運動

　　手腳並跪在地板上，手腕要直接置於肩膀下方，膝蓋在臀部下面。背部打直，收縮腹部肌肉，然後將左腿往後伸，高度抬到與臀部同高。這同時，右手往前伸，高度抬到與肩膀同高。保持5秒，然後恢復起始跪姿。另一側依樣重複。每一邊從做4次開始，慢慢鍛鍊，增加到8次。強化臀部肌肉、背肌和腿肌。

懷孕第21週
〔胎兒週數19週〕

寶寶有多大？

本週，胎兒重約300公克，頭頂到臀部的長度約18公分，大小有如一根大香蕉。

妳的體重變化

妳可以在肚臍下方約1公分處摸到子宮。產檢時，當醫師幫妳量子宮大小時，由恥骨連合的位置開始量，長度約21公分。此時，妳的體重約增加4.5～6.3公斤。本週，妳的腰圍已經完全消失了，朋友、親戚，甚至不認識的人，都能夠一眼就看出來妳已經懷孕，要遮掩都遮掩不了。

寶寶的生長及發育

胎兒雖然持續生長，但成長的速度已經減慢了，各個系統也漸漸發育成熟了。

胎兒的消化系統功能已經開始以很簡單的方式在發揮作用了，而寶寶也會吞嚥羊水。研究人員相信，吞嚥羊水是為了幫助消化系統的發育，也調節消化系統，讓寶寶在出生後能開始作用。羊水吞下後，胎兒會吸收大部分的水分，再將不能吸收的物質遠遠推到大腸。藉超音波之助，妳可以看到寶寶吞嚥的模樣。

研究指出，足月的寶寶24小時之內可以吞下多達500毫升的羊水，對寶寶熱量的需求有小小的貢獻，也提供了成長的基本營養素。

胎便

胎便是指寶寶消化系統中沒有消化的東西，大部分是寶寶腸胃道內壁剝落的細胞與吞嚥下去的羊水。

胎便多半從墨綠色到淺棕色，在分娩之前、分娩時或分娩後幾天內，胎兒會將胎便解出。如果在分娩時看見胎便，就意味著胎兒受到了壓迫。

胎兒如果將胎便解在羊水當中，他可能會把這羊水吞嚥下肚。萬一被吸到肺部，會變成肺炎或局部急性肺炎。因此，如果分娩時看見胎便，就必須在寶寶娩出時，立刻用小的抽吸軟管將胎兒口中和喉嚨中的羊水抽出來。

妳的改變

水腫

妳會發現，身體的各個部分都有水腫的情況，特別是小腿和腳，傍晚或晚上會更嚴重。如果妳必須久站，妳會發現，如果白天時候能讓腿部休息，腿部水腫的情況會減輕。

身體開始出現水腫的狀況大約從第 24 週左右開始。有75％的孕婦都有手指、腳踝和腳水腫的情形。如果妳的腳有水腫的問題，穿孕婦專用彈性褲襪可以避免血液積在腳部。

懷孕期間，妳的臉看起來會比較圓，這是因為體重增加、身體也積水，臉部較為浮腫所致。

要盡量控制水腫還是有些辦法可改善的，孕婦按摩就不錯。多吃葡萄乾和香蕉，這兩種食物所含的鉀都很豐富。鉀如果不足，細胞中就會積水，引起水腫。白天多伸展伸展腳和腳踝，保持良好的血液循環。妳也可以踮腳尖，讓血液回流到心臟。坐下來時，將腳趾頭往下按，動作有如踩車子的油門一樣。

腹中的囊腫　　胎兒的身體

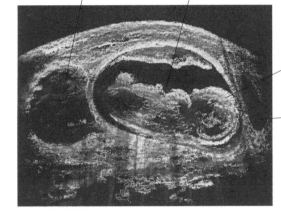

胎兒的頭部

母親的膀胱

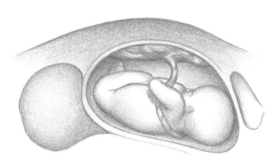

懷孕第21週的胎兒

超音波檢查也常用來偵測問題。在這個超音波圖像中，可以清楚看到這位準媽媽腹中還有一個大囊腫。下方的插圖，將超音波圖像解析得更清楚。

腿部的血凝塊

懷孕時期，腿或鼠蹊部出現血凝塊是一種很嚴重的併發症，症狀包括腿部腫脹，併有患部的疼痛、發紅、發熱等。這種問題名稱很多，包括了靜脈栓塞、血栓性栓塞症、血栓性靜脈炎及下肢深部靜脈栓塞等。靜脈栓塞並不是孕婦的專利，但在懷孕時最容易發生，原因

很可能是因為懷孕時腿部血流速度緩慢，以及凝血機制改變等因素。

造成懷孕婦女腿部靜脈栓塞的主要原因，是血液流動減慢，又稱為血液鬱積。如果懷孕前曾發生血液凝結的現象，不論是腿上或身上其他部位，都應該在懷孕之初立刻告訴醫師。這是非常重要的資訊，醫師一定要盡早知道。

不想發生這個問題，可以採取以下方法，盡量保護自己：運動、不要坐超過兩個鐘頭、不抽菸、腰部或腰部以下不穿緊身衣褲。醫療用彈性褲襪可以預防問題的產生，嚴重的病例則需以肝素（heparin）來治療。

• **表層與深部靜脈栓塞。**表層靜脈栓塞與深部靜脈栓塞狀況是不同的。表層靜脈栓塞是接近皮膚表層的靜脈發生栓塞，這些靜脈妳看得到，也摸得到。這種病情況並不嚴重，使用溫和的止痛藥、抬高腿部、用彈性繃帶包紮患肢、穿上彈性襪、偶而熱敷等都可以治療。

表層靜脈栓塞不會引起肺栓塞。肺栓塞是流入肺部的血液被阻塞，導致肺部無法功能。如果這種狀況無法迅速獲得改善，就必須考慮是否得了深部靜脈栓塞。

深部靜脈栓塞的患者中極少部分是孕婦。雖然此病有嚴重的併發症，但如果及早治療，是可以避免的。如果從前妳就有過血栓的病史，懷孕早期就儘快去看醫生。第一次產檢時就告訴醫師之前血栓的狀況。

深部靜脈栓塞是腿部的大動脈形成了血塊，造成血栓，原因是血流被阻塞，以及懷孕期間凝血方面有改變。深部靜脈栓塞發病可能很快，會造成劇烈疼痛，以及腿與大腿部位的腫脹。

深部靜脈栓塞在下肢的症狀，視血塊產生的部位以及嚴重程度，可能會出現差異。症狀包括了腿部腫脹、抽筋情況愈來愈嚴重，或是單一一隻腿疼痛、腿變色，或紅、或藍、或紫，患肢有熱感。有問題的血管之上的皮膚大多是紅色的。發生血塊的靜脈上方皮膚甚至會出

現紅色的紋路。如果妳有這些症狀，應立刻去看醫師。

如果擠壓或按摩小腿肚，會引起劇痛且無法走路。妳可以檢查是否罹患深部靜脈栓塞：躺下來，將腳指扳向膝蓋，如果小腿肚會痛，就表示罹患了深部靜脈栓塞，而這種情況就稱作霍曼氏徵象。（這類疼痛也可能出現在有紅色紋路的肌肉上或瘀青上）。如果出現這種情況，請去看醫師。

診斷這個問題通常會用超音波。這種檢查大多數的主要醫學中心都有，但並非各級醫院都有。

• **治療深部靜脈栓塞。**治療深部靜脈栓塞時，通常要住院，並使用肝素（heparin）療法。肝素和伊諾肝素鈉（Lovenox，即enoxaparin）都是抗凝血藥物，必須經由靜脈注射給藥，在懷孕期間也能安全使用。

孕婦患者被施以肝素後，必須臥床休息。抬高患肢，熱敷患處。醫師也經常會開溫和的止痛劑給患者。住院期間加上復原期，約需7～10天。出院後，患者仍須繼續接受肝素治療，直到生產。隨著孕程的進展，還要接受抗凝血藥物的治療，時間長達數週，治療時間長短則視血栓的嚴重程度而定。

Warfarin（藥品名Coumadin）是用來治療深部靜脈栓塞的口服藥，但孕婦不適用，因為它會通過胎盤，傷害胎兒。Wafarin通常是產後給服，以避免產生血栓。產後服用的時間，視血栓的嚴重程度而定。

哪些行為會影響胎兒發育？

超音波檢查的安全性

許多婦女會質疑超音波檢查的安全性，但醫學研究人員認為，超音波檢查對孕婦和胎兒都不會造成任何傷害。事實上，多年來研究人員一直在找尋可能產生的問題，但至今並未發現任何證據顯示有問題。

超音波檢查在診斷疾病，以及回答懷孕期間的某些問題上，極具價值。它提供的資訊能幫助醫師和孕婦確診。如果醫師建議做超音波檢查，而妳對超音波仍有疑慮，可以在檢查前先與醫師討論。

飲食障礙

專家相信，孕婦中有高達1%罹患了某種程度的飲食障礙症。這兩種主要的飲食障礙症是神經性厭食症與神經性暴食症。和飲食相關的疾病還包括了限制熱量或食物的攝取、體重強迫症，但這些問題的程度都達不到神經性厭食症或是神經性暴食症的標準。

懷孕期間女性要看出自己體重是否變重比較困難，因為體重增加在懷孕期間本就是正常的事。所以，患有飲食障礙的孕婦要看出自己的體重增加多少就更難了。妳要認真嘗試接受這些多出來的體重，為了自己和寶寶的健康著想，妳必須好好努力。

飲食障礙症在懷孕期間會變得更糟糕。不過，也有孕婦發現自己的飲食障礙症在懷孕期間有所改善。對某些女性來說，懷孕是她們第一次放縱自己體態產生變化的時機。如果妳自認有飲食障礙症，懷孕之前就先治療，因為飲食障礙症會影響到妳和寶寶！懷孕期間，因為飲食障礙引起的相關問題包括了：

- ♥ 體重增加太少。
- ♥ 新生兒體重過低。
- ♥ 流產或胎兒的流產率變高。
- ♥ 子宮內胎兒生長遲滯。
- ♥ 寶寶胎位不正（可能會提早出生）。
- ♥ 準媽媽高血壓。
- ♥ 產後憂鬱症。
- ♥ 先天性畸形。

♥　準媽媽有電解質問題。

♥　血液量減少。

♥　寶寶出生後，五分鐘阿帕嘉新生兒評分表分數過低。

　　就算是必須從母體儲藏的養分中提取，媽媽的身體天生就是為了提供寶寶所需的營養而打造的。舉例來說，如果妳鈣質的攝取量過低，寶寶就會從妳的骨質中提取所需的鈣質，讓妳在日後有骨質疏鬆的風險。

　　醫師通常會建議患有飲食障礙症的孕婦多做幾次產檢，好好監控懷孕的進展。

　　研究人員推測，有飲食障礙症的孕婦在把營養送給胎兒的過程中，有可能有受到干擾，引起問題，所以，醫師會希望密切注意胎兒生長的狀況。醫師也可能開抗憂鬱症藥物來治療飲食障礙症。飲食障礙症患者產後發生產後憂鬱症的風險會提高。如果有飲食障礙症的問題，應儘快跟醫師說。

妳的營養

嗜食症

　　有些孕婦會對某種食物產生莫名的渴望，這種情況也常被解讀為懷孕的徵兆。為什麼孕婦會特別想吃某種食物，原因我們並不很清楚，但相信荷爾蒙以及情緒方面的變化是有影響的。部分專家相信，嗜吃表示身體需要想吃食物中所含的某些營養成分。

第 21 週的小提示

　　提供妳飲食中增加鈣質的一個好辦法，煮飯或燕麥時，以脫脂牛奶代替水。

特別想吃某種食物的渴望有好有壞。如果妳渴望的食物既營養又健康，就可以適量的食用。對身體沒好處的食物，就別吃了。

如果想吃的食物是高脂、高糖或空糖食物，那就要小心了，淺嚐即止，不要放縱自己大吃。可試著以新鮮的水果切片或乳酪來取代。

疲憊的時候，吃什麼東西進肚子也要特別小心，妳可能會特別想吃某些不健康的零食。先吃一些健康的小點心頂替一下吧！看看之後是否還想吃不健康的零食。有些嗜食的情形是出於心理因素，妳可能疲累不堪，情緒又不佳，所以想吃熱巧克力聖代。

當妳特別想吃甜食時，可以吃小番茄或青花菜來解饞。這些食物有降低口腹之慾的效果。用低卡的食物取代高卡食物也是個辦法，例如，吃低脂的布丁、低脂優格冰淇淋或是水果冰沙。如果妳就愛吃某種沒營養的食物，那麼就買一分一分裝的吧！放在冰箱，每次只吃一分。

如果妳有嗜糖的問題，下午時間嚼個無糖口香糖試試看，或是出門去吃妳想吃的東西。如果妳必須出門才吃得到東西，可能就會改變心意不吃。意識到自己無節制的嗜吃高脂肪、高糖分的食物，實際上會讓妳變得更想吃。

孕婦最想吃什麼

研究顯示，有三種食物是孕婦最會想吃的：
· 33%渴望吃巧克力。
· 20%渴望吃甜食。
· 19%渴望吃柑橘類的水果和果汁。

厭食症

和嗜吃症剛好相法的就是厭食症了。懷孕之前妳吃起來完全沒問

題的食物，現在可能會讓妳噁心想吐，這種情況相當常見。和前面一樣，我們相信這和妊娠荷爾蒙有關。當這種情況發生時，荷爾蒙影響到腸胃道，也影響到妳對食物的反應。

如果妳罹患了厭食症，請嘗試以替代性的食物來取得所需的營養。舉例來說，如果不喝牛奶，就喝加鈣的果汁。烹飪肉類讓妳噁心不已嗎？以蛋、豆子或堅果來代替吧！

異食癖——愛吃不是食物的東西

有些女性懷孕期間曾經出現過異食癖，專愛吃不是食物的東西，像是泥土、黏土、漿衣液、粉筆、冰塊、色卡和其他不能吃的東西。孕婦為什麼會變得愛吃這些東西，原因不明。部分專家認為是缺鐵。也有一些專家認為，這是因為該孕婦食物中所含的該類的維生素和礦物質不足，所以身體才會試圖去補充。其他的一些專家則認為異食癖可能是潛在的心理或精神疾病。

異食癖會對胎兒和孕婦都會造成傷害。吃不是食物的東西也會干擾到健康食物中養分的吸收，導致營養不足。

如果妳有異食癖也不必驚慌，馬上去看醫師。他可以訂出一套計畫，跟妳一起對付異食癖。

其他須知

靜脈曲張

靜脈曲張是指皮膚深層的靜脈血管有變大、擴張的現象，原因是靜脈中的血流阻塞、血行不順，而懷孕則使情況更加惡化。妳也可能會發生蜘蛛網型靜脈曲張，這是接近皮膚表層的地方有一小組一小組擴張的血管，最常出現的位置就在臉部和腿部。

大部分的孕婦都有靜脈曲張，只是程度不同而已，而懷孕期間是否會有靜脈曲張似乎與遺傳有關。年齡愈大、或是久站的壓力都是讓靜脈曲張更加惡化的原因。

靜脈曲張通常先從腿部開始，不過陰部和直腸（痔瘡）也可能出現。血行速度的改變，以及子宮的壓迫都會讓問題惡化，引起不適。就大多數的例子來看，隨著孕程的進展，靜脈曲張會變得愈來愈明顯，也更疼痛，而孕婦體重增加，程度會更嚴重（特別是必須久站的孕婦）。

靜脈曲張引起的症狀各不相同。有些孕婦只會在腿上出現青紫或深色的點狀，只稍微不舒服，或甚至完全不會感到不適，唯一例外可能就是晚上。有的孕婦則會有嚴重的靜脈凸起、感覺疼痛，晚上一定要抬高下肢，才能減輕不適。靜脈曲張還會癢。以下的方法可以幫助妳盡量避免靜脈腫大。

♥ 穿上醫療用的彈性長襪，可以請醫師推薦。

♥ 穿著衣物時，不要束縛住膝部或鼠蹊部的血行。

♥ 少站，盡可能側躺或抬高下肢，以協助靜脈血液回流。

♥ 盡量多穿平底鞋。

♥ 坐下時，不要翹二郎腿，以免阻斷血液循環，使靜脈曲張更惡化。

妳選擇的運動種類有可能會讓靜脈曲張的程度惡化。衝擊力高的運動，指的就是臺階有氧運動或慢跑這一類。衝擊力低的運動，如腳踏車、孕婦瑜伽、或使用橢圓機這種健身器材都是不錯的選擇。

下一次懷孕時，靜脈的腫脹情況應該會減少，但已形成靜脈曲張的部位並不會完全恢復。產後如果想治療，可利用雷射治療、注射藥劑以及外科手術（靜脈剝離術）等等。

陰道炎

陰道炎包含了不少病症，會引起惱人的陰道症狀，像是發癢、灼熱感、刺痛感、及分泌物異常。陰道炎中最常見的有細菌性陰道炎、念珠菌陰道炎以及滴蟲病。

• **細菌性陰道炎**。據估計，約有15%的孕婦在懷孕期間患有細菌性陰道炎，這是育齡女性最常見的陰道感染。部分專家認為致病原因可能是灌洗陰道以及交合。安裝子宮內避孕器的女性也比較常得。

引起細菌性陰道炎的原因是陰道中幾種不同細菌的滋生比不平衡，或是生長過度。細菌性陰道炎會造成孕婦的麻煩。

細菌性陰道炎很難診斷，因為正常女性陰道中也有那些細菌。幾乎半數的患者都沒發現任何症狀。而有症狀的人，出現的症狀又和念珠菌感染很像，症狀包括了發癢、陰道有「腥臭」的異味、解尿時疼痛、以及出現灰白色的陰道分泌物。

醫師檢查陰道分泌物中是否有引起細菌性陰道炎的細菌就能檢查出這種病。治療時可使用抗菌劑，選擇的通常是7天的咪唑尼達（metronidazole，Flagyl）。

如果放著不治療，細菌性陰道炎就會造成問題。所以如果妳患了細菌性陰道炎，一定要去治療。

給爸爸的叮嚀

現在就開始想孩子的名字並不算早。有時候，另一半對於孩子要取什麼名字會有完全不同的想法，而市面上可以參考的書也很多。如果你選了一個罕見的名字，字難寫、音也難念會有什麼問題嗎？取名字時要了解名字的含意，這可以幫助你決定。該名字的小名叫什麼？會不會有諧音被亂叫？中國人名字還很喜歡算筆劃，討吉利呢！就算你打算見了寶寶的面再幫他決定名字，但現在就開始想吧！

纖維肌痛

患上這種病，妳可能全身到處都痛，手臂、下背部、肩膀和頸部痛得尤其厲害，手指頭和腳趾頭還會有刺痛感。此外，還可能會出現嚴重的疲憊感、頭痛、睡眠問題、腹部疼痛、以及腸胃道問題。有些患者有焦慮和憂慮的情形。

一般相信纖維肌痛是遺傳性疾病，不過也可能是一直潛伏，直到被創傷激發，如分娩。要診斷出纖維肌痛很難，患者在尋求幫助之前可能已經忍耐很久了。纖維肌痛的患者大多都還伴隨有大腸激躁症或是乳糖不耐症。

• **纖維肌痛與懷孕。**對於纖維肌痛在懷孕的一切，我們所知不多，只知道纖維肌痛不會對胎兒造成傷害。懷孕期間的壓力很高，而肉體與情緒上的壓力正是觸發纖維肌痛的因素。

如果妳有纖維肌痛，第一次產檢就要告訴醫師。懷孕時是不會進行治療的，而所能進行的治療也有限。利瑞卡（Lyrica）是美國食品藥物管制局核准用來治療纖維肌痛的藥物。抗憂鬱症與止痛劑也可能被用來治療症狀。使用任何藥物之前，都要先問過醫師。如果想止痛，乙醯胺酚（例如，普拿疼）在懷孕期間是可以安全使用的。

運動也有舒緩的功效，可以考慮的運動種類有瑜伽、水中運動、皮拉提斯及伸展。按摩療法效果也不錯，請找一位可以安全對孕婦施行按摩、有治療纖維肌痛經驗的按摩師父。每天兩次以蒸汽治療患部也有幫助。沖溫水澡或泡溫水澡是進行蒸汽治療的好方式。

第21週的運動

　　跟凱格爾運動一樣，這個運動什麼地方都能做。或站或坐，深呼吸。吐氣時，把腹部縮起來，就好像要拉上緊身牛仔褲拉鍊的動作。重複6次或8次。強化腹部肌肉。

　　久坐之後，例如在書桌前、車內或飛機上坐太久後，或是當妳必須久站時，可以做這第二個運動。當妳被迫在一個地方久站，單腳稍微往前踏出。將全身重量放在該腳上幾分鐘。換另外一隻腳做同樣的動作。每次都要換腳。伸展腿部肌肉。

第二十二章
懷孕第22週
〔胎兒週數20週〕

寶寶有多大？

本週，胎兒重約350公克，頭頂到臀部的長度約19公分。

妳的體重變化

子宮在肚臍上方約2公分的位置，如果從恥骨算起約22公分。腹部的隆起還不算太大，不會造成太大不便，感覺可能蠻舒服的。妳還能彎下腰，也還可以坐得舒舒服服的，走路還不會太費力，而害喜的日子可能也已經熬過去了。現在可能是整個懷孕期最舒適的日子！

寶寶的生長及發育

妳的寶寶一天一天在長大。胎兒的眼皮甚至眉毛，都已經發育完成，手指甲也看得見了。

胎兒的器官及系統，隨其功能開始分化。例如肝臟，胎兒肝臟的功能與成人不太一樣。以在人體功能上扮演重要角色的酵素（一種化學物質）為例，成人時期，酵素是由肝臟來製造，但在胚胎體內雖然也有這些酵素，含量卻非常少，遠低於出生以後。

肝臟另一個重要的功能，是破壞及處理膽紅素。血球細胞破裂後會產生膽紅素，胎兒的血球生命週期非常短暫，因此，所產生的膽紅素量就比大人多得多。

胎兒的肝臟對處理膽紅素及將膽紅素從血液中移除的能力十分有

限，因此，通常都是將膽紅素透過胎盤傳送到母親的血液中，由母親的肝臟代為排除。如果早產，胎兒肝臟的發育還不成熟，更無法自行排除血液中的膽紅素。足月的胎兒可能有會有這種問題。新生兒體內如果含過多膽紅素，就會發生黃疸。新生兒之所以發生黃疸通常是因為過去在母體中，胎兒的膽紅素是由母親的系統代為處理的，而現在必須由寶寶自行處理，但是肝臟發育的進度還沒趕上。

妳的改變

胎兒纖維結合素──早產評估

要判斷孕婦是否會早產十分困難。早產的許多症狀都和懷孕期間的各種不適症狀類似。不過，現在有一種檢驗可以協助醫師判斷。

胎兒纖維結合素是一種存在於羊膜囊及胚膜的蛋白質，懷孕22週以後，胎兒纖維結合素通常就會消失，直到懷孕38週左右才又出現。

懷孕22週以後（38週之前），如果在孕婦子宮頸及陰道分泌物中，發現胎兒纖維結合素，就表示早產的風險較高。如果沒有，早產的機率相對較低，而該位孕婦未來2週內也不太可能會分娩。胎兒纖維結合素可以用來懷疑是否會早產，準確性高達99%。

這項檢查的方式與子宮頸抹片檢查類似，用一根棉花棒採集陰道上方、子宮頸後的黏液，將棉花棒送回實驗室檢查，24小時內就可以知道結果。

貧血

人體內血球的製造（載送氧氣到全身）與破壞，呈現一種微妙的平衡。當紅血球量過低時，就稱為貧血。如果貧血，表示妳體內的紅血球數目不足。

懷孕時，血液中的血球數目會增加，血漿（血液中液體的部分）

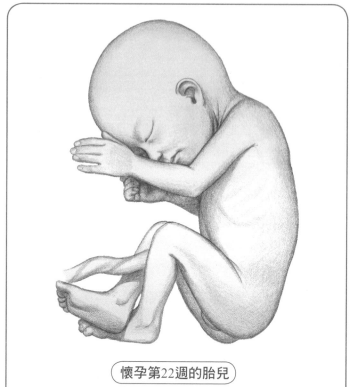

懷孕第22週的胎兒

到了懷孕第22週（胎兒週數：20週），寶寶的眼皮及眉毛已經發育完成，手指甲也長出來，並覆蓋在指尖上。

的量增加得更快。因此，醫師會持續追蹤血液中的血球容積比。血球容積比是計算血液中，紅血球所占的比率。這項檢查通常是在第一次產檢就進行。

此外，也要檢查血紅素含量，血紅素是紅血球細胞中的蛋白質成分。貧血時，紅血球的血球容積比會低於37，血紅素則會低於12。這項檢查在之後的懷孕過程中，還會再檢查一或兩次。如果檢查結果貧血的話，那麼檢查次數還會更多。

　　體溫如果超過38度，請快去看醫師。39度就表示發生細菌感染了。

　　懷孕期間貧血，妳不但人不舒服，還很容易累，而且也會暈眩。進行治療對妳和寶寶都很重要。

　　分娩時，一定會失血。如果接近分娩時，妳還有貧血的現象，分娩後，就可能需要輸血。如果妳有貧血的現象，最好遵照醫囑，攝取適當的飲食及補充鐵劑。

　　• **缺鐵性貧血**　懷孕時最常見的貧血種類，就是缺鐵性貧血，因為懷孕時，寶寶會取走妳體內所儲存的鐵質來製造他的紅血球。如果妳患有缺鐵性貧血，體內所剩的鐵質就更無法製造足夠的紅血球了。所以治療這個問題很重要。

　　大多數孕婦維生素中都含有鐵劑，妳也可以單獨服用鐵劑。如果妳不能服用孕婦維生素，每天就要服用2～3次、每次300～350毫克的硫酸亞鐵或葡萄糖酸亞鐵來補充體內的鐵質。孕婦的補充劑中，鐵劑是最重要的，幾乎所有孕婦都需要補充鐵質。

　　有時候，即使補充鐵劑，有些孕婦還是會罹患缺鐵性貧血。有下列情況的孕婦，容易出現缺鐵性貧血：

　♥　懷孕期間出血。

　♥　多胎妊娠。

　♥　曾做過胃或小腸的手術（容易造成鐵質的吸收量不足）。

　♥　服用制酸劑，影響鐵質吸收。

　♥　飲食習慣不良。

　　治療缺鐵性貧血就是要增加鐵的攝取，鐵劑經由胃腸道吸收的效

果有限，必須每天補充。鐵劑雖然也可以由肌肉注射給藥，但注射部位會很痛，對皮膚也容易造成損傷。服用鐵劑的副作用包括噁心、嘔吐及胃腸不適，出現這些現象時，可以將劑量減輕。此外，服用鐵劑也很容易造成便秘。如果妳實在無法口服鐵劑，只好盡量多吃含礦物質豐富的食物了。肝臟或菠菜，都是很好的選擇。

哪些行為會影響胎兒發育？

腹瀉、著涼

懷孕時，妳也可能會腹瀉、著涼，或是發生病毒感染，如感冒。發生這些情形時，該怎麼辦？

> ♥ 當我覺得不舒服時，該怎麼辦？
>
> ♥ 哪些藥能吃，哪些治療能做？
>
> ♥ 如果我生病了，還要不要繼續吃孕婦維生素？
>
> ♥ 如果我生病了，吃不下東西，該怎麼辦？

懷孕時，如果覺得不舒服，不要猶豫，立刻去看醫師，醫師會告訴妳，哪些藥物可以減輕不適。有時候，雖然只是小小的感冒或流行性感冒，醫師也希望能夠了解妳哪裡不舒服。

有哪些事是能在家自己做的呢？當然有。如果腹瀉或有病毒感染的現象，妳可以增加水分的攝取量。喝很多水、果汁及清湯類（如清雞湯），或吃清淡的流質食物等，都會讓妳覺得比較舒服。茶水中加入一茶匙的的糖，可以增強腸對水分的吸收，而不會只是排出。以流質食物取代固態食物也可以讓妳覺得比較舒服。

幾天飲食不正常，對妳及胎兒不會有大礙，但妳還是需要攝取大量水分。固態飲食可能會造成消化不良，也容易使腹瀉更嚴重，而乳

製品也會讓腹瀉惡化。如果腹瀉超過24小時還未改善，最好去看醫師，並請醫師開孕婦能服用的止瀉藥。

生病時，幾天沒吃孕婦維生素沒關係。不過，開始有胃口後就要繼續服用。

不要亂吃未經醫師許可的成藥。病毒感染所引起的腹瀉，通常短時間內就會恢復，不會持續太久。不過，最好還是請假在家臥床休息，直到病情好轉。

阿嬤的抗過敏秘方

如果妳有過敏症，試試看妳們當地生產的蜂蜜。由妳們本地蜜蜂所產出的蜂蜜含有微量的當地花粉，而這些花粉可能正是造成妳打噴嚏、流鼻水的元兇。每天少量食用就有點像是打抗過敏針，可以幫助妳提高對花粉的耐受度。先從每日1/4茶匙的量開始，慢慢增加到每日兩茶匙。

妳的營養

懷孕時，妳需要喝很多水——喝非常非常多！水分在許多方面都很能幫助妳。懷孕時如果能喝比平常更多的水，懷孕過程可能會覺得更舒適。

沒喝水，妳就會脫水。脫水了，人就更累。脫水的時候，寶寶從妳身上能夠獲得的養分就會減少。妳的血液變得濃稠，讓傳輸養分到寶寶的工作難度變高。脫水也會增加妳身體的風險。

我們身體的含水量約在38～45公升之間。研究顯示，身體每燃燒15卡熱量，就需要1湯匙水分。如果每天要消耗2000卡熱量的話，至少要喝約2300cc的水！懷孕時，妳對熱量的需求增加，對水分的需求同樣也會增加。

新的懷孕指南建議孕婦每天應該喝2900cc的流質。這個攝取量中水至少應該有1400cc。食物中的水分大約可達570cc。剩下的880cc 則應

來自於牛奶、果汁、以及其他飲料。

• **孕婦白天應該隨時喝水和其他流質。**這樣晚上可以減少水分攝取量，就不必常常在夜裡起床跑廁所了。

• **含咖啡因飲料的攝取量應該盡量少一點。**茶、咖啡和可樂都含有鈉和咖啡因，這些都有利尿作用，基本上會增加妳對水的需求。。

• **有些孕婦會出現的問題在喝水後都能有所改善。**大量喝水後，頭痛、解尿不適、及膀胱感染等問題症狀都會減輕。

妳可以藉由觀察尿液，檢視水分攝取是否足夠。如果尿液呈淡黃色到透明，表示水分足夠；如果呈深黃色，表示妳必須增加水分的攝取。不要等到口渴才喝水，因為這時體內的水分至少已損失1%。

飲用水

建議喝以自來水煮過的開水。自來水裡面會含有瓶裝水已經去除的礦物質。

如果妳是一位活動力很旺盛的人，健康加味水對妳就有益處。詳細資料，可以請教醫師。

• **被氯的副產品所污染的飲水，不可以生飲。** 為了消毒，水中常會添加氯。當氯被加到含有有機物體的水中時，如農場的草地，就會形成（對孕婦）不健康的化合物，如三氯甲烷。對水質有疑慮，請撥打妳們當地的自來水公司。

• **不要以為罐裝水就一定比自來水好。** 一項研究指出，罐裝水100個牌子中，有接近35%受到化學物質或細菌的汙染。不過，自來水處供應的水，水質必須達到一個標準才能送出。此外，一些罐裝水還含有糖、咖啡因和／或花草茶的成分在裡面。

其他須知

盲腸炎

任何時候都可能罹患盲腸炎，即使懷孕期間也不例外。懷孕期間，急性盲腸炎是孕婦最常見、需要手術的病症。

但懷孕會讓盲腸炎的診斷更加困難，因為噁心、嘔吐等盲腸炎的症狀，與懷孕症狀類似。右下腹部的疼痛也可能是因為圓韌帶痛，或是泌尿道發炎感染。而變大的子宮會將盲腸往上、往外推擠，因此，疼痛的部位及觸痛的位置與一般人不同，是診斷困難的另一個原因。請參見第290頁的插圖。

• **治療盲腸炎，** 唯有立刻開刀一途。盲腸手術是重大的腹部手術，切口從七、八公分到十幾公分，需要住院幾天。腹腔鏡手術的切口較小，可以用於某些情況，但是因為孕婦的子宮變大許多，使得手術的困難度相對增加。

如果發炎的盲腸破了，容易併發嚴重的後遺症。因此，大多數醫師認為，與其冒著盲腸破裂、污染整個腹腔的危險，不如在未破裂時將它割除。手術後可能還需要以抗生素治療，不過這些抗生素對孕婦及胎兒並無危害。

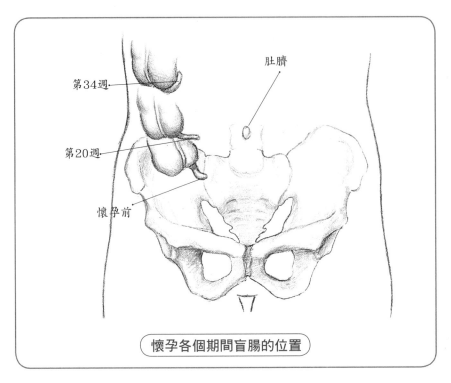

第34週

第20週

懷孕前

肚臍

懷孕各個期間盲腸的位置

鐮刀型紅血球貧血

　　鐮刀型紅血球貧血是遺傳性疾病。正常情況下的紅血球，形狀是圓形的、有彈性，可以輕易的在血管中走動。而鐮刀型紅血球貧血症患者的紅血球會變硬，在顯微鏡下呈現C型，像是農田裡用的鐮刀，故名鐮刀型。

　　這些紅血球比較硬，在微血管中容易塞住，之後便會阻斷對附近組織的血液供應，引起劇烈疼痛（稱為鐮刀型細胞痛），會傷及器官。這種異常的紅血球細胞死亡和分解都比正常紅血球細胞來得快，所以才導致貧血。

　　兩個有鐮刀型貧血遺傳基因的人有孩子時，孩子遺傳到兩個鐮刀型貧血基因的機率有1/4（雙親各提供一個），這種情況，這個孩子就會帶病。

• **懷孕與鐮刀型貧血**。罹患鐮刀型貧血的孕婦還是可以平安懷孕的。不過，如果孕婦有這個病症，懷孕期間發生問題，影響到自己和孩子健康的機會還是比較高的。

懷孕期間，此病的症狀會加劇，鐮刀型血球危象這種劇痛出現的次數也會變多。妳需要盡早做產前照護，整個孕程也必須更加小心監控。

驗血可以檢查出是否具有鐮刀型貧血遺傳的特性。產前檢查也能發現胎兒是否帶病，或有此病的基因。現在大多數有鐮刀型貧血的孩子都是在做新生兒篩檢時被驗出的。

> ## 第22週的小提示
>
> 懷孕時，體內的血液容積量會大量增加，因此，需要補充大量水分。當尿液呈現近乎透明的顏色時，所補充的水分大致就足夠了。

地中海型貧血

地中海型貧血也稱作重型海洋性貧血或庫利氏貧血，不是單一一種疾病，而是許多不同類型貧血的綜合症。

地中海型貧血的基因特質在全世界人種中都有。地中海型貧血在台灣是一種常見的遺傳性疾病，根據衛生署在2010年的統計，估計全人口中有6%是隱性的帶因者，而患病人數則約有140萬人，但是多屬於輕型的甲型患者。

地中海型貧血有兩種類型：甲型地中海型貧血與乙型地中海型貧血，屬於哪一種就看紅血球中缺乏的是哪一類型的帶氧蛋白質（血紅素）。大部分的人都是罹患輕型的甲型，而乙型患者的症狀則從完全沒症狀到非常嚴重。

地中海型貧血的帶因者有一個正常基因與一個地中海型貧血基因，這樣的人稱為地中海型貧血的帶因者。大部分的帶因者過的是完

全正常、健康的生活。

　　當兩個帶因者有了孩子，孩子有1/4的機率會帶病，1/2的機率會和父母親一樣是個帶因者，而有1/4一是完全沒有地中海型貧血的基因。當父母親都是帶因者時，每一次懷孕，孩子得病的機會都是一樣的。

　　許多檢驗都能驗出一個人是否為地中海型貧血的帶因者。絨毛膜取樣與羊膜穿刺術也都可以檢查出胎兒是否帶有地中海型貧血遺傳基因。早期診斷非常重要，因為治療可以在孩子一出生就開始，避免日後可能產生的許多併發症。

　　地中海型貧血的帶因者通常不會有健康上的問題，不過，女性的帶因者在懷孕期間比較容易產生貧血。醫師可以幫孕婦補充葉酸來治療。

　　大多數地中海型貧血的孩子出生時都是健康的，不過一、兩年之間就會開始出現問題。這些孩子生長遲緩，而且常有黃疸的現象。地中海型貧血的治療方式有經常性輸血，給予抗生素。如果孩子能透過輸血，讓血紅素濃度接近正常，地中海型貧血的許多併發症是可以避免的。

吃黑巧克力

　　吃黑巧克力（可可含量高於70%）對妳的身體有好處。每日吃30公克的黑巧克力可以降低血壓與貧血發生的風險。巧克力可以幫助妳放鬆，並擴張血管、降低血壓。黑巧克力中含有抗氧化劑，對身體很健康。選擇黑巧克力時，請記住以下原則：

・巧克力中可可的含量應該有70% 或更高。

・每天的攝取量不要超過85公克。

・用黑巧克力來取代其他甜食。

第22週的運動

　　左面側躺在沙發上,左腿彎曲。左手臂彎曲,放在頭部下面。把右腳放到地上,腿要打直。維持10秒,然後將打直的腳抬高成45度角,維持5秒。每一隻腳都完整的重複5次。放鬆坐骨神經、強化臀部和上臀部肌肉。

23 week 第二十三章

懷孕第23週
〔胎兒週數21週〕

寶寶有多大？

本週，胎兒已重約455公克了！頭頂到臀部的長度約20公分，大小有如一個小洋娃娃。

妳的體重變化

子宮已經擴展到臍下約3.75公分的位置（恥骨連合上方約23公分）。現在，妳體重的增加應該在5.5到6.8公斤之間。

寶寶的生長及發育

寶寶的身體愈來愈圓滾滾，但是皮膚仍然皺巴巴的。這個階段，寶寶身上的胎毛有些會開始變黑，臉和身體外觀與出生時嬰兒的模樣更像了。胎兒的胰臟在胰島素的製造上，占有重要地位。胰島素是人體分解及利用糖類時，最重要的荷爾蒙。當胎兒曝露在準媽媽高血糖的環境時，胰臟就會被血液中高含量的胰島素所刺激而開始有反應，分泌出胰島素。懷孕第9週，胎兒的胰臟就曾被發現開始分泌胰島素了，而早至懷孕12週時，胎兒的血液就可能出現胰島素了。

糖尿病母親產下的寶寶，血液中胰島素的含量都偏高，因此醫師會特別注意妳是否有妊娠糖尿病。

雙胞胎輸血症候群

雙胞胎輸血症候群只發生於同卵雙生，一起共用胎盤的雙胞胎。

這個症候群也稱為慢性雙胞胎間輸血症候群，發病時的嚴重程度從輕微到嚴重都有可能，而且懷孕任何時間都可能發生，甚至出生時。

雙胞胎輸血症候群是無法事先防範的。現在的醫學認為，這個病症在同卵雙生、共用胎盤的雙胞胎上發生的比例大約5%至10%。各自有胎盤的雙胞胎則不會出現這個問題。

雙胞胎輸血症候群的雙胞胎也共用部分的血液循環，所以輸血給其中一人，血液會到第二人，這樣一來，其中一個就會又小、又貧血。而這個胎兒身體反應的方式就是將供應給許多器官的部分血液關閉，尤其是腎臟，因而導致尿液輸出減少、羊水也減少。

另一個雙胞胎體型就會很大，血液負載過量、產生過多的尿液、讓自己被大量的羊水包圍。因為接受血液的這個雙胞胎收到的血液量多，排出的尿多，所以羊水就多。它的血液變得濃稠，很難流遍全身，可能會引起心臟衰竭。

• **雙胞胎輸血症候群會有哪些症狀？**醫師會檢查是否有以下的症狀：肚子在兩、三週之間迅速變大，原因是因為羊水在雙胞胎的接受方中迅速累積，可能導致早產，以及／或是羊膜提早破裂。如果雙胞胎中之一以懷孕週期來看，體型過小，而另外一個又過大，可能意味著發生雙胞胎輸血症候群了。此外，如果利用超音波檢查時，發現有以下情況，醫師也可能會懷疑是否發生了雙胞胎輸血症候群。

給爸爸的叮嚀

你也有懷孕症候群嗎？研究顯示，比例高達50%的準爸爸在另一半懷孕時，身體也會出現懷孕症候群。

在英文，男性的這種狀況用的是法文中的「Couvade」來形容，意思是孵蛋。孕爸爸的症狀包括了噁心、體重增加、嗜吃某些特定的食物等等。

- ♥ 同性別的雙胞胎，體型差異過大。
- ♥ 兩人羊水袋的大小有差異。
- ♥ 臍帶大小有差異。
- ♥ 一個胎盤。
- ♥ 兩個胎兒中，任何一個的皮膚有出現羊水累積的證據。
- ♥ 兩個胎兒中的接受方出現充血性心臟衰竭的跡象。

至於雙胞胎輸血症候群的診斷與治療，如果出現下列情形，一定要告訴妳的醫師，特別是妳如果知道自己懷的是雙胞胎。

- ♥ 子宮增長非常迅速。
- ♥ 肚子痛、緊繃或收縮。
- ♥ 體重突然之間急增。
- ♥ 懷孕初期，手腳浮腫。

雙胞胎輸血症候群也可以在進行超音波檢查子宮時，檢查出來。了解雙胞胎是否共用一個胎盤是很重要的，而時間最好在懷孕初期時，因為從懷孕中期開始，要知道兩個胎兒是否共用一個胎盤就比較困難了。

如果雙胞胎輸血症候群情況很輕微，或是用超音波也看不出來，出生時從雙胞胎的外觀上也可判斷出來。產後新生兒的血液常規檢查也會顯示，雙胞胎中一人有貧血，另外一人紅血球過多。

如果懷孕時診斷出有雙胞胎輸血症候群，雙胞胎輸血症候群基因會建議該名孕婦從懷孕的第16週起，每週都要照超音波，密切監視雙胞胎輸血症候群的情況，直到分娩。

• **雙胞胎輸血症候群的治療。**雙胞胎輸血症候群最常採用的治療方式就是抽羊水，也就是從雙胞胎中體型較大一方的羊水袋中抽取羊

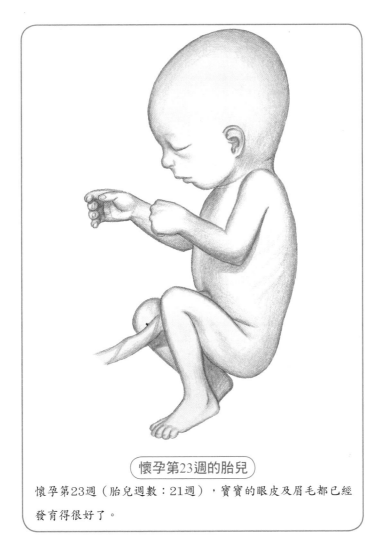

懷孕第23週的胎兒

懷孕第23週（胎兒週數：21週），寶寶的眼皮及眉毛都已經
發育得很好了。

水。抽羊水是以針頭插入母親的腹部，將羊水抽出。需要的話，這個
程序必須一再重複。

另一個方式則在兩個羊水袋間打洞，平衡兩個袋中羊水的量。無
論採用哪種方式，都可以中止雙胞胎間輸血的情形。

有些雙胞胎輸血症候群病例對抽羊水的方式沒有反應。這時就會

使用小型的雷射手術來封住雙胞胎共用的部分或全部血管。不過，這種手術必須在胎兒還在子宮中時進行，而且併發症可能很嚴重。懷孕期間，通常只要採用其中一種程序就可以了，在懷孕第26週以前施行，成功率最高。

最保守的治療方式就是觀察等待。懷孕期間密切的進行超音波檢查來監控。如果有醫療上的需要，還可以採用剖腹產來將雙胞胎分娩出來。

患有雙胞胎輸血症候群的新生兒出生時可能健康情況危急，需要住進新生兒加護病房來治療。雙胞胎中體型小的要治療貧血，體型大的則要治療紅血球過多與黃疸。

妳的改變

從本週以後的每次產檢，醫師都會測量妳的子宮大小。醫師會利用測量尺或自己的手指指幅來測量。寶寶愈來愈大以後，醫師每次都會檢查從上次產檢以後，子宮大了多少。只要在一定幅度裡面，子宮大小的改變都是寶寶健康成長的跡象。

每次產檢，醫師也會幫妳測量體重和血壓，觀察妳體重增加的變化，以及子宮的大小，而檢查重要的是看有沒有繼續成長與改變。

水分的流失

子宮愈來愈大，也愈來愈重。懷孕之初，子宮位於膀胱的正後方、直腸及結腸的前方。等到懷孕後期，子宮就移到膀胱的正上方。隨著子宮的長大，會對膀胱造成壓力。這時，妳可能會注意到，內褲常會微濕。

不過，羊膜破裂時，羊水會大量而持續的從陰道湧出。一旦發生這種情況，一定要立刻上醫院！

情緒變化

妳會不會覺得自己的情緒起伏很大？脾氣不好？動不動就哭？妳是否以為這種容易失控的情況，會永遠持續下去？其實不必擔心，孕婦都會出現這種現象。大多數的專家們都認為，這是因為懷孕期間，荷爾蒙變化所導致。

發生這類情緒問題時，妳能做的實在有限。如果妳覺得另一半或其他人會被妳突如其來的情緒所影響，不妨解釋給他們聽，這種情形對孕婦來說很常見的，希望他們能夠諒解及體諒。然後，盡量放鬆心情，不要沮喪，因為孕婦來就比較多愁善感。

> 上超市購物時，選些健康又方便食用的食品，像是低鈉的罐裝蔬菜、冷凍水果和蔬菜、純天然的蘋果泥或大蒜泥、即食的糙米、速食燕麥、全麥的玉米餅和口袋麵包、低脂的鄉村乳酪和優格。

哪些行為會影響胎兒發育？

糖尿病孕婦

糖尿病是懷孕最常見的併發症之一，發生率大約佔所有妊娠的7至8%之間。

糖尿病是血液中缺乏足夠的胰島素，以致無法分解糖類並將其運送到身體各處。胰島素不足，血液中的血糖值會升高，尿液也會含有大量糖分。

在使用了胰島素，並發展出許多監視胎兒的方式後，嚴重的糖尿病患者已經少見了。懷孕期間罹患糖尿病的女性之中，有10％是第一

型和第二型的糖尿病，其他90%則是妊娠糖尿病。

第一型糖尿病身體會停止製造胰島素，而第二型則是身體無法有效使用胰島素。第二型糖尿病在孕婦中愈來愈常見。無論是哪種類型，孕婦體內循環的血糖都太高。

懷孕期間有高血糖問題的女性在往後的日子裡，比較可能罹患糖尿病。糖尿病的症狀包括了頻尿、視力模糊、體重減輕、暈眩以及常常感到飢餓。

部分專家建議在懷孕初期間，對所有有糖尿病風險的孕婦進行篩檢，而其他專家則建議，在第28週對所有孕婦進行檢查。最常採用的檢查方式就是葡萄糖耐受性試驗以及飯後一小時血糖檢查。

如果妳或妳的家人有糖尿病，請告訴醫師，這是非常重要的資訊。

• **糖尿病與懷孕。**懷孕期間，糖尿病會造成很多問題，發生產後憂鬱症的機率也會加倍。先天性畸形的情況很常見，早至上次月經之後5到8週就可能發生。有糖尿病的孕婦，懷巨嬰的機率會提高，可能需要採取剖腹產。

糖尿病會造成腎臟方面的病變、眼睛的病變，以及血液及血管方面的病變（如動脈粥狀硬化或心肌梗塞，即心臟病發作）等嚴重的疾病。這些情形，對妳及寶寶都是非常嚴重的傷害。

懷孕期間，糖尿病若沒有好好控制，對胎兒會造成較大的風險。糖尿病控制不佳的孕婦，產下有心臟問題或神經管缺損孩子的機率會提高三到四倍。

要維持穩定血糖濃度的方式之一就是絕對不要過餐不食、要有充分的運動。經常運動可以保持血糖濃度，降低對藥物的需求。

懷孕期間控制糖尿病最安全的方式就是使用胰島素。如果妳已經在服用胰島素，那麼服用的劑量或時間，可能需要進行調整。妳每天也必須檢查血糖濃度4到8次。妳的飲食計畫必須均衡，胰島素是否均

衡也一定要時時注意，血糖濃度才不會爬得太高。懷孕期間不要使用長效型的胰島素，多吃葉酸也有幫助。

　　有部分孕婦在懷孕期間會吃糖尿病藥丸；有些口服抗糖尿病藥物對發育中的胎兒可能會造成問題。懷孕期間，有些口服藥物是糖尿病孕婦可以安全服用的，只是必須調整口服藥的劑量，並可能要和胰島素針劑交互使用。

　　告訴醫師，請他幫寶寶的心臟照超音波。有一種特殊的超音波稱為「胎兒超聲波心動圖」，可以照出寶寶是否有問題。有一些嬰兒在出生後很快就需要進行手術。

　　如果妳罹患了第一型糖尿病，開始泌乳的時間會延後。妳必須好好刺激乳房，才能讓乳汁正常分泌。

妊娠糖尿病

　　有些婦女，只有在懷孕期間才會出現糖尿病，稱為妊娠糖尿病。妊娠糖尿病發生的原因是懷孕荷爾蒙影響到身體製造或使用胰島素的方式，而胰島素則是將食物中的糖類轉化成身體熱量的荷爾蒙。

　　如果身體沒能製造足夠的胰島素，或是使用的方式不適當，血中的糖分就會升高到無法接受的程度。這種情況就稱為高血糖，代表妳血液中的糖分太高了。有少數的情況則是由胎盤製造的荷爾蒙改變了胰島素的作用，因而發生了妊娠荷爾蒙。會影響到血糖濃度的原因還有幾個，其中包括了壓力、時間性（每天早上血糖值比較高）、運動量，以及飲食中的碳水化合物量。

　　約有10％的孕婦會罹患這種糖尿病，孕期結束，糖尿病的症狀就會消失並恢復正常。但出現妊娠糖尿病的婦女再懷孕時，幾乎有90％會再度出現妊娠糖尿病。而且，部分罹患妊娠糖尿病的女性十年內會再罹患第二型糖尿病。而妳保護自己的最佳方式就是嚴格遵守醫師建議妳的體重增加範圍，不要超過。

我們認為妊娠糖尿病會發生有兩個原因。一是，母體在懷孕期間產生的胰島素較少；二是母體無法有效運用胰島素；這兩種狀況都會導致血糖濃度升高。罹患妊娠糖尿病的風險因子有：

- ♥ 年過三十。
- ♥ 肥胖症。
- ♥ 糖尿病家族病史。
- ♥ 前次懷孕發生妊娠糖尿病。
- ♥ 上次懷孕生的孩子體重超過4300公克。
- ♥ 上一次死產。
- ♥ 黑人／非裔美國人、拉丁裔／西班牙裔、亞裔、美國原住民或太平洋群島島民。

孕婦自己當初出生時的體重也是後來是否容易患上妊娠糖尿病的一個指標。一項研究指出，出生時體重屬於倒數10%的女性，懷孕期間罹患妊娠糖尿病的機率會高出三、四倍。

・**妊娠糖尿病的症狀與治療。**好好控制妊娠糖尿病很重要。如果放任妊娠糖尿病不加以治療，對妳自己和寶寶，都可能產生嚴重的後果。妳們兩人都將會曝露在高濃度的血糖中，對誰都不健康。妳還可能出現羊水過多的情形，導致子宮過度膨脹而早產。妊娠糖尿病的症狀包括了：

♥ 視力模糊。	♥ 頻尿。
♥ 手腳發麻。	♥ 皮膚上的瘡好得很慢。
♥ 口乾舌燥。	♥ 過度疲勞。

妊娠糖尿病會讓其他疾病發生的風險提高。如果妳的血糖高，

懷孕期間被感染的機會比較高，也可能出現牙齦疾病，這是因為妳對胰島素的抗性提高了。

專家認為有妊娠糖尿病的孕婦會提供太多養分給胎兒，造成他出生後儲藏太多脂肪在身上。治療妊娠糖尿病可以降低寶寶日後發生肥胖症的機會。妳也可能因為寶寶體型太大，而讓陣痛的時間拉長。有時，寶寶大到無法通過產道，必須採取剖腹產。

治療妊娠糖尿病是經常運動和增加水分的攝取。飲食則是處理妊娠糖尿病最基本的項目。

醫師或許會建議妳每日六餐，總共2000到2500卡熱量，也可能引薦妳去找營養師。研究顯示，接受飲食諮詢、血糖監控、以及胰島素治療（需要時）的孕婦比只接受例行產前照護的孕婦，對妊娠糖尿病的控制更好。

低脂高纖的飲食可以降低妳發生妊娠糖尿病的機會。如果妳的維生素攝取量太低，發生妊娠糖尿病的風險也會提高。

需要以藥物來治療妊娠糖尿病時，胰島素是首選。某些病例會使用口服藥物，例如以glyburide或Metformin來治療。

妳的營養

• **懷孕時，要特別注意鈉的攝取**。攝取過多，會使妳體內的水分滯留，造成水腫及腫脹。話雖如此，妳每天還是需要攝取一些鈉，才能幫助處理每日增加的血液量。鈉的攝取量，每日設定在1500到2300毫克即可。

吃些鉀質含量豐富的食物，如葡萄乾和香蕉，因為鉀質有助於鈉迅速的排出。鈉及鹽分含量高的食物，最好盡量避免，如加鹽的堅果、洋芋片、醃漬食品、罐裝食品及過度加工的食品。

吃東西前要詳讀食物上的標籤。標籤上會標示出每分食物的鈉含量。但也有些食物裡含有不少鈉，卻沒有特別標示出來，例如速食，

妳要特別小心這一類食
物。當妳知道一個漢堡裡
面含有多少鈉時，一定會
嚇一大跳。

　　下面將常見的食物及
所含的鈉含量一一表列，

第 23 週小提示

　　鈉的攝取量每天保持在 2
公克（2000mg）或更少，可以
幫助妳減少體內的積水。

妳會發現，不是只有吃起來鹹的食物才含鈉。吃東西前，一定要仔細
閱讀標籤，並多收集資訊，了解食物內各種營養成分及含量再吃。

各種食物的鈉含量

食物	每分的量	鈉含量 （毫克mg）
美式起士	1 片	322
蘆筍	一罐（約430公克）	970
大麥克堡	1 個	963
可樂	225公克	16
鄉村乳酪	1 杯	580
比目魚	85公克	201
甜果凍	85公克	270
醃燻火腿	85公克	770
綠色哈密瓜	1/2 個	90
利馬豆	240 公克	1070
龍蝦	1 杯	305
燕麥	1 杯	523
洋芋片	20 片	400
鹽	1 茶匙	1938

其他須知

尿液中出現糖分

尿液中的糖分稱為尿糖，這在懷孕期間是很常見的，尤其在懷孕中期和末期中。尿糖發生的原因是因為妳體內血糖的濃度產生了變化，而腎臟處理糖分的方式也因懷孕而有所改變，這兩項控制了妳體內的糖含量。當體內糖分過多，就會藉由尿液排出。

未罹患糖尿病的孕婦，在尿液當中出現少許糖分，是很常見的現象，主要是因為體內的糖分增加了，而腎臟無法完善處理這些多餘的糖分，就會將多餘的糖分由尿液中排出。尿液出現糖分時，稱為糖尿（亦稱尿糖）。

多數醫師會在懷孕的第六個月末左右，檢查孕婦的血糖。當孕婦有糖尿病家族史時，這項檢查就特別重要。一般用來診斷是否患有糖尿病的血液檢查有：空腹血糖檢查及葡萄糖耐受性試驗。

如果要做空腹血糖檢查，抽血前一天晚上妳可以正常吃晚餐。第二天早上，妳必須先到醫院抽完血，才可以吃東西及喝水。如果檢查結果正常，就不太可能罹患糖尿病。如果血糖值異常（高於正常），就必須再做進一步檢查。

進一步的檢查，就是葡萄糖耐受性試驗。在做葡萄糖耐量試驗時也是一樣，前一晚晚餐後必須開始禁食。第二天早上到了檢驗科後，妳會被要求服下含有定量糖分的糖水。

在喝下糖水前，會先抽血一次，檢查空腹的血糖，然後喝下糖水。喝完糖水以後，通常是30分鐘、1個小時、2個小時、甚至第3個小時，都必須各抽血一次檢查血糖的含量。如果檢查結果需要接受治療，醫師會幫妳訂出一套療程。

❦青少女懷孕

青少女懷孕對準媽媽來說是很困難的，理由有很多。許多青少女孕婦一直都沒去做產檢，直到懷孕中期間。很多青少女準媽媽飲食習慣不良，而且通常不吃產婦維生素。大部分的青少女準媽媽懷孕期間還繼續飲酒、吸毒，並／或吸菸。事實上，青少女準媽媽的抽菸率是孕婦之冠。

研究顯示，青少女懷孕時體重通常是過輕的，而且懷孕期間增加的體重也通常是不足的，導致新生兒體重過低。青少女媽媽也比較可能生下早產兒。其他的問題還有貧血、高血壓及憂鬱症。

懷孕的青少女如果能注意下列的事情，就是幫了自己和寶寶一個大忙：

♥ 飲食健康。夠增加醫師所建議增加的適當體重。

♥ 不抽菸、不喝酒、遠離毒品。

♥ 盡早去做產檢，且全部的產檢都要去。

♥ 有任何健康問題，要立刻說出來，例如，性病。

♥ 處理問題時，遵守醫師的建議。

♥ 除非醫師要求，否則所有處方藥和成藥都不要吃。

♥ 有需要時，開口要求協助。

第23週的運動

坐在椅子前緣，雙腳放在地上。肩膀放鬆，手臂彎曲，高舉過頭，背部打直，一隻腳往前伸的時候，保持縮腹。將腳抬高，舉離地面約25公分，但只能用大腿肌肉的力量。保持姿勢，從1數到5，然後慢慢把腳放下。每隻腳重複10次。加強大腿內側、髖部，以及臀部肌肉。

第二十四章
懷孕第24週
〔胎兒週數22週〕

24
week

寶寶有多大？

本週，胎兒重約540公克，頭頂到臀部的長度約為21公分。

妳的體重變化

子宮現在約在肚臍上3.8～5.1公分的位置，從恥骨連合上量起，約有24公分。

寶寶的生長及發育

胎兒正在長胖中，臉跟身體的樣子，和出生時嬰兒的模樣更像了。不過，體重還不到500公克，個頭仍然很小。

寶寶在羊水袋（羊膜囊）的羊水中生長。羊水有幾個重要的功能，能提供寶寶一個輕易活動的環境，也有緩衝的作用，避免胎兒受到衝擊受傷。羊水還能調節溫度。分析羊水，可了解寶寶的健康狀況及成熟度。

羊水增加的速度很快，從懷孕12週時的約50毫升，迅速增加到懷孕中期約400毫升。羊水的量還會繼續增加，直到接近預產期。到了懷孕的36～38週，羊水的量已增加到了極限，約為1公升左右。

羊水的成分，會隨著孕期期間不同而有所變化。在懷孕前半期，羊水成分與母親不含血球的血漿類似，但蛋白質含量少很多。隨著孕程的推進，胎兒尿液會加到現有的羊水中去。此外，羊水裡還含有舊的胎兒血球細胞、胎毛及胎脂等。

在孕期的大部分時間，胎兒會吞嚥羊水。如果胎兒無法吞嚥羊水，就會使母親子宮裡的羊水量過多，稱為羊水過多。如果胎兒吞下羊水，但無法變成尿液解出（如胎兒先天缺少腎臟），圍繞在胎兒身邊的羊水就可能會變得非常少，這種情形就是羊水過少。

妳的改變

鼻塞或流鼻血

有些孕婦會抱怨懷孕期間鼻塞，或經常會流鼻血。有些專家認為，這是懷孕期荷爾蒙變化，血液循環跟著改變所造成。荷爾蒙的改變，會使鼻黏膜和鼻腔腫脹，容易出血。

懷孕期間，還是有些解充血劑或鼻腔噴劑藥物是可以安全使用的。包括氯苯那敏（chlorpheniramine，品名Chlor-Trimeton）解充血劑以及鹽酸羥甲唑（oxymetazoline，品名Afrin、Dristan 長效型）鼻內噴劑。開始使用前，請先徵詢醫師的意見。

冬天較冷的日子裡，暖氣設備可能會讓空氣太乾燥，妳可以使用加濕器，改善情況。有些孕婦在增加水分的攝取以及在鼻內擦溫和的潤滑液，如凡士林後，情形就能獲得紓解。

憂鬱症

如果妳有嚴重的憂鬱病史，懷孕期間出現憂鬱症的機率就會增加。如果妳在懷孕之前就在治療憂鬱症，那麼懷孕後繼續治療很重要。如果妳正在服用抗憂鬱症藥物，除非醫師要妳停藥，否則不要停止。研究顯示，懷孕期間停止服用抗憂鬱症藥物的女性，70%在懷孕時會轉成憂鬱症。停藥也會讓壓力荷爾蒙提高，讓妳懷孕期間發生其他問題的機率升高。妳和寶寶因為憂鬱症產生的風險會高過停止抗憂鬱症藥物的風險。我們都知道，不使用藥物治療，要處理憂鬱症是

很困難的。懷孕期間也能安全服用的藥物包括百憂解（fluoxetine，品名Prozac）、解憂喜（citalopram）和立普能（escitalopram，品名Lexapro）。懷孕會影響身體使用鋰的能力，如果妳服用血清素再吸收抑制劑（SSRI）這一類的藥物，懷孕末期間，如果要維持情緒的正常穩定，劑量可能必須再提高。

懷孕期間使用Paxil這種抗憂鬱症藥物的安全性持續受到質疑。研究顯示，在懷孕初期間使用該藥與心臟病風險提高有關連。無論如

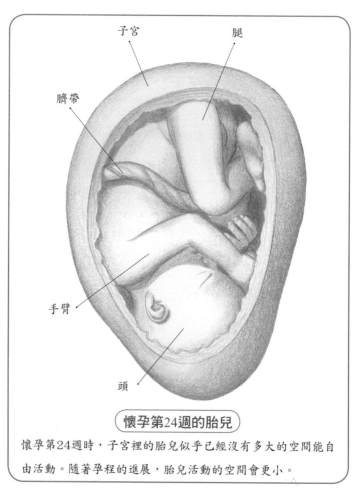

子宮　腿

臍帶

手臂

頭

懷孕第24週的胎兒

懷孕第24週時，子宮裡的胎兒似乎已經沒有多大的空間能自由活動。隨著孕程的進展，胎兒活動的空間會更小。

何，在未諮詢過醫師之前，切勿擅自停止服用抗憂鬱症藥物。

如果妳覺得憂鬱，妳體內的維生素D濃度可能偏低，請跟醫師說。其他和憂鬱症有關的建議還有，做運動、確保維生素B、葉酸和omega-3脂肪酸有足夠的攝取量。每天攝取3.5公克的omega-3脂肪酸證實對抗憂鬱症有幫

給爸爸的叮嚀

現在是時候，開始在你們家附近尋找產前課程了。鼓勵另一半去了解有哪些課程可以上、詳細的上課時間和地點為何，什麼時候註冊、以及相關的費用問題。你們也可以考慮在要生產的醫院或安產中心上課。盡量嘗試在寶寶預產期前一個月就完成課程。

助。其他的療法還包括了按摩、反射區按摩療法等。另一個選擇則是光療，治療的方式與季節性情緒失調類似。

• **懷孕期間的憂鬱症**。懷孕期間的確會產生憂鬱症。專家認為這是孕婦最常見的懷孕病症之一。懷孕期間好好治療憂鬱症對寶寶和孕婦的健康都很重要。這也是為什麼現代的醫師會把憂鬱症列為優先治療病症的眾多理由之一。

事實上，懷孕期間發生憂鬱症比產後發生還常見。如果妳有憂鬱症的家族病史，懷孕期間發生憂鬱症的機率就更高了。研究人員也認為，如果孕婦血液中的血清不足，產生憂鬱症的風險也比較高。如果妳在不孕與流產之間掙扎徘徊，也容易產生憂鬱症。

有憂鬱症的人不會好好照顧自己。由憂鬱症母親產下的孩子體型較小、或經常會早產。有些孕婦會利用酒精、毒品和抽菸來試圖紓解本身的憂鬱症，但是這樣一來，產下的寶寶問題更多。

妳可以利用以下的資料來評估自己發生憂鬱症的風險。有以下情況時，發生的可能性較高：

♥ 服用口服避孕藥時，曾有過情緒不穩定的情況。

♥ 妳自己的母親懷孕時也有過憂鬱症。

♥ 妳有憂鬱症病史。

♥ 覺得悲傷或憂鬱的時間長於一週。

♥ 睡眠與休息不足。

♥ 妳有躁鬱症——懷孕時間躁鬱症有可能會爆發，特別是妳如果停吃穩定情緒的藥物時。

・**症狀與治療**。要分辨某些正常懷孕的變化與憂鬱症症狀有其難度。憂鬱症的許多症狀都和懷孕症狀類似，包括容易疲勞、睡不好，其間的差異可能只在症狀的嚴重程度、與持續時間的長短而已。憂鬱症的常見症狀有：

♥ 沒有明顯原因的過度的悲傷，多愁善感，而且時間持續好幾天。

♥ 很難入睡或很早起床。

♥ 老是想睡，或極度疲累（這也是懷孕的早期徵兆，只是如果是懷孕徵兆，幾週後通常就會好轉。）

♥ 沒有胃口（與噁心、嘔吐不同）。

♥ 缺乏專注力。

♥ 想要傷害自己。

罹患憂鬱症的女性容易產生糖尿病，而有糖尿病的女性也容易導致憂鬱症，孕婦也是如此。如果不尋求幫助，情況可能會相當嚴重，讓妳無法好好照顧自己，因而可能導致體重與血糖濃度控制上的困難。由未經治療之憂鬱症母親所產下的**寶寶**，問題很多。容易經常啼哭、有睡眠問題、很難帶也不容易安撫。

若妳發現自己有症狀，連著幾週都沒有好轉的跡象，或是每天日子似乎都過得很悲慘，且意識到自己可能得了憂鬱症後，請儘快就醫。

研究顯示，如果孕婦只用一種抗憂鬱症藥物來治療，對寶寶比較好。

哪些行為會影響胎兒發育？

外在的噪音

在媽媽肚子裡，子宮內的胎兒能聽見外面聲音嗎？不同的研究結果顯示，聲音能夠穿透羊水，達到胎兒正在發育的耳朵裡。事實上，這段時間所做的超音波顯示，**寶寶對吵雜的聲音有反應**。

如果妳原本在吵雜的環境下工作，懷孕時最好能請調到較安靜的環境。根據數據顯示，長期且持續的高音量吵雜聲，以及短暫而密集、突然很大的爆裂聲，在孩子出生前，就會對聽力造成損傷了。

偶爾帶孩子到大聲喧鬧的場合（如演唱會），是沒什麼關係的。不過，如果長期持續曝露在讓妳必須大聲說話才聽得到的場所，就會對胎兒造成傷害了。

搬家

任何時間搬遷到一個新城市居住，都會有壓力，更何況是懷孕期間，挑戰性更高。要怎麼找到合適的新醫師呢？要上哪家醫院生產呢？

搬離原來的家之前，先到新家所在的地區找好妳想使用的醫院，然後在該院找一位產科醫師（可以接受新病人的醫師）。一旦知道要搬家，就儘快去辦這件事，因為找到新醫師，並預約第一次產檢都需要一些時間。

中大型的醫院一般都有各科醫師的簡介與門診時間表可供索取，妳也可以直接上該醫院的網站查詢。決定好醫師後，可以直接預約初診時間。

之後，請回到妳原來看診的醫院，申請妳的病歷複本。做過的所有檢查，結果一定要附上。所有資料都要記得帶去新醫院。

如果妳還沒做母血的甲型胎兒蛋白檢驗或三指標母血唐氏症篩檢，而妳的懷孕週數在15到19週之間，請現在的醫師幫妳做，並將結果寄到妳的新住址。這兩項檢查結果可能要好幾週才會出來，當妳去見新醫師時，帶著檢查報告比較好。

妳的營養

外食健康

許多孕婦都很關心外食的問題。有些人想知道，選擇餐廳時，是不是要避免某些特定的菜系？像是墨西哥菜、越南菜或泰國菜？擔心太辣或風味太強的食物會不會傷害胎兒？事實上，外食並沒有禁忌，不過，妳可能會發現，有些特定的食物，妳未必適合。

到餐廳裡吃飯，最適合妳的食物就是家裡常吃的食物，魚、新鮮的蔬菜和沙拉等，都是優質的選擇。以特殊香料或配方為號召的餐廳，反而可能會讓妳吃完腸胃不舒服。如果菜餚過鹹，妳可能還會覺得體內的水分滯留，體重也會增加。

懷孕期間，別去食物太鹹、含有過多的鈉、熱量及脂肪的餐廳，少吃濃厚滷汁、油炸食物、垃圾食物以及甜膩的甜點。而且，在這類

餐廳進食，很難控制所攝取的熱量。

如何維持工作時的飲食健康，也考驗著外食族。有時，妳會為了公事應酬吃飯或出差不得不外食，這時，必須小心挑選食物。如果從菜單上點餐，盡量點健康或低脂的食物。出差時，妳也可以自己準備一些食物，像不需要冷藏的水果和蔬菜等。

其他須知

克隆氏症與懷孕

克隆氏症是一種慢性病，病人的大小腸道都會發炎破皮潰爛，通常還會影響到一部分稱之為「迴腸」的小腸。

克隆氏症在大腸、小腸、胃、食道或甚至嘴巴都可能會有，屬於發炎性腸道疾病的一種，好發於15 到30歲，患者會先有嚴重的疼痛時期，但隨後又沒有症狀的時期，症狀包括了慢性腹瀉、直腸出血、體重減輕、發燒、腹部疼痛／容易感覺疼痛，以及右下腹感覺充脹。

妳的克隆氏症也可能在懷孕期間爆發，而且大多在懷孕末期，只是爆發通常還算溫和，治療效果也不錯。

發作時的症狀之所以沒那麼嚴重，是因為懷孕期間免疫系統會產生變化。懷孕也可能讓未來發作的機率降低，減少需要手術的可能。

懷孕期間，妳的身體會分泌一種叫做鬆弛激素的荷爾蒙。研究人員認為鬆弛激素會抑制傷疤組織的生成。懷孕期間，妳或許不用更換藥物。

第 24 週的小提示

吃太多和上床前吃宵夜是引起胃酸過多（胃灼熱）的兩個主要原因。每天少量進食5、6次，注意食物的營養，但是睡前就省略宵夜，胃灼熱的情況應該可以獲得改善。

Sulfasalazine、 mesalamine、balsalazide 和olsalazine都不會傷害寶寶。

懷孕和授乳期間有可能需要使用Infliximab （Remicade） 和adalimumab （Humira）。而滅殺除癌錠（胺基甲基葉酸，methotrexate）是忌用的。

懷孕期間還是可能有些檢查是必須做的。專家認為在懷孕期間做大腸鏡、結腸鏡、上消化道內視鏡、直腸活體組織切片檢查、或腹部超音波都是安全的，但是盡量避免照X光和電腦斷層掃描。如果有醫師建議妳做核磁共振攝影，要諮詢一下妳產科醫師的意見。如果妳做過腸道切除手術，那麼懷孕期間可能不會有什麼問題；如果腹部靠近直腸或陰道的部位有任何切口，那就可能需要進行剖腹產。

採用哪種分娩方式得看陰道與肛門附近組織的實際狀況。如果妳有廔管，或是希望降低發生廔管的機率，就會建議採用剖腹產。

很多產婦在生產完後，克隆氏症就發立刻發作了。醫師認為這是因為懷孕過後，荷爾蒙改變所致。

懷孕對性慾的影響

• **懷孕與性。**一般來說，懷孕期間，女性的性慾模式是以下兩者之一：一是在懷孕初期和末期降低，但是懷孕中期提高。第二種則是性慾隨著孕程逐漸降低。

在懷孕初期間，妳既疲勞又噁心想吐，而懷孕末期，妳的體重大增、挺著大肚子、乳房脹痛，如果是這些原因讓妳性慾降低，那也是很正常的事。把這種感受

食物是否夠熱，可以安全食用？

不要靠試吃來看食物是否夠熱到可以安全食用。重新加熱沒吃完的菜時，請用快速溫度計來測加熱後食物的溫度是否達攝氏75度。這個溫度已經可以殺死有害細菌了。

告訴妳的伴侶，試著想出一種讓兩人都能高興的解決辦法，溫柔相待並彼此體諒吧！

懷孕會增強某些女性的性慾。懷孕的第一時間，就有女性可以體驗到高潮或多次高潮。這是由於荷爾蒙活動升高，流到骨盆腔部位的血液量增加所致。

• **什麼時候要避免性事？**出現一些狀況時就是在提醒妳節制性事。如果妳有早產的前例，醫師可能會警告妳不要交合、也不能高潮。高潮會使子宮產生輕微的收縮，而精液中的化學物質也有刺激收縮的作用，所以孕婦的配偶不宜在她體內射精。不過，並無實際的資料證實性事與流產有關。

有些性愛的方式在懷孕期間是應該避免的。不要把任何可能會讓陰道受傷或發生感染的東西插入。還有對陰道吹氣很危險，因為可能會把致命的氣泡強送入女性的血管裡（無論是否懷孕，吹氣都可能產生這種結果）。刺激乳頭會分泌催產素，引起子宮收縮。有疑問時，請和妳的醫師討論。

子宮頸閉鎖不全

子宮頸閉鎖不全是指在沒有疼痛的情形下，子宮頸提前出現擴張的現象，導致胎兒早產。這個問題通常在懷孕的16週後才會發生。孕婦通常不會發現子宮頸已經提前擴張，直到胎兒開始流出。子宮頸閉鎖不全沒有任何前兆，醫師很難診斷子宮頸閉鎖不全，通常要發生一次甚至好幾次不足月、無痛性的早產後，才會聯想到可能是子宮頸閉鎖不全所造成。

如果妳是初次懷孕，那麼是否有子宮頸閉鎖不全的問題是無從得知的。造成子宮頸閉鎖不全的原因至今不明，有些專家認為，可能與之前受過傷或子宮頸進行過手術，例如，以子宮頸擴張及搔刮術墮胎或流產。如果妳之前曾有過這類問題、或曾經早產，又或醫師曾診斷妳可能有子宮頸閉鎖不全的問題，請務必告知產檢醫師。

超音波可以用來測量子宮頸的長度。如果子宮頸長度比正常短，有時就稱為子宮頸過短。治療子宮頸閉鎖不全通常要借助外科手術，利用子宮頸環紮手術來將脆弱的子宮頸閉合。這種縫合術類似「束口針線法」，在子宮頸周圍環繞一圈，以保持其閉合。這個手術通常是在醫院的手術室或在分娩過程中進行。患者採全身麻醉或靜脈鎮靜。手術時間大約30分鐘。結束後，還要留院觀察幾個鐘頭，沒事才能回家。術後輕微的點狀出血或出血是正常的。

大約到了懷孕的第36週或是開始陣痛時，縫線就會被拆掉，讓寶寶可以自然的生產。縫線如果是在陣痛分娩過程中拆除，就不必上麻醉。拆線只要大約5分鐘。拆線後，未必會立刻開始陣痛；幾天到幾週都有可能。

第24週的運動

站立，身體右側貼著沙發或椅背。右手扶住椅背，左腳膝蓋彎曲並拉高，在臀部之後。用左手抓住妳的腳。右邊膝蓋稍微彎曲，維持10秒。右腳也依樣照做。強化股四頭肌。

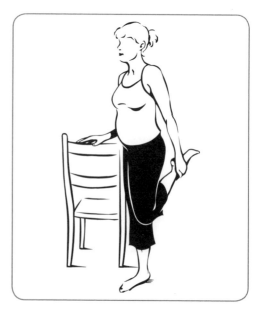

第二十五章

懷孕第25週
〔胎兒週數23週〕

寶寶有多大？

　　本週,胎兒現在已經重約700公克了,頭頂到臀部的長度約22公分。上述數字是胎兒的平均身長和體重,每個胎兒的情況、每次懷孕的情況都不同。

妳的體重變化

　　本週,妳的子宮又變大了不少,大小有如一顆足球。從側面看,肚子更大了。懷孕期間,胎兒會有生長陡增的情況,在某些特定的時期,會稍微影響到妳體重增加的狀況。

　　由恥骨連合量到子宮底的長度約25公分。子宮高度約在肚臍到胸骨下端的中間位置(胸骨在兩乳之間,肋骨接合的位置)。如果妳在懷孕20週時曾產檢,妳會發現,子宮可能又長大了4公分。

寶寶的生長及發育

早產兒的存活

　　說起來難以置信,不過,如果寶寶現在生下來,有機會可以存活下來。如果寶寶此時出生,體重還不滿900公克,體型真的非常小,要存活難度很高,可能得在醫院住上好幾個月。

生男或生女？

　　我們醫師最常聽到的問題就是「我們的孩子是男還是女？」對很多夫婦來說，不知道孩子的性別也是懷孕的部分樂趣。

　　做羊膜穿刺絕對可以肯定**寶寶**的性別，超音波檢查也可以預測，但無法保證。

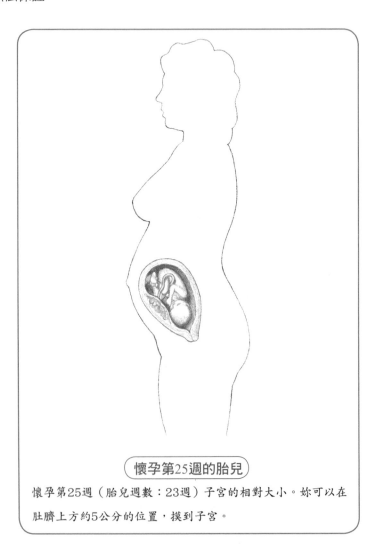

懷孕第25週的胎兒

懷孕第25週（胎兒週數：23週）子宮的相對大小。妳可以在肚臍上方約5公分的位置，摸到子宮。

醫師比較關心的是確保妳和寶寶在懷孕過程的平安，以及生產時母子兩人都健康。

妳的改變

搔癢

懷孕搔癢症是懷孕期間很常見的症狀。發作時，皮膚上並無凸起的疹子，外觀上也看不出來，就是單純的癢。將近有20%的孕婦會有搔癢的情形，時間通常在懷孕的最後幾週，不過，任何時間都可能發作。每次懷孕都可能發生，但搔癢對妳和寶寶都沒有危害。

隨著子宮漸漸長大，占滿骨盆腔，妳腹部的皮膚及肌肉，就會被伸展撐開，癢就是伸展的後果。擦乳液可以舒緩癢的感覺，不過，不要去抓，以免刺激皮膚讓情況更糟。

可請問醫師是否能開抗組織胺給妳，或是否能用含薄荷或樟腦成分的清涼乳液。搔癢通常是不需要治療的。

懷孕期間的壓力

女性的人生之中覺得有壓力是稀鬆平常的。「壓力」就是當妳面對危險、艱難或有威脅性的狀況時，產生的感受。長期性壓力則是那些情況或問題不斷持續造成的壓力，如失業、與另一半分隔兩地、財務上的問題等等。「焦慮」則是嚴重到無法釋懷的憂慮。

懷孕壓力很大！研究顯示，懷孕在人生的壓力排行榜上高居第十二名。正常的壓力不會傷害妳和

> **第25週的小提示**
>
> 懷孕是和另一半溝通，以及兩人關係成長的好時機。傾聽他講話，讓他知道，他是妳重要的情感支柱。

寶寶，不過重大壓力就可能提高早產的機率。學習如何處理壓力對於生活的掌握與影響是長遠的——無論是懷孕、還是沒有懷孕的時候。

懷孕時，壓力是很多原因造成的。荷爾蒙的改變讓、身體的變化對許多女性來說都是壓力。

妳可能非常努力想維持身材——不過一懷孕，妳就心有餘而力不足了。飲食均衡、好好運動都可以讓妳感覺比較舒服，並紓解部分壓力。妳可能一心想著要如何當個好媽媽——成為好母親的期望值對任何人來說都是一種壓力。妳身體可能不太舒服，這又讓問題雪上加霜，壓力還可能來自於工作或其他的責任。

> 許多專家都認為母親的壓力會影響寶寶的健康，以致於產生像是胃絞痛這樣的胃病，之後也可能會發生閱讀障礙、或／及行為問題這樣的情況。

放輕鬆，隨遇而安吧！有很多方法都可以幫助妳紓壓。試試看下面的作法，當另一半也覺得壓力太大時，也請鼓勵他試試看。

- ♥ 每晚的睡眠要充足。睡眠不足，壓力就大。
- ♥ 白天盡量找時間休息並放鬆。安靜的時候，閱讀一下或聽聽音樂，讓生活的步調慢下來。
- ♥ 覺得有壓力的時候，停下來，緩緩的深呼吸，這種動作可以關閉神系統中有壓力的部分。
- ♥ 運動也有紓壓的作用，散散步或上健身房。放一支孕婦專屬的運動影片來看看，動動身體（但不要太過）紓解壓力，或請另一半也一起來。

- ♥ 聽起來像是老生常談，不過請「正面快樂思考」。當妳往好處想的時候，身體真的會送出化學訊息給腦部，然後再傳送到全身，有助於身體的放鬆。
- ♥ 飲食要有營養，隨時隨地熱量都要充足，這樣可以避免妳出現「低落」的情緒。
- ♥ 積極正面。有時候，讓自己更正面的確可以發揮影響。用微笑代替皺眉可以紓解壓力──換上笑臉吧！
- ♥ 做一些喜歡的事，為自己做。
- ♥ 如果香氣對妳很重要，生活中就要納入。燃燒一些芬芳蠟燭，或買一些香花，讓自己放鬆。
- ♥ 有事別悶在心裡不說出來。心中有疑慮，要找另一半分憂，或是找一群可以聊得來的孕婦朋友聊聊。

哪些行為會影響胎兒發育？

跌倒及受傷

懷孕時，最常見到的小傷害就是摔跤，所幸摔個跤還不至於會對胎兒或孕婦造成太大的傷害。因為子宮受到腹部及骨盆腔的嚴密保護且子宮本身和腹壁也提供了某些程度的保護。此外，羊水也提供了良好的緩衝作用，讓胎兒不致受傷。

萬一跌倒了，最好去看醫師，確定妳及胎兒都無恙。看過醫師，檢查過寶寶的心跳都正常後，妳才能放心。跌倒後還能感受到寶寶的胎動，也是個讓人可以放心的跡象。

照超音波評估是跌倒後最好的檢查方式，是否有需要，因人而異，必須看妳症狀的嚴重程度與傷勢的輕重。

懷孕期間，肚子愈來愈大，妳的平衡感及靈活度也會改變。冬天溼

滑或泥濘的停車場及人行道更是要特別小心。樓梯是另一個潛在危機，許多孕婦就是在上下樓梯的時候摔跤的，記得抓扶手。走路時要挑光線明亮的地方，盡量走在人行道上。

當身軀愈來愈龐大，妳已經無法像以往一樣敏捷了，所以稍微放慢速度

吧。平衡感改變、加上偶爾還會感覺頭暈，避免跌倒是很重要的。

跌倒後，有些跡象可以提醒妳，可能出事了。這些跡象包括了出血、陰道有液體衝流出來，這表示羊水可能破了，以及／或是嚴重的腹痛。胎盤早剝，也就是胎盤提早從子宮上剝離，是孕婦跌倒後產生最嚴重的問題之一。

不小心摔跤或發生意外，可能會造成骨折，需要照X光或開刀。骨折時，治療不能等到產後，必須立刻進行處理。如果妳發生這種情況，在做任何檢查及治療前，一定要先照會妳的產科醫師。

如果必須照X光，一定要在骨盆腔及腹部加蓋鉛板遮蔽，加以保護。如果這些部位無法做完善的遮蔽，妳就必須在照X光及可能對胎兒造成傷害兩者間權衡輕重，加以選擇了。

如果是單純性骨折，做骨折復位或打入鋼釘來固定時會需要施行麻醉，或施以止痛藥物。盡量避免全身麻醉，而妳可能也需要止痛藥，不過，盡量只服用最低劑量。

如果骨折嚴重，必須施行全身麻醉才能治療，就應該嚴密監控胎兒的狀況。這時，妳的外科醫師和婦產科醫師會密切合作，提供妳及寶寶最好的照護。

妳的營養

懷孕會讓女性對維生素及礦物質的需求增加。這些增加的需求如果能從食物中獲取最好，不過，從實際面來看，我們知道要做到這一點有其難度。這正是醫師之所以開孕婦專用維生素給妳的理由之一——為了幫助妳滿足這些營養的需求。

額外的營養品

有些女性懷孕時，需要額外補充營養品。這些女性包括了：青少女（這些年輕的準媽媽，自己都還在發育）、體重過輕、懷孕前營養

均衡的飲食計畫

下面所列是每一類食物中的優選食物，以及適當的量。妳可以選擇的食物種類很多呢！

- **麵包、麥片、米飯、麵條、五穀雜糧，6～11分**——1片麵包、1/2個圓餐包、1/2個國式鬆餅、1/2個小貝果麵包、1/2杯煮好的麵、米飯或熱麥片粥、4個蘇打餅乾、3/4杯的冷麥片粥。
- **水果，2～4分**——1/4杯乾燥水果或水果乾、1/2杯新鮮、罐頭裝、或煮過的水果、3/4杯果汁。
- **蔬菜，3～5分**——1/2杯煮過的蔬菜、1杯葉菜沙拉、3/4杯果汁。
- **蛋白質來源，2～3分**——60～85公克的煮熟雞鴨、肉類或魚肉、1杯煮豆子、1/4杯種籽或堅果類、1/2杯豆腐、2顆蛋。
- **乳製品，4分**——1杯牛奶（任何種類皆可）、1杯優格、43公克的乳酪、1 1/2杯的鄉村乳酪、1 1/2杯的冷凍優格、冰牛奶或冰淇淋。
- **脂肪、油及甜點**——限制這類食物的攝取量，挑選有營養的健康食物。

不良前次生下多胞胎、抽菸及酗酒、本身患有慢性病、服用某些特定藥物的孕婦。吃素的孕婦有時也要額外補充維生素及礦物質。

醫師可能會跟妳討論妳個人的情況。如果妳的需求是一般孕婦專用維生素無法滿足的，他會另外告訴妳。注意：未經過醫師同意，千萬不要任意服用任何營養補充品。

> 懷孕時還是可以去赴宴，並好好享受一番的。只是妳得記住幾件事一赴宴之前先吃點東西填肚子，在宴會上要控制食量。

其他須知

美白牙齒

我們建議妳生完寶寶再來美白牙齒。大部分的美白產品中都含有過氧化氫（俗稱雙氧水），在美白的過程中有可能會被吞嚥下去，而過氧化氫與其他美白的媒介物對於成長中胎兒可能造成的影響，我們的了解不多。此外，牙齒美白劑中使用的物質也可能會對敏感性的牙齦造成刺激。

使用安全的清潔用品

當妳在打掃居家環境時，要避免使用爐灶清潔劑與氣體噴霧器。使用氯系的漂白水和阿摩尼亞時，都要很小心。盡量使用安全的產品來打掃家裡，像是醋、蘇打或洗碗精。

做家務事時，記得帶上橡膠手套來保護妳的雙手。在庭院時要注意，如果妳喜歡在院子裡種花蒔草，更要特別小心，請坐在可以提供

妳良好支撐的東西上且一定要戴園藝專用手套；園藝專用手套之下如
果能先再戴上一副橡膠手套就更好了。

如果妳經常修指甲或修腳趾，請選擇通風良好的美容院
來做，這樣受到污染的空氣才能排出。

甲狀腺疾病

甲狀腺會分泌一種荷爾蒙（稱為甲狀腺素），來調節體內的新陳
代謝，並控制身體許多器官的功能。大約有2%的孕婦會有甲狀腺疾
病。事實上，即使妳懷孕之前沒有出現甲狀腺問題，但在懷孕期間也
有發病的可能。

如果妳有甲狀腺疾病病史、現在還在服藥中、又或是妳過去曾經
服用過甲狀腺藥物，一定要告訴醫師，然後一起討論懷孕期間要如何
進行治療。

甲狀腺疾病如果放著不治療，對孕婦和胎兒都會造成傷害。研究
顯示，有流產前例、早產、或是接近分娩時出現問題的孕婦，很可能
是體內的甲狀腺素濃度出了問題。

甲狀腺素是在甲狀腺中製造的，影響遍及全身，對新陳代謝極為
重要。甲狀腺素的濃度可能太高或太低，濃度不足時，稱為甲狀腺機
能不足，而甲狀腺素值過高，則稱為甲狀腺機能亢進。

懷孕期間出現甲狀腺機能不足是很常見的。此病的症狀包括了體重增
加程度極不正常、異常倦怠（這兩項懷孕期間要判斷很難）、聲音沙啞、
皮膚乾燥、頭髮乾燥，以及脈搏偏慢。如果有上述症狀，請告訴醫師。

甲狀腺機能不足如果不治療，會影響妳和寶寶的健康，寶寶將無
法從妳身上獲得足夠的營養；即使妳有治療，寶寶在出生時仍然可能

有甲狀腺素過高或過低的問題且出生時體重很可能較輕。

　　‧症狀與治療。甲狀腺疾病所引發的症狀，可能會因為懷孕而被遮蔽。不過，還是會有一些比較明顯的改變，讓妳的醫師懷疑可能是甲狀腺功能出了問題。這些變化包括甲狀腺腫大、脈搏速度改變、手掌泛紅溫熱及手掌潮濕等。但因為懷孕時甲狀腺素濃度原本就會改變，因此，醫師在判讀孕婦的甲狀腺素值時，需特別小心。

　　甲狀腺機能的檢查，通常需要驗血，測量血液中甲狀腺素的總量。這項檢查還可以同時檢驗促甲狀腺激素的量。放射性碘掃描是必須藉由X光來判讀的甲狀腺功能檢查，不能在懷孕的時候做。

　　如果妳罹患甲狀腺機能不足，治療時會使用甲狀腺素。這種藥物會穿越胎盤傳給寶寶，所以請醫師開最輕的劑量給妳，以降低寶寶造成的風險。若要監測用藥物量，懷孕期間驗血是很重要的。而生產之後，也必須幫寶寶檢查，看他是否有甲狀腺疾病的徵兆。

> 　　準媽媽所吃食物的風味會傳入羊水中，在寶寶出生之前就逐漸養成他對風味的偏好。孩子出生前就已經能分辨酸、甜、苦的味道了，而且我們知道，就算還沒出生，肚子裡的寶寶對甜食也有天生的偏好。

　　如果妳罹患甲狀腺機能亢進，就必須服用丙硫氧嘧啶（propylthiouracil）這類藥物來治療。不過，這種藥物會通過胎盤進入胎兒體內，因此，醫師會開最低劑量給妳服用，以免對胎兒造成傷害。此外，懷孕期間也必須驗血，以監測藥物不至於過量。

　　碘化物也是用來治療甲狀腺機能亢進的藥物，但懷孕期間不可使用，因為它會對發育中的胎兒造成傷害。罹患甲狀腺機能亢進的孕婦

也不能以放射性碘來治療。

> 如果妳有胃食道逆流的毛病，請遠離會讓問題更嚴重的食物，包括了酸性食物，如番茄和柑橘類水果、辛辣食物以及油炸的食物。

❦ 顎心臉症候群

顎心臉症候群是一種會遺傳的基因性疾病。這種病的名稱很多，有Shprintzen症候群、齶顏症候群和先天性異常顏面症候群等。顎心臉症候群是人類身上最常見的疾病症候群之一，罹患率僅次於唐氏症。

這種病症是多種疾病的綜合表現，跟免疫系統、內分泌系統以及神經系統都有關係。這種病的症狀並不會100%全部表現出來，大多數罹患顎心臉症候群的患者都只是表現出少數的症狀，而許多症狀，相對來說，都算輕微。

顎心臉症候群具體的病因不明，不過，研究人員發現顎心臉症候群患者基因的染色體有缺陷。大部分被診斷出患有此症的孩童第22條染色體都缺少了一小部分。

父母之中只要有一人有變異的染色體，就可能將疾病傳給孩子。不過據估計，真正遺傳到顎心臉症候群的情況只有10～15%。大部分的病例，父母雙方都沒有罹患此症候群，並沒帶有缺陷的基因。

先天性心臟病發作通

阿嬤的治抽筋秘方

> 如果妳腿部常抽筋，用兩茶匙的蘋果醋，加入一茶匙的蜂蜜，以溫水調開，睡前喝下。

常是診斷出此症的主要原因。診斷時最常採用的是一種稱為螢光原位雜合法的分析法，準確度幾乎高達100%。如果檢查結果顯示第22條染色體的確不完整，那麼被檢驗者就患有顎心臉症候群。

第25週的運動

坐在有直立椅背的椅子前緣，背挺直坐好，雙臂交叉，抬高於胸前，高度與肩膀同，然後慢慢往前稍傾。左腳稍微離地，持續5秒，請一定要坐直。左腳放下。每隻腳各做5次。伸展並強化腹部肌肉、大腿肌肉，以及腰部的肌肉。

第二十六章
懷孕第26週
〔胎兒週數24週〕

寶寶有多大？

胎兒現在重約910公克，頭頂到臀部的長度約23公分。

妳的體重變化

子宮的高度，大約已經到了肚臍上6公分的位置，若由恥骨連合量起，約為26公分。從懷孕後半期開始，子宮每週會增加約1公分。如果飲食都能營養均衡，妳的體重應該已經增加7.2～9.9公斤了。

寶寶的生長及發育

胎兒已經有明顯的睡眠及清醒模式了。妳可以發現他有固定的模式：某些時段，寶寶很活躍，而其他時間則在睡覺。此外，五種感官都已經完全發育。

心律不整

到目前為止，妳應該已經在好幾次的產檢中聽過寶寶的心跳聲了。但當妳仔細聽寶寶的心跳時，可能因為發現心臟突然跳漏了一拍而大驚失色。不規則的心跳頻率稱為心律不整。而妳聽到的狀況是在規律的脈搏心跳或撞擊間，偶而漏掉一次或少跳一次。事實上，胎兒的心跳偶爾會出現心律不整的情形，這對胎兒來說，並不算少見。

造成胎兒心律不整的原因有很多。在心臟的生長及發育過程中，

偶爾也會出現節律不整齊的現象，等到心臟發育成熟後，這種現象就會消失。不過，孕婦如果罹患全身性紅斑狼瘡，胎兒就可能會出現心律不整。

第 26 週的小提示

休息的時候側躺（向左側躺最好）對寶寶的提供的血液循環最好。側躺的話，浮腫的情況也不會太嚴重。

如果在生產或分娩前，還發現胎兒有心律不整的現象，生產時就必須全程配帶胎心音監視器，監控胎兒的健康狀況。如果陣痛時才發現胎兒有心律不整的現象，分娩的現場請小兒專科醫師過來支援比較好。胎兒出生時如果有任何異常，小兒科醫師就能立刻治療處理。

妳的改變

當子宮、胎盤及胎兒愈來愈大時，妳的體型也愈來愈臃腫。一些不適的感覺，像是背痛、骨盆腔感覺有壓力、腿部抽筋及頭痛等不適，更會經常出現。

時間過得真快，妳已經接近懷孕中期的尾聲了。懷孕2/3的時間已經熬過去，距離寶寶出生已經不遠了。

哪些行為會影響胎兒發育？

之前的減重手術

懷孕之前，有部分女性曾動過一些減重手術來幫助減輕體重。「減重手術」的定義是為了避免並控制肥胖症及其相關疾病進行的外科手術。

如果妳做的是胃束帶手術，妳或許知道，這種手術是可以完全恢復的。可能的話，請讓妳的胃部大小增加一些，才符合懷孕期間營養

必須增加的需求。幫妳動減重手術的醫師可以幫妳調整懷孕期間的束帶，讓妳和**寶寶**都能得到所需的營養。

　　如果妳做的是胃繞道手術，研究顯示該手術並不會出現特別的問題，尤其是妳如果術後18週才懷孕的話。這個時間已經足以讓妳減掉很多體重，並恢復失去的營養。

　　只是，懷孕期間，妳必須檢查是否有營養不足的問題，因為做過胃繞道手術，身體要吸收足夠的鈣、鐵、以及B₁₂，維持妳和**寶寶**良好

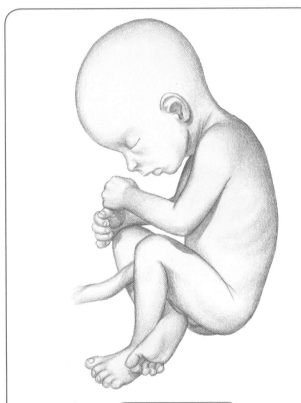

懷孕第26週的胎兒

本週胎兒的體重約910公克。從現在開始，胎兒的體重會一直增加，身體也愈來愈豐滿。

的健康會比較難，所以可能需要補充營養品以避免缺鐵性貧血。

如果妳剛做減重手術，就發現懷孕，請立刻去找婦產科醫師。妳和寶寶必須立刻進行良好的營養規劃，才能獲得健康懷孕所需的營養。

如何順利安產？

現在開始想陣痛和分娩的事並不算太早。了解如何才能順利度過陣痛期，並平安產下寶寶對分娩很有幫助。以下就是孕程推進時，妳可以考慮的事項：

• **要認識懷孕和出生的過程，知識就是力量。** 當妳了解懷孕期間會發生什麼事、可能發生什麼事時，妳才能放輕鬆。妳可以閱讀懷孕書籍、和醫師討論問題，請他解答妳心中的疑慮，也把這些資訊和知識與妳的伴侶分享。

• **妳和妳醫療團隊間的關係很重要。** 要遵守醫囑、好好注意體重、飲食均衡健康、吃孕婦維生素，每一次產檢都要去，並做每一項該做的檢查。妳的醫療團隊一定會為妳盡心盡力。

如果能參與決定要採用的醫療照護方式，如生產的姿勢、止痛方式、哺育方式，以及在陣痛和分娩期間，伴侶要參與的程度，都可以讓妳覺得對生產的掌握度更高。進行產檢時，請跟醫師討論一下各種問題，以及到時可能發生的種種情況。

妳的營養

魚是健康食物？

吃魚很健康，懷孕期間吃魚對健康極有助益。懷孕期間吃魚的孕婦，懷胎期通常會比較長，並產下體重較高的寶寶。研究顯示魚肉中的omega-3脂肪酸可以保護孕婦，預防早產和其他問題。請記住，**寶寶在子宮中待的時間愈久，出生時愈有機會強壯又健康。**

懷孕期間，很多魚類都可以安心食用的，妳應該加入妳的飲食中。大多數的魚類都是低脂，且含有豐富的維生素B、鐵質、鋅、微量礦物質硒以及銅。而且多數的魚種都是優良、健康的食物來源，可以納入飲食中。

如果不想攝取太多熱量，可以改用烤或蒸的方式，最好少加奶油或油煎。

• Omega-3脂肪酸。懷孕期間，omega-3脂肪酸對健康很不錯，可以幫助保持皮膚的光滑，也可以降低皮膚發炎的機會，且魚油對胎兒

優良的魚蝦貝類種類

以下這些魚，煮熟以後是可以安心食用的。只是每週所有魚類的總攝取量不要超過340公克。

- 鱸魚
- 狹鱈
- 橘棘鯛
- 鱈魚
- 鮭魚石首魚
- 小鱈魚
- 緋魚
- 淡水鱸魚
- 海鱸魚
- 鯰魚
- 紅鯛
- 太平洋大比目魚
- 黑鱈
- 比目魚
- 鰈魚
- 旗魚

以下的甲殼類，只要煮熟，是可以安心食用的。

- 蛤蜊
- 牡蠣
- 螃蟹
- 扇貝
- 龍蝦
- 蝦

此外，魚柳和速食的魚肉三明治也可以吃——這類的食物，通常都是由低汞的魚類所製成。

的大腦發育也有很大的幫助。

鰻魚、鯡魚、烏魚、鯖魚、鮭魚、沙丁魚、以及鱒魚都是含有很多omega-3脂肪酸的魚類。Omega-3脂肪酸在肉類中也有發現，其中包括了餵食青草的牛肉、及以特殊飼料餵養的雞所下的雞蛋。如果妳吃素，或是不吃魚，那麼飲食中請加入豆腐、芥花籽油、亞麻籽、大豆、核桃、和麥芽，這些食物中含有亞麻油酸，這是omega-3脂肪酸的一種。

魚油膠囊是另一種選擇。如果妳要買魚油膠囊，請選擇精製過的魚油，因為不含污染物。每日的Omega-3脂肪酸攝取量不要超過2.4公克，魚油膠囊會讓妳胃不舒服，要解決這個問題，有幾種辦法：把魚油冷凍後再吃、用餐時一起吃、或是上床時間吃。

• **甲基汞中毒。**有些魚類因為人為的環境污染而受到影響，吃下這些被污染的魚，就會有甲基汞中毒的風險。汞是在自然之中產生的物質，是污染的副產物，當汞被釋放到空氣中就會造成問題。這些汞會進入海洋，在某些魚類的肉中累積，大型魚活得比較久，體內汞的濃度最高，因為它們在系統中累積的時間最久。

懷孕期間，每週食用340公克的魚可以讓孩子幼年的發育較佳。

魚肉中的甲基汞濃度到達某個程度，對人類就會造成危險，我們知道甲基汞可以通過胎盤，從母體傳送給胎兒。

胎兒甲基汞中毒的風險比成年人大。因此，孕婦每週魚蝦貝類的攝取量，不要超過340公克。340公克則大約是兩到三分的量。

魚肉中的含汞量因魚的種類而有所不同，盡量選擇汞含量低的魚

蝦貝類來食用。如果妳吃很多魚，就會建議妳進行頭髮含汞量分析，這種檢查通常在醫學中心級的醫院才有。

至於能不能吃罐裝鮪魚，還有爭議。如果妳很喜歡吃，那麼產檢的時候提出來告訴醫師。

相較於深海的大型魚類，吃淡水魚還是比較安全的。不過，淡水魚類還是有含汞的風險。妳可以諮詢居住地負責水產的機構，關於淡水魚的食用資訊。

• **與魚類相關的注意事項。** 魚還可能遭受寄生蟲、細菌、病毒以及毒素的污染，吃到被感染的魚類會生病。握壽司和酸橘汁醃魚吃的都是生魚，可能會含病毒或寄生蟲。食用受到污染的生貝類也會引起肝炎、霍亂或腸胃炎，懷孕期間，應避免所有魚貝的生食。

魚類體內還可能含有其他環境的污染物，戴奧辛和多氯聯苯在鮭魚和湖鱒上都曾發現，所以盡量不要食用。

避免吃的魚

懷孕和哺乳期間，有些魚種應該避免食用。美國食品藥物管理局建議應不要吃旗魚、鯊魚、大王馬駮魚、馬頭魚、北美洲大眼鱸、梭魚、青甘鰺、金梭魚、鮭魚、石斑、鬼頭刀和鯛。

關於孕婦是否能吃鮪魚，意見分歧。罐裝的清淡鮪魚罐頭汞含量比長鰭鮪魚少，所以可以吃，只是每週鮪魚罐頭的食用量不要超過一罐170公克，如果妳偶而想吃烹飪過的鮪魚排，該週鮪魚攝取的總量（包括新鮮或／與罐頭）不要超過170公克。有任何問題，可以請教醫師。（註：根據研究結果顯示，在台灣，鯊魚跟旗魚的含汞量相對濃度比較高。毒物學家建議，包含鮪魚、鮭魚、鯊魚、旗魚等大型的深海魚類，孕婦跟未滿六歲的孩童，最好還是少吃。）

我們也建議孕婦不要生吃魚類，壽司、生魚片之類都不要食用。不過，如果妳很想吃壽司，可以改吃不含生魚、生蝦或生貝類的壽司。烤鰻魚、熟蟹或蔬菜類的就沒關係。

　　如果妳不確定某種魚該不該吃，可以請問醫師的意見。

其他須知

做夢

　　懷孕期間，妳會做一些奇奇怪怪的夢嗎？和從前相比，妳記得的夢似乎比較多？這些都很自然。懷孕期間，女性做夢的情形通常比較頻繁，細節很清楚、也容易記得做過的夢，夢境也比平常更帶有情緒。

　　懷孕讓妳的生活發生了很大的壓力和變化，而做夢時，妳可能就會試著去處理這些持續發生的事情。做夢對於妳轉換成人母的準備是有幫助的。

　　做夢發生在快速動眼期睡眠階段，這是最深層的睡眠階段。大多數人每晚睡覺時，REM睡眠階段大約有4到5次。就實際情況來看，懷孕時期做的夢並不比其他時期多。

　　孕婦之所以能多記住所做的夢，大概是因為晚上比較常醒來。孕婦會因為想換個舒服的姿勢、或上廁所而醒來，那時所做的夢還很清晰，所以也就容易記住。另一個多夢的原因可能是，孕婦白天比平常人累，所以晚上睡得多，做的夢也就多。第三個原因則是因為荷爾蒙作用。黃體激素和雌性激素都會讓妳做夢的時間增加，也記住所做的夢。

　　要讓自己能接受所做的一些夢，寫日誌或日記，記錄下來也是有幫助的。一醒來就趕快把夢境迅速寫下來，以後當肚子裡的孩子長大，跟他分享可能還挺有趣的。

　　• **夢的主題**。夢的內容對自己來說是獨特的。不過，研究發現許

夢有什麼意義？

夢境		可能的意義
和妳母親相關的事	➡	妳意識到自己即將成為人母
非常可愛的小動物	➡	妳知道胎兒正在長大
寶寶的模樣	➡	妳對寶寶抱持的希望與恐懼
蓋東西、工廠、建築工地	➡	妳知道胎兒正在長大
搬重物；走路有問題	➡	妳知道自己體重不斷在增加
自己開著大車子或卡車	➡	妳覺得身形笨重
前男友或情人	➡	妳想要自己有吸引力
大型動物	➡	知道胎兒愈來愈大
開門、跌倒、血	➡	妳害怕流產
另一半很難相處	➡	妳渴求安全感
另一半有外遇	➡	妳覺得自己不迷人
水、海洋、湖泊、池塘	➡	妳知道有羊水

多夢有些共同的主題和想法，這其中包括了懷孕的夢。很多孕婦做的夢都很類似，我們就來看看這些共同的主題。

在懷孕初期中，妳可能會夢到自己的童年或過去發生的事，這可能是內心在處理過去未曾解決情形的一種方式；妳也可能會夢到花園、水果、和花朵，這其中的寓意就是知道**寶寶**在妳肚子裡成長，水的意象也可能成為夢境的一部分。

懷孕中期的夢則和妳與**寶寶**的關係有關，例如，妳愈來愈認識自己的**寶寶**，並了解與他之間的聯繫。**寶寶**可能會先以一種沒有形體的方式出現在妳夢裡，然後當懷孕週數一週週過去，就會變得愈來愈確定；夢到動物和寵物也象徵著妳成長中的**寶寶**。

懷孕末期，夢境則可以幫助妳為**寶寶**的出生預做準備，陣痛和分

娩過程都是很常見的主題。在夢中，陣痛和分娩都不會痛！妳也可能夢到寶寶的模樣，或抱起來的感覺；妳可能會發現自己的夢境集中在水，這是很可能的，因為水是所有生命之源。

有些研究人員將夢分類，種類中包括了關係、認同感，以及恐懼。與關係相關的夢要處理的是，在當了母親之後，許多個人的人際關係都會發生改變，妳可能會夢到自己的雙親、伴侶、以及親友，這也包括了與寶寶的緊密連繫。

處理認同感的夢則是與妳身為人母的新角色有關。妳可能會夢到自己的工作、即將報到的寶寶，或是要變成母親的感覺。夢中的妳可能沒把孩子照顧得很好，例如，沒把小孩安全放好，這也反應了將要成為母親的矛盾心態。別因為這些夢而難過，和妳一樣做這種夢的孕婦，大有人在。

夢境中包羅了各種讓妳感到恐懼的情況、情感或事件陳述了一項事實——妳對於成為一位母親感到焦慮，又或者妳對寶寶的健康情況很是緊張。妳有許多恐懼都是潛意識的、未明的，而做夢可以幫助妳處理這些恐懼。陣痛與分娩可能也是很嚇人的，如果這次是妳的頭一胎，情況尤其如此，因為這是妳從未經歷過的事，而做夢則是預習這項重大事件的一種方式。

一再重複出現的夢境表示，妳對某種情況的處理可能不是很有效

率，而且事情也還沒獲得解決。如果重複的夢境以夢魘的方式出現，那就意味著這件事對妳而言非常重要。

• **準爸爸也會做夢。**妳不是唯一一個常做夢的人——妳的另一半可能也做了一些夢，他的夢表示他正在經歷恐懼、焦慮與希望，情形就和妳一樣。懷孕的夢對一個男人來說可能很強烈，反應了特定的主題。其中一個共同的主題就是被排除在現在發生的事情之外，或是夢到寶寶的模樣；準爸爸還可能夢見自己是懷孕、生產的那一方；受到祝賀也可能是他們的夢境之一。

使用A酸

維生素A酸是一種乳膏或乳液，是用來治療面皰，並去除臉上細紋的，不應該與口服A酸混淆。如果妳懷孕了，而且還在使用A酸，立刻停止！我們尚未有足夠的資料證明懷孕期間使用A酸是否安全。

癲癇

不論是懷孕前、前次懷孕期間或這次懷孕期間，只要曾有癲癇病史，一定要將這個重要的訊息告訴醫師。

癲癇常在無預警的情況下發作。癲癇發作，表示神經系統出現異常，特別是大腦，發作的同時，身體常會失去控制，對母親、對孩子都是很嚴重的問題。

如果妳從來沒有癲癇的問題，偶爾出現眩暈或輕微的頭痛，通常都不是癲癇發作。癲癇的診斷，通常要靠目擊者觀察並注意是否有先前敘述過的症狀，也需要做腦電波圖檢查，作為診斷癲癇的重要依據。

• **癲癇。**如果妳患有癲癇，懷孕期間好好加以控制非常重要，因為癲癇會在許多方面，對妳和寶寶都造成影響。患有癲癇的孕婦有1/3懷孕期間癲癇發作的次數會減少；有1/3會增加，而剩下的1/3則是維持不變。

懷孕期間，荷爾蒙的起伏會影響癲癇，所以遇到某些懷孕問題的風險就會提高。癲癇如果大發作，會讓寶寶發生危險，因為流到胎兒身上的血液會減少。

癲癇很少在陣痛和分娩的時候發作。90%以上罹患有癲癇症的孕婦都能產下健康的孩子。

醫師們把癲癇的抽搐分為下列幾種類型：全身性發作的抽搐稱為大發作。大發作開始時，會突然失去意識，患者多半會摔倒在地上，手臂及腳常會抽搐及抖動，有時甚至會出現大小便失禁的現象。抽搐過後，患者會進入恢復期，幾分鐘後可能會出現短暫的意識不清、頭疼及嗜睡等現象。

另一種癲癇的型態，叫做小發作，也是無預警的發作，持續時間較短，手腳的動作也較小，失去意識的時間只有數秒鐘。

• **控制癲癇的藥物。**如果妳原本就在服用控制癲癇或預防癲癇發作的藥物，在發現自己懷孕後，就應該立刻將這個重要訊息告訴婦產科醫師。雖然懷孕期間，仍需繼續的服用抗癲癇藥物，但有些藥物的安全較高。問問醫師是否需要服用高劑量的葉酸，葉酸對某些女性來說，相當有幫助。

如果妳有害喜的情況，請告訴醫師。噁心和嘔吐可能會干擾到妳身體吸收藥物的能力。

懷孕期間對於抗癲癇藥的使用，的確有一些疑慮。而對於多重藥物治療，也就是一位孕婦得同時服用多種藥物，也有一些疑慮。請醫師幫妳把一種抗癲癇藥物的劑量開到最低，然後妳必須確實按照醫囑服用。

大多數的研究顯示，當母親服用valproate，特別是在懷孕初期間服用時，寶寶發生風險的機率會提高，證據也顯示寶寶在接觸到這種藥物時，發生自閉症的風險也會提高。由於大部分的懷孕都是意外懷孕，所以大多數的專家都建議採用其他藥物來做為育齡女性的第一線藥物。

Dilantin這種藥可能會導致胎兒產生先天性畸形，還好懷孕期間可

以使用其他藥物來避免癲癇的發作,其中苯巴比妥(phenobarbital)是比較常用的,但其安全性至今仍有疑慮。單獨使用Lamotrigine療法倒是沒有發現胎兒發生問題的機率會提高。

懷孕期間,腎臟會以更快的速度將大量的抗癲癇藥物從系統中排除,導致藥物的濃度可能會低到只剩50%,所以每個月並驗血檢查血液中的濃度很重要。驗血報告出來後,要如何調整劑量都可以。懷孕期間癲癇發作,情況可能會很嚴重,所以妳要受到更密切監控。

第26週的運動

坐在地板上,雙膝彎曲,兩腳平放在地面。兩個膝蓋之間打開大約30公分。用妳的雙手分別去接觸妳的大腿部分,然後慢慢往後伸展,直到妳的兩臂拉直為止。恢復到起始位置時,兩腳還是踏在地面上。重複8次。強化腹部肌肉、大腿內側以及骨盆腔底。

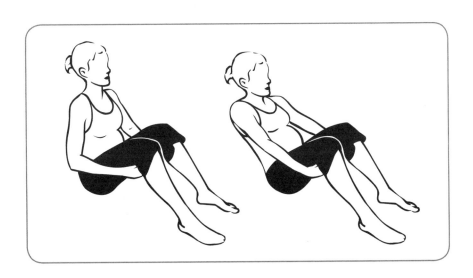

第二十七章

懷孕第27週
〔胎兒週數25週〕

27 week

寶寶有多大？

本週開始進入懷孕末期。從現在開始，文中除了告訴妳胎兒的體重、頭頂到臀部的長度外，還增加了頭頂到腳趾的長度，讓妳更了解，在懷孕的最後一個階段，妳的**寶寶**到底有多大。

胎兒現在的重量接近900公克，頭頂到臀部長度約24公分，身高總長約36公分。

妳的體重變化

子宮約在肚臍以上約7公分的位置，如果從恥骨連合量到子宮底部，大約27公分。

寶寶的生長及發育

視網膜是眼睛中光影在眼球後方聚焦的部分，從本週起，**寶寶**開始能感受到光。在這個時間左右，視網膜會發育成幾層層葉，這些層葉能接受光與光線的資訊，並將其傳送到大腦進行解像，這就是我們所知道的「視覺」。從現在開始，**寶寶**可能可以感受到明亮的光線了，所以妳如果將光線靠近，對著肚子照，**寶寶**反應的方式就彷彿他可以感受到亮度的改變。

✍ 先天白內障

先天性白內障是新生兒的先天性疾病之一。罹患白內障時，負責

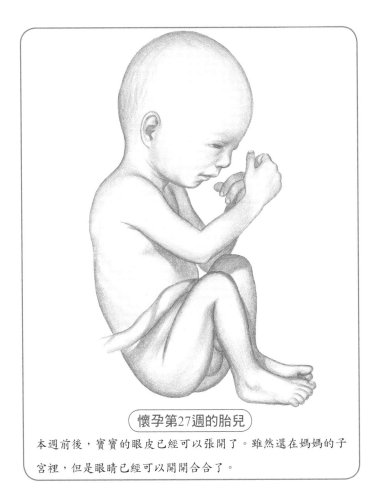

懷孕第27週的胎兒

本週前後，寶寶的眼皮已經可以張開了。雖然還在媽媽的子宮裡，但是眼睛已經可以開開合合了。

將光線聚集到眼球後方的水晶體不再透明清澈，反而變得混濁不清。一般來說，先天白內障是遺傳性疾病，但如果孕婦在懷孕第6、7週時感染德國麻疹，新生兒也曾出現過這種病例。

小眼畸形是眼睛的另一種先天性疾病，即眼球比一般正常尺寸小，約平常人的2/3。小眼畸形除了眼睛小之外，還常伴有其他眼科疾病。罹患小眼畸形的原因，通常是因為母親在胎兒發育時期，感染巨細胞病毒或弓蟲症。

妳的改變

感覺胎動

感覺到胎動，是懷孕期間最感珍貴的一部分，也可能是媽媽和寶寶感覺開始產生緊密牽絆的開始。很多孕婦都是在感受到胎動後，才開始覺得和寶寶之間有連繫。當寶寶在肚子裡動來動去的時候，請伴侶一起摸摸妳的肚子，讓他一起享受這美妙的時刻。

• **胎動的程度，強弱不同。** 從懷孕早期的輕如蝴蝶展翅、蝴蝶飛舞、腹中的一串氣泡，到寶寶愈來愈大時的活潑亂動，甚至拳打腳踢，讓媽媽產生疼痛。

• **寶寶的胎動倒是一件好事。** 研究顯示，如果寶寶在子宮中很活躍，代表他很健康。

孕婦常會問醫師，寶寶應該多常胎動才算正常，這樣萬一寶寶動得太頻繁，或是不太動，才不必憂心忡忡。這個問題很難回答，因為每個孕婦的感受不同，胎兒的活動量也有差異，不能一概而論。不過研究顯示，活潑好動的胎兒大約兩個鐘頭內，至少動10次。胎動頻繁時，孕婦通常較安心。但有胎兒也有安靜、不太活動的時候，這種情形也屬正常。

走動或忙碌時，可能比較不容易感覺到胎動，側躺就比較容易感覺到胎動。許多孕婦覺得，夜裡寶寶比較活躍，讓媽媽難以成眠。

如果胎兒太過安靜或胎動量似乎不正常，或不如預期，可以請教醫

給爸爸的叮嚀

主動分擔現在另一半做起來很不方便的家事，如清潔浴缸、馬桶。幫忙拿清洗的衣服上、下樓。負責拿洗碗機的碗盤，將粗重的東西拿走。為了她的安全，也不要讓她拿高處、或位置危險的東西。

師。如果寶寶的胎動不像平常模式，也可以請醫師讓妳聽胎心音以求安心，不過大多數時候胎兒都很正常，只是準媽媽多慮了。

• **胎動計算。** 寶寶愈長愈大，拳打腳踢的力道也愈強。到了懷孕的晚期，妳可能會被要求記錄寶寶胎動的頻率。

這種檢查方式是在家進行的，就稱作「胎動計算」可以進一步確認寶寶的健康。

妳的醫師可能會從這兩種常用方法中，選擇一種使用。❶是計算寶寶在1個鐘頭內，動了多少次。❷則是觀察，寶寶要動到10下，得花上多久時間。妳通常可以自行選擇要做這類檢查的時間。飯後是個很好的時間點，那時候寶寶通常比較活躍。

胎動時肋骨下方疼痛

有些孕婦表示，胎動時她們肋骨的下方和下腹部會疼痛，這類的疼痛不算少見，不過引起的不適感可能會讓妳擔心。

寶寶胎動的次數會漸漸增加，到妳可能天天感覺得到的程度，而胎動的強度也會提高、更加用力。在這同時，妳的子宮也在變大，並對周邊器官，如對小腸、膀胱及直腸，造成壓迫。

如果這種壓迫真的轉成了疼痛，不要輕忽，必須找醫師檢查。不過，多數例子問題都不是太嚴重。

發現乳房腫塊

發現乳房腫塊的意義很重大，無論是懷孕期間或其他時候。所以，年輕的時候就學會如何自行檢查乳房，並定期檢查（通常是每次月經之後），非常重要。十分之九的乳房腫塊都是由女性自行檢查發現的。

如果妳每年都做檢查，也沒發現腫塊，那麼就能確認妳在懷孕之前，乳房是沒有腫塊的。懷孕期間要發現是否有乳房腫塊比較困難，因為孕婦的乳房會發生變化，所以要摸到硬塊比較難。懷孕期間，乳

房會一直漲大，而哺育也會有隱藏乳房組織中腫塊或團塊的傾向。

懷孕期間要持續檢查乳房，時間為每隔4、5週。選擇每個月月初做是個不錯的時間。如果發現了腫塊，可能就需要做乳房攝影或乳房超音波檢查了。由於乳房攝影是一種X光，所以懷孕期間進行，操作上一定要進行保護，通常是以一塊鉛質的圍裙罩住肚子。懷孕並未出現乳房腫塊會加速變大的情形。

• **懷孕期間的治療。**乳房腫塊通常可以採抽取或吸取的方式，而從囊腫中取出的液體則送到檢驗室去檢查是否有異常細胞。如果腫塊或囊腫無法以針頭抽取，就需要做切片了。抽出的液體如果清澈，那是好現象。

如果腫塊檢查結果顯示是乳癌，懷孕期間就要開始治療。懷孕期間可能產生的併發症有化療對胎兒產生的風險、放射線或藥物。如果腫塊是癌細胞，就必須到考量放射線療法及化學療法，在這同時也必須考量到懷孕方面的需求。

治療孕婦乳癌的藥物已經有長足的進步了。今天，許多孕婦都能在接受癌症治療的同時，還兼顧到肚子裡的寶寶，且在足月產子，沒傷到孩子。

哪些行為會影響胎兒發育？

產前媽媽教室

可能是報名參加媽媽教室的時間了。現在雖然才是懷孕末期的開始，懷孕才6、7個月，現在報名，其實也不算太早。事實上，早點報名上課，妳才能在懷孕快結束前上完課，並還有充裕時間複習所學，才不會到接近分娩了還一知半解。

有時候媽媽教室的指導老師會倡導陰道自然產是最佳生產方式的說法，因此很多孕婦就會認為，最後如果採取剖腹產，就算失敗。其實，分娩的目標是要母子平安，只要能確保媽媽和寶寶的平安健康，各種方法都可能採用。

媽媽教室是學習、並替生產預做準備的另一種方式。課程通常每週一次，全部課程次數為4～6次。妳可以從課程中得到許多解答。課程的內容很廣泛，包括：

♥ 有什麼不同的分娩方式？
♥ 什麼是「自然分娩法」？
♥ 什麼是「剖腹產」？
♥ 有什麼止痛方式可以用？
♥ 關於妳想採用的分娩方式，有什麼必須知道（並練習）的？
♥ 需不需要做會陰切開術？
♥ 需不需要灌腸？
♥ 什麼情況需要裝置胎兒監視器？
♥ 抵達醫院時，要做哪些事？
♥ 是否適合做硬膜外麻醉或其他麻醉？

這些問題都非常重要，如果在產前媽媽教室裡面沒有得到解答，最好請教醫師，問個清楚。

媽媽教室課程多半是小班制，主要提供孕婦、她們的配偶，以及分娩教練來學習。這種學習方法很不錯，因為妳可以與其他夫婦一起上課，交換意見並討論，妳會發現，許多孕婦關心的事和妳一樣，害

怕即將發生之事的人，不
是只有妳一個。

　　媽媽教室的課程，並
不是專為懷頭胎的孕婦而
設。如果妳再婚、已多年
沒有生育小孩或對生產仍
有疑問，想要再複習，都
可以報名參加。這些課程
能降低妳及配偶對分娩、生產的擔心及焦慮，也能協助妳順利又快樂的
產下小寶寶。

　　由醫院產房所提供的媽媽教室課程，多半是由產房護理人員來指
導。這些課程也分等級及難易度，各種課程的內容及主題的深入程度
也各不相同，妳可以請教醫師或護士，選擇最適合妳的課程。

　　媽媽教室的能讓孕婦、配偶以了解懷孕相關的資訊、到醫院生產時
會發生的事、以及陣痛及分娩的過程。有些夫婦發現，上這些課程是能
讓先生提高參與感的好方法、也能讓他感到較為安心。上完課，他也有
機會能在陣痛與分娩過程擔任更積極的角色。

　　如果妳是因為時間、或安胎必須臥床等原因無法參與，在家上也是
可以的，有些私人老師可以到家裡來上課，妳也可以看影片，請洽詢妳
居家附近的圖書館。

妳的營養

維生素A、B、E

　　懷孕期間，有些重要的維生素是妳非常需要的，這其中包括了維
生素A、維生素B和維生素E。

　　• **維生素A**。這種維生素在人類的繁殖及複製上非常重要。（本

文只討論由魚油中所提煉的維生素A，至於由植物萃取出的 β-胡蘿蔔素，一般認為是相當安全的。）

育齡婦女維生素A的每日建議攝取量（RDA）是2700國際單位（IU），最大劑量不可超過5000IU。即使懷孕，這個需求量也是不會產生變化的。食物中通常就可以得到足夠的維生素A，因此並不建議孕婦額外補充。請注意食物成分標示，並注意自己的維生素A攝取量。

• **維生素B**。維生素B群包括B₆、B₉（葉酸）及B₁₂，這些維生素會影響胎兒的神經發育及血球的生成。如果懷孕時所攝取的B₁₂不夠，可能就會造成貧血；攝取量如果足夠，則可預防某些特定的天生性缺陷。

食物中有許多優良的維生素B來源，包括牛奶、蛋、天貝（tempeh，印尼的發酵黃豆餅）、味增、香蕉、馬鈴薯、羽衣甘藍、酪梨及糙米。

• **維生素E**。對孕婦來說，維生素E是一種很重要的維生素，它能協助脂肪代謝，也能協助製造紅血球、防止肌肉萎縮等。如果妳平常有吃肉，應該就能從中獲得足夠的維生素E。素食者和不吃肉類的孕婦，若要獲得足夠的維生素E，就比較困難。孕婦的維生素E攝取量如果不足，孩子5歲前產生氣喘的機率就會提高。不過，也不要過量攝取維生素E，研究顯示這樣也可能會引起問題。

富含維生素E的食物包括了橄欖油、小麥胚芽、菠菜及乾燥水果等。妳可以請教醫師，也可以詳細閱讀孕婦維生素的標籤，看看是否達到了飲食建議量。

其他須知

產前蜜月

現在許多準爸媽都會在懷孕結束前，計畫一個「產前蜜月」。這是一個在寶寶來臨前，準爸媽彼此交心、享受甜蜜相伴的兩人假期。這種假期的目的主要在放鬆身心、好好珍惜並寵愛彼此。

夫妻倆可以找個週末，選個離家近的地方度個小假，也可以選擇稍微遠些的地點，享受世外桃源。

產前蜜月這段時光應該用來散散步、休息睡覺、躺在游泳池邊放鬆、在高雅的餐廳好好享受美食、拍拍照，創造美好的回憶。這是妳們在開始進入新手父母，手忙腳亂的生活前，好好享受彼此甜蜜相伴的最後機會。有些人對產前蜜月非常期待，希望能用紓壓按摩和SPA療法的方式，好好寵愛自己。

• 計畫之前。 在預付訂金，或是付錢購買無法退款的票券前，一定要先跟醫師商量，他可能會有妳們不應出門旅行的具體理由。

醫師如果放行了，先做一些行程研究。如果想做短期的海上之旅，先查查看遊輪是否禁止懷孕達特定週數的孕婦登船。

如果妳考慮參加一些自己喜歡的活動行程，先問問看孕婦是否有限制。無論如何計畫，盡量簡單、輕鬆隨意就好。

懷孕最適合旅行的期間通常在懷孕中期內。這時候，害喜狀況通常已經改善，孕婦的肚子也還沒大到行動不便。

> 寶寶在子宮內的經驗會影響到他認知與感官能力的發展。

狼瘡

狼瘡是一種自體免疫力的疾病，病因不明，通常發生在年輕與中年婦女身上。這是一種慢性的發炎性疾病，可能影響到多個器官。狼瘡患者血液內會出現大量抗體並直接攻擊患者體內的器官及組織造成傷害，而可能受到影響的器官包括了關節、皮膚、腎臟、肌肉、肺部、腦部以及中樞神經系統。而狼瘡最常見的症狀是關節疼痛，其他的症狀還包括了器官的損傷、發燒、高血壓、出疹或皮膚長瘡。

皮膚狼瘡主要影響的是皮膚，但也可能傷及毛髮及黏膜。全身性紅斑狼瘡，則影響到全身各個器官或系統，包括了關節、皮膚、腎臟、心臟、肺部或神經系統。狼瘡的病例中，有70%是全身性紅斑狼瘡或系統性紅斑狼瘡。而全身性紅斑狼瘡的影響大多與高血壓或腎臟疾病有關。

藥物引起的狼瘡是長期使用某些特定藥物導致的副作用。停藥之後，所有症狀通常會在幾週之內完全消失。重疊性狼斑則是患者有一種以上結締組織病變的情況。除了狼瘡外，患者還可能罹患硬皮症、類風濕性關節炎、肌炎、或修格蘭氏症候群。

新生兒紅斑性狼瘡相當罕見，是由準媽媽將她的自體抗體傳給寶寶，並影響到寶寶的心臟、血液和皮膚。這種狀況在出生幾週內伴隨著疹子出現，有可能持續6個月之久。

狼瘡的診斷必須透過抽血，找出有問題的狼瘡抗體或抗細胞核的抗體。

• **治療狼瘡。**治療狼瘡通常會使用類固醇（腎上腺皮質類固醇corticosteroids的簡稱）。而醫師最常開立的藥物有培尼皮質醇（prednisone）、潑尼松隆（prednisolone）和甲基培尼皮質醇（methyl-prednisolone）。使用時，有少量藥劑會被傳入胎兒體內。

迪皮質醇（Dexamethasone）和貝他米松（Betamethasone）會透過胎盤，傳給胎兒，所以必須連寶寶一起治療時就會使用。這些藥物在早產和分娩時都可以用來加速肺部的成熟。這種治療方式就叫做產前類固醇治療管理（antenatal corticosteroid administration）。

如果妳有在服用warfarin（註：藥物品名為歐服寧），請儘速去看醫師，換成肝素（heparin）。如果妳有高血壓，就必須換藥。懷孕初期之間，不要吃cyclophosphamide。Azathioprine 和 cyclosporin在懷孕期間是可以繼續使用的。

• **懷孕期間的狼瘡。**懷孕期間，大部分的狼瘡的病例就算看起來完全正常，也全部要以高風險疾病來看待。50%以上的狼瘡病患懷孕時完

全正常，所產下的大部分新生兒也很正常，只是多少有早產的情形。

大約35%患有狼瘡的孕婦體內都有抗體，會干擾到胎盤的功能。這些抗體會在胎盤中形成引起血塊，讓胎盤無法順利成長與作用。發生這種情況時，推薦的用藥是肝素（heparin），有些醫師還會添加一些少量的最低劑量阿斯匹靈（baby aspirin）。

狼瘡孕婦產生併發症的風險稍微高了一些，尿中的尿蛋白情況可能會更糟糕。懷孕期間，最好每個月去看一次風濕科醫師，如果患者開始發作或出現其他症狀，醫師才能處理。

分娩時，為了保護產婦，醫師常會施以壓力劑量的類固醇（stress steroid）。而部分專家則認為產後應該給患有狼瘡的產婦類固醇，或提高原來類固醇的劑量來預防發作。狼瘡產婦可以母乳哺育；不過，部分藥物，如培尼皮質醇，會影響乳汁的分泌。

第27週的運動

上超市、去郵局排隊等結帳時，來做點「創意」運動吧！這些運動可以鍛鍊一些妳分娩時用得到的肌肉。

> ♥ 把腳趾頭抬起、放下，訓練妳的小腿肚。
>
> ♥ 雙腳稍微打開，往側面稍微掀開，練練妳的四頭肌。
>
> ♥ 臀部肌肉緊緊縮起，然後放鬆。
>
> ♥ 做一下凱格爾運動（參見懷孕第14週的運動），強化妳的骨盆底肌肉。
>
> ♥ 縮起腹部肌肉，保持不動。

無論是在家或在公司，妳可能都得伸手拿東西。要拿東西的時候，做控制呼吸的練習。

♥ 伸手出去拿東西前，吸一口氣、腳趾頭抬高、兩隻手同時舉高。

♥ 拿到東西後，腳跟慢慢放下來。

♥ 雙手要放下、回到身體兩邊時，慢慢吐氣。

第二十八章

懷孕第28週
〔胎兒週數26週〕

寶寶有多大？

本週,胎兒重約1000公克,頭頂到臀部的長度約25公分長,身高全長約37公分。

妳的體重變化

妳的肚子繼續成長。有時候覺得長得慢吞吞,有時候卻覺得變化超快,彷彿一夜之間就變大了。

子宮這個時候大約是在肚臍上方約8公分的位置。如果從恥骨連合量到子宮底部,約28公分。這個時候,妳體重的增加應該在7.7～10.8公斤之間。

寶寶的生長及發育

本週,胎兒發育中的大腦,表面顯得更平滑。懷孕28週左右,大腦會在表面形成一些獨特的溝槽及紋路,大腦組織的容量也會繼續增加。

胎兒的眼睫毛跟眉毛開始形成,頭髮漸漸長長,軀體日漸豐滿,看起來圓滾滾的,這是因為胎兒的皮下脂肪漸漸積聚的緣故。在此之前,胎兒看起來還瘦巴巴的。

胎兒現在重約1000公克左右,這跟11週以前(**寶寶17週大時**)體重只有約100公克比起來,真是天壤之別,體重至少增加了10倍。即使與4週前相比,也足足增加了一倍。真是一暝大一吋!

妳的改變

味蕾改變

有些孕婦會抱怨懷孕期間，入口的東西都特別難吃。這種情形叫做味覺異常，是懷孕常見的狀況，可能是源自於懷孕期間的荷爾蒙改變或消除了味覺。有些孕婦覺得嘴巴裡有金屬味道，或苦味，

第28週的小提示

即使還要週才生產，現在就著手計畫到醫院的路線並不嫌早。計畫中應該要包括伴侶的聯絡方式（他所有的聯絡方式，妳都要隨身攜帶）、萬一他剛好離妳很遠，無法及時送你去醫院，妳要如何上醫院。誰是可能的司機？怎麼保持聯繫？這些現在就可以計畫！

甚至覺得某些食物的沒有味道。雖然這是種常見的狀況，但幸好這種情況通常在懷孕中期就會消失。如果妳有味覺異常，試試以下的辦法：

♥ 如果甜味感覺太甜，例如覺得罐裝水果或果凍太甜，可以加一點鹽來降低甜度。

♥ 水中添加檸檬、喝檸檬水或吸吮一下柑桔類的果汁。

♥ 魚肉、雞肉、或肉類都用醬油或柑桔類果汁醃過。

♥ 使用塑膠製的餐具，不鏽鋼器皿會使金屬感的味覺提高。

♥ 常刷牙。

♥ 用小蘇打粉加水漱口（1/4茶匙的小蘇打放進一杯的水中），對中和酸鹼值有幫助。

胎盤與臍帶

胎盤在胎兒的生長、發育及生存各方面，都扮演極為重要的角色。臍帶有兩條臍帶動脈跟一條臍帶靜脈。

胎盤最主要的功能，就是運送氧氣及養分給胎兒，並排除胎兒體

內的二氧化碳及廢物。

　　胎盤還會製造人類絨毛膜促性腺激素，受孕10天後，就能在母親血液中檢測出這種荷爾蒙。等到懷孕第7或第8週，胎盤會開始分泌雌性激素及黃體激素。

　　與胎盤和羊水囊發育相關的細胞層有兩層，分別是羊膜與絨毛膜。羊膜就是包覆在羊水外的細胞層，而胎兒就在羊水中游動。

　　胎盤最初是由滋養層細胞所組成，滋養層細胞由母體血管壁延伸出來，建立起與母體血管有聯繫的網絡，但兩者的血液不相流通（胎兒的血液循環自有其系統，不會與母體相通）。

　　胎盤以極快的速度長大。10週左右，重量就達20公克。10週之後，也就是懷孕的20週時，重量將近170公克。再過10週，胎盤的重量則增加到430公克左右。到了40週，重量則接近650公克！

　　研究顯示，寶寶在母體時，花了不少時間在拉扯、擠壓臍帶。

　　絨毛位在胎盤底部，緊緊的連結在子宮上，並從母親的血液中吸取營養與氧氣，透過臍帶中的臍帶靜脈運送到胎兒體內。而胎兒的排泄物則是透過臍帶動脈，傳送到母親的血管去。

　　胎兒足月時，正常的胎盤看起來是扁扁的，呈圓形或橢圓形，有如一塊直徑15～20公分、厚2～3公分的蛋糕，平均重量500～650公克。胎盤多半呈紅色或暗紅色。接近產期時，胎盤上偶爾會出現白色斑塊，這是鈣質沉澱的緣故。連接胎盤的臍帶則約55公分長，通常呈白色。

　　胎盤的形狀及大小因人而異。但如果母親感染梅毒或胎兒罹患紅血球母細胞過多症（巨母紅血症，是胎兒因RH因子與母親不合而引起的

溶血性貧血），胎盤就會過大（即胎盤巨大症），但有時候，胎盤過大，卻找不到原因。正常懷孕也可能出現較小的胎盤，此外，胎兒生長遲滯的案例，胎盤通常也會較小。

胎盤附著在子宮內壁的母體面呈海綿狀，接近胎兒的胎盤面則外表平滑，因為外表包覆著羊膜及絨毛膜。

多胎妊娠時，胎盤可能不只一個，但也可能多條臍帶共用一個胎盤。同卵雙生時，有兩個羊膜囊、兩條臍帶，卻只有一個胎盤。

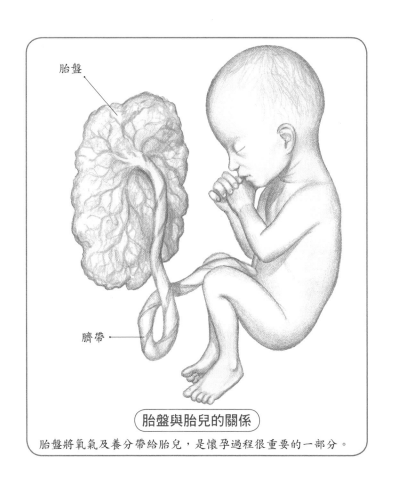

胎盤

臍帶

胎盤與胎兒的關係

胎盤將氧氣及養分帶給胎兒，是懷孕過程很重要的一部分。

哪些行為會影響胎兒發育？

懷孕期間的氣喘

氣喘是一種慢性的呼吸系統疾病，肺部的小氣管會因病變窄。氣喘發作時通常會呼吸困難、哮喘、呼吸短促、胸部收縮以及咳嗽。

氣喘是很常見的疾病，好發的年齡不定，任何年紀都可能發生，但約33％的人在40歲以前發作，同時70%的氣喘病患也有過敏的問題。

懷孕不至於會對氣喘患者造成持久性或可預期的傷害，有些氣喘患者在懷孕期間症狀會改善，有些則沒什麼變化，只有少數人情況會惡化。

香菸的煙也可能會導致氣管發炎、咳嗽、哮喘，以及呼吸短促。此外，氣喘病患者在有雷雨的季節也要小心——雷雨會增加氣喘病發作的風險。

許多氣喘病患者也有胃灼熱的毛病，而這毛病只會讓氣喘的症狀更加惡化。由感冒引起的上呼吸道感染也容易讓氣喘發作。

• **懷孕對氣喘的影響。**大約有8%的孕婦患有氣喘病，在女性患者上發生的比例高於男性40%，是孕婦最常發生的疾病之一。

> 如果孕婦有氣喘病，懷孕時體重又過重，寶寶就比較可能有氣喘。

懷孕期間，有些孕婦的氣喘會有好轉的情形，而其他大多數人的狀況如舊。但是，如果妳在沒有懷孕時曾有過嚴重的發作，懷孕期間也可能會有嚴重的發作。

研究顯示，懷孕期間，氣喘病如果好好加以控制，孕婦懷孕的結

果可能和沒有患氣喘的孕婦一樣好。此外，懷孕最後一個月，由於荷爾蒙的改變，氣喘的症狀通常會有改善。

有氣喘病但是未加治療的孕婦會讓寶寶置身風險之中。如果妳的氣喘情況嚴重又未加以控制，**寶寶**在妳發作的時候可能會發生缺氧情形，因為孕婦本身得到的空氣如果不夠，**寶寶**也會不夠。

懷孕期間注射流感疫苗，降低罹患嚴重呼吸道疾病的風險很重要，嚴重的呼吸道疾病可能會讓氣喘發作得更嚴重。避免吸入香菸的煙味，不要抽菸，遠離癮君子。

研究顯示，如果懷的是女兒，孕婦懷孕期間氣喘發作的情況可能會惡化。如果懷的是兒子，發作的情形可能會較和緩，因為研究人員認為男胎分泌的男性賀爾蒙對氣喘媽媽有保護的作用。

懷孕期間要定期去看過敏科醫師，檢查肺部功能，看看妳用藥的劑量是否需要調整。過敏科醫師可能會要妳用尖峰吐氣流量計來測量，監控妳的呼吸，看看氣管開放的程度。氣喘不該成為妳在陣痛期學習呼吸技巧的阻礙，請和醫師討論。

• **氣喘發作時的治療。**治療氣喘是一件大事，好好治療寶寶才能得到生長發育所需的氧氣。懷孕期間，孕婦的耗氧量比平時提高了25%，懷孕之前的療程在懷孕後繼續使用，通常還是很有效的。

研究顯示，懷孕期間服用氣喘治療藥物比不吃藥，感冒氣喘及其併發症發作的風險要低。大多數的氣喘藥物，懷孕期間也能安全使用，不過繼續服用平時的處方藥物前，先問過醫師。

一些抗氣喘用藥，像是特布他林（terbutaline）和類固醇乙酸皮質

醇（hydrocortisone）、甲基培尼皮質醇（methylprednisolone），懷孕期間也能使用。胺非林（Aminophylline）、茶鹼（theophyline）、奧西那林（metaproterenol，Alupent）以及albuterol（Ventolin）懷孕期間使用也是安全的。

> 　　除了氣喘藥物之外，還有一些方法可以幫忙預防氣喘發作。床墊上鋪一層防塵蟎罩子可以降低過敏性氣喘發作的機率。一項研究顯示，每天吃46公克以上的柑橘類水果（中型柑橘的1/3）可以降低氣喘發作的機會。吃菠菜、番茄、胡蘿蔔、綠色葉菜也有助於降低氣喘發作。經證實，魚油可以改善由運動引起的氣喘呼吸問題。

　　研究發現，吸入式的類固醇似乎對胎兒的成長沒有影響。使用吸入器時，藥物大多直接進入肺部，進入血液中的量非常少。

　　如果妳的氣喘很嚴重，醫師會給妳抗發炎的鼻噴劑，像是 cromolyn sodium（Nasal- crom）或吸入式的類固醇，如 beclomethasone（Vanceril）。初期產檢時，儘早和醫師討論這種狀況吧！

妳的營養

　　新版的建議攝取指南已經修正了維生素D的攝取量為每人每日600國際單位。超量的攝取，如每日2000國際單位是不推薦的。

　　維生素D可以從許多食物來源取得，其中包括了牛奶、蛋、牛肝、某些魚類，或透過補充劑，如維生素D添加的麥片來攝取。

　　懷孕期間，一定要確保維生素D的攝取量是充足的——這對寶寶的骨骼很好。

服用維生素D有助於紓解季節性情緒失調的情況。季節性情緒失調是患者在冬天會出現焦慮、疲憊、以及悲傷等情緒。請教醫師，妳是否應在懷孕期間服用維生素D。

其他須知

減重餐

不少女性都是靠著減重餐包來減肥的。不少女性都想知道，一旦懷孕是否還能照原來的餐飲計畫，繼續吃這類食品。

產後如果想親自授乳的話，妳需要健康、熱量也更高的飲食，因為分泌乳汁將需要更多、更營養的熱量，這不是減重餐所能提供的。如果妳決定不要親自以母乳哺育，或是已經過了哺育期，那麼這些飲食計畫將可幫助妳甩掉多餘的體重。

懷孕末期的檢查

在懷孕末期內，妳可能必須做不少檢查，才能了解在預產期逼近的時候，妳和寶寶的情況如何。

- ♥ 乙型鏈球菌感染檢查，參見第29週。
- ♥ 末期的超音波檢查，參見懷孕第35週。
- ♥ 胎動計算，參見懷孕第27週。
- ♥ 子宮頸擴張指數，參見懷孕第41週。
- ♥ 無壓力測試，參見懷孕第41週。
- ♥ 子宮收縮壓力試驗，參見懷孕第41週。
- ♥ 胎兒生理評估，參見懷孕第41週。

應該把哪類食品吃下肚？

懷孕期間，妳可能會想著，該吃些什麼，或是把哪些食物從飲食中去除。下列的圖表可以提供妳一些參考。

可以多吃的食物	每日分量
深綠色或深黃色的蔬菜水果	1
含豐富維生素 C的蔬菜水果（番茄、柑橘類）	2
其他蔬菜水果	2
全穀類的麵包和麥片	4
乳製品，包含牛奶	4
蛋白質來源（肉、家禽肉、蛋、魚）	2
乾的豆子和豆莢、種子及堅果類	2
適量攝取的食物	**每日分量**
咖啡因	200mg
脂肪	限量
糖	限量
要避免的食物	**每日分量**
所有含酒精成分或有食品添加物的食物	

懷孕28週是許多醫師進行最初、特定血液複檢、或是一些小程序的時間。糖尿病的檢查也會在這個時間做。

血型不合

血型分為A型、B型、AB型和 O型，這有時也稱作主要血型分類。懷孕初期所做的驗血是為了判斷血型，並篩檢血液中是否有抗體。

血型不合是指ABO型血液的差異，與RH因子不合類似。血型不合

可能讓新生兒因血球被摧毀而致病（新生兒溶血症）。AB血型不合是新生兒產生這問題最常見的原因。

這種情況發生在母親血型是O型，配偶的血型是A或B，而他們所孕育出來的孩子血型可能是A或B時。母親有可能產生抗體來摧毀寶寶的血球，導致新生兒出生時發生黃疸或貧血。無論是哪種狀況，幾乎都很容易治療。

寶寶的胎位

妳可能會好奇，寶寶在妳子宮裡的胎位如何。是頭先，還是屁股先（胎位不正）？寶寶有橫躺嗎？這個時候光靠摸肚子，是很難摸出來的——通常是不可能摸得出來。懷孕期間，寶寶的位置姿勢會一直改變。

妳可以摸摸肚子，看看能不能摸出頭或身體其他部分的位置在哪裡。再等3、4週，寶寶的頭變得更硬後，醫師要判斷寶寶的胎位就比較容易了。

殺蟲劑與驅蟲劑

如果妳懷孕了，而且住在蚊蟲為患的區域，那麼一定要小心預防蚊蟲叮咬，降低被感染的風險。不要出入蚊蟲大量出沒的地方，門窗裝上紗窗，並穿上具有保護作用的衣物。院子裡面不要有死水，蚊子的幼蟲孑孓和其他蟲類才不會在裡面孳生。

妳也可能會想，使用驅除蚊子或其他昆蟲的驅蟲劑到底安不安全。使用在EPA登記註冊的驅蟲產

給爸爸的叮嚀

你的伴侶感受到寶寶的胎動已經一段時間了。到了這個時間，你應該也能感覺得到了！請把你的手輕輕放在她的肚子上不動，寶寶動的時候，請她告訴你。

品是沒關係的（這類產品已由美國的環境保護局的相關單位進行過安全性的審查。）

疾病管制局則建議在皮膚裸露處及衣服上使用含DEET或Picaridin成分的驅蟲劑，在衣服上噴用

阿嬤的曬傷急救秘方

如果妳曬傷了，煮一些薄荷茶放冷。將小毛巾在薄荷茶裡沾濕，覆蓋在曬傷的皮膚上，這樣既可以讓曬傷清涼下來，又可以預防脫皮。

Permethrin。檸檬尤加利精油是另外一種選擇，只是效果不如上述藥劑持久。

殺蟲劑不要噴灑過度，噴衣服就好，不要噴到皮膚。捕蚊燈和驅蟲蠟燭也有效果，甚至連一些植物也能幫助驅蟲，例如香茅類植物。

腦白質海綿狀變性

腦白質海綿狀變性，是常見的腦部退化疾病。這種疾病是一組稱為「腦白質失養症」的遺傳疾病之一。腦白質海綿狀變性患者的腦白質部分會退化成海綿組織，還出現了充滿液體的小小空隙。此病會造成髓鞘發育的問題，覆蓋之上的脂肪則成為隔離物，包覆了腦部的神經纖維。

這種病是無法治療的，也沒有標準的療程。在嬰兒期間出現，預後非常不樂觀，一般4歲之前就會死亡。

腦白質海綿狀變性可以透過驗血檢查出來。檢查時可以篩選是否缺乏酶素，或控制冬氨酸氨基酸轉移酶基因中有變異。父母雙方都必須是缺陷基因的帶因者，生出來的小孩才會有病。當父母雙方都被驗出帶有腦白質海綿狀變性基因的變異時，每次懷孕，胎兒遺傳到該病的機率有1/4。

第28週的運動

　　在直背的椅子上坐直，膝蓋彎曲，雙臂放鬆垂在身體兩側，腳平放在地面。將左腳伸直，舉高抬離地面，維持8秒。身體一定要打直坐好。左腳放下。每支腳交換做5次。伸展腿後肌，強化髖骨肌肉。

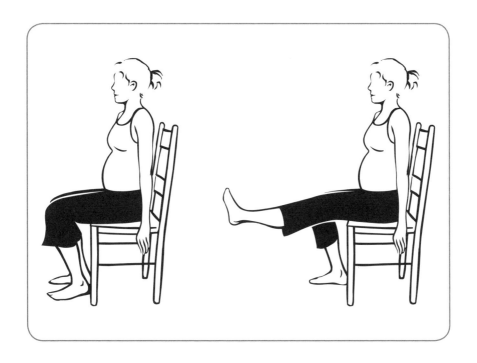

第二十九章
懷孕第29週
〔胎兒週數27週〕

寶寶有多大？

本週，胎兒約重1200公克，頭頂到臀部長約26公分，身長總長約38公分。

妳的體重變化

子宮高度比肚臍高7.6～10.2公分，從恥骨連合量起約29公分。如果4週前（懷孕25週）妳曾產檢，那時子宮還只有25公分，子宮在短短4週內長大了4公分。妳的體重到了本週，應該已經增加8.5～11.5公斤不等。

寶寶的生長及發育

隨著懷孕的進展，每週醫生都會注意胎兒的體重及大小。以下將提供一些平均數字，有助於妳了解胎兒的實際大小。不過，這些數值只是個平均值，每個寶寶的大小及體重，還是有個別差異的。

因為懷孕期間，胎兒的成長都非常快速，因此，早產兒可能會非常小，即使只早產幾週，對胎兒的體型也有明顯影響。36週以後，胎兒雖然繼續生長，不過速度明顯減緩。

以下是幾項關於胎兒出生體重的有趣數據：

♥ 男孩體重大多比女孩重。
♥ 寶寶的出生體重，會隨著懷孕次數愈多或產下的寶寶數愈多而增加。

這些都只是普遍性的敘述，不一定符合妳的狀況，只是大多數情形都是如此。一般而言，足月產寶寶的體重大約是3280～3400公克。

胎兒的成熟度

懷孕38～42週出生的**寶寶**，稱為足月產兒；在38週以前出生則稱為不足月產；42週以後出生的嬰兒，稱為過熟兒。

在懷孕期結束前出生的胎兒，稱為早產兒或不足月產兒，不過，這兩個名詞是有差異的。例如，一個在懷孕32週就出生，但肺臟功能已經十分健全的嬰兒，稱為不足月產是比較適當的。而早產兒則通常是指肺臟尚未發育完全就出生的嬰兒。

提前發生陣痛或早產

在美國，很多**寶寶**都是在預產期之前就出生了。統計數字顯示，大約有13%的新生兒是早產兒——換算一下數字，也就是每年約有五十萬個**寶寶**早產！（註：在台灣，早產兒的比例約占新生兒人數的8％至10％，每天大約有60個早產兒出生。）

今天，我們將早產兒分成幾類。最常用的分類方式如下：

♥ 幼型早產兒——懷孕27週之前出生。
♥ 早期早產兒——懷孕27～32週之間出生。
♥ 早產兒——懷孕32～37週之間出生。
♥ 晚期早產兒——懷孕37週後出生。

早產會使寶寶發生問題的機率提高。不過，目前不足月產兒的存活數目，已比60年前提高了兩倍。

但這些不足月產兒的死亡率下降，主要是指懷孕7個月（懷孕27週）以後才出生、體重已達1公斤，並且沒有先天性畸形的孩子。如果懷孕週數或體重低於上述條件，死亡率還是會增加。

隨著醫療的突飛猛進，照顧早產兒的方法也日益進步，大幅提高了早產兒的存活率。現在，25週的早產兒也都能存活了，不過這些孩子長期的存活情況及生活品質，則必須等他們再長大些才知道。屬於出生體重偏低的孩子，許多都帶有殘疾，體重較重的孩子也有殘疾。早產、出生時體重偏低的孩子風險是最高的。

372頁的插圖中可以見到早產兒的身上，連結著好幾個監測心跳的電極片。除了這些，早產兒還可能會接上靜脈點滴注射、插導管、罩氧氣面罩等等醫療設備。

對胎兒來說，媽媽的子宮是最安全的地方，因此，盡可能安胎，只有在子宮裡，胎兒才能充分發育及生長。不過，有時胎兒如果無法從子宮得到適當的養分，提前生產才是最好的辦法。有將近25%的不足月生產都是因為懷孕的併發症所導致——為了寶寶的健康與安全，只好提前。

那麼，妳怎麼知道自己是否提前陣痛了呢？以下就是一些提前陣痛的跡象：

♥ 陰道分泌物的類型改變（水狀、黏膜或帶血）。

♥ 出現類似月經的痙攣。

♥ 位置較低、悶重的腰痛。

♥ 骨盆腔或下腹部感覺有壓力——覺得寶寶正在用力的往下推。

♥ 不尋常的陰道分泌。

♥ 分泌物的量增加。

♥ 腹部痙攣，不一定會有腹瀉。

♥ 破水。

♥ 每十分鐘左右收縮一次，甚至更頻繁。

♥ 出血。

　　有些辦法有助於中止提前發生的陣痛。首先，無論現在正在做什麼事，都先停止，向左側躺一個小時。喝兩、三杯水或果汁。如果症狀更劇烈或經過了一個小時也沒消失，去看醫師或直接上醫院；如果症狀消失，那一天都要好好放鬆休息；如果症狀停止後又出現，那就要去看醫師或上醫院。

　　• **提前發生陣痛或早產的原因。**就大部分的情況而言，為什麼會提前陣痛以及早產，醫界並不清楚，要找出一個原因其實很難。不過，努力還是一直持續著，因為只有找出原因，才能進行更有效的治療。提前陣痛的孕婦中，有一半並沒有任何確知的風險因子。

　　以下是可能使陣痛提前的風險因子。如果發生以下情形，提前陣痛的風險就會提高：

♥ 前一次懷孕也有提前陣痛或早產的情形。

♥ 抽菸或吸食古柯鹼。

♥ 懷有一個以上的孩子。

♥ 子宮頸或子宮異常。

♥ 本次懷孕期間曾動過腹部手術。

♥ 懷孕期間曾經發生感染，例如泌尿道感染或牙齦問題。

♥ 本次懷孕的中期或末期期間曾經有出血的情形。

♥ 體重過輕。

♥ 母親或外婆曾經吃過動情激素（或稱乙烯雌酚DES，diethylstilbestrol）。

♥ 沒做產檢，或做的產檢太少。

♥ 所懷的孩子帶有染色體疾病。

除了上述各項之外，還有一些風險也被證實了，其中包括了高齡產婦、所懷的孩子是人工受孕的試管嬰兒、前次生育後，很快又懷孕（少於9個月），年齡在17以下或35以上。研究也顯示，如果妳嘗試了1年以上才懷孕成功，那麼早產的機率也略微提高了些。

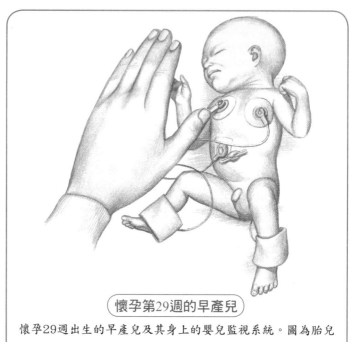

懷孕第29週的早產兒

懷孕29週出生的早產兒及其身上的嬰兒監視系統。圖為胎兒大小和一隻成年人手掌的對照。

研究顯示，寶寶即使只提早幾週出生也會比足月兒危險。在懷孕34～36 週之間出生的新生兒，死亡率是37～41週間出生的三倍之高。36週之前出生的新生兒容易出現呼吸和哺乳方面的問題，體溫調節也容易出毛病。我們曾經一度相信，胎兒的肺在懷孕34週時就已經發育成熟，但現在知道事實並非如此，這些發現會影響到自選性剖腹產和引產的決定。

部分專家認為一半的早產，原因可能是感染，鐵劑攝取不足也被認為會提高早產風險。有些研究人員相信，每天吃孕婦維生素最多可把早產的風險降低一半之多！

孕婦的高密度脂蛋白膽固醇過低以及同半胱胺酸濃度太高已經證實是不足月生產的重要因素。兩者同時發生時，早產的風險還會提高兩倍。

還有研究指出早產的產婦未來有發生心臟病和中風的風險。導致中風和心臟病的因子在孕婦懷孕中期時是提高的。

• **醫師可能做的檢驗。**SalEst這種檢驗可以協助醫師判斷孕婦是否可能提早陣痛。這種檢驗檢查孕婦唾液中一種稱為「雌三醇」荷爾蒙的數值。研究證實，在提前陣痛發生的前幾週，這種荷爾蒙量通常會攀高，如果檢驗結果為陽性，孕婦在懷孕37週前早產的機率會比一般孕婦高出七倍。另外一種檢驗是檢查胎兒纖維結合素，請參見懷孕第22週中的探討。出現早產徵兆時，有時必須好好考慮一些很難回答的問題：

♥ 對胎兒來說，到底是留在子宮裡比較好，
　還是生出來比較好？
♥ 對懷孕及預產期的預估，是否正確？
♥ 情況真的是陣痛嗎？

妳的改變

臥床安胎治療早產

最常用來預防早產的方法，就是臥床安胎，孕婦出現早產徵兆，醫師通常會囑咐她臥床休息並採側睡（哪一側都好）。臥床安胎一詞涵蓋的範圍從減少活動，到一天24小時釘在床上，只有起身上廁所、洗澡時才離開床。

當妳被要求整天臥床安胎時，覺得憤怒、心中生厭，是稀鬆平常的事。大約有20%的孕婦，懷孕的某個時期會被要求臥床安胎，但並非所有專家都贊成這種治療方式。如果醫師建議採臥床休息的方式，可以跟他討論是否有其必要、以及所有相關的事情。問他是否有其他的選擇，例如是否能夠吃藥控制。可以和專門處理高風險懷孕的周產期科醫師討論，尋求他的第二意見。

臥床安胎通常可以成功的讓收縮和提前陣痛的情況中止。如果妳被告知要好好在床上休息，意思就是妳不能去上班，許多活動也不能繼續了。如果可以藉由休息避免寶寶早產，那麼一切都值得了。

醫師會要求孕婦臥床安胎通常是有下列原因：提早發生陣痛、妊娠高血壓、子宮收縮、長期的高血壓、子宮頸閉鎖不全、以及前置胎盤。工作上的壓力太高或是生活方式也可能是孕婦被要求臥床安胎的原因，如果發生嚴重的併發症，醫師還會要孕婦入院治療。

另一項對臥床安胎負面的原因是腿部血栓的風險會增加，這種情形稱為下肢深部靜脈栓塞。其他的問題還包括了肌肉無力／萎縮、骨中鈣質流失、體重問題（增加太多或太輕）、胃灼熱、便秘、噁心、失眠、憂鬱症、以及造成家中的壓力等等。和醫師討論一下在床上也能做的運動，像是

第29週的小提示

如果醫師要妳臥床安胎，請乖乖照他的話做。當妳有一堆事情要忙的時候，要妳中止活動，在床上呆坐很難，但請別忘了，這是為了寶寶和妳自己的健康著想。

伸展操或伸展訓練，以免肌肉軟弱無力。

在床上躺太久會讓妳身材走樣，不過，生完寶寶後再讓一切事情慢慢恢復吧！要恢復成原來的活動程度可能需要一段時間，不過除非妳在體能上已經能負荷了，不然不要急著勉強自己恢復活動。

• **臥床安胎解悶妙方**。臥床安胎可能是一天部分時間，也可能是一天24小時，每週7天，被綁在床上可能無聊至極。以下就是一些臥床安胎時，解悶的建議。

- ♥ 白天待在客廳或起居室沙發，不要留在臥室。
- ♥ 建立一套白天的流程。起床後，換上白天的家居服，每天沖澡或洗澡，梳理頭髮，塗上唇膏，正常睡眠時間才睡覺。
- ♥ 白天不要打盹小睡。不然晚上睡不著。
- ♥ 用泡綿床墊或多墊幾顆枕頭，讓自己舒服一些。
- ♥ 電話放在身旁伸手可及的範圍。
- ♥ 手邊擺放閱讀的書報、電視遙控器、收音機或其他必需品。
- ♥ 一台有連結上網的筆記型電腦，說不定就變成妳的救命寶物囉。這東西娛樂、工作兩相宜。
- ♥ 利用時間學習外語。很多語言的學習程式，電腦上都能跑。
- ♥ 食物和飲料最好也是伸手能及。食物和飲料要放在冰箱裡保持冰冷，熱湯或花草茶要裝在有隔絕的保溫容器裡。
- ♥ 開始寫日誌，本書和其他逐週的懷孕日誌都是很好的靈感和資料來源，可以幫助妳把想法和感受記錄下來，現在和伴侶共享，以後則和孩子分享。
- ♥ 做些不會弄得一團凌亂的手工藝品，像是刺繡、打棒針或鉤針、畫圖或手縫，也可以幫寶寶做點東西！
- ♥ 利用時間，計畫迎接寶寶的到來。
- ♥ 花些時間，計畫一下嬰兒房的佈置（別人得幫妳動手佈置才

行）。想想需要什麼嬰兒用品，列一張寶寶回家後的必需品清單。

♥ 整理歸類。利用時間將妳的食譜分類，照片放進相簿，檢查一下手上的折價券，或是做一本剪貼簿，等寶寶生下來就可以剪輯資料了。

♥ 打電話給平時最喜歡的慈善或志工、政治團體，自願提供打電話或折信封、寫信等等服務。

♥ 如果家裡還有其他孩子，白天可能需要找人幫忙照顧。

♥ 可以找其他也是在臥床安胎的孕婦，彼此支援。

哪些行為會影響胎兒發育？

本週大多數的內容都在探討早產與提前陣痛時的治療方式。如果，妳被診斷出有提前陣痛的情況，醫師也要妳臥床安胎，並開藥給妳，請好好遵守醫師的囑咐。

如果妳對醫師的指示有疑慮，一定要提出討論。如果妳被告知不要工作、減少活動，但妳卻又置之不理，就是在拿自己和妳未出世孩子的健康幸福在冒險，而冒這種險絕對是不值得的。

妳的營養

含有豐富鉀質的食物，像是葡萄乾、香蕉等，可以降低提前陣痛的風險。鉀可以幫助身體快速排出鈉。

懷孕期間，希望妳能一直傾聽來自身體的聲音：感覺餓了或渴了，就吃點東西或喝點飲料，少量多餐最能滿足胎兒在成長上的營養需求。

手邊可以準備一些有營養的小點心，以備不時之需。乾燥的水果和堅果都是不錯的選擇，當妳了解了自己什麼時候最容易感覺餓時，

就可以事先將點心準備好。

只要妳想要，早餐吃義大利麵、午餐吃麥片也沒有關係。不要強迫自己吃不想吃的東西，飲食規則是可以變通的，只要注意自己的飲食是否營養，種類是否有好好注意，就是在幫助自己，也幫助妳成長中的**寶寶**。

其他須知

中止提前陣痛的藥物

β腎上腺素藥物，也稱為子宮收縮抑制劑，是一種腎上腺激素製劑，可以放鬆肌肉及減少收縮（子宮主要是肌肉）。

早期子宮收縮停止後，就可以改為每2～4小時口服一次。Ritodrine這種藥物是獲得美國藥物食品管制局（FDA）核可，可以在懷孕20～36週使用的藥物。有早產病史的孕婦或多胎妊娠孕婦，則不會先以靜脈注射的方式給藥。

Terbutaline也是一種可以停止提早陣痛的藥物，雖然療效不錯，但美國藥物食品管制局並未核可此藥用於孕婦。

硫酸鎂（Magnesium sulfate）通常用來治療妊娠高血壓，也可以用來抑制提前發生的陣痛。懷孕期間使用硫酸鎂還有一個附加好處，稱為神經保護作用。有些研究顯示，使用這種藥物時，新生兒發生腦性麻痺以及嚴重運動功能障礙的風險會降低。不過，並非所有專家都同意以硫酸鎂來作用神經保護作用藥物。

硫酸鎂通常是由靜脈注射給藥，並且需要住院。不過，這種藥物偶爾會改用口服方式，患者不

給爸爸的叮嚀

寶寶生下來後，你可以休個假回家當幫手，參與寶寶早期的成長發育。

必住院，但必須定時回
診，醫師也要嚴密監控。

有重症肌無力、心肌
功能不良、心臟傳導缺
陷、以及腎臟功能受損的
孕婦有些孕婦不應使用硫
酸鎂。

鎮定劑或麻醉藥在出
現提前陣痛之初，也可能
用來中止陣痛。所以有這
種情況的孕婦可能會被打

一針嗎啡或合成麻醉藥meperidine（配西汀Demerol）。這種藥物不能
長期使用，不過在陣痛一開始先中止陣痛相當有效。

如果孕婦前一胎的孩子早產，醫師會開黃體激素（progesterone、
17-氫氧基黃體酮荷爾蒙，17-hydroxyprogesterone）給孕婦。部分研究
則指出，孕婦的子宮頸如果較短，這種治療方式也有幫助。

其他的治劑，像是陰道藥用乳液和口服藥，都還在測試中。懷孕
前一年開始吃葉酸，證實對降低早產的發生有幫助。

如果妳有提前陣痛的情形，必須經常去看醫師，醫師可能會用超
音波或無壓力測試來監控妳的狀況。

第29週的運動

　　跪在地上,微微坐在兩個腳踝上,腳趾彎曲抵著地面,腳底朝後。身體坐直,保持姿勢。做5、6次,或次數隨妳意思增加。放鬆小腿腹和腳部肌肉、預防腳抽筋。

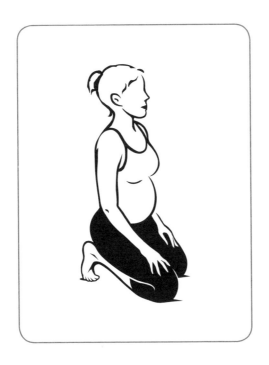

第三十章

懷孕第30週
〔胎兒週數28週〕

寶寶有多大？

此時，胎兒體重約1300公克。頭頂到臀部的長度略超過27公分，身高全長約40公分。

妳的體重變化

很難相信，妳再10週就要生產了！妳會覺得好像沒有空間，快擠不下了。從肚臍量起，子宮約在肚臍上10公分。從恥骨連合量起，子宮底高（宮底高度）約30公分。

妳現在每週應該增重450公克左右。其中一半以上重量是在子宮、胎兒、胎盤及羊水上。這些增大的體積，多數集中在腹部及骨盆腔，大肚子是懷孕的明顯標記。隨著孕程進展，骨盆腔及腹部會讓妳愈來愈不舒服。

寶寶的生長及發育

第381頁的插圖顯示了胎兒及其臍帶。注意到他的臍帶打結了嗎？妳可能會覺得奇怪，這個結怎麼會出現，醫師們也不認為這個結是自己長出來的。

懷孕期間，胎兒非常好動，當胎兒還小的時候，臍帶可能自然形成一個環，胎兒動來動去，一不小心就鑽進了這個環，形成了一個結。這不是妳的錯，跟妳的活動也沒有任何關係，更無法避免。不過還好，這種打結的情況很少見。

妳的改變

☙腸躁症

大腸激躁症是大腸（結腸）的一種疾病，會腹痛、造成異常的腸道蠕動。腸躁症和發炎性腸道疾病不同，對腸道不會造成永久的傷害，也不致於引起更嚴重的問題。腸躁症的病因不明，可能會一輩子都揮之不去，但是治療後，症狀通常可以獲得改善或解除。

腸躁症的症狀嚴重程度不一，從輕微到嚴重都

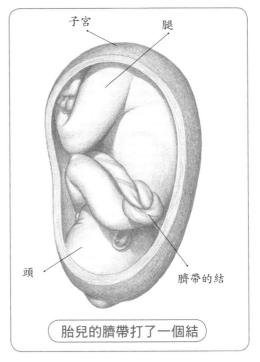

子宮　　　　　腿

頭　　　　　　臍帶的結

胎兒的臍帶打了一個結

有，實際出現的症狀有腹痛、腫脹、痙攣、便秘、下痢、脹氣、憂鬱症，以及胃口不佳，情緒上的壓力會讓症狀更嚴重。神經系統或直腸異常，在肚子因脹氣而撐開時，會引起超乎異常的不適。引起腸躁症的原因從腸道的脹氣或壓力，到因特定食物、藥物及壓力都有。

• **腸躁症與懷孕。**懷孕期間，腸躁症的症狀可能會加劇，引起不適。這個問題在懷孕初期間可能會減輕，然後在懷孕中期復發，到了懷孕末期，症狀通常會加劇。

消化系統的作用可能會趨緩，導致便秘，飲食不當、缺乏體能活動更是造成便秘的原因，請喝大量的水，吃高纖維食品。如果醫師允許的話，請做適度、安全的運動。適當的休息與睡眠也有幫助。可溶性的纖維補充品也能減少便秘和下痢的情況。

如果腸躁症變得很嚴重，可能就要開藥吃了。這個問題是沒有藥

物可以治療的，藥物的作用只能治標，紓緩症狀而已。如果妳有腸躁症，懷孕期間請和醫師一起監控。

哪些行為會影響胎兒發育？

懷孕期間的洗澡方式

有些婦女會擔心，懷孕後期，盆浴或泡澡是否會對胎兒造成傷害。大多數醫師認為，懷孕時盆浴並無大礙，但進出澡盆時要注意安全，而且，水不可以過熱。多數醫師不會禁止孕婦盆浴，但當妳覺得似乎有羊水流出時，千萬不可盆浴。

有些孕婦想知道，如果泡澡時剛好破水，要如何因應。破水時，在少量的液體流出後，會有大量液體隨後流出來。如果破水時正好在泡澡，妳可能會忽略初期的小量流水，不過，洗完澡後妳一定會注意到羊水大量湧出，因為羊水不會一會兒就流完，應該會持續一陣子。

選擇分娩的場所

或許是該開始考慮分娩場所的時候了。在某些情況下，妳的選擇會不只一個；有時候，妳居住的區域也有好幾個選擇。

> 當寶寶能聽見音樂後，液體和組織對聲音的影響很大。

不論決定採取哪種分娩方式，最重要的考量就是寶寶和妳兩人的健康和福祉。當妳考慮要在哪裡生產時，可能的話，一定要先回答下列的問題：

- ♥ 該處所有什麼醫療設施和人員？
- ♥ 需要的時候可以麻醉嗎？有24小時可以隨時支援的麻醉科人員嗎？
- ♥ 臨時必須採剖腹產，多久時間可以做好準備呢？（應該在30分鐘或30分鐘以內）
- ♥ 萬一有緊急狀況，是否有24小時可以隨時支援的小兒科醫師呢？
- ♥ 是否隨時都有醫護人員呢？
- ♥ 萬一有緊急狀況，或寶寶早產需要轉院送到高風險照護中心，運送是怎麼進行的？救護車？直升機？如果不是在生產的醫院或診所照護，最近的高風險照護中心距離有多遠？

　　問題看起來似乎很多，但答案卻能讓妳萬一遇到事情時較為安心。為了妳和寶寶的健康著想，最好還是知道有緊急狀況時，哪種處理方式最為有效又即時。

　　醫院有很多不同的設備供產婦從陣痛到分娩之用。在美國，產婦使用的是 LDRP 病房（陣痛、分娩、恢復、及產後照護）。產婦從一進入病房開始陣痛開始，陣痛、分娩、恢復使用的都是同一個病房，直到恢復出院為止。近年在台灣，也有愈來愈多的醫院提供LDR（樂得兒）病房供產婦選擇。

　　LDRP這種觀念的病房之所形成是因為太多產婦不想在陣痛時待在一個地方，然後被推到產房生產，生完後又被推到其他地方恢復。

　　更多地方則是提供產科病房。產婦陣痛時先在某個地方待產，等到要生了再進產房生產，生產結束後轉入產科病房。

第30週的小提示

　　好的姿勢可以舒緩腰部的壓力以及背部的不適。要維持良好的姿勢需要一些努力，不過只要能減輕疼痛，還是很值得的。

大多數醫院都可以把寶寶抱進病房，跟媽媽一起，這稱為親子同室房。有些醫院還有臨時床、臥榻、或可以打成床的椅子供產婦的先生或家人同房照顧。各種設施的詳細使用狀況，請洽妳所選擇的醫院。

妳的營養

花草茶或藥草茶的安全

有些花草茶應該是安全的，包括了洋甘菊、蒲公英、薑茶、檸檬香蜂草、薄荷及蕁麻葉。

妳可能聽說過，懷孕期間不要喝薄荷茶。許多專家倒是認為，如果孕婦每天喝不超過170至230公克的量來舒緩害喜、或反胃的情形，那倒是沒關係。

不過喝薄荷茶會讓胃灼熱、或／以及胃食道逆流的情形更嚴重。請找含有100%純薄荷葉的產品。

許多標榜著「懷孕茶」的成分中都還有紅色覆盆子葉。研究顯示，懷孕期間可以安心引用紅色覆盆子葉製作的花草茶，這種葉子有縮短陣痛的功效。不過，許多專家都建議等到懷孕前期後再喝，因為這種茶會引起子宮收縮。

即使是懷孕期間認為可以安全飲用的花草茶，也不要飲用過量，每天喝下的量最多不要超過340～450CC。

懷孕時，有些特定的茶不要喝。研究顯示，應該避免的有：藍升麻、北美升麻、紫花苜蓿、皺葉酸模、普列薄荷（或稱唇萼薄荷）葉、西洋蓍草、白毛茛（或稱北美黃蓮）、小白菊、洋車前子、艾草、紫草（又稱康富利）、款冬、杜松、芸香、艾菊）、棉根皮、過量的鼠尾草、番瀉葉、美鼠李皮、鼠李、蕨、赤榆樹皮、印地安蔓草）等藥草。此外，現在對於蒲公英茶、刺蕁麻茶或是玫瑰果在懷孕期間的資訊並不充分。所以懷孕期間還是不要喝比較好。

花草茶的好處

- 洋甘菊 ➡ 幫助消化
- 蒲公英 ➡ 消除水腫及腸胃不適
- 薑（根）茶 ➡ 消除噁心及鼻塞
- 蕁麻葉 ➡ 補充鐵質、鈣及其他維生素和礦物質
- 薄荷 ➡ 消除脹氣，安定胃腸

綠茶警語

懷孕期間不要喝綠茶。研究顯示，在受孕後三個月內，即使每天只喝兩、三杯綠茶，懷孕初期內胎兒發生神經管缺損的機率也會加倍。

綠茶中的抗氧化物會干擾身體使用葉酸的方式。而懷孕初期中，適量的葉酸對於降低神經管缺損是很有幫助的。

綠茶也會干擾驗血的結果，因為綠茶會讓血糖濃度發生變化，混淆糖尿病的檢查。此外，綠茶還會影響凝血。所以，等生完孩子再享受綠茶吧！

> 身體覺得舒服的時候，不妨下廚來料理一些食物，冷凍起來。這樣當妳懶得進廚房的時候，也有東西吃。

其他須知

抗藥性金黃色葡萄球菌

抗藥性金黃色葡萄球菌是一種會引起感染的細菌，很難治療，因為抗生素對它通常無效。金黃色葡萄球菌這種細菌對很多抗生素都有

抗藥性，或者說已經發展出抗藥性了。

甲氧苯青黴素是一種強力的抗生素，過去對治療金黃色葡萄球菌效果不錯，但是今天的療效已經降低。除了甲氧苯青黴素，其他抗生素對於金黃色葡萄球菌也是效果不彰，這其中包括了dicloxacillin、 nafcillin和oxacillin。所以，媒體以「超級細菌」來稱呼金黃色葡萄球菌。

部分專家認為，金黃色葡萄球菌之所以產生抗藥性，是因為抗生素的濫用，如果連個小咳嗽、小感冒或是耳朵痛都要用到抗生素來治療，也難怪金黃色葡萄球菌會有機會發展出抗藥性。現在對金黃色葡萄球菌還有效的抗生素有vancomycin、 doxycycline 和 TMP- SMZ（trimethoprim／sulfamethoxazole）。

抗藥性金黃色葡萄球菌是一種嚴重的感染，可能致命，衛生狀況如果不佳，是會人傳人的。症狀一開始是皮膚發炎，有膿包或痘子，患部紅腫，摸起來是熱的。抗藥性金黃色葡萄球菌會透過血管蔓延。發作時，會引起敗血或敗血症。

抗藥性金黃色葡萄球菌常出現的位置是鼻內或鼻孔內。其他可能的地方還有開放性傷口、靜脈注射針孔以及泌尿道。

勤用肥皂洗手，含酒精成分的泡沫洗手液或潔手殺菌液對預防抗藥性金黃色葡萄球菌效果極佳。毛巾、肥皂或其他私人用品不要與別人共用。如果妳有任何割傷、切傷或磨破皮，保持該部位的乾淨、乾燥，並加以覆蓋。如果長出膿包或痘子，不要去擠破，該部位請完全覆蓋，立刻去看醫師。

懷孕期間，有些抗生素是可以安心使用的。現在的數據並未顯示懷孕期間發生抗藥性金黃色葡萄球菌感染，胎兒流產或發生先天性畸形的機會會提高；分娩時，孕婦也不太可能把抗藥性金黃色葡萄球菌傳染給寶寶。此外，就算孕婦有抗藥性金黃色葡萄球菌，也是可以安全授乳的。

孕婦由於免疫力降低，感染抗藥性金黃色葡萄球菌的風險會增加。如果妳或妳的伴侶在醫院、醫療場所、監獄，或者和人有許多接

觸的地點工作，那麼妳就
會有風險。

‧**什麼時候去看醫
師**。如果妳認為自己已經
接觸到抗藥性金黃色葡萄
球菌了，請去看醫師，小
心謹慎的處理妳的切割傷

阿嬤的助眠秘方

上床前吃一湯匙的蜂蜜
可以幫入妳入睡。蜂蜜可以穩
定血糖濃度，提高褪黑激素濃
度，並減少壓力荷爾蒙。

和抓傷。知道抗藥性金黃色葡萄球菌感染是什麼樣子嗎？一開始通常是
由皮膚的感染開始，然後長出像痘痘這樣的小丘疹，這種情況通常還伴
隨著發燒或紅疹。

醫師會切開感染的部位並加以清理，然後進行細菌培養或快速的皮
膚檢查。

B型鏈球菌感染

B型鏈球菌感染是一種細菌，在高達40%的孕婦身上都能發現。B
型鏈球菌感染並不會對成人造成大問題，卻會對胎兒造成致命的傷害。
在分娩時如果將B型鏈球菌傳染給新生兒，讓新生兒發生感染可能會導
致血液的感染、腦膜炎或肺炎。

女性陰道及直腸中常會發現B型鏈球菌的蹤影。B型鏈球菌也可能
存在於女性的體內，卻沒有發病或引發症狀。建議所有孕婦在35到37
週時進行B型鏈球菌的篩檢。如果檢查結果顯示妳身上有細菌，但是沒
出現症狀，那麼妳就是被寄生了，有可能把B型鏈球菌傳給妳的孩子。

對抗B型鏈球菌感染的大戰，是醫界最成功的真實故事之一。在1990
年代，每年有7500個新生兒被感染，死亡率高達30%。到了今天，每年被
報告的病例只剩下1600個。能夠成功撲滅B型鏈球菌感染要歸功於醫療專
業人員們遵守了美國疾病管制中心（CDC）的指導原則，其內容如下：

- ♥ 懷孕晚期（35～37 週）進行陰道和直腸（肛門口）的B型鏈球菌的培養檢驗。
- ♥ 懷孕35 週前，針對臨床風險因子，選擇性進行B型鏈球菌寄生菌培養檢驗。
- ♥ 所有帶菌者都施以抗生素——首選是盤尼西林G（即青黴素G、penicillin G），其次是同為青黴素系的安必西林（ampicillin）。
- ♥ 前一胎生產時，嬰兒證實感染B型鏈球菌的產婦，一律開給抗生素。

如果孕婦對安必西林或青黴素過敏，通常會改用克林達黴素。這種情況就必需進行檢驗，看克林達黴素是否已經撲滅B型鏈球菌了。如果無法進行檢驗，可能會給vancomycin，而有些病例還會給cefazolin。

所有可能讓新生兒感染B型鏈球菌風險的孕婦都應加以治療。而風險則包括了：前胎生下的孩子感染了B型鏈球菌、羊膜提前破裂達18小時以上、或是分娩之前或進行期間，發燒超過攝氏38度。此外，如果孕婦懷孕期間曾有過膀胱發炎情況，而且尿液檢查中的B型鏈球菌成陽性反應，分娩時都應該接受抗生素治療。

托嬰照顧

妳可能會認為要決定托嬰的事情還要好一陣子，不必急。不過，如果妳在生產完後決定回去上班，現在就應該未雨稠繆了。

懷孕末期，妳可能發現自己的築巢本能發作了——妳產生了強烈的衝動，想要清潔並整理家裡。專家相信，這是因為催產素增加所致。

優質的托嬰照顧需求高、供應量少！專家建議，如果需要托嬰，妳應該提前至少在懷孕6個月時開始尋找，那就是懷孕中期尾聲時！

狂牛病

我們都聽過狂牛病，這是一種發生在牛隻身上的病。會感染人類的是狂牛症的一種變種，稱為新類庫賈氏病。這個病例主要發生在英國，其次是法國，其他少數國家，包括美國、日本在內只出現過零星病例。此病在人類身上的進程，時間很長，需要很多年（甚至達數十年）。

妳可以放心吃牛肉，不必因為狂牛症原因而不吃。不過，如果到有疫情的國家旅行，就不要吃牛肉。

給爸爸的叮嚀

懷孕已經要進入尾聲，寶寶就要出生了，現在你應該重新規劃工作時間表了。如果你經常出差，那麼行程表就要修改。寶寶可不一定按照規矩來報到，他們有自己的時間表。如果你想在寶寶生產時，陪伴在側，現在就要事先計畫。

第30週的運動

在有靠背的直背椅子上挺直坐好。手上抓一條毛巾，兩手打開與肩膀同寬，手高舉過頭。慢慢扭動腰部，向左移到覺得舒服的最左點。回到中間點，然後往右。重複8次。伸展脊椎、強化肩膀與上背肌肉。

31 week 第三十一章
懷孕第31週
〔胎兒週數29週〕

寶寶有多大？

胎兒持續長大，本週體重約1500公克，頭頂到臀部的長度為28公分，身長全長約41分。

妳的體重變化

從恥骨連合量到子宮底約31公分，從肚臍量起約為11公分。懷孕至今，妳體重增加的範圍應該在9.5～12公斤的範圍。妳的子宮已經塞滿腹部大部分的位置了。

寶寶的生長及發育

胎兒生長遲滯

胎兒生長遲滯是指新生兒出生時，體重比懷孕週數應有的重量還要少。就定義上來說，是表示出生時的體重，在10個新生兒中，就有9個比他重（屬於該懷孕週數，體重最輕的10%）。

如果懷孕月分沒有估計錯誤，預產期的預估也正確，懷孕期長度也符合時，新生兒體重仍在最低的10%以下時，就要小心照顧了。生長遲滯的嬰兒，比較容易出現其他問題。

每次產檢時，醫師一定要測量子宮和胎兒成長的情況。如果產檢間隔了一段時間，而子宮大小卻沒有增加，這時可能就有問題了。例如懷孕27週時，子宮大小為27公分，但到了31週時，子宮大小卻只有

28公分，醫師就會懷疑是不是胎兒生長遲滯，並安排進一步的檢查以供確認。

胎兒生長遲滯的原因是什麼？其實引起這種狀況的原因很多。而之前生產，胎兒成長就已經受制的孕婦很可能就會再次出現相同的情形。

寶寶的營養不足也是可能的原因。母親對生活型態的選擇有可能引起胎兒的生長遲滯，例如，母親抽菸、酗酒和嗑藥。

自身體重增加不足的孕婦也可能生出生長遲滯的**寶寶**。如果一段時間之內，孕婦的熱量攝取量都不足1500大卡，就可能發生胎兒生長遲滯的狀況。所以，懷孕期間，飲食要健康，不要去限制正常的體重增加。

妊娠高血壓和高血壓對胎兒的成長也有影響。母體的某些感染也會限制胎兒的成長。貧血也是原因之一。雙胞胎或多胞胎也會比正常的**寶寶**體型小。

新生兒體型小，但原因與胎兒生長遲滯無關的還有母親本身身材就嬌小的這一類。此外，早產也可能讓胎兒較小。先天畸形的**寶寶**，體型也會比較小。

及時發現胎兒生長遲滯問題，也是為何不要錯過任何一次產檢的重要原因。妳或許不太喜歡每次產檢都量體重，不過這些數值，確實有助於醫師判斷孕程進展是否順利、胎兒是否正常長大。

胎兒生長遲滯也可以透過超音波診斷出來。超音波的作用是確定**寶寶**是否健康，以及出生時沒有必須立即處理的功能不良問題。

此外，臥床休息也很重要。因為臥床休息能讓胎兒得到足夠的血流量，血流量增加，胎兒就能繼續長大。如果是母親本身的疾病造成胎兒生長遲滯，就要盡速治療，改善母親的健康。

生長遲滯的胎兒，在分娩前有夭折的危險性，因此，有時候可能需在足月之前生產。生長遲滯的胎兒可能無法應付自然產的陣痛產程，因此，需要進行剖腹產。某些情況下，胎兒離開子宮可能要比留在子宮內還安全。

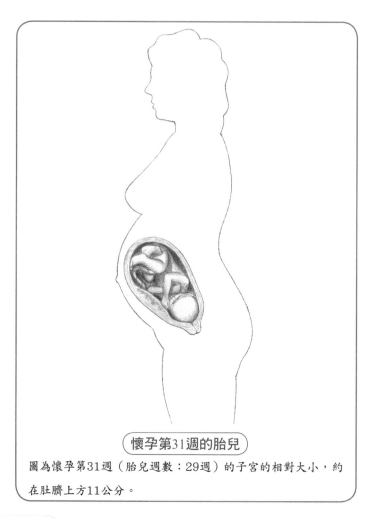

懷孕第31週的胎兒

圖為懷孕第31週（胎兒週數：29週）的子宮的相對大小，約在肚臍上方11公分。

妳的改變

唾液太多

部分孕婦懷孕期間會感覺唾液變多了，而荷爾蒙正是罪魁禍首。唾液太多稱為多涎症，雌性激素升高時可能就會發生，這種毛病有家族性。害喜也是造成這個問題的原因之一。

孕婦覺得噁心想吐，自然就不會跟平常一樣吞下那麼多口水，那麼，口水的量就會累積起來了。幸好唾液一多，細菌製造出來、會侵蝕牙齒的酸液就減少了。

要改善這種情況請喝大量的水分，增加吞嚥的次數。舔食硬的糖果也有幫助。

給爸爸的叮嚀

到了幫寶寶購置用品的時候了，如嬰兒床、汽車安全椅，以及嬰兒衣物被褥等全套用品。你必須在寶寶出生前，預先採購好。沒有檢驗合格的嬰兒安全座椅，你是無法帶寶寶回家的。

水腫現象

懷孕時，身體會多製造50％的血液及體液，這些多出來液體，一部分會滲入妳的身體組織。當子宮壓迫到骨盆腔靜脈時，下肢部位的血液回流就會受到部分阻斷，將體液擠壓到雙腿和雙腳，造成水腫。

妳可能已經注意到，當妳把鞋子脫下以後，過一會兒，就可能穿不回去了，這就是水腫造成的。妳可能也會發現，穿著膝蓋部分很緊的尼龍絲襪（或很緊的襪子時），腿上會有一圈勒痕，看起來彷彿妳還穿著襪子一樣。所以，一定要避免穿到太緊、會束縛的衣物。

坐姿也會影響到妳的血液循環。翹二郎腿、膝蓋交叉或腳踝交足，都會阻礙腿部血液的回流。為了不影響血液的循環，坐的時候最好不要交足。

鳳梨裡面含有鳳梨酵素，這是一種酶，可以幫助消除水腫、抗發炎、以及瘀青。請把鳳梨加入飲食中吧！

哪些行為會影響胎兒發育？

如果妳尚未養成側睡的習慣，現在就會開始付出代價了。如果沒有側臥，妳會發現，水分已經開始在體內滯留。

產前檢查

按時產檢非常重要。妳或許會覺得，多次產檢下來，好像沒什麼特別的事，特別是一切都正常順利進行時。不過這些產檢的結果及數據，卻能提供醫師不少資料，來評估妳及胎兒的健康狀態。

醫師還會特別注意某些表示有問題的徵兆，例如母體血壓的變化、體重的改變，以及胎兒的成長是否不當等。如果這些問題未能及早發現，就可能會對妳及胎兒造成非常嚴重的後果。

分娩方式

該是時候，開始想想妳希望用什麼方式來分娩了。現在開始想不會太早，因為許多方式都需要充分的時間與練習，這樣在生產時，不僅是妳自己，連伴侶和分娩教練才能做好準備。

如果妳決定採取特定的方式來分娩，例如，拉梅茲，那麼妳必須早點去報名上課。

部分孕婦在產前決定自己要以「自然生產」方式來經歷陣痛和分娩的過程。那麼妳事先需要一些指導，並做好準備。

> ### 第31週的小提示
>
> 戴手環、戒指、手錶等可能會產生血液循環上的問題。有時候，孕婦手上的戒指會變得太緊，得請珠寶店家幫忙剪開，所以有水腫現象時，可能就不會想要戴戒指了。有些孕婦會買價格比較不那麼昂貴的寬大戒指，懷孕期間來戴。拿漂亮的項鍊或手鍊，串起來戴也是一個辦法。

• **分娩的理念和方式。**關於「自然生產」的方式很多，最出名的有拉梅茲分娩法、布拉德利分娩法，以及布拉德利分娩法。

拉梅茲法是歷史最悠久的分娩準備技巧。此法是透過訓練，讓產婦能運用有效的用力來替代徒勞無功的舉動，在陣痛和分娩過程，強調呼吸和放鬆的方式。

布拉德利分娩法注重的是所有女性都能自然生產的基本信念。課程教導放鬆、以及專注於內的心法，有許多放鬆技巧都會被用到。課程的重點放在深式的腹部呼吸，這種呼吸方式可以讓陣痛的過程比較舒服。

瑪麗・蒙根（Marie Mongan）是一位催眠治療師，她曾發展出催眠分娩法。她相信，如果產婦心中沒有恐懼，痛苦指數就會降低或消失，那麼陣痛時就不必用麻醉藥了。

物理治療師（ Cathy Daub）是Birth Works Childbirth Education（暫譯：產前教育生產工作坊）的創建者。這個生產工作坊的目標是想讓孕婦對於自己能夠順產的能力更具信心及信任感，也幫助孕婦建立自信。

Birthing from Within（暫譯：從內在開始的分娩法）是由潘・英格蘭（Pam England）這位助產士所發展出來的。她相信，分娩是一種人生過程的儀式，而不是醫療事件，課程著重在自我發現。

• **妳應該考慮採取「自然生產」方式嗎？**並非每個孕婦都能採取自然生產方式的。如果妳到達醫院後，已經開了1公分，子宮收縮強烈，而且很疼痛，那麼要採取自然生產法，可能很困難。在這種情形下，採取硬脊膜外麻醉可能比較適合。

從另一個例子來看，如果妳到達醫院時已經開了4、5公分，子宮收縮情況還可以，那麼自然生產法可就是個合理的選擇。

在陣痛與分娩這個無法預測的過程中，要保持開放的心態。萬一事情無法全部照著妳的計畫來，不要感到有罪惡感或失望。妳有可能需要做硬脊膜外麻醉，又或者生產時不得不做會陰切開術或是需要進行剖腹產才行。

如果產前教育課程中，有指導人員告訴妳陣痛是不會痛的、沒有人真的需要進行剖腹產、生產時是不需要注射點滴的，或是做會陰切開術是愚蠢行為等，那麼這位指導人員就是讓妳對分娩產生不切實際的期望。有時候，這些程序都是必要的！

分娩的目的是要好好生下寶寶，而且母子均安。這也就意味著，萬一最後妳需要進行剖腹產，那也沒關係。要心懷感恩，現在的剖腹產手術已經做得很安全了。

妳的營養

沙門氏桿菌

沙門氏桿菌中毒會對懷孕造成負面的影響，製造出任何一種問題，結果都可能相當嚴重。

沙門氏桿菌的來源多達1400多種，生蛋及生禽肉裡都找得到沙門氏桿菌的蹤影。雖然煮熟食物就能殺死沙門氏桿菌，但還是小心為上，並將下文的要點謹記在心，以保安全。

- ♥ 流理檯、餐具、碗盤及鍋盆等務必要用熱水、肥皂或有殺菌作用的洗劑清洗乾淨。
- ♥ 禽類肉品一定要煮熟。
- ♥ 不要吃生蛋做成的食物，例如凱薩沙拉、自製的蛋酒、冰淇淋等。做蛋糕的蛋糊不要試吃，生麵糰、所有含有生蛋，在尚未烹煮前都不要吃。
- ♥ 最好吃全熟的蛋。水煮蛋至少要煮7分鐘，蒸蛋時至少蒸5分鐘，煎蛋時每面煎3分鐘，單面煎的荷包蛋也不要吃。

其他須知

腕隧道症候群

有腕隧道症候群的人，手和手腕會疼痛，痛感可能還會一直延伸到前臂和肩膀。這是因為手腕裡的正中神經因為手腕和手臂的水腫，受到擠壓所引起。出現的症狀有麻木、刺痛、單手或雙手的內側有灼熱感。

高達25%的孕婦出現過輕微的症狀，不過，通常還不到需要治療的程度。

治療時必須對症下藥。以孕婦為例，睡覺或休息時，通常必須使用夾板，保持手腕的筆直。生完孩子後，症狀通常會消失。

懷孕期間發生腕隧道症候群並不代表妳產後就會患上這個病。有極為少數的幾個例子，產後症狀還發生，這種病例需要開刀治療。

懷孕引起的高血壓

如果高血壓只在懷孕期間發作，那麼就稱為妊娠高血壓，這個問題在生下孩子後就消失了。

懷孕引起的高血壓，收縮壓會高於140毫米汞柱或比妳原本的收縮壓高了30毫米汞柱。當舒張壓高於90毫米汞柱或比原本的舒張壓高了15毫米汞柱，也一樣代表出現高血壓了。例如某位女士懷孕初期的血壓是100／90（收縮壓／舒張壓），後來變成130／90，表示她可能罹患了妊娠高血壓或子癇前症。

高血壓是子癇前症的一個常見徵兆，但是要被診斷為子癇前症還要需要伴隨一些嚴重的症狀。有高血壓問題時，一定要遵循醫師的指示，好好控制，不過不必驚慌。

如果披薩兩個小時沒吃，那就丟棄了吧！披薩上的乳酪和加料很容易孳生細菌，引起食物中毒。如果妳想保存沒吃完的披薩，一吃不下時，就將剩餘的披薩放在密封的塑膠容器裡，放進冰箱。

子癲前症

子癲前症是一組症狀的集合，只發生於懷孕期間，產後很快就會恢復。罹患子癲前症的孕婦比例似乎有上升的跡象，孕婦的罹患率大約是1/20，但是卻佔懷孕死亡率的15%。

子癲前症發生的原因不明，不過，通常是發生在懷頭胎的時候。孕婦年過35歲才懷第一個孩子比較可能發生高血壓以及子癲前症；有些專家認為，職場上的壓力也是引起此症的原因之一。

子癲前症較常發生於原本就有慢性高血壓情況，而且前次懷胎就已經出現子癲前症的孕婦。懷孕期間需密切注意，每次產檢都測量血壓與體重，這樣醫師才能對妳可能發生的狀況更有警覺性。

子癲前症有許多症狀，前四項是最常見的：

- ♥ 水腫。
- ♥ 蛋白尿。
- ♥ 高血壓。
- ♥ 反射的變化（反射過強）
- ♥ 腳部的水腫和疼痛情形加劇。
- ♥ 體重增加過快，例如五天之中增加4.5到5.5公斤。
- ♥ 類似感冒的疼痛症狀，但是沒有流鼻水，也沒喉嚨痛。
- ♥ 頭痛。
- ♥ 視力改變或發生問題。

♥ 尿酸濃度變高。

♥ 右側肋骨下疼痛。

♥ 視覺斑點。

如果出現這些症狀，一定要立刻告知醫師，特別是當妳併有妊娠高血壓時。

大多數孕婦都有水腫的情形，腿部以及／或是手部浮腫或水腫，並不代表妳就罹患了子癲前症。體重急增可能是這個病正在發展的跡象。子癲前症會使體內積水情況惡化，導致體重增加。如果妳發現體重有不正常的急增現象，請跟醫師聯絡。子癲前症的風險因子如下：

♥ 懷孕期就有高血壓病史。

♥ 腎臟疾病。

♥ 易栓症（凝血性疾病）。

♥ 某些自體免疫性疾病。

♥ 年齡不到20歲。

♥ 拖到35歲以後才懷孕。

♥ 體重過重，或有肥胖症。

♥ 懷有雙胞胎或多胞胎。

♥ 有糖尿病或腎臟疾病。

懷孕前就開始服用多種維生素可以降低罹患子癲前症的風險。懷孕初期吃大蒜、高纖食品及每週吃五分黑巧克力都可以使罹患的風險降低。懷孕期間好好控制氣喘，也可以降低發生子癲前症的風險。

孩子父親的年齡在子癲前症的發生上也有關係。一項研究顯示，孕婦配偶的年齡若在45歲或以上，罹患風險就高出了80%。

有些辦法可以讓孕婦罹患子癲前症的風險降低：經常運動、好好

照顧牙齒，別得牙齦方面的疾病、服用葉酸、吃高纖維食物。

> 　　部分研究人員相信，孕婦若患有子癇前症，從懷孕開始，她的血管就無法適當擴張。

　　•治療子癇前症。子癇前症可能會進展變成癲癇症，也就是在罹患子癇前症的孕婦身上出現抽搐和驚厥的現象。治療子癇前症的首要目標，就是避免發生會抽搐的癲癇症。

　　部分專家認為低劑量的阿斯匹靈可以預防子癇前症，而吃藥的關鍵時刻就在懷孕12週左右。如果妳上次懷孕發生子癇前症，一定要告訴醫師。

　　子癇前症的治療從臥床休息開始。孕婦不能去上班，也不能站太久，臥床休息，子宮才能獲得最佳的血流量。

　　最好側臥，不要平躺。多喝水，少吃鹽，鹹的及含有鈉的食物都會使水分在體內滯留。過去曾使用利尿劑來治療子癇前症，但現在已不再使用。有子癇前症的孕婦收縮壓如果在155～160毫米汞柱之間，就應該施以抗高血壓藥物，以免中風。

　　如果妳不能在家臥床休息或症狀沒有改善，醫師可能會安排妳住院，甚至會考慮提前分娩。提早分娩是為了寶寶的健康，也避免讓妳發生抽搐的情形。

　　分娩時，可以用硫酸鎂來治療子癇前症。醫師通常會在產婦分娩時及產後，以靜脈注射給藥。

如果妳覺得自己發生抽搐，請立刻就醫。不過，診斷可能並不容易，因此，最好能有人將抽搐的經過詳細向醫師描述，這對病情的診斷及治療有莫大的幫助。治療子癲前症使用的藥物，與一般治療抽搐的藥物大致相同。

第31週的運動

坐在椅子或地板上，坐直。手指交握，放在頭後。手肘拉開，吸氣。手指依然交握，將手臂往上推，吐氣。手恢復到原先頭後的姿勢。重複5次。鍛鍊手臂和肩膀的肌肉。

32
week

第三十二章
懷孕第32週
〔胎兒週數30週〕

寶寶有多大？

本週，胎兒體重近1700公克，頭頂到臀部的長度超過29公分，身長總長也將近42公分。

妳的體重變化

從恥骨連合處量起，子宮底高度約32公分，從肚臍量起，子宮底高度約12公分。

寶寶的生長及發育

雙胞胎、三胞胎或多胞胎？

生多胞胎的比例正逐漸上升——從1980年開始，生雙胞胎的機率提高了70%。當胚胎不只一個時，通常是指雙胞胎。近年來，三胞胎，甚至更多胞胎的情形也比從前常見。話雖如此，三胞胎還是不算常見，機率大約是七千分之一。（本書作者寇提斯醫師在他目前的行醫生活中，有幸接生到兩胎。）四胞胎的機率則是七十二萬五千分之一。五胞胎則非常罕見，四千七百萬次分娩中才有一次。

無論多胞胎是怎麼發生的，懷著多胞胎也就意味著這次妊娠影響孕婦的層面非常的廣。妳的妊娠和別人不一樣，所以妳需要進行的調整範圍也更大。

多胞胎妊娠發生在單一一個卵子在受精之後開始分裂時，或是當多

個卵子一起受精時。雙胞胎通常（65%）是兩個卵子同時受精；而每個寶寶有自己的胎盤及羊水袋。這一種雙胞胎稱為異卵雙胞胎（異卵雙生）或二卵雙胞胎（兩個受精卵）。異卵雙胞胎有可能是龍鳳胎，一男一女。

約有35%的雙胞胎妊娠，是由同一個受精卵分裂成兩個類似的構造，而這兩個構造都有機會發育成兩個不同的個體，稱為同卵雙胞胎（同卵雙生）或單卵雙胞胎。

多胎妊娠時，可能出現同卵雙生，也可能出現異卵雙生，甚至可能同時出現兩種。意思是，三胞胎有可能是一個、兩個或三個卵受精形成的，而四胞胎則可能是一個、兩個、三個甚至四個受精卵所形成。

因為接受人工受孕治療而成功受精的雙胞胎，大多是異卵雙生。而部分接受人工受孕治療，而出現胎兒數量多的妊娠，有可能是異卵雙生加上同卵雙生。因為進行人工受孕時，會有一個以上的卵子受精（異卵雙生），此外，一或多個卵子可能會同時有分裂動作（同卵雙生）。

當胎兒的人數提高時，男寶寶的數量則稍減。換句話說，就是當孕婦懷的寶寶數量愈多，生下女孩的機率就會提高。

• **同卵雙胞胎的特殊問題。**同卵雙胞胎的受精卵通常在受孕後幾天就開始分裂，一直到第8天。如果受精卵分裂遲至第8天才開始，就很可能導致雙胞胎身體有部分相連，發育成連體嬰。連體嬰常共用一些重要器官，例如心臟、肺臟或肝臟，所幸連體嬰的發生機率很低。

同卵雙胞胎還要面對一些其他的風險。他們有15%的機率會發生一種很嚴重的疾病，稱為雙胞胎輸血症候群。

同卵雙胞胎一輩子中，還可能發生數種疾病，這是異卵雙胞胎身上較不會發生的。所以，**寶寶**長大後，為了健康的緣故，告訴他們是同卵還是異卵雙胞胎是很重要的。在分娩前，先告訴醫師，妳想檢查胎盤（病理檢查），這樣就知道**寶寶**是同卵雙生，還是異卵雙生了。

這分資料在未來相當寶貴。即使有兩個胎盤，研究也顯示，這無法斷定該胎雙胞胎就一定是異卵雙生。

多胞胎的出現率

雙胞胎的出現率得看是哪種雙胞胎。同卵雙生的這出現率並不受年齡、種族、遺傳、懷胎次數或是治療不孕症的藥物所影響。

異卵雙胞胎的出現率則會受到種族、遺傳、產婦的年齡、之前懷胎的次數、是否使用治療不孕的藥物、以及輔助生育的技術所影響。

遺傳也扮演了重要的角色。雙胞胎是有家族遺傳的，母親方的遺傳。一項針對異卵雙生的研究指出，本身是雙胞胎的媽媽，自己生下雙胞胎的比例是1/58。

如果妳已經生下一對異卵雙胞胎，那麼再生一對雙胞胎的機率是常人的四倍。造成雙胞胎增加的其他原因則是使用不孕症的治療藥物、人工受孕、女性高齡懷孕、部分女性有很多小孩、孕婦本身身高很高或有肥胖症、最近停用口服避孕藥，或是服用大量的葉酸。

年齡較高的孕婦大約占所有多胞胎生產中的35%。30歲似乎是個神奇的歲數，從這歲數之後，生下雙胞胎的機率就會提高。

較高年齡的孕婦產下多胞胎的機會之所以提高，是因為促性腺激素的濃度升高所致。女性年齡一高，促性腺激素濃度也隨之變高，較可能在某次月經週期，排出二個或兩個以上的卵。高齡產婦生下的大多是異卵雙胞胎。

已經有比較多個孩子（或多次懷孕）也可能導致懷上一個以上的孩子。這種情況在所有人口中都是一樣的，因為母親的年齡和賀爾蒙都變了。

- **發現懷的不只一個。**懷孕期間測量並檢查妳的肚子很重要。通常，懷孕中就可以看出懷的是不是雙胞胎，因為肚子實在太大了，看起來就不像只有一個孩子。超音波是判斷是否懷雙胞胎最好的利器。

- **多胞胎問題比較多嗎？**懷多胞胎，發生問題的可能性的確會升

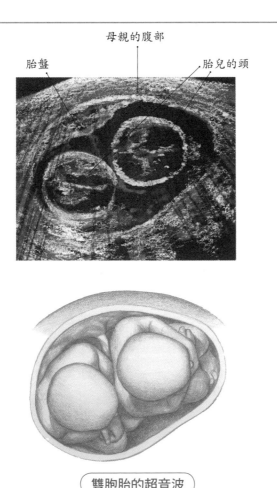

母親的腹部

胎盤　　　　　　　　　　胎兒的頭

雙胞胎的超音波

雙胞胎的超音波可以照出兩個寶寶在子宮中的情況。如果仔細看，可以看到兩個頭。本插圖顯示的是雙胞胎寶寶躺的樣子。

高。可能的問題如下：

♥ 流產的風險提高。

♥ 胎死腹中。

♥ 先天性缺陷／畸形。

♥ 出生時體重過輕或成長受限。

♥ 子癲前症。

♥ 胎盤問題。

♥ 母親貧血。

♥ 妊娠出血或痔瘡。

♥ 臍帶有問題，像是胎兒的臍帶纏繞或糾結。

♥ 羊水太多或太少

♥ 胎兒的胎位異常，如胎位不正或橫位。

♥ 早產。

♥ 難產及剖腹產。

　　和異卵雙胞胎相較，同卵雙胞胎比較常出現先天性畸形，發生小毛病的機率是單胎的兩倍，其他嚴重的畸形也比較常見。

　　多胎妊娠最大的問題之一，就是早產。隨著胚胎數目的增加，懷孕的時間及胎兒的重量都會減少，不過，這也因人而異。

　　雙胞胎妊娠的平均懷孕時間約37週，三胞胎則約為35週。胎兒在子宮內多待一週，出生體重及器官、系統的成熟度也都隨著增加。

　　多胎妊娠時，讓懷孕時間盡量拉長非常重要，這一點可以藉由臥床安胎來做到。孕婦整段懷孕期間可能無法進行平時的活動，如果醫師囑咐妳臥床休息，最好遵照指示。

　　多胎妊娠時，體重的增加也非常重要。妳的體重可能比一般孕婦多11～16公斤，當然懷幾胞胎也會有影響。懷雙胞胎時，如果妳懷孕

前的體重正常，建議妳在懷孕期間增加18～25.5公斤。如果妳懷的是三胞胎，體重應該要增加23～27公斤之間。

有些研究人員認為，使用子宮收縮鬆弛劑（停止陣痛的藥物），如ritodrine等預防早產很有效。這種藥常用來使子宮的肌肉鬆弛，預防陣痛提早。好好遵照醫師的指示，能夠讓寶寶在肚子裡多待一天或一週，出生後就能少幾天或幾週去嬰幼兒加護病房探視。

生一個以上的寶寶

• **多胞胎分娩的方式。**通常得看他們在妳子宮裡是怎麼躺的。可能產生的併發症有一或兩個寶寶都胎位不正、臍帶在胎兒產下以前就先排出、胎盤剝離、胎兒窘迫症、或是產後出血。

就因為分娩的風險高，所以分娩前一定要採取安全防禦措施。靜脈注射、緊急剖腹產時有麻醉醫師現場支援、小兒科醫師到現場支援或隨時支援能力、或者有其他醫療人員可以照料新生兒，都是確保安全的措施。

• **生雙胞胎的胎位組合。**有可能兩個寶寶都是頭位，頭先出來，也可能是臀位（胎位不正），臀部或腳先出來，或是橫位或斜位，也就是角度不是臀位，也不是頭位。還有可能是上述任何一種的組合。

當雙胞胎的頭先出來時，才有可能試著採陰道產，分娩也才可能安全的完成。但也有可能一個孩子可以陰道產，第二個卻因為胎位有問題，需要剖腹。有些醫師認為雙胞胎或多胞胎採剖腹產會比較安全。

產後，因為子宮的大小改變太過快速，醫師會密切注意產婦出血的情形，更何況雙胞胎或多胞胎懷孕時，一個以上的寶寶把子宮撐得實在太大了，所以醫師會更加注意。產後醫師通常會以靜脈注射方式施以催產素，讓子宮收縮，停止出血，以免失血過多。失血情況如果過於嚴重，有可能需要輸血，或是長期補充鐵劑。

妳的改變

懷孕到現在，妳的產檢大約每個月安排一次。不過，從懷孕第32週開始，多數醫師會安排孕婦每兩週做一次產檢，到了最後一個月，可能會改為每週產檢。

此時，妳與醫師已經熟絡，也容易將自己的疑慮提出來問。因此，現在正是與醫師討論陣痛及分娩最好的時機。如果懷孕後期或分娩時出現問題或併發症，妳也比較知道該如何溝通，或了解正在發生的事，對於受到的照護，也比較容易接受。

不過，妳不能只是自己假設，應該要參加媽媽教室，也可以多聽聽和陣痛與分娩相關的不同資訊。

哪些行為會影響胎兒發育？

妳戴隱形眼鏡嗎？如果有的話，最好等到**寶寶**出生後再重量隱形眼鏡的度數比較好。懷孕期間，因為荷爾蒙的改變，導致角膜的曲度有變化，所以妳的眼睛可能會產生不適或刺激感。荷爾蒙也會使妳的視力發生輕微的變化，也變得乾澀。想要使用任何一種濕潤的眼藥水之前，請先請教過醫師。

如果隱形眼鏡不好用，可以戴回舊眼鏡試試看。想要做近視手術，請等孩子生下來之後。最多可能到產後6週，妳的視力才會恢復正常。

妳的營養

如果不只懷一個寶寶，妳的營養攝取及體重增加就更為重要了。食物是營養及熱量的最佳來源，但每天最好還是需要補充一顆孕婦維生素。其

第32週的小提示

懷雙胞胎或多胞胎時，妳對熱量、蛋白質、維生素和礦物質的需求都會提高。和一般單胎的妊娠相比，多一個孩子需要多300大卡的熱量。

中的維生素與鐵質對妳自己與肚子裡面寶寶的健康都很必要。

補充鐵劑是很必要的。如果妳在分娩時貧血,紅血球數量過低會產生負面效果,甚至可能讓妳必須輸血。

如果懷孕初期增加的體重不足,之後發生子癲前症的機率就會提高,**寶寶體型也會很小**。

> 如果妳出門在外想吃沙拉,可以買一碗附調好醬汁的即食沙拉。當妳想買速食吃時,沙拉是個比較健康的選擇。

當醫師和妳討論應該增加多少重量時,不要太驚慌。研究顯示,如果妳懷多胞胎時體重能到達預定目標,孩子通常會比較健康。此外,請在懷孕20週前就達到預計目標的一半,這樣對**寶寶**幫助比較大,特別是如果**寶寶**要提前生產的話。

要怎樣才能得到需要增加的體重呢?光增加熱量是不能幫助胎兒的。不要去吃垃圾食物,因為那些是沒用的空熱量。熱量要來自於特定的食物來源。每天要多吃一分乳製品及蛋白質,這種來源才能提供妳符合胎兒成長所需的更多鈣質、蛋白質和鐵質。

其他須知

禽流感

直到今日為止,感染上禽鳥類H5N1流行感冒病毒的人數很少,這種病稱為禽流感。研究顯示,大多數感染此病的人都和家禽鳥類等有近距離接觸史,因此是從鳥身上染病的,而非人傳人。

預防禽流感,要勤用熱水與肥皂洗手,或使用殺菌液噴手,特別

是處理或接觸過任何禽鳥類之後。這是預防細菌從鳥類身上散播到人體上很有用的忠告。

腹腔鏡手術

有2%的孕婦產生因外科手術引起的併發症。懷孕期間，最常見的外科手術就是闌尾炎手術，其他可能發生的緊急外科手術還有膽囊炎、腸道阻塞、卵巢囊腫、以及卵巢扭曲。

懷孕中期通常是開刀最安全的時期。使用腹腔鏡進行手術的優點在於切口小、復原快、腸胃蠕動可以早點恢復正常、傷痕小、比較不痛（需要的止痛藥較少）以及住院時間較短。

腹腔鏡未必是手術的最佳選擇。當子宮變得愈來愈大時，要使用腹腔鏡手術就不可能了。不過，我們沒辦法明確的告訴妳，懷孕幾個月或幾週後，就無法進行腹腔鏡手術了，這是每個病人個人的決定。

癌症與懷孕

對大多數婦女來說，懷孕是段快樂的日子，充滿興奮與期待。不過，還是有極少數的例外。懷孕時罹患癌症，就是一種罕見而嚴重的問題。

以下提供的資訊不是想讓妳產生恐懼感的。這不是個讓人感到愉快的主題，特別是在懷孕的時候。不過每位婦女都應該了解這方面的資訊，本文側重在兩方面的討論：

♥ 讓妳知道，懷孕期間也可能發生這個嚴重的問題。
♥ 提供資訊來源，讓妳在與醫師討論時有所依據。

如果懷孕前已經罹患癌症，當妳發現自己懷孕了，務必要盡快告知醫師，醫師會針對妳的狀況，做特別的全程照顧。

•懷孕期間罹患癌症。懷孕期間，巨大的改變會影響妳的身體。

一些研究人員相信，會受到荷爾蒙增加影響的癌症，懷孕期間發病的頻率應該會增高，血流增加也容易讓癌症擴散到身體的其他部位。懷孕期間身體的變化會讓初期的癌症更難發現或更難診斷。

在懷孕期間如果罹患癌症，壓力就會非常大。醫師不但要思考如何來醫治母親的癌症，也要考慮到腹中發育的胎兒。

到底應該如何來處理，端視癌症的發現時機。一般來說，懷孕婦女的顧慮，有下列幾項：

♥ 要不要立刻終止懷孕，以便開始治療癌症？

♥ 若使用藥物治療，會不會影響胎兒？

♥ 惡性癌症會不會影響到胎兒？或是傳給胎兒？

♥ 能不能等到分娩或終止懷孕後再開始治療？

懷孕期間的癌症非常罕見，必須視個人情況進行治療。抗癌症的藥物會停止細胞的分化，以對抗癌症。如果癌症發生在懷孕初期，可能會影響胚胎的細胞分化。

• 乳癌。乳癌是最容易被診斷出來的癌症，在所有的乳癌患者中，約有2％是在懷孕期間被診斷出來的。

懷孕期間要診斷乳癌，難度會提高，這是因為懷孕期間乳房的變化。不過，大多數的臨床證據顯示，懷孕並不會使罹患乳癌的機率增加，乳癌也不會因懷孕而擴散。

研究顯示，孕婦如果之前有過乳癌病史，但已經成功治療，那麼懷孕期間是安全的。懷孕時期，治療乳癌的方式必須依個人狀況做處理，可能需要進行外科手術、接受化學治療、和／或接受放射線的治療。最近的研究顯示，懷孕期間接受乳癌的放射線治療是安全的。

有一種類型的乳癌是妳應該知道的，那就是發炎性乳癌。這種乳癌雖然罕見，但因為會在懷孕期間和產後發生，容易被誤判為乳腺炎。發

炎性乳癌的症狀包括腫脹、乳房疼痛、發紅、乳頭有分泌物，和／或鎖骨上或手臂下的淋巴腺腫大。雖然未必都會出現淋巴結，但如果出現，妳會摸得到。若出現這些症狀，不要驚慌！這些症狀絕大多數都是因為孕婦授乳，導致乳房發炎。不過，如果妳很擔心，請去看醫師做切片。

• **其他癌症。**孕婦罹患子宮頸癌的比例，約是一萬分之一。約有1%的子宮頸癌患者是在懷孕期間檢查出來的，還好，只要早期發現早期治療，子宮頸癌是可以治癒的。

外陰癌是指陰道出口部位組織產生惡性腫瘤，雖然也曾有孕婦罹病的報告，但仍非常罕見。

何杰金氏病（即惡性淋巴肉芽腫，癌症的一種）常好發於年輕人。現在大多透過長期的放射線治療及化學療法控制病情。孕婦罹患這種疾病的比率約六千分之一，不過，懷孕並不會讓病程惡化。

白血病患者一旦懷孕，就很容易早產，發生產後大出血的機會也很大。白血病通常以化學藥物及放射線來治療。惡性黑色素瘤是一種皮膚癌，是產生黑色素的皮膚細胞發生了病變。惡性黑色素瘤會蔓延全身，懷孕會使病情及症狀惡化，黑色素瘤不但會蔓延到胎盤，甚至還會蔓延到胎兒身上。

懷孕期間罹患骨瘤的例子很罕見。不過，良性軟骨瘤及良性的外生骨疣可能會影響到懷孕及分娩，這兩種骨瘤會影響到骨盆腔，所形成的腫瘤可能會妨礙生產。因此，如果罹患這些腫瘤，可能要剖腹產。

懷雙胞胎後，產後想減重，難度比較高，所以好好保持醫師建議妳的增重目標吧！此外，懷著兩個寶寶也會讓妳的體型改變更大，所以懷孕期間還是好好守著醫師給妳的增重目標，方為上策。

第32週的運動

懷孕期間利用橫膈膜呼吸這種運動，有助於分娩。這種運動練習到的肌肉，是妳在陣痛和分娩過程中用得到的。呼吸訓練可以降低妳呼吸時需要的能量，改善呼吸道肌肉的功能。為了即將到來的分娩，請好好練習以下的呼吸運動。

♥ 透過鼻子呼吸，然後雙唇抿住呼氣，發出聲音也無所謂。吸氣4秒，吐氣6秒。

♥ 往後靠，枕在幾個枕頭上，姿勢舒服就好。呼吸時，手放在肚子上，如果妳用橫膈膜肌肉呼吸，當妳吸氣、呼氣時，手都會隨之上下起伏。如果沒有，就試試看其他的肌肉，直到妳找到正確的肌肉為止。

♥ 往前彎呼吸。當妳稍微往前彎的時候，會發現呼吸比較容易。當妳覺得肚子裡寶寶變大，有壓迫感時，可以試試這個技巧，應該會覺得有舒緩作用。

33 week
第三十三章
懷孕第33週
〔胎兒週數31週〕

寶寶有多大？

胎兒本週重約1900公克，頂到臀部的長度約30公分，身長全長44公分。

妳的體重變化

從恥骨連合量到子宮底部約33公分，從肚臍量到子宮底部約 13公分。體重約增加10～12.6公斤。

寶寶的生長及發育

胎盤提早剝離

從右頁的圖中可看見胎盤從子宮壁脫離的情形。在正常情形下，胎盤要等到胎兒娩出後，才會從子宮壁剝離。如果分娩前胎盤就先剝離，是非常危險的。

胎盤提早剝離的情況，每80次妊娠就會出現一次。如果胎盤是在分娩時分離，而嬰兒又已經產出，沒有發生意外，那就還好，傷害性不像在懷孕期間胎盤剝離那般嚴重。如果發生在懷孕期間，就是嚴重而危險的事了。

造成胎盤提早剝離的原因至今仍不明確，但下列因素可能會增加胎盤提早剝離的機會：

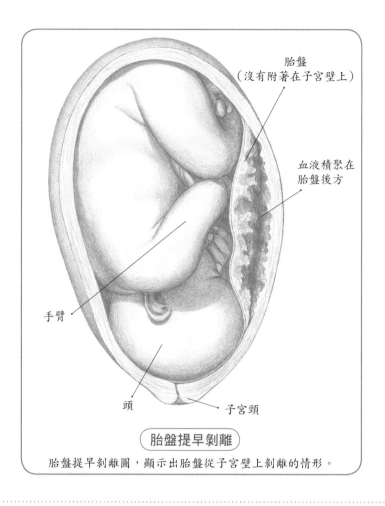

胎盤
（沒有附著在子宮壁上）

血液積聚在
胎盤後方

手臂

頭　　　　　　子宮頸

（胎盤提早剝離）

胎盤提早剝離圖，顯示出胎盤從子宮壁上剝離的情形。

♥ 母親受傷（如車禍，或跌倒，情況嚴重）。

♥ 臍帶太短。

♥ 分娩或羊膜破裂導致子宮大小急遽變化。

♥ 高血壓。

♥ 飲食失調（營養不良）。

♥ 子宮畸形，例如子宮壁部分組織粘黏，使胎盤無法順利著
床。

♥ 子宮曾經開刀（例如手術取出子宮肌瘤）、曾用子宮吸引擴刮術墮胎或流產。

♥ 研究顯示，葉酸缺乏對於造成胎盤提早剝離，也有關鍵影響。

♥ 其他的研究則顯示，孕婦抽菸及飲酒，也容易造成胎盤提早剝離。

如果孕婦過去懷孕時曾發生胎盤提早剝離現象，復發的機會屬於高危險妊娠群。發生胎盤提早剝離時，胎盤可能部分剝離或全部從子宮壁上剝離，胎盤完全剝離是最危險的。因為胎兒與母親之間的循環，完全依靠胎盤，因此，胎盤如果與子宮剝離，胎兒就無法從臍帶得到補充血液。

胎盤提早剝離的症狀，每個產婦都不同。有人會從陰道大量出血，也有人完全不出血，但陰道出血的比例大約占所有情況的75%。其他症狀還包括了腰部疼痛、子宮及腹部觸痛、子宮有收縮或緊勒的感覺等。

當產婦快速大量失血時，就可能造成休克這類的嚴重問題。另一種嚴重的情況是出現血管內凝血症，即形成大量的血液凝塊，造成很嚴重的遺症。而在凝血因子耗盡之後，反而會造成血流不止的情形，讓出血變成一個大麻煩。醫師可以用超音波來診斷這個問題，但是未必能完全正確，因為如果胎盤連結的位置在子宮的後側，也就是超音波幾乎照不到的地方。

• **胎盤提早剝離能否治療？**胎盤提早剝離，端看是否在早期即診斷出來，以及媽媽與胎兒的健康狀況而定。如果出血情形嚴重，就必須將胎兒娩出；如果出血不嚴重，可採取保守療法，不過，仍要看胎兒是否產生窘迫或是否有立即的危險而定。

在懷孕中期及末期間，胎盤提早剝離是最嚴重的問題之一。因此，如果妳出現上述任何一種症狀，請立刻去看醫師。

妳的改變

纖維肌瘤

纖維肌瘤是長在子宮壁內或外面的東西，大多為良性（非癌症）。大多數長纖維肌瘤的女性，懷孕期間不會出現什麼特別問題，只是妊娠荷爾蒙會使得纖維肌瘤變得更大，但產後，纖維肌瘤通常就會縮小。

但研究也顯示，如果妳長了纖維肌瘤，懷孕期間的風險還是會比較高。纖維肌瘤也會讓流產的風險提高，尤其是肌瘤如果長得太大時。如果胎盤是附著在大的纖維肌瘤上，胎盤提早剝離的更是隨時可能發生。纖維肌瘤也會擋到子宮開口。

阻塞型睡眠呼吸中止症

大約有2%的孕婦，懷孕期間會發生阻塞型睡眠呼吸中止症；孕婦發生此病症的情形似乎比一般人多。如果妳有阻塞型睡眠呼吸中止症，呼吸道會變窄，呼吸會短暫停止，然後又重新繼續正常呼吸。這種情況一個晚上發生的次數可能多達100次，會嚴重干擾妳的睡眠！

缺乏氧氣會導致身體釋放出腎上腺素和腎上腺皮質醇，以致血壓升高，血糖被釋放進入血液中。時間一久，血糖升高就會提高妳罹患糖尿病的風險。

當阻塞型睡眠呼吸中止症在懷孕期間發生時，就會與準媽媽的高血壓、疲累及心臟問題產生關連。有阻塞型睡眠呼吸中止症的部分孕婦，發生子癲前症的風險會提高，對胎兒的成長與發育，也會有負面的影響。

有些孕婦必須使用持續性氣道正壓呼吸器，睡眠時才能比較健康的呼吸。幸運的是，阻塞型睡眠呼吸中止症通常在產後就會自動消失。

破水

包覆著寶寶，裡面盛滿羊水的羊膜就叫做羊水袋。羊膜可以保護寶寶，不會受到感染。羊膜通常不到陣痛是不會破的，一般是在陣痛開始或陣痛之中破裂。

有時候，懷孕期間，羊膜會提前破裂。破水後，發生感染的機率就大增，並對寶寶造成傷害。如果破水，請立刻去看醫師。

破水時，在一股羊水湧出後，陸續會有少量羊水流出。羊水通常清澈如水，但偶爾也可能帶點血色或呈現黃色或綠色，有些婦女覺得褲子一直濕濕的，站立時感覺水沿著雙腿流下來，羊水持續不斷的流出，是破水的明顯徵兆。

破水可以透過檢驗得知，把羊水放在石蕊試紙檢驗上檢查，試紙就會變色。不過，就算妳沒破水，血液也可能使石蕊試紙變色。

另一種方法稱為羊齒試驗，是用棉棒沾取羊水或陰道後方液體，將之塗抹在玻璃片上，然後放在顯微鏡底下觀察，乾掉的羊水在顯微鏡下會呈現羊齒狀或像松樹的分枝一般的痕跡。羊齒試驗的檢查，比用石蕊試紙看看是否變色更可靠。

• **早期破水。** 當羊膜在懷孕期間提早破裂，就稱為早期破水。早期破水分兩類。一種是早期破水，指的是陣痛開始之前，羊膜就破了，這種情況占懷孕的8 ～ 12%。未足月早期破水，是胎兒的羊膜在懷孕37週之前就破裂，占懷孕的1%。

破水的確實原因不明。抽菸與不足月早期破水有密切的關連。維生素與礦物質不足也認為有關係。

子宮出血與不足月早期破水的有密切關連，在許多病例中，感染也是重要的原因。如果妳前次有不足月早期破水的情形，那麼再度發生的可能性則是35%。

羊膜破裂如果沒能偵測出來，並在24小時內加以治療，就可能發生其他嚴重的併發症。

哪些行為會影響胎兒發育？

隨著孕程進展，體重將持續增加，增加的速度可能比之前任何一段時期都快。不過這增加的體重大部分不在妳身上，而在寶寶身上！從現在開始，寶寶每週都會增加226公克左右，有時甚至更多。

當寶寶擠壓妳的胃時，胃灼熱就會更變成問題。以少量多餐來代替每天三大餐，可能會讓妳的胃較為舒適。

肝炎

肝炎是肝臟感染了病毒，每年幾乎都高居嚴重感染的榜首，影響人數非常眾多。這也正是為什麼孕婦在一開始懷孕就要做B型肝炎篩檢。

談到肝炎，大家總覺得困惑，搞不太清楚。肝炎被驗出有六種不同的型態——A型肝炎、B型肝炎、C型肝炎、D型肝炎、E型肝炎以及G型肝炎。懷孕期間最嚴重的首推B型肝炎。

• **A型肝炎**。傳染途徑是經口傳染，像是喝了受到污染的水、吃到被污染的食物，或接觸到含有糞便的東西，像是髒的尿片、然後又用手去摸到口。如果妳到開發中國家去旅遊，比較容易感染這一類型的肝炎。

A型肝炎的症狀包括了發燒、精神不濟、食慾不佳、噁心、腹痛以及臉色蠟黃。

A型肝炎可經由驗血檢查出來，萬一孕婦感染A型肝炎，肚子裡的孩子也不會被傳染。孕婦在懷孕期間如果接觸到A型肝炎，可以施打肝炎免疫丙

給爸爸的叮嚀

對寶寶來說，你們的家安全嗎？ 說到安全性，你必須考慮的有寵物、家具、二手菸及三手菸、窗子的玻璃或窗紗、或是家中任何一種可能對寶寶構成危險的事物。現在就開始展開全面性檢查吧！這樣在寶寶出生之前，你才有時間好好調整。

種球蛋白來預防發病。

　　A型肝炎的嚴重併發症相當罕見。治療方式是多休息，並保持健康均衡的飲食，通常幾個月內就能痊癒。

　　• B型肝炎。 B型肝炎是所有肝炎中感染力最強的。（註：台灣民國90年後的新生代B型肝炎帶原率已經低到1%以下。）

　　懷孕期間，B型肝炎的媽媽會將病毒傳給孩子，如果母親是在懷孕晚期受到感染，傳染力尤其強。孩子被感染的所有病例幾乎都是因為接觸到母親的血液，或是在產道中接觸到分泌物。

　　B 型肝炎的高感染群包括了有性傳染病病史、接受靜脈注射，而器具消毒不潔的人、與B型肝炎患者接觸，或使用的血液製品中含有B型肝炎。

　　現在醫界對於A 型肝炎疫苗的安全性還不是完全確定。不過，疫苗是由死的病毒製成，就算有風險，風險也很低。而B型肝炎的疫苗，懷孕期間是可以注射的，不過一般只建議有高風險的孕婦施打。

　　B型肝炎的症狀包括了噁心、類似流感的症狀、臉色蠟黃、尿液顏色深、肝臟裡面或周圍疼痛。部分症狀，和一般懷孕很像，所以檢查非常重要。

　　B型肝炎的成人病例中，有將近一半沒有出現任何症狀。但這些人即使沒有症狀，卻也可能傳染給別人。這正是為什麼所有捐血人要捐血前，都要先進行B型肝炎篩檢的原因之一。

　　母親是B型肝炎患者的**寶寶**，有百分10～20%B型肝炎檢查的結果會呈現陽性，代表得到了B型肝炎。嬰兒與母親近距離接觸或哺乳時，都可能會傳染B型肝炎。幼兒一旦受到感染，病情會很嚴重。

　　如果妳接觸到B型肝炎，而驗血結果顯示並無抗體，那麼應該儘快

施打疫苗，來刺激身體產生抗體。此外，妳可能還需要接受免疫球蛋白。懷孕期間注射B型肝炎的疫苗沒有安全上的顧慮，有罹患風險的女性可以放心施打。

在台灣，所有新生兒出生後都必須接受B型肝炎疫苗注射，施打時間是產後1週（3到5天）、1個月以及6個月後。

• **C型肝炎**。C型肝炎的病患通常因為輸血或使用到受污染的針頭而得病。直到現在，C型肝炎還沒有疫苗或預防的方式。免疫球蛋白對C型肝炎沒效，所以如果妳罹患了C型肝炎，那麼懷孕期間要去看肝臟科醫師，孕程中才能定期檢查肝臟功能是否正常。

寶寶因為媽媽感染C型肝炎而受到傳染的機率很低，即使是以母乳哺育，C型肝炎的媽媽也不會把C型肝炎病毒傳染給新生的寶寶。無論如何，孩子出生之前，都請跟醫師討論這件事。

• **其他類型的型肝炎**。D型肝炎一定要在妳已經感染 B型肝炎後才會得到，這是一種急性B肝炎的雙重感染，但是寶寶很少從被感染的母親處被傳染，保護寶寶的治療措施是相當有效的。

妳的營養

避免食品添加物

目前尚未確定這些添加物是否會對胎兒造成不良影響，所以能免則免。新鮮的農產品帶有很多細菌，蔬菜水果也可能帶有寄生蟲，使用肥皂和水可以把污染物洗掉。即使妳不吃皮，但是皮沒洗的話，污染物可能會髒了妳的手。蔬菜水果洗完之後，再依照妳平常的習慣削皮吃。如果妳沒削皮，只是切一切就吃，那皮可要好好洗乾淨。

如果是根莖類蔬果，或是有溝紋的，如某些哈密瓜或香瓜，那請用刷子刷乾淨、泡在一盆水裡，放到打開的水龍頭下洗乾淨。苜蓿芽、蘿蔔嬰、綠豆芽不要生吃，因為裡面通常會含細菌。以下就是一

些和蔬果相關的重要資訊，以及食用後對懷孕的影響。

♥ 胡蘿蔔整根煮，因為這樣可以保留更多抗癌的成分。

♥ 想要增加某些蔬菜的攝取量時，可以將這些蔬菜打成泥，加到醬汁裡。舉例來說，將煮好胡蘿蔔打成泥，加到義大利麵的醬汁裡。

♥ 奶油瓜（Butternut squash）熱量低，貝他胡蘿蔔素、葉酸和鉀的含量高，還有豐富的纖維質和維生素A，可以保護妳，幫助妳對付高血壓，提高疾病的免疫力。

♥ 蘆筍含豐富葉酸。

♥ 黑豆鉀質和纖維素多，而鉀有助於血壓的控制。

♥ 中型的朝鮮薊熱量低，但葉酸、鉀、鐵、鎂和維生素A、C的含量很豐富。

♥ 藍莓有助於保護妳皮膚中的膠原蛋白。

♥ 許多蔬菜水果的含水量都超過75%，所以多吃蔬果，妳的水分攝取量也就多了。

其他須知

百日咳

幾乎所有的人都打過三合一疫苗（DPT疫苗，白喉、百日咳、破傷風）。但時間一久，免疫效果難免降低，所以如果妳離上次施打三合一疫苗的追加劑已經超過兩年，

第33週的小提示

在體重增加時，也不要停止吃東西，或是過餐不吃。妳和寶寶都需要從健康的飲食中獲得所需的熱量和營養素。

可以問問醫師是否需要再施打。

百日咳開始的時候是個感冒，有輕微的咳嗽，之後，嚴重的咳嗽就開始了，會一直咳一直咳，咳到好像肺部都沒空氣了，然後再深深吸一口氣，在空氣通過喉嚨時，發出沈重、呵呵的咳聲。患者還會可能會咳出痰來，之後再伴隨著嘔吐。這種咳嗽每天可能咳上40次，疾病本身會先持續8週，然後接著咳好幾個月。百日咳如果能及早發現，就能施以抗生素治療，也就不會傳染給別人了。

如果妳出現了百日咳的任何症狀，請立刻去看醫師。愈早治療、愈早解除不適。

會陰切開術

會陰切開術是產科最常做的一項手術，在某些地方甚至已經成為一個例行程序。不過，許多專家相信，現在會陰切開術的施行率和過去相比，已經降低了。今天許多醫師的作法是讓陰道和直腸組織在分娩時自然撕裂，而部分研究則顯示自然撕裂的組織復原較容易。

會陰切開術是指分娩時，預先在陰道到直腸間切開一道直向的乾淨切口，避免胎頭經過產道時，過度撕裂陰道及會陰，和往多方向拉扯的撕裂傷口相比，切口會比較好。醫師可以在朝直腸的中間線位置下刀，也可以在側邊下刀。產後，組織以可吸收的縫線縫合，不需拆線，以外科方式進行的會陰切開術傷口，比不規則的撕裂傷口容易癒合。

會陰切開術對孕婦的優點有：兩股之間，也就是從尾骨到恥骨間傷口的風險較低、骨盆腔內器官脫垂的機率較小、大小便失禁的機率降低、以及性能力障礙（無法感受快感）的機率也會降低。其次，對於新生兒的好處則是產程較為迅速。不過，會陰切開術也有其缺點。有些研究有不同的結果顯示，採會陰切開術傷口復原較慢、性方面的問題及大小便失禁的機率提高。

美國婦產科學院現在則建議限制會陰切開術的使用，不要作為例

行性分娩的處置程序。研究顯示，採取會陰切開術的產婦感受到的疼痛程度較大、復原時間較長、靠近或穿透直腸部分的傷口疼痛程度較陰道自然撕裂的產婦高。如果妳有疑慮，產檢時請提出跟醫師討論。

一項研究顯示，懷孕34週之後進行產前會陰按摩，有助於降低分娩時的撕裂情形，減少必須採用會陰切開術的需求性，還能降低產後的疼痛程度，這種按摩對於初產的產婦最為有效。如果有興趣，可以跟醫師討教。

當胎頭進入陰道時，是否需要進行會陰切開術就很明顯了。如果胎兒受到壓迫，或是分娩時需要使用胎頭吸引器或產鉗，就一定要先做會陰切開，才能將這些器具放到胎頭處。

會陰切開術以傷口的深度，分成四級：

♥ 第一級，傷口只切到皮膚。

♥ 第二級，傷口會切到皮膚及下面的組織層。

♥ 第三級，除了切開皮膚及組織層外，還要切到直腸的擴約肌（圍繞在肛門外的肌肉層）。

♥ 第四級，除了切開上述的三層以外，還需切到直腸的黏膜層。

胎兒出生後，醫師可能會開外用敷劑Epiform來做為會陰切口的止痛和止癢之用。Epiform包裝上有刻度，可以計算每次的用量，有需要的話，可以請問醫師。其他藥物也是可以安全使用的，即使妳正在以母乳哺育的情況下也可以。醫師也可能開含可待因的普拿疼或其他藥物來給妳止痛。

第33週的運動

　　站立時雙腳稍微打開，膝蓋放軟，雙手自然下垂，放在身側。腹部收縮，舉輕磅的啞鈴（開始時，先從每一邊900至1360公克開始。如果家裡沒有啞鈴，舉500公克左右的瓶罐也行）。左手往前舉，右手向後舉。在快到肩膀高度時定住，要控制住，手臂不要搖擺。接著把手臂放下，回到起始位置。重複16次，雙手前後的位置要交換。強化上半身。

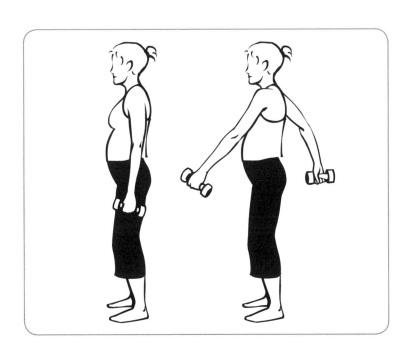

第三十四章

懷孕第34週
〔胎兒週數32週〕

寶寶有多大？

　　本週，胎兒體重快要2150公克了，頭頂到臀部的距離約32公分，身長約45公分。

妳的體重變化

　　從肚臍量起，子宮底部高度約14公分，從恥骨連合量起，子宮底部高度約34公分。當子宮以正常的速度長大時，表示裡面的寶寶也在正常成長。

　　妳測量的結果，可能跟別人同時期的結果不同，這沒有什麼關係，重要的是妳的體重以適當的速度在成長，而子宮也以適當的速度在長大。

寶寶的生長及發育

　　分娩前進行的理想檢查，必須能夠判斷胎兒是否健康，最好還要能測出胎兒是否有窘迫（受到壓力）的情況。如果有的話，就表示有問題。

　　超音波檢查能達成部分目標，醫師可以透過超音波檢查觀察胎兒在子宮中的情形，還能評估胎兒大腦、心臟及其他臟器的健康狀況。除了超音波檢查，也可以在胎兒監視器的監控下，進行無壓力試驗（無壓力收縮試驗），檢查胎兒的健康狀況及是否異常。

妳的改變

應力性尿失禁

進入懷孕末期，妳咳嗽、擤鼻涕、運動，或搬東西時，可能會有點漏尿。不要驚慌！這叫做應力性尿失禁，這在妳子宮變大，壓迫到膀胱時是很正常的。

妳可以做凱格爾運動來控制這個問題，請參見懷孕第14週的內容。現在就練習吧，持續練到寶寶出生。這種練習對於產後有時還會持續的尿失禁也有幫助。

如果妳有任何尿失禁的問題，找一次產檢時，提出來跟醫師說。這樣醫師才會去檢查，看看尿失禁是否為泌尿道感染產生的問題。

1/3的孕婦在懷孕期間會出現輕微的尿失禁問題。

入盆的感覺

在分娩前幾週或開始陣痛時，妳可能會注意到肚子發生了變化。醫師在檢查時，從肚臍或恥骨連合開始量到子宮底部的尺寸，可能會比先前產檢的測量結果短。這是因為胎頭開始下降，進入產道的緣故，稱之為入盆。

入盆有優點，也有缺點。妳的上腹部會騰出一些位置，讓肺部多一些空間可以呼吸。不過，骨盆、膀胱和直腸受到的壓迫就大了，妳會感到不適。部分孕婦有種很不舒服的感覺，覺得寶寶好像「正在跌出去」，這跟胎兒往下降入產道時，拉扯的力道有關。

這個時期的另一種感覺則是部分孕婦形容為，像針一針針刺下的感覺。這是一種痛感、在骨盆腔或骨盆範圍感受到來自於胎兒壓迫的

壓力或壓到麻木。這種感覺很平常，不必太擔心。

上述的感覺，除非孩子出生，否則是不會解除的。側躺可以舒緩壓在骨盆範圍中神經、血管和動脈上的部分壓力，如果問題真的很嚴重，可以跟醫師說。

醫師可能會告訴妳，寶寶「還不在骨盆裡」或是「還很高」，意思是寶寶還沒進入產道呢！ 當醫師做內診檢查時，寶寶還可能會從醫師的手指上滑開。

不過，如果妳沒感覺到胎兒下降也不必擔心。這種入盆現象並非每位孕婦、每次懷孕都會出現。當陣痛開始，或已經開始後，寶寶才入盆往下掉也是稀鬆常見的。

布雷希氏收縮與假性分娩

真正陣痛的收縮是有規律的節奏。隨著時間過去，長度和強度都會增加。

陣痛時請開始計時，記錄發生的頻率，以及每次持續的時間。什麼時候上醫院，部分原因得看收縮的情形。

> 這個時候，寶寶的聽覺發育已經精密多了─在子宮裡會朝聲音的來源轉頭。

布雷希氏收縮是一種無痛的收縮，有時候，當妳把手放在肚子上，也會感覺到這種收縮。這種無痛收縮常出現在懷孕早期，間隔沒有規律性，當妳按摩子宮時，收縮的次數及強度會隨之增加。但是這些都不是真正陣痛的徵兆。

在真正的陣痛開始之前，可能會出現假性陣痛。假性陣痛的收縮可

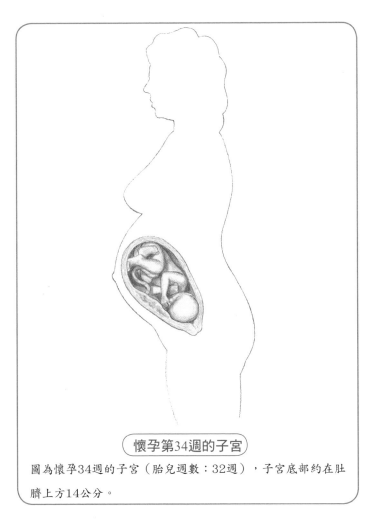

懷孕第34週的子宮

圖為懷孕34週的子宮（胎兒週數：32週），子宮底部約在肚臍上方14公分。

能非常疼痛，讓妳覺得好像是真正的陣痛。

假性陣痛大多都沒有規律性，持續時間也短（不超過45秒）。這種因收縮造成的不舒服，可能會出現在鼠蹊處到下腹部或腰部等身體部位。 等到真正的陣痛開始時，子宮收縮造成的疼痛會從子宮頂端開始，擴及整個子宮，再經過腰部到骨盆腔。

假性陣痛似乎較常出現於不是第一次懷孕的孕婦，以及生過多個寶

寶的經產婦。假性陣痛來得快去得也快，對胎兒不會造成任何危險。

哪些行為會影響胎兒發育？

懷孕的結束始於陣痛。而部分孕婦很關切（甚至說希望！）她們的舉動是否可以讓陣痛開始。做這些每日例行的活動（除非妳是醫師告誡要臥床安胎的例子），是不會讓妳開始陣痛，除非孩子已經「瓜熟蒂落」，準備來報到。

懷孕後期性交，的確會引發陣痛。精液中含有前列腺素，會引起子宮收縮；高潮和刺激乳頭也會引發子宮的收縮。

真的陣痛或假性陣痛？

考量點	真正的陣痛	假性陣痛
收縮	規律	不規律
兩次子宮收縮之間的時間	靠得很近，一起出現	密集度不夠
收縮強度	增加	不會改變
收縮的位置	整個腹部	各種不同的位置或背部
麻醉藥或止痛藥的效果	陣痛不會停止	有鎮定效果會停止，或改變收縮頻率
子宮頸開口的變化	漸進式改變	沒有改變

妳的營養

懷孕期間檢查膽固醇只是浪費時間而已。懷孕時，荷爾蒙會發生變化，所以妳血液中膽固醇數值一定會升高。因此，最好等到生完孩子或停止哺餵母乳以後，再來檢查膽固醇。

含豐富維生素的點心

當妳想吃點心時，可能不會想到要烤馬鈴薯。不過烤馬鈴薯可是

優質點心呢！因為裡面含有豐富的蛋白質、纖維質、鈣質、鐵質、維生素B及維生素C。妳可以一次烤一些，放涼後收進冰箱，餓的時候再熱來吃。青花菜也含有豐富的維生素，在吃烤馬鈴薯時，加一點青花菜，上面再加些原味優格、鄉村乳酪或酸奶，就是一道美食。

其他須知

做好迎接寶寶的準備

寶寶從醫院出院回家以後，馬上就需要用到很多東西。妳現在就可以開始想寶寶需要什麼，這樣萬一他提前報到，妳才不會手忙腳亂。

要考慮的育兒用品包括了嬰兒床、換尿布檯、搖籃、抽屜櫃、尿布桶、寶寶監控器、蒸氣機或加濕器（註：開冷氣或暖氣時可以使用）。另一項要考慮的則是嬰兒房的牆面油漆，請用沒有毒性的漆。

•注意：買二手育兒器材或借用別人的器材時要特別注意。有些早期產品，已經不符合今日的安全標準了。

•**寶寶需要一個舒服、安全的地方可以睡覺。**搖籃床是小型可攜帶式的床，寶寶可以一直睡到睡不下，當然若一開始就買護欄式嬰兒床用得比較久。買嬰兒床之前，請先參考一下各種安全標準。（註：台灣經濟部標準檢驗局CNS針對35種兒童用品也提出了相關安全標準，消費者可至該局的「商品安全資訊網」查詢，網址為http://safety.bsmi.gov.tw。）

部分父母認為嬰兒應該與他們同睡在一張「家庭床」上。但不少專家都認為大人與嬰兒同睡在家庭床上是不安全的作法。

幫寶寶打扮得可可愛愛非常有趣，但在現實生活中，**寶寶**並不需要太多外出服。他們長得很快，週歲之前只要一些基本款式就很夠用了。

寶寶的需求很容易滿足。尿布、T恤、下襬可以打開的長袍、包住腳的連身衣、襪子、圍兜、帽子、溫暖的罩袍、毯子、毛巾是妳需要備好的最基本項目。每一款需要多少量，則視妳個人的情況而定，但是尿布起碼要準備個8打（新生兒一週要用掉100片）。

．**嬰兒汽車安全椅**。請儘快選購，這樣寶寶誕生後，才有安全座椅可以用。購買時，要了解安全座椅應該如何安裝才正確。

幫寶寶準備嬰兒汽車安全座椅時，請購買新品。嬰兒汽車安全座椅最好不要用借，或是買二手的器材以免已經受損，或者某些重要零件已經遺失而不知，現在技術上的先進，也讓舊款座椅顯得太過時了。

從2004年6月起，台灣也已開始強制施行4歲以下兒童乘車必須坐汽車安全椅的作法，否則將予以罰款。對寶寶來說，最安全的位置就是後座的中間位置。

萬一發生車禍時，嬰兒安全座椅是寶寶最佳的保護。當車子在移動時，不要把寶寶抱出安全座椅來餵奶、換尿布或安撫。

市面上有各種不同類型的嬰幼兒汽車安全座椅可以選購，選購時，請挑選符合CNS國家安全標章的款式。

．**注意**：嬰幼兒汽車安全座椅絕對不要安裝在前座，尤其是妳開的車子如果裝有安全氣囊的話！如果車子的後座有側面安全氣囊，嬰兒安全座椅一定要裝在後座的中間位置，或是請車商幫妳把側面安全氣囊拆掉。

家中的寵物

當妳一得知自己懷孕，就可以開始思考，該如何讓妳家的寵物跟家中的新成員寶寶相處了。

首先，寵物一定要確實打好疫苗，請獸醫幫忙檢查寵物身上是否有寄生蟲。如果妳家的寵物還沒有結紮，現在是做的時候了——這樣寵物的攻擊性就會降低。

當寶寶從醫院回家後，寵物的生活也會跟著改變。動物對於例行的事情非常敏感，所以在寶寶出生前就要做好改變，這樣對寵物來說適應起來比較容易。懷孕期間，試試看以下的作法：

♥ 寶寶出生前，就開始減少陪寵物的時間。這樣可以讓牠先慢慢適應將來妳因為寶寶，必須減少陪伴牠的時間。

♥ 寶寶出生之前幾週，就先改變寵物餵食、運動或玩耍的時間。

♥ 變動寵物要睡的地方。如果寶寶要待在妳的房間，而寵物也睡妳房間，那先把寵物的床搬到其他地方，讓牠早日習慣。

♥ 評估一下狗狗的服從狀態。牠應該要能遵守一些基本命令。

♥ 可能的話，先讓寵物有機會接觸到其他孩子。當動物突然面對一個那麼小的寶寶，有可能會受到衝擊，寶寶的哭聲也可能會讓動物驚嚇到。

♥ 把寶寶的東西擺出來，像是搖籃床、嬰兒床、尿布檯。讓寵物有機會聞到味道。

♥ 別讓寵物碰到寶寶的家具，也別讓牠進入嬰兒房。

♥ 給寵物一個完全屬於牠自己的地方，孩子不能進入的。

　　幾乎所有的寵物都有領域性，有自己遵循的慣性。如果妳打算重新調整家具位置，或是改變某個房間的功能性，懷孕期間趁早進行，讓動物們有時間熟悉新的安排方式。

　　• **寵物也有一些通則要注意。**某些動物會帶有病菌，可能感染人類。所以摸完寵物後，或照料牠們之後起碼要洗手10秒鐘，讓妳的感染風險降低。

　　處理過任何寵物食物後，切記一定要好好洗手，以免感染沙門氏桿菌。如果妳養的是幼犬或幼貓應付牠們本身就是個挑戰。

　　如果妳家的寵物已經老了，改變牠的習慣可能會惹出問題。例如，妳家的寵物習慣在家到處跑，那麼要訓練牠不去某些範圍可能要花些時間。年紀大的寵物要適應家裡新增添的寶寶，彈性會比較低，牠可能會不高興、不理妳或是要求妳的注意。寵物也會嫉妒妳分給寶寶的時間與注意力，妳可能得另外花一些時間，單獨陪牠。

- **介紹寶寶給妳的狗狗**。孕期請親友帶他們家裡的孩子過來，觀察妳家寵物的反應。如果妳發現牠變得很苦惱或想咬人，可能就得讓牠去親友家寄宿一段時間了。

幫牠報名上訓練班也是個辦法，服從訓練班可以教導狗服從簡單的命令。

- **介紹寶寶給妳的貓**。盡量不要讓貓接觸到寶寶，讓貓遠遠的看。如果貓咪出現任何侵略的徵兆，立刻讓牠離開該區。當貓咪有任何正面的行為反應時，例如遠離寶寶的家具，就給牠獎勵。

貓咪如果覺得孩子很煩的話，通常就會離開孩子躲起來。貓適應孩子的能力通常比狗好，因為牠比較不黏人。

- **家裡其他的寵物**。鳥籠必須每天清理，清理時要戴橡膠手套。用完的手套要用漂白水浸泡清洗，妳的手也要徹底洗乾淨。鳥的排泄物毒性很高，可能會有細菌寄生，引起疾病。鳥要關在籠子裡，不要放出來。

迷你寵物像是倉鼠、老鼠、沙鼠和天竺鼠等可能帶有沙門氏桿菌，所以都要關在籠子裡，遠離寶寶。

此外，5歲以下的幼兒應遠離所有的爬蟲類寵物，因為牠們身上可能帶有足以致命的沙門氏桿菌。研究人員相信，嬰兒之所以受到感染是因為被摸過爬蟲類的人抱過，間接感染！

前置血管

前置血管這種狀況是臍帶的血管橫過子宮頸的內部開口，跟開口靠得很近，或是將開口覆蓋住。

當子宮頸擴張，或羊膜破裂時，沒有任何保

> **第34週的小提示**
>
> 如果肚臍敏感或穿衣服時會凸出不好看，可以用一小片紙、布或繃帶貼住敏感的肚臍，以減少不適。

護的血管可能會被撕裂，或擠在一團，讓輸入胎兒體內的血液與氧氣被封住。狀況也可能發生在寶寶往下降入分娩位置時，壓住了血管，導致寶寶供血的情況受到限制或甚至被封閉。羊膜破裂時也會發生危險；胎兒的血管有可能同時破裂，導致胎兒失血。

這種狀況只要使用彩色超音波，進行5秒鐘的掃描就可以看出來。檢驗可以顯示出橫越在子宮頸開口上的血管，並測量血流的速度。不同的血流速度會以不同的顏色標示，並將胎兒血管的位置標示出來，不過，這種超音波並非例行性檢查。

要診斷這種病狀非常困難，因為沒有徵兆可尋。此病的風險因子包括了前置胎盤、無痛出血、之前進行過子宮手術或墮胎，懷有多胞胎，或接受人工受精。如果妳有上述任何一種風險因子，請跟醫師討論是否進行彩色超音波。

當孕婦被診斷出有前置血管時，可能會被要求整個懷孕末期都要臥床安胎，以免出現陣痛。懷孕35週以後就會進行剖腹產，成功率超過95%。

落紅及黏液塞

做完陰道內診或在剛剛開始陣痛及收縮時，妳可能會少量出血，這叫做落紅。落紅也可能出現於子宮頸開始擴張及伸展時。落紅時，出血量不會很多，如果出血量很大或妳覺得焦慮，請立刻去看醫師。

除了落紅以外，妳還可能會排出一團黏液狀物，稱為子宮頸黏液塞。這是懷孕期間塞在子宮頸口的黏液狀物體，可以在子宮和陰道之間架起一道阻隔，保護子宮和胎兒，也能避免細菌進入子宮。不過，排出黏液塞，並不會對妳或胎兒造成傷害。

黏液塞的顏色可能是透明、粉紅、略帶棕色或紅色，出來時有可能分成小團，也可能一大團。排出黏膜塞可能是妳身體已經在預備陣痛的跡象，但這並不代表陣痛會馬上開始。

計算收縮時間

大多數孕婦在產前媽媽教室，或是從醫師那裡會學到如何計算收縮持續的長度——也就是收縮什麼時候開始，什麼時候結束。

收縮發生的頻率也很重要。不過，關於這一點，可能有些混淆。妳可以從兩種之間選擇一種。可以請問妳的醫師，他偏好哪一種。

❶ 記錄時間長度，也就是本次收縮開始到下次收縮開始的時間。這是最常用的方式，也最可靠。

❷ 記錄從本次收縮結束，到下次收縮開始之間的時間長度。

> 當兩次收縮之間只剩下4到5分鐘，而且情況已經持續至少1個小時，妳就知道，該上醫院了。此時收縮的強度和時間也會增加，間隔也更密集。

先計算收縮的時間，再打電話給醫師或醫院，醫師需要知道收縮發生的頻率以及每次收縮持續的時間，他才能告訴妳上醫院的時間。

第34週的運動

坐在椅子邊緣，使用輕的啞鈴（先從每一邊900至1360公克開始。如果家裡沒有啞鈴，舉500公克左右的瓶罐也行），手舉起來，與肩膀同高，手肘彎起來，這樣手才能指向天花板方向。慢慢把兩邊的手肘和手臂往中間的臉部靠過來。持續4秒鐘，再慢慢打開，與肩膀同寬。重複8次。練習兩輪。緊緻乳房肌肉，避免乳房下垂。

35
week

第三十五章
懷孕第35週
〔胎兒週數33週〕

寶寶有多大？

胎兒現在的重量超過2400公克，頭頂到臀部的長度約33公分，身長全長約46公分。

妳的體重變化

從肚臍量起，子宮底部高度約15公分，從恥骨連合量起約35公分。本週，妳的體重已經增加11～13公斤了。

寶寶的生長及發育

寶寶有多重？

超音波能用來估算胎兒的重量，計算中的公式會用到幾個測量數字。許多人都相信，超音波是預測體重最好的辦法了。不過，即使如此，預測的上下誤差還是可能高達225公克，或甚至更高。

即使預測了胎兒的體重，醫師還是無法明確告訴妳，胎兒能不能順利通過產道。這通常得要等到陣痛了，看看胎兒進入骨盆腔的實際狀況，才能知道是否能通過狹窄的產道。

有些婦女，看起來身材中等甚至可說高大，卻無法讓2700～2900公克的胎兒順利通過骨盆。但也有些婦女個頭雖然嬌小，卻能不太困難地生下3400公克，甚至更大的胎兒。評估胎兒能否順利通過產道，一定要等到開始陣痛了才知道答案。

臍帶脫垂

臍帶脫垂表示臍帶太早被推出子宮之外，這種情況罕見，卻是讓胎兒有性命之憂的緊急狀況。發生的時候，臍帶被帶到寶寶的身體側邊，或越過部分的身體，導致臍帶上的血管被身體壓迫，封閉了輸送到寶寶身上的血液與氧氣。

當胎兒的部分身體卡在產道和母親骨盆腔的骨頭之間時，臍帶越過了胎兒，也會發生相同的情形。胎位不正，包括臀位、橫位、斜位也都會使臍帶脫垂的機率提高。

當胎兒體重不足2500公克、或是當母親之前已經生過兩胎以上，這種情況都比較容易發生。羊水過多也會使風險提高——因為當羊膜破裂後，大量羊水釋出，可能會把臍帶沖到身體的前面去。

發生這種狀況時，醫師必須把手放進產婦的陰道，把胎兒的位置舉高，不讓身體壓到臍帶，直到寶寶可以用剖腹產來接生。降低產婦的頭部，或改變她的姿勢都有幫助。在進行緊急剖腹產準備時，可能會讓產婦的膀胱漲滿，以抬高胎頭，直到手術能進行。如果這些步驟能確實執行，並讓孩子產下，結果通常是好的。

妳的改變

鞋子和妳的腳

懷孕期間，妳腳的尺寸可能改變或變大。當寶寶在妳肚子裡長大，妳的體重也直線上升時，這種情形是可能發生的。如果發生了（許多孕婦都發生！）請記住以下事情：

- ♥ 鞋帶或鞋子上的魔鬼沾就別黏了。這樣鞋子比較容易穿脫。
- ♥ 換成平底鞋。高跟鞋和有高度的鞋子都有危險。
- ♥ 能夠提供良好支撐的涼鞋是很棒的選擇。買一雙好涼鞋吧！
- ♥ 可以考慮把足部按摩加到妳的「代辦事項」去。適當的按摩可以讓妳的腿和腳都輕鬆無比。（註：只是要找驗豐富的按摩師，並提醒他妳懷孕了，請他避開刺激的穴位。之前沒有做過腳底按摩的孕婦，懷孕5個月之前最好也別做。）找美容師幫妳修修腳趾甲也是個好主意──當妳連自己的腳趾頭也看不見得時候，這個差事可是很困難的。

懷孕晚期的情緒變化

到了懷孕後期，愈接近分娩，妳及伴侶可能也會變得更焦慮，尤其是妳，莫名的情緒起伏也許更大。妳可能變得容易煩躁不安，也容易讓夫妻關係更形緊繃，妳所焦慮的，可能只是雞毛蒜皮的事。

當這些情緒在妳心中內襲捲時，妳會發現自己的體型愈來愈笨重，平時習慣做的事情也做不好；妳也可能會覺得人很不舒服，覺睡不好。這些思緒一波波一起襲來，讓妳的情緒上上下下，波動劇烈。

懷孕時出現的情緒變化都是正常的，要有心理準備。和妳的伴侶聊一聊，把妳的感受和想法告訴他。妳可能會很驚訝的發現，原來他也擔心妳、擔心寶寶以及他在整個分娩過程中即將扮演的角色。溝通之後，妳們兩個人應該比較容易理解彼此正在經歷的事。

懷孕的最後幾週，妳對於寶寶健康的關切度會提高。對於自己是否能熬過陣痛順產，則是充滿焦慮。妳會擔心自己是否能變成一位好母親，好好的養育孩子。

妳也可以與醫師討論

阿嬤的消脹氣秘方

如果妳脹氣嚴重，空腹時吃一茶匙的橄欖油試試看。

妳的情緒問題，醫師會安慰妳，並向妳保證這些都是正常的行為，讓妳能更安心。

泌乳顧問／母乳哺育諮詢

如果妳想親自用母乳哺育，寶寶出生前先諮詢泌乳顧問會有幫助。泌乳顧問是合格的專業人員，在許多機構中都有，包括醫院、醫療機構及私人診所。在台灣，不少醫院診所都有設立母乳哺育諮詢門診，可以提供妳基本的母乳哺育資訊、幫妳進行評估、觀察妳和妳的寶寶、幫妳訂定照顧計畫、把情況通知其他醫師，並依照妳的需求做後續支援。

哪些行為會影響胎兒發育？

準備生產

到了本週，妳可能對即將臨盆開始有點緊張了。什麼時候該到醫院？什麼時候該通知醫師？妳可以在產檢時，將這些疑慮請教醫師，他會告訴妳，哪些徵兆出現時就該到醫院待產了。此外，產前媽媽教室也會告訴妳，開始分娩時會出現哪些徵兆，什麼時候該到醫院待產。

陣痛開始之前，妳可能就會先破水。破水很容

給爸爸的叮嚀

產檢時，請問醫師你在伴侶分娩時可以扮演的角色。有不少事情，可能是你希望能親自參與的，像是剪臍帶、或拍攝寶寶出生時的錄影帶，事先把這些事情談好比較容易。不過，並非每個新手爸爸都希望在分娩過程扮演積極主動角色的，所以，即使你不想，那也沒關係。

易辨認，通常是先湧出一股液體，然後持續不斷的滴漏出羊水。

在孕期最後幾週，最好先把要帶到醫院的證件、必需用品及衣物等打包好，以便一拿就走。

妳也應該與伴侶確認，當妳覺得開始陣痛時，與他聯絡的最佳方式。請他手機一定要隨身攜帶並開機，最好也請他每隔固定時間就與妳聯繫。

> 到醫院去的路線要事先規劃好。請妳的伴侶先多開幾次，並找好預備路線，萬一塞車或天候狀況不佳的時候可以備用。

妳也可以問醫師，當妳覺得開始陣痛時要做些什麼？先通知醫師？還是直接到醫院？如果能預先知道什麼時候該做什麼事，陣痛開始時，妳就比較不會驚慌失措。

妳的營養

為了因應胎兒發育的需求，身體持續需要大量的維生素及礦物質。如果妳選擇餵母奶，維生素及礦物質的需求量會更大！下頁表列出懷孕期及授乳期，每天所需的維生素及礦物質的量。了解均衡良好的營養對於妳自己與寶寶的必要性，是很重要的。

其他須知

懷孕末期的超音波

如果妳在懷孕末期做超音波，醫師希望看到就是特定的資訊了。這個在懷孕晚期進行的檢查可以具有下列功能：

- ♥ 評估胎兒的大小和成長情形。
- ♥ 判斷陰道出血的原因。
- ♥ 檢查是否有胎兒生長遲滯的情形。
- ♥ 判斷陰道或腹部疼痛的原因。
- ♥ 評估在準媽媽遭受意外或受傷後，胎兒的情況。
- ♥ 檢查是否有某些天生性畸形。
- ♥ 監視多胞胎生長的情況。
- ♥ 監視高風險妊娠。
- ♥ 測量羊水的量。
- ♥ 檢查胎兒是頭位還是臀位。
- ♥ 判斷要採取哪種生產方式。
- ♥ 看看胎盤的成熟度。
- ♥ 與羊膜穿刺術一起併用，判斷胎兒的成熟度。
- ♥ 作為胎兒生理評估的部分資料。

懷孕期間的帶狀疱疹

當某類一直潛伏在根神經節的疱疹病毒活躍起來後，就會出現帶狀疱疹。

孕婦罹患帶狀疱疹在時間上最大的關切點是懷孕初期內，因為那時候很怕病毒感染會影響到胎兒。另外一個關切的時間點則在胎兒要出生，通過產道，接觸到母親身上的病毒時。帶狀疱疹的疼痛發生在神經分布的特定區域，治療方式主要是以藥物控制疼痛。如果妳覺得自己有帶狀疱疹，請跟醫師聯絡，他會決定妳該怎麼治療。

> 寶寶吸吮的反射動作在出生前就出現了。

什麼是前置胎盤？

前置胎盤是指胎盤黏附在子宮的下部，位置十分接近子宮頸或直接覆蓋在子宮頸上，而不是在上子宮壁。這個問題發生的機率大約是每170次懷孕中一次。444頁上面的插圖裡的是前置胎盤的例子。

前置胎盤可能會造成子宮大量出血，因此非常危險。出血可能會發生在懷孕期間，也可能發生在陣痛時。前置胎盤主要有三種：

懷孕期及授乳期所需營養素的量

維生素及礦物質	懷孕期	授乳期
維生素A	800微克（mcg）	1300微克（mcg）
維生素B$_1$（硫胺素）	1.5毫克（mg）	1.6毫克（mg）
維生素B$_2$（核黃素）	1.6毫克（mg）	1.8毫克（mg）
維生素B$_3$（菸草酸）	17毫克（mg）	20毫克（mg）
維生素B$_6$	2.2毫克（mg）	2.2毫克（mg）
維生素B$_{12}$	2.2微克（mcg）	2.6微克（mcg）
維生素C	70毫克（mg）	95毫克（mg）
鈣	1200毫克（mg）	1200毫克（mg）
維生素D	10微克（mcg）	10微克（mcg）
維生素E	10毫克（mg）	12毫克（mg）
葉酸（維生素B$_9$）	400微克（mcg）	280微克（mcg）
鐵Iron	30毫克（mg）	15毫克（mg）
鎂	320毫克（mg）	355毫克（mg）
磷	1200毫克（mg	1200毫克（mg）
鋅	15毫克（mg）	19毫克（mg）

♥ 胎盤接觸到子宮頸（低置胎盤）

♥ 胎盤的一部分蓋住了子宮頸（部分性前置胎盤）

♥ 胎盤將子宮頸完全蓋住了（完全性前置胎盤）

前置胎盤發生的原因醫界尚未完全清楚，而可能造成前置胎盤的風險因子則包括曾剖腹產、產婦年齡超過30歲、抽菸，以及生過數胎的經產婦等。

以人工受孕方式懷孕的孕婦發生前置胎盤的機率較高。專家相信，將胚胎植入子宮會引起收縮，這可能會使得胚胎植入在子宮的下部，因此發生前置胎盤的機率就會提高。此外，胚胎也是蓄意低植在子宮下部的，因為研究顯示，這樣的植入方式可以提高懷孕的機會。

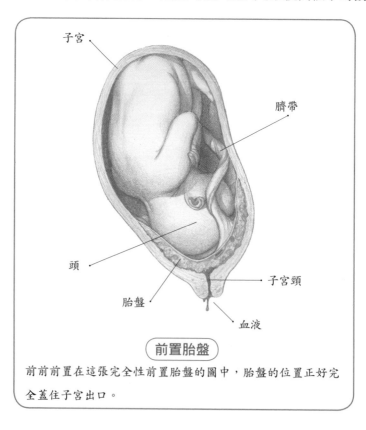

前置胎盤

前前前置在這張完全性前置胎盤的圖中，胎盤的位置正好完全蓋住子宮出口。

前置胎盤最明顯的症狀，就是子宮沒有收縮，卻出現無痛的出血情形，這種情況多發生於懷孕中期末（懷孕後半段）。因為這個時期，子宮頸開始變薄，胎盤也因此受到伸展及撕扯，造成與子宮壁的連結部位鬆脫，因而引起出血。

前置胎盤可能會出現無預警的出血，有時可能會很嚴重，嚴重出血通常出現在早期分娩子宮頸開始擴張的時候。

懷孕下半期，如果發現陰道出血，就應該懷疑是不是有前置胎盤的現象。醫師會用超音波檢查來確認是否有前置胎盤的現象。在懷孕下半期，子宮及胎盤愈來愈大時，透過超音波就能比較容易看出來。

如果妳有前置胎盤，醫師會告誡妳不要做骨盆檢查以免使出血更嚴重。這一點一定要切記，如果換了不熟悉的醫師或到醫院待產時，其他醫師要做內診時，一定要明確告知對方妳有前置胎盤。

前置胎盤胎兒多半還是臀位，所以先讓胎盤出來，胎兒隨後出來的方式是不可能的，通常必須採剖腹生產。剖腹產時先將胎兒娩出、接著摘取胎盤，這樣子宮才能收縮，將出血量控制到最少。

第35週的運動

站立，雙腳打開，膝蓋微彎。手臂舉高，讓上臂與地面平行，雙掌空指。將兩肩肩胛往內縮，維持3秒鐘，然後放開。做10次。改善姿勢，紓解上背壓力。

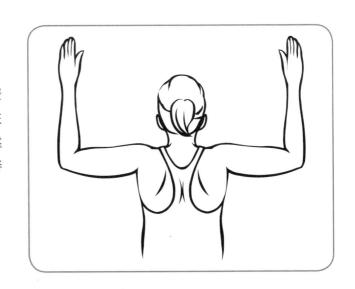

36 week 第三十六章
懷孕第36週
〔胎兒週數34週〕

寶寶有多大？

本週，胎兒重約2600公克，頭頂到臀部的長度約34公分，身長全長約47公分。

妳的體重變化

從恥骨連合量到子宮底部約36公分，從肚臍量到子宮底部約14公分。

寶寶的生長及發育

在胎兒的生長及發育過程中，肺臟及呼吸系統是否已經發育成熟是很重要的。而這其中，呼吸系統又是所有系統中最晚成熟的。如果必須考慮提早生產，得知胎兒肺臟的成熟度是下決定時的重要參考，有些檢查可以預測胎兒是否能在沒有協助的狀況下自行呼吸。

 呼吸窘迫症

發生在胎兒的肺部尚未完全發育成熟時，有呼吸窘迫症的寶寶出生後無法自行呼吸，需要借助外面的呼吸輔助器。

要得知胎兒肺部是否發育成熟，有兩種檢查可以做。兩種評估方式都需要羊水。

• L／S 比值（卵磷脂與抱合髓磷脂之比值）。是在懷孕 34 週左右才可以進行的檢驗。懷孕34週以後，羊水中的這兩種因子比率會有

明顯的變化：卵磷脂值上升，而抱合糖髓脂值則維持不變。從這兩項數值的比率，就能看出，胎兒肺臟是否已發育完成。

• **磷脂醯甘油試驗。**是第二種評估胎兒肺臟是否發育成熟的檢驗。檢驗的結果只有陽性或陰性。當檢驗結果成陽性，表示羊水中有磷脂甘油時，孩子出生，可能就不會出現呼吸窘迫症。

妳的改變

此刻距離預產期，只剩4、5週了，而妳的體重到現在大概也已經增

子宮頸擴張（公分，真實尺寸）

加11～13.5公斤了。距分娩大概還有一個月，不過從現在開始，每週產檢時體重就算一直維持不變，或是變動極小，也不要感到奇怪。

此時是胎兒周圍羊水量最多的時候，後續幾週胎兒仍會繼續成長，但妳的身體會吸收部分羊水，使羊水量減少，胎兒活動的空間也隨之減少。妳可能也會注意到，胎動的感覺有些變化，有些孕婦覺得，胎動的程度不如以往明顯。

不寧腿症候群

第一次懷孕可能會出現不寧腿症候群；這個問題會干擾妳的睡眠。有不寧腿症候群時，妳會覺得腿上好像有什麼東西，搞得妳非得起來動動下肢不可。專家覺得不寧腿症候群應該和貧血有關，可能是因為鐵或葉酸缺乏所引起。

治療方式是增加鐵和葉酸的攝取量。但無論是增加什麼，都先跟妳的醫師說。在腿上放個熱墊，15～20分鐘也有幫助。不寧腿症候群的好處是，一旦孩子生下來，狀況就會完全消失。

了解陣痛

了解陣痛的過程很重要。這樣當陣痛出現時，妳才會知道，並清楚該怎麼做。陣痛的實際定義是子宮頸伸展撐開並變薄（擴張），而發生的時刻則在子宮，也就是肌肉發生縮緊、而後放鬆的縮放動作，要將胎兒推擠出去。當胎兒被推擠出去時，子宮頸就會被撐開。子宮頸開口必須開到10公分，胎兒才能穿過。

現在醫界仍不明瞭促使陣痛開始的原因，但是理論很多。其中之一是，母親和胎兒一起分泌的荷爾蒙會引發陣痛。研究人員相信，母子雙方都釋放了催產素，啟動了陣痛。但也可能是胎兒製造了某些荷爾蒙，引起子宮收縮。

子宮頸必須變軟、變薄（薄化）。換個比較容易理解的講法，就

是懷孕前，妳的子宮頸堅硬如鼻子末端，但接近分娩，就柔軟得可跟耳垂相比。

在不同的時間點，妳會產生緊縮、收縮或痙攣等感覺，但除非等到子宮頸開始產生變化，否則就不算是真正陣痛的開始。

• **陣痛的三個階段。**

第一階段：從子宮開始產生強度、時間長度和頻率都足夠的收縮開始算起，子宮頸會開始變軟並擴張。等子宮頸完全擴張（通常是10公分），開口大到胎兒可以順利通過時，第一階段就結束了。

第二階段：此階段當子宮頸擴張達10公分時，胎兒娩出子宮即告結束。

第三階段：胎兒娩出後是第三階段的開始，等到胎盤及包圍胎兒的羊膜組織娩出，此階段即宣告結束。

有些醫師會將胎盤娩出到子宮開始收縮以前，歸類為第四階段。胎兒及胎盤娩出後，子宮若無法正常收縮，就會大出血。因此，子宮是否收縮良好，是非常重要的。

• **陣痛會持續多久？** 初產婦（第一次懷孕）在陣痛的第一階段及第二階段（從子宮頸開始擴張到胎兒娩出為止）約會持續14～15個鐘頭。活動期陣痛的平均長度約在6～12小時之間。如果妳聽到「陣痛很長」，代表大部分的時間都花在早期的陣痛上。收縮開始後又停止，或者變弱、間隔拉開，然後又變規律、變強烈。

> 每一次的陣痛都不一樣，大多是因為經歷的疼痛程度不同。請務必了解，陣痛可能是非常非常痛的。

而曾經生過一、兩個小孩的婦女，產程可能比較短，不過，這也

不是一成不變的。大多數第二胎或第三胎陣痛所需要的時間，平均比第一胎少幾個小時。

事先要準確預測陣痛所需時間是不可能的，妳可以問問醫師的意見，不過那也只是僅供參考而已。

哪些行為會影響胎兒發育？

幫寶寶選擇醫師

該是幫孩子找一位醫師的時候了。妳可能會選小兒科醫師，或是家庭科醫師。

第一次拜訪很重要，所以請妳的伴侶跟妳一起去。如果妳們對於孩子的照護有任何疑慮或問題，現在正是提出來討論的好時機。妳們可以和醫師談談他的作法，了解一下他看病的時間表和涵蓋範圍。

• **請教小兒科醫師的問題。**當妳們跟小兒科醫師見面時，以下的問題可以幫助妳更了解醫師。

♥ 請問是哪種資格的醫師，接受過哪類訓練？

♥ 有專科醫師證書嗎？還沒有的話，很快會有嗎？

♥ 附屬於哪家醫院呢？或有醫療群合作關係呢？

♥ 在我要生產的醫院，有醫療群的合作關係嗎？

♥ 會幫新生兒進行檢查嗎？

♥ 如果我生的是兒子，可以幫忙割包皮嗎（如果我們想要的話？）

♥ 一般的看診時間如何？有急診嗎？

♥ 一般去看一次診，要多久時間？

♥ 醫師的看診時間，跟我們的上班時間能配合嗎？

♥ 孩子突然急病，當天可以看得到醫師嗎？

♥ 萬一有緊急狀況，或已經不在醫師看診時間內，要怎樣才能
聯絡得到醫師？

♥ 如果醫師當時不方便看診，有誰能幫忙？

♥ 診所或醫師看診室裡有專業護士或助理幫忙嗎？

♥ 如果有例行的問題，可以用電子郵件和醫師聯絡嗎？醫師通
常多快回信？

♥ 支持以母乳哺育的產婦嗎？

♥ 有全民健保給付嗎？

♥ 萬一有緊急問題，孩子需要後送醫院，醫師會把孩子送到哪
家最近（離我家）醫院的急診室呢？

•**拜訪醫師後進行分析。**拜訪過醫師後，有些問題透過分析就可
以解決了。以下這些事就是妳和妳伴侶在拜訪過該位醫師後，可以討
論的問題。

♥ 我們能接受該位醫師的作法和態度嗎？像是對抗生素和其他
藥物的使用方式、孩子的教養方式，以及相關的宗教信念？

♥ 醫師會聽我們說話嗎？

♥ 他對於我們關切的事情，是真的有興趣嗎？

♥ 醫師的診所內舒適、乾淨而且明亮嗎？

♥ 診所的其他人員態度親切、開放並容易講話嗎？

妳的營養

和懷孕較早期相比，現在的飲食計畫可能比較難做。因為妳對於一直吃的東西已經厭煩了。**寶寶**愈長愈大，妳的肚子裡似乎已經沒有空間放食物了。胃灼熱或消化不良的問題，現在可能會愈棘手。

不可以放棄均衡的好營養！繼續關注吃到肚子裡面的食物。**寶寶**出生前，盡妳所能，持續給**寶寶**最好的營養。

每天吃一分深綠色葉菜、一分含豐富維生素C的食物或果汁、一分含豐富維他命A的食物。不少黃色的食物，像是地瓜、胡蘿蔔、甜瓜都是優質的維生素A來源，記住保持每日的水分的攝取量。

高纖維食品營養好，多吃可以幫助避免便秘。高纖維食品也可能與胃灼熱有關，請繼續削馬鈴薯吧！妳甚至可以做帶皮的馬鈴薯泥——味道相當不錯呢！

其他須知

寶寶是什麼胎位？

妳可能會想知道，醫師要到懷孕的什麼時期才能告訴妳孩子要生產時的胎位。**寶寶**的頭是不是往下了呢？還是變成臀位了？要到什麼時候，**寶寶**才會進入最後生產的姿勢呢？

通常在懷孕的第32到34週之間，妳就可以感受到胎兒的頭正在往下腹部移去，在妳肚臍的下面。有些孕婦在稍早時，感受到的是胎兒身體不同的部位，直到現在，胎頭

給爸爸的叮嚀

你也該準備打包去醫院要用的東西了。東西包括了一些你會用到的生活必需品，像是換洗衣物、相機、充電電池、手機和手機充電器、零食、保險資料、舒服的枕頭，以及一些現金。

才硬到足以讓妳證實他的位置。

　　胎兒的頭有種特別的觸感，和感覺到臀位時不同。臀位的**寶寶**摸起來感覺比較柔軟，也比較圓。

　　從第32到 34 週開始，**醫師**就會開始摸妳的肚子，來判斷**寶寶**在裡面的方向。懷孕期間，胎兒的胎位可能會改變很多次。

　　到了懷孕的第34到36 週，胎兒通常就會進入待產的固定姿勢了。不過，胎兒如果是臀位， 到了第 37 週，還是有可能把頭轉下來。不

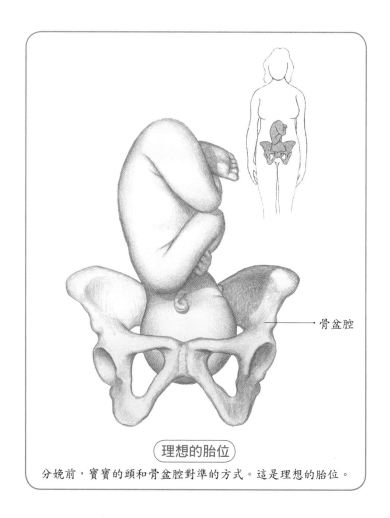

骨盆腔

（理想的胎位）

分娩前，寶寶的頭和骨盆腔對準的方式。這是理想的胎位。

過，這種變動的可能性，愈接近懷孕晚期就愈低。

準備待產包

打包上醫院要用的東西可能很累人。妳可能不想太早打包，天天和行李兩眼相對，但是，也絕對不要等到最後一刻鐘才打包，把東西通通扔進去，到時候萬一把重要的東西給忘記就糟糕了。

預產期34週之前開始打包是個不錯的時間點。要考慮的事情很多，不過我們幫妳列了一張清單，把所有妳可能用得上的東西都一網打盡了：

- ♥ 身分證、健保卡、填好的保險資料表格或登記表格。
- ♥ 在產房要穿的襪子。
- ♥ 當做目光焦點的東西。
- ♥ 一套棉質的睡衣或T恤，方便生產後替換穿。
- ♥ 棒棒糖或水果糖，陣痛時用的。
- ♥ 稍微可以分心的東西，如書籍雜誌，陣痛時用的。
- ♥ 口腔清新噴霧器。
- ♥ 生產完後穿的一、兩套睡衣（如果妳打算餵母乳，準備方便餵乳穿的袍子。）
- ♥ 膠底拖鞋。
- ♥ 在醫院走動時可以穿的長袍。
- ♥ 2套胸罩（如果打算餵乳，則是哺乳專用胸罩）。
- ♥ 避免沾上乳汁的乳房墊片。
- ♥ 3條內褲。
- ♥ 妳私人的衛生用品，包括了梳子、牙刷、牙膏、肥皂等。
- ♥ 如果妳留長髮，記得帶上綁頭髮的髮帶或橡皮筋。
- ♥ 回家時穿的寬鬆外出服。

♥ 產褥墊、衛生棉墊，如果醫院沒有供應的話。

♥ 如果妳帶隱形眼鏡的，請帶一般眼鏡。（分娩時不能戴隱形眼鏡）

新生兒所需用品，醫院可能會供應，不過妳還是應該自己準備一些：

♥ 回家時穿的衣服，包括了內衣、睡袍、外出衣帽（外面如果天氣寒冷，就需要帽子）。

♥ 幾條寶寶用的包毯。

♥ 尿布，如果醫院不供應的話。

寶寶第一次坐車回家，車上一定要安裝有安全認證的嬰兒安全座椅。寶寶第一次乘車就把他放進嬰兒安全座椅中是非常重要的！

產房介紹

進入待產房和產房後，妳會看到很多儀器。大部分的儀器，妳可能都不認得，所以在這裡，我們利用一些篇幅來介紹。

電子視訊監視器有一個手環可以測量妳的心跳和血壓，提供醫師妳和寶寶最即時的健康狀況。如果醫師吩咐的話，護理人員就會用靜脈注射輸液器將點滴送入妳的靜脈。

產檯的種類很多，底下的部分可以移開，換成接生檯。有些檯子還可以配合生產位置做調整。

麻醉醫師會在手術前置放硬脊膜外導管，之後再由硬脊膜點滴注射輸液器送出止痛藥。在某些情況下，會用上真空吸引器來幫忙把胎兒從產道拉出。破水鉤樣子像一支鉤針，是用來鉤破羊膜的。

吸球是用來抽取寶寶出生後、以及出生後幾天內，口鼻裡面的血

液與黏膜；新生兒保溫器可以讓寶寶保持穩定的體溫；新生兒體重器則用來量體重。

在早期的活動期陣痛時，產婦如果連聽三小時的無歌詞演奏音樂（合成音樂、豎琴、鋼琴、管弦樂或爵士樂曲）後，疼痛感覺會比較不明顯、壓力也較小。我們相信節奏慢的音樂可以讓產婦放鬆心情，也會分心，所以比較不痛。

胎兒監視器

胎兒監視器可以偵測寶寶的心跳和母親的子宮收縮，也可以用來追蹤寶寶對收縮的反應。監視器上會顯示收縮的資訊與寶寶的心跳情形，在待產房、護理站，或許還有醫師的電腦上都看得見。

每個寶寶都需要進行個別評估，而使用的就是胎兒監視器的追蹤與懷孕的其他資訊。美國婦產科學院建議將描述胎兒監視器的結果分為三類：

♥ 第一類——追蹤結果正常。

♥ 第二類——追蹤結果無法確定，意思是結果異常，但也並非絕對異常，而是需要進行評估，持續監視並再次評估。有大約80%的追蹤都屬於這一類。

♥ 第三類——追蹤結果異常，需要立即評估。用來分類的元素包括了胎兒心跳率、變異性、下降、以及對子宮收縮的反應。

第36週的運動

　　想要改善姿勢，請站或坐在地上，雙手在後交握。將手往上舉高，直到妳覺得上胸部和上臂有伸展開來，拉到筋的感覺。撐住，數到5，然後再把手放下來。重複8次。伸展手臂和背部的肌肉，擴上胸。

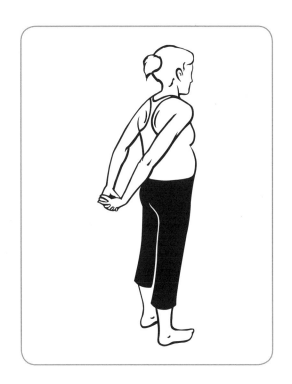

第三十七章

懷孕第37週

〔胎兒週數35週〕

寶寶有多大？

　　胎兒現在重量超過2800公克，頭頂到臀部的長度約35公分，身高全長約48公分。

妳的體重變化

　　子宮量起來，大小跟前一、兩週大致相同。從恥骨連合量到子宮底部約37公分，從肚臍量起，子宮底部高度16～17公分。 到了本週，妳的懷孕期間增加的總體重應該已達11～16公斤。

寶寶的生長及發育

　　雖然已經是懷孕最後幾週了，胎兒仍然繼續成長，體重也持續增加。這個時候，妳肚子的壓力有變化了，就像是放了一本書，惹得肚子裡的寶寶以拳打腳踢來反應。

　　在這個時間左右，胎兒的頭通常會直接向下，進入骨盆腔的位置。不過，還是有3％的胎兒是臀部或腿先進入骨盆腔，這種情形稱作臀位產式，在懷孕第38週的章節會詳細討論。

妳的改變

懷孕晚期的骨盆檢查

　　這段期間醫師可能會為妳做骨盆檢查（即內診），以評估懷孕的

進展並觀察羊水有沒有滴漏。如果妳覺得自己有羊水滴漏的情形,一定要立刻告訴醫師。

內診時,醫師還會檢查妳的產道和子宮頸。請把產道想像成一條管子,從骨盆束帶往下,通過骨盆腔,在陰道口出去。而寶寶必須從子宮出發,穿過這條管子。陣痛時,子宮頸通常會變軟、變薄,醫師會檢查及評估子宮頸的柔軟度及變薄的程度,以判斷是否要生產了。

在陣痛開始前,子宮頸較厚;進入活動期陣痛時,子宮頸管開始變薄,在變得只有原先的一半厚度時,稱作子宮頸半薄;在胎兒娩出前的瞬間,子宮頸管會全薄。

子宮頸的擴張程度(子宮頸口打開的程度)也非常重要,擴張的程度通常以公分來計算。當子宮頸口打開到10公分時,稱為全開,而生產時的目標就是10公分。

內診時,醫師還會檢查胎兒的先露部位,看看胎兒是以頭、屁股或腳先進入媽媽的骨盆腔。此外,醫師還會注意妳的骨盆腔骨頭的形狀,看看是否有狹窄處妨礙生產。

胎兒的「停高位置」也要特別注意。停高位置是指胎兒的先露部位進到產道裡哪個位置,如果寶寶的頭在—2的位置,表示胎頭比＋2的位置還要高許多。0的位置是以一個骨盆腔的骨頭(坐骨棘)作為界標,就在即將進入產道的地方。

妳應該盡量記住這些資料,當妳進入醫院待產,醫護人員檢查完後,妳就能了解自己的產程到了哪一個階段。

哪些行為會影響胎兒發育?

剖腹產

大多數婦女都希望能夠自然分娩,但有時須剖腹生產。剖腹產時,胎兒由母親的腹部及子宮的切口中取出。緊急剖腹產則是非事先計畫的

急產；而「自選剖腹產」則是事先計畫好的，但非出於醫療的理由。

剖腹產主要的好處是希望產下健康的嬰兒。對妳即將出生的孩子來說，剖腹產可能是最安全的生產方式。而剖腹產的缺點是，這是大手術，有所有外科手術必須冒的風險。

如果事先就能知道需採剖腹產而不必忍受整個陣痛過程，也是一件好事。不過，會不會出現問題，事先是無法知道的。

有些產婦表示，如果必須剖腹生產，她可能會覺得不像真正生產，因為沒有完成整個產程，這種觀念是不正確的。如果妳必須剖腹生產，千萬不要有這種想法。

想確實知道胎兒的位置並不容易，不過，妳可以由胎兒拳打腳踢的位置，猜出胎兒的方位及位置。可以請他告訴妳胎兒的方位，有些醫師甚至會用麥克筆在妳的肚子上畫出位置。妳可以將醫師畫下的筆跡留下，帶回家給伴侶看，讓他也知道胎兒的位置。

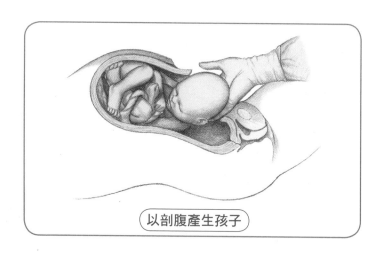

以剖腹產生孩子

．**剖腹產的理由**。採取剖腹產的原因很多，通常是因為陣痛過程中出了問題。而最常見的剖腹產原因是，因為上次生產也採剖腹產。前次生產已經採剖腹產的產婦中，有十分之九在接下來生產時，也會採取剖腹產。

有些婦女前胎剖腹產後，這一胎反而希望能夠自然產，這種情形稱為「剖腹產後自然產」。醫師不常幫產婦做剖腹產後自然產，主要是因為對於上次剖腹產後，本次產婦陣痛時，母親與胎兒的安全有疑慮。

非出於醫療因素的剖腹產包括了母親自己的選擇、保守的生產想法，以及法律上的壓力。如果產婦在開始陣痛時已經筋疲力盡了，那麼進行剖腹產的機率也會比較高；而患有子癇前症或疱疹發作的孕婦也會被要求進行剖腹產。

如果胎兒太大，與媽媽的產道明顯不相容，也會建議剖腹產。 胎頭與骨盆是否相稱，懷孕期間只能猜測，通常要到開始陣痛開始了才能確認。如果超音波結果顯示，胎兒體型非常巨大，4300公克或甚至更大，陰道自然產困難，醫師也會建議採剖腹產。

> 陣痛時，有可能子宮口已經擴張，但寶寶卻沒從骨盆腔下來。當寶寶的頭太大，穿不過產道而卡住，產程就會無法繼續，這種狀況是施行剖腹產最常見的原因之一。

胎兒窘迫症也是必須施行剖腹產的重要原因。開始陣痛時，醫師會使用胎兒監視器監測胎兒的心跳，觀察胎兒對陣痛的反應。如果胎兒的心跳有問題，表示胎兒對陣痛時子宮收縮的反應不對，為了孩子的健康，就必須立刻進行剖腹手術，將胎兒取出來。

如過臍帶受到擠壓，也必須採取剖腹生產。如果臍帶比胎頭先進

入產道，臍帶會受到擠壓；有時則是胎兒自己壓到部分臍帶，此時，經過臍帶運送到胎兒的血液受到阻斷，是非常危險的狀況。

高齡產婦可能也必須採用剖腹產。年齡介於40～54歲的母親採取剖腹產的比例是20以下母親的兩倍。

如果胎兒為**臀產式**，也就是**寶寶的腳或屁股先進入產道**，通常都必須採剖腹產。胎兒軀體部位先出來後再拉肩膀及頭時，常會傷及胎兒的頭或脖子，特別是第一胎的寶寶。

前置胎盤或胎盤早期剝離也是必須採取剖腹產的原因。如果胎盤在開始分娩之前先剝離，胎兒就無法獲得足夠的氧氣及養分，孕婦的陰道也會大量出血。前置胎盤則是因為胎盤阻擋在陰道的開口，除了剖腹，沒有其他方法能夠平安生產。

第一胎如果採取剖腹產，接下來的妊娠發生前置胎盤或胎盤早期剝離的機率就會提高。如果胎盤植入到子宮較低的位置，而在前一次進行剖腹產的切口位置成長胎盤，再次採取剖腹產的機率就會增高。

•**剖腹產的比率年年增高。**剖腹產比率增加，與陣痛期間，醫療人員密切觀察胎兒監視器有關，一旦有安全上的疑慮，就會立即改採剖腹產，以確保胎兒的平安。另一個原因則與多胞胎增加有關，但在單胎採剖腹產的比例，實際上增加的程度高於多胞胎。

事先約好時間的計劃性剖腹產，胎兒的週數如果在37～39週之間，出生後出現呼吸道疾病的比例比陰道自然產，或在同一懷孕週數緊急剖腹產的新生兒高。專家認為，陣痛期間釋放出來的荷爾蒙可以幫助寶寶處理肺部的液體。而陣痛時，寶寶的胸部受到產道的擠壓也被認為有助於清除肺部中的羊水。

‧**自選剖腹產。**孕婦之所以選擇自選剖腹產，原因很多，像是對陣痛的恐懼、對陰部撕裂一事心有疑慮，也會擔心以後尿失禁。有些產婦相信，採取剖腹產對於維持產前的身材有幫助；不過，讓腰圍大增的是懷孕，不是生產呀！還有些產婦認為採取剖腹產，孩子會比較安全。

在美國，醫師對於是否應採自選剖腹產，意見分歧。兩方面都有數字支持。有些醫師相信，以現在進步的麻醉、抗生素、感染控制以及疼痛管理技術來看，採取剖腹產的風險並不會高於陰道產。不過美國婦產科學院、美國聯邦政府、美國助產士學會以及拉梅茲國際則認為，現在剖腹產的比例應該予以更嚴密的監控。

計畫剖腹產施行的時間點也很重要。最新的剖腹產時間建議表顯示，產婦預約剖腹產的時間不應該早於妊娠39週，除非檢驗顯示寶寶的肺部已經發育成熟。研究顯示，寶寶如果在預產期前7天誕生，會比較健康，和在37或38週的寶寶相比，39週寶寶出現問題的機率要低很多。

‧**剖腹產的進行方式。**如果在懷孕期間或／和陣痛期間發生問題，而妳又是由一般護理人員或助產士照料的，她們就會諮詢醫師的意見。在大多數地區，就會由產科醫師執行剖腹產，如果是在鄉下，或是偏遠社區，可能就會由外科醫師或家庭醫師來執刀。

首先會有麻醉科醫師過來討論麻醉止痛的相關方法。高達90%的自選剖腹產都是以脊椎麻醉進行的。

麻醉做好後，醫師就會開始在妳恥骨上方5到6吋的地方劃開一個切口。切口會一直往下切到子宮的組織，在那裡，會在子宮的下部劃開一條橫向口。在所有的切口都割開後，醫師會探進子宮，取出寶寶，然後再取出胎盤。然後以不必拆的肉線來縫合每層肌肉組織，整個過程約30分鐘到1個小時。

現在的剖腹產手術，大多採取低子宮頸剖腹產或低水平切口剖腹產，切口在子宮的低處。另一種剖腹生產的方法稱為T形剖腹產，先在

子宮上橫切再直切，傷口呈現倒T字型。這種手術能夠提供較大的空間，胎兒較容易取出，如果妳曾採取這種方式剖腹產，以後也必須採剖腹產，因為再採取自然產方式容易造成子宮破裂。

•**進行剖腹產之後。**如果寶寶生出來時妳還保持清醒，就能立刻抱抱剛出生的寶寶了，妳也會有機會可以開始照護。

妳的傷口可能需要止痛。有種可以幫助剖腹產產婦止痛的裝置稱為ON-Q，這種裝置有一組針頭可以打入皮下，把局部止痛藥送到剖腹產的切口部位，所以就算有藥物通過妳的哺乳進入寶寶體內，量也是很小。

妳住院的時間可能2到5天左右。採取剖腹產的產婦在家復原的時間要比陰道產的復原時間久，正常的完全復原時間通常在4到6週之間。

剖腹產後自然產

在經過剖腹產後，妳應不應該試試看自然產呢？從醫學的觀點來看，採取哪種生產的方式並不重要，重要的是寶寶和妳的健康與平安。在做任何決定之前，應該先權衡得失風險，有某些狀況，要採取什麼生產方式是沒得選的。

採取剖腹產的產婦，術後發生產後憂鬱症的機率也會提高。

有些產婦在經過剖腹產後，喜歡再次採剖腹產，因為她們不想辛辛苦苦陣痛後，最後還落得以剖腹產收尾。這一胎懷孕，如果有什麼問題，妳可能還是得用剖腹產。

如果妳個子嬌小，胎兒很大，可能就要剖腹產。如果懷的是多胞胎，自然產可能比較困難，也容易危及胎兒健康，多半需剖腹生產。當母親有高血壓或糖尿病時，剖腹產比較安全。

剖腹產後自然產，採取引產可能是必要的，不過子宮因為之前剖腹產開過刀，有疤痕，所以如果施行引產拉扯，傷口再裂開的風險會提高；如果使用荷爾蒙來使子宮頸成熟

要準備打包入院生產用的隨身行李了。別忘了身分證、健保卡，以及相關的表格文件。

和引產，情況尤其如此。一般相信，對前次因開刀而有傷疤的子宮來說，收縮的影響太激烈了，醫師通常會建議孕婦再次採取剖腹產，以免子宮破裂。

對前次採剖腹生產，9個月內就再次懷孕的孕婦來說，剖腹產後自然產的風險就更高了。以這種情況來看，子宮在進行陰道自然產時，很可能會裂開。研究人員認為，子宮的傷痕要復原需要6到9個月的時間（子宮上的傷痕，不是妳肚子上的）。除非有足夠的時間好好復原，否則子宮上的傷痕可能沒有強韌到足以再承受一次的陰道產。

剖腹產後自然產的好處是可以免除手術的危險性及後遺症。自然產的產後恢復較快，產後立刻可以下床，不必等排氣，住院的時間也較短。如果曾經剖腹產，這一胎想要嘗試自然產，最好早點告訴醫師，以便及早計劃及準備。陣痛時，妳可能需要連接胎兒監視器，密切觀察；也可能要靜脈注射，以防萬一要改為剖腹產。

曾經剖腹產的孕婦在嘗試自然產之前，要和醫師與伴侶深入的討論，分析各種利弊與細節，再做最後決定。

妳的營養

宴會飲食

請維持良好的飲食習慣。參加宴會，也可以健康的吃。在赴宴前，

先吃一點東西填填肚子，讓自己的胃口變小，之後要避免高脂肪、高熱量美食的誘惑就容易多了。

如果是自助餐式的宴會，趁東西剛上來新鮮或熱騰騰的時候吃。當宴會繼續，食物可能冷掉了，或沒有繼續加熱，可能會有細菌孳生，此時不建議吃。

給爸爸的叮嚀

你可能無法理解，萬一你伴侶需要你時卻找不到你，會有多緊張。所以一定要讓她知道怎樣聯絡到你，無論是你工作或是出門不在的時候。手機一定要隨時隨身攜帶，她才會放心。

不要喝酒，喝新鮮果汁，或有泡泡的薑汁汽水或檸檬汽水較適合。

生鮮蔬果製作的美食可能令人很滿意。海鮮、肉類都不要生食，軟式的乳酪也別吃，裡面可能含有李斯特菌。

如果妳抗拒不了甜點的誘惑，最好離遠一點。坐下來（遠離食物）、好好放鬆和朋友聊聊天，感覺會比較好。

其他須知

是否要灌腸？

當妳入院，開始陣痛準備要分娩時是否要灌腸？灌腸是一道將液體從肛門注入直腸，清除大腸的程序。生產前先灌腸可以讓妳的生產經驗比較愉快，因為當寶寶的頭從產道出來時，直腸裡面所有的東西都會被擠出來，事先灌腸就能減少陣痛和分娩時糞便出來的量，而因污染引起感染也可以降低。

大多數醫院都會在產婦開始陣痛時灌腸，不過這也不是強制性措施。在陣痛早期就灌腸也有一定的優點，妳可能不想在剛生完寶寶後，就因為腸道的蠕動感到不適，陣痛前先灌腸就能避免這種不舒服

的感覺。妳可以請教醫師，灌腸是否為醫院的常規或是對妳有幫助。

什麼是背部陣痛？

有些婦女有背部陣痛的經驗。背部陣痛是指寶寶通過產道時，臉面是朝上的，如果是這種類型的陣痛，妳的背部可能會痛，而且陣痛分娩的過程也會比較久。

分娩時，胎兒的臉如果朝下往地面方向，經過產道時就容易將頭抬起且順勢滑出產道。如果寶寶的頭無法伸展，下巴一直頂著自己胸前的話，就會造成母親背部疼痛。遇到這種情況，醫師必須將胎頭旋轉，讓寶寶的臉部轉向地面，而不是臉朝天，以利娩出。

要使用真空吸引器或產鉗嗎？

每一次分娩最重要的目標就是要讓寶寶盡可能平安產下，寶寶有時候會需要一些幫助，醫師可能會用真空吸引器或產鉗幫助寶寶，讓他平安出生。無論是真空吸引器或產鉗風險都差不多，無論是使用哪一種，都是因為嬰兒較需要器械來幫助呼吸，不過使用時會發生更多第三級和第四級的會陰部撕裂傷。

現在，真空吸引器的使用率比產鉗高。真空吸引器有幾種類型，某些類型使用塑膠製的杯狀吸盤，套在寶寶的頭上吸引。另一些類型則是使用金屬製的杯狀吸盤套在胎兒的頭頂吸引。醫師會把杯狀吸盤套在胎兒頭頂上，藉著真空吸引的力量，輕輕的將寶寶的頭和身體拉出來。杯狀吸盤也很容易從胎兒頭上取下，所以不需像產鉗那樣用力，就能輕易將胎頭吸出來。

產鉗是一種用來協助胎兒娩出的金屬器械，樣子像是兩隻鐵手，這幾年已經少用了。因為如果需要以產鉗來進行許多牽引，那麼改用剖腹產會是較佳的選擇。在骨盆腔較高處胎位的胎兒，現在多改以剖腹產來接生，安全性較高。

第37週的運動

　　坐在椅子上或地板上，雙腿交叉。吸氣，然後將頭慢慢的往右傾斜，直到妳覺得脖子有伸展到筋。維持這個伸展動作時，深呼吸3次。慢慢將頭轉回中間，然後再往左傾斜。維持該角度時，深呼吸3次，每邊各做4次。幫助頸部的肌肉伸展，舒展緊繃的頸部和肩部。

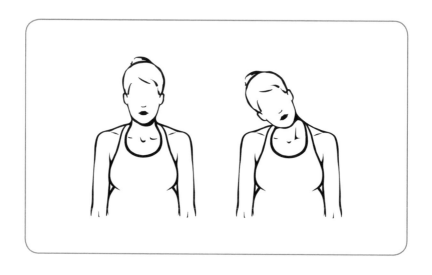

38 week

第三十八章

懷孕第38週
〔胎兒週數36週〕

寶寶有多大？

胎兒現在的重量約3100公克，頭頂到臀部的長度變化不大，約35公分，身長全長約49.5公分。

妳的體重變化

大多數的孕婦在懷孕的最後幾週都會覺得不舒服，因為此時子宮非常大。子宮底部到恥骨連合的距離為36～38公分，肚臍到子宮底部則為16～18公分。

寶寶的生長及發育

胎兒肺臟有一些特殊的細胞，會分泌一種叫做「張力素」的化學物質，讓胎兒出生後就能立刻呼吸。肺部尚未成熟就出生的寶寶，肺裡面是沒有張力素的。張力素可以直接被引入到新生兒肺臟，使新生兒不會產生呼吸窘迫症，許多早產兒在接受張力素治療後，可以不需要使用人工呼吸器——他們可以自行呼吸！

妳的改變

陣痛時做的檢查

當妳覺得自己陣痛已經開始，上醫院了，就會做陣痛檢查。首先是用眼睛進行目測檢查，之後會在腹部上放置監視器，然後進行骨盆

腔檢查。這些檢查的目的是要看看妳是否已經真的開始陣痛，也了解妳懷孕的狀況是否正常。如果妳還沒陣痛，就會請妳回家。請妳回家前，會先告訴妳一些注意事項和產兆。沒有人想被叫回家，不過，別煩惱，妳很快就會回來報到。

在許多醫院，胎兒的心跳速率都會以外接或內置的監視器來監控。外接型監視器可以在羊膜未破時使用，使用時以一組帶子束縛在孕婦的肚子上，其中一條帶子具有可以監控胎兒心跳速率的裝置，而另外一條則具有可以測量產婦子宮收縮長度與頻率的裝置。

另一種為內置型的胎兒監視器，尺寸更輕巧，監控也更精確。這種內置型監視器是將一個稱之為「頭皮電極」的電極貼片，穿過陰道，黏貼在胎兒的頭皮上，以測量胎兒的心跳。另有一條薄薄的管子會被放入子宮以監控收縮的力道，這種方式必須等到破水後才能使用。使用時有些不舒服，但是不會痛。

監測的資訊會被記錄到一條紙上，妳的房間和護理站都看得見。在某些場所，妳的醫師在他的電腦上也能查到結果。

大部分的產婦進行監控時都必須臥床，不過有些地方有無線的監視器，產婦可以走動，沒有關係。

哪些行為會影響胎兒發育？

臀位以及其他不正胎位

懷孕早期，許多胎兒都是胎位不正，頭上腳下的。不過，等到開始陣痛時，大約只有3～5％的胎兒會以臀位或其他不正的胎位出現（多胎妊娠不算）。

某些特定的因素，確實較容易造成胎兒的臀位產，主要原因之一，就是胎兒尚未成熟。在懷孕中期尾聲，胎兒在子宮裡多半是臀位，這段期間，最好小心照顧自己，盡量避免早產，讓胎兒有機會自

然轉回正常胎位。

雖然不知道造成胎兒臀位或胎位不正的原因是什麼,不過我們卻知道,以下情況較易使胎兒發生臀位情形:

- ♥ 之前懷過不只一胎。
- ♥ 現在正懷有雙胞胎或多胞胎。
- ♥ 羊水太多或太少。
- ♥ 子宮形狀不正常。
- ♥ 子宮成長情況異常,例如,有纖維囊腫。
- ♥ 有前置胎盤。
- ♥ 胎兒腦水腫。

最新研究則顯示,臀位可能是父系或母系的遺傳。父母親任何一方當初是臀位產,第一胎孩子在要分娩時也是臀位的風險高了兩倍。

• **臀位胎位有好幾種。**伸腿臀位是胎兒的臀部先露,雙腳向上、膝蓋伸直。這是足月及接近預產期的胎兒,最常出現的臀位產式,胎兒雙腳通常會往上抬,貼近臉或頭。

完全臀位是胎兒的雙膝彎曲,或一個膝蓋彎曲,一個伸直。請參見第474頁上的插圖。其他較為罕見的姿勢也是可能發生的。其中有一種稱為臉位,胎兒的頭抬高,所以臉先露出產道,這種胎位可能需要剖腹產。

肩位是指胎兒的肩膀先露出來。胎位是橫位的胎兒幾乎是躺在搖籃的方式在骨盆腔的。這種胎位

第38週的小提示

如果寶寶的胎位是臀位,醫師可能會以超音波來確定。超音波可以判斷胎兒在妳子宮中躺的情形。

寶寶的頭在妳肚子的一邊，屁股則在另一邊。這種胎位，唯一的生產
方式只有採取剖腹產。

‧**臀位寶寶的分娩。**當陣痛開始時，如果妳的寶寶還是臀位，那麼
發生問題的機率就提高了，這時應該採取何種方法分娩，在醫界裡一直
有爭議。多年以來，臀位寶寶多半採取自然產，最近則認為，採剖腹生產
是最安全的作法，尤其是第一胎。現在，專家則相信，胎位是臀位的寶
寶應該在陣痛開始前，或在陣痛剛開始時就直接採取剖腹產比較安全。

研究顯示，胎位不正的情形約有30%在生產之前是沒有被
發現的，如果妳體重超重，風險就更高了。如果妳體重過重，
懷孕晚期，醫師可能會安排妳照超音波，檢查妳胎兒的胎位。

但還是有醫師認為，只要處置適當，胎位是臀位的寶寶還是可以
安全娩出。不過，採取自然產的臀位，最好是胎兒發育已經完全、媽
媽有自然產的經驗，而且胎兒是屬於伸腿臀位。如果胎兒是足式臀位
（一隻腳伸直，另一隻腳膝蓋彎曲的金雞獨立式），多數醫師都同意
應該選擇剖腹產比較安全。

如果妳的寶寶胎位不正，醫師可能會建議妳平時多做膝蓋跪地、
雙手伸直，讓臀部抬高於心臟之上的姿勢。

如果妳知道胎兒的胎位是臀位，到達醫院待產時，記得要立刻告
訴醫護人員。如果打電話詢問關於陣痛及生產的問題時，也記得要告
知對方，妳的寶寶胎位是臀位。

‧**翻轉臀位寶寶。**如果寶寶是臀位，在破水以前、陣痛開始前，
或陣痛早期，醫師還是可以嘗試將他翻轉成頭下腳上的。醫師會利用
他的雙手，試著將寶寶轉成頭下腳上的產位，這種手法稱為「體外迴

轉術」或「外部徒手轉胎術」。不過這種手法也可能會出現問題，所以產前先了解是很重要的。使用這種手法，可能的風險包括了：

> ♥ 破水。　　　　♥ 胎兒心跳受到影響。
>
> ♥ 胎盤剝離。　　♥ 啟動陣痛。

　　翻轉胎兒的方法成功率大約超過50%。不過，有些頑強的寶寶硬是會轉回臀位，這時可以再試一次迴轉術，不過當預產期愈來愈近，迴轉術就更難做了。

妳的營養

　　這段期間妳可能不太想吃東西，但不吃是不行的，因為妳要供給胎兒所需的營養。少量多餐是最適當的作法，一方面能補充需要的能量，一方面又能夠避免溢胃酸。如果妳已經吃膩平常的食物，下文是一些健康又營養的點心：

> ♥ 香蕉、葡萄乾、乾燥水果及芒果乾，既能滿足對甜食的要求，又能補充鐵、鉀、鎂。
>
> ♥ 起司條，富含鈣及蛋白質。
>
> ♥ 水果奶昔（以脫脂牛奶和優格或冰淇淋製成），內含鈣、維生素及礦物質。
>
> ♥ 含豐富纖維質的餅乾，塗一點花生醬會更美味，還能增添蛋白質。
>
> ♥ 鄉村乳酪及水果，可以加一點糖和肉桂，當做美味的奶製品和水果餐點分量來吃。
>
> ♥ 無鹽的洋芋片或墨西哥玉米脆片，可以蘸一點沙拉醬或豆沾醬增加風味及纖維質。

♥ 鷹嘴豆芝麻沙拉醬及圓麵餅，增加纖維質及好口味。

♥ 新鮮的番茄，灑上一點橄欖油和新鮮的羅勒，再加上一片薄片起司，當作一分乳製品和蔬菜來吃。

♥ 小脆餅乾或玉米脆片夾雞肉沙拉或鮪魚沙拉（用新鮮雞肉或水漬鮪魚做的），增加蛋白質及纖維質。

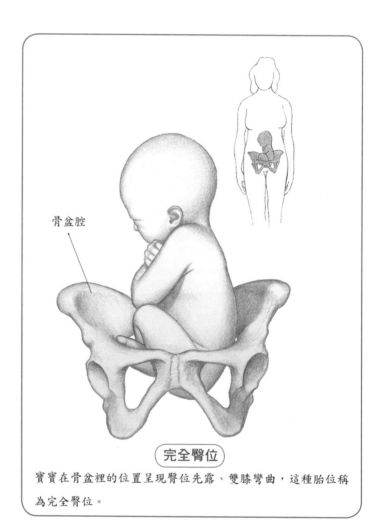

骨盆腔

完全臀位

寶寶在骨盆裡的位置呈現臀位先露、雙膝彎曲，這種胎位稱為完全臀位。

其他須知

留置胎盤

寶寶出生後的30分鐘內，大多數產婦的胎盤也會自動剝落娩出，這是分娩例行過程的一部分。不過，有些產婦會出現部分

> **阿嬤的治胃痛秘方**
>
> 胃痛的時候，用115cc的溫開水加入一茶匙的烘焙用小蘇打調和。

胎盤組織仍然留在子宮壁、沒有自動娩出的情形，稱之為留置胎盤。此時子宮收縮的情形不足，結果會造成陰道出血不止。

造成留置胎盤的原因很多，可能是胎盤剛好附著在前次剖腹產，或子宮曾經動過手術，留下的疤痕上所造成。

有些專家也關切，愈來愈高比例的剖腹產比例，會導致更多的胎盤問題。胎盤組織也容易附著在做過墮胎手術的搔刮處、或在子宮曾受感染的地方。如果胎盤無法從子宮壁上剝落，情況可能就嚴重了。

幸好，再怎麼說，這些情況都屬罕見。發生時，產後出血情形通常很嚴重，可能必須以外科手術來止血，也可能透過搔刮，嘗試將胎盤清出來。

胎盤異常這個醫學名詞是用來描述粘連性胎盤、穿透性胎盤和穿入性胎盤這幾種胎盤長入子宮壁，導致胎盤留置的情形。發生時，可能導致嚴重出血。

當妳一心只放在寶寶身上時，醫師也會留心妳胎盤娩出的情形。

需要刮毛嗎？

許多孕婦都想知道產前是否必須先刮恥毛。這不是必須，現在許多女性都不刮了。不過，根據部分選擇不刮恥毛的產婦事後表示，產後陰道會出現正常分泌，這時恥毛和內褲糾結，有時候會很痛。

　　問問另一半還要幫她帶什麼東西到醫院？像是iPod、某幾張CD或CD播放器，把東西準備好。如果可以先到醫院或安產中心熟悉一下環境，可能就知道要準備什麼了。和另一半討論在她生產時，你要扮演的角色，看能幫她做什麼，例如，幫助維持她的隱私、在陣痛過程中或產後，如果有人來探訪，確保病房裡不會太吵雜或太過擁擠，讓另一半可以好好休息，恢復體力。

第38週的運動

　　站立，雙腳打開，與肩同寬，膝蓋放鬆，雙手垂在身體兩側，縮腹。雙手拿好啞鈴（先從每一邊900至1360公克開始。如果家裡沒有啞鈴，舉500公克左右的瓶罐也行），垂在臀側。抬頭、背打直。吸氣，採稍微的蹲姿，大約15公分左右，持續5秒鐘。呼氣，壓縮臀部肌肉並回到起始的站立姿勢。重複8次。強化股四頭肌。

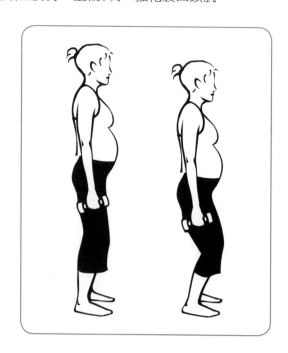

第三十九章

懷孕第39週
〔胎兒週數37週〕

寶寶有多大？

胎兒現在的重量約3300公克，他的頭頂到臀部的長度約36公分，全長約50.5公分。

妳的體重變化

479頁上的插圖是孕婦的側面圖，可以見到子宮及裡面的胎兒。她的肚子幾乎已經大到極限了，妳的或許也是呢！本週，妳的體重增加總量應該維持在11.5～16公斤之間，到生產前大概都是這個重量。

從恥骨連合量到子宮底部，長36～40公分，從肚臍量到子宮底部，長16～20公分。

寶寶的生長及發育

寶寶還在持續長大，即使是最後的一、兩週也不例外，不過，已經沒什麼空間能讓他活動了。本週胎兒體內的各個器官系統，都已發育完成了，最後完成發育的器官，就是胎兒的肺臟。

臍帶會打結嗎？

臍繞頸描述的就是胎兒的臍帶會糾結成團或打結，這種情況占所有分娩比例的25%。事先無法防範。分娩時，除非臍帶緊勒胎兒的脖子或打結，否則糾結的臍帶不一定會造成問題。但好消息是，即使如此，只要小心處理，這種情況未必會對胎兒造成危險。

妳的改變

到了這時候，妳會感覺很不舒服，覺得自己非常臃腫，而這種感受一點也不奇怪。妳的子宮把骨盆腔和肚子所有的空間都塞滿了，也把其他所有器官都擠開，這個時候，妳一心只盼寶寶快快出生，因為實在太不舒服了。

哪些行為會影響胎兒發育？

寶寶的哺育

哺育寶寶是妳即將要做的重要工作之一。妳現在供給寶寶的營養，對他一生都有影響，所以妳會想把最好的營養，全部都給他。

妳可能會決定以母乳哺育寶寶，這應該是妳能提供最好的營養了。寶寶從妳身上得到的不僅僅是母乳而已，他還獲得重要的營養、可以幫他抵抗感染的抗體，以及生長發育所需的物質。

不過，妳也可能選擇不餵母乳——但即使改餵嬰兒配方奶粉，妳還是可以提供寶寶很好的營養。

妳的營養

如果妳打算親自餵母奶，就要開始考慮授乳期間的營養需求，這一點非常重要，因為妳攝取的營養會影響母乳的品質。有些食物必須避免，免得這些東西透過乳汁傳遞，造成孩子的胃不舒服，妳還必須持續喝大量的水分。

妳已經知道，哺乳時，每天應該再多攝取500卡的熱量，因為每天會由母奶排出425～700卡的熱量，妳必須補回這些熱量，才能維持健康。熱量來源必須營養且健康，與懷孕期一樣需要特別注意。持續保持鈣的攝取，請教醫師，妳是否應該補充維生素。

如果妳選擇以嬰兒配方奶粉瓶餵，那麼妳仍需遵守一套營養的飲食

計畫。妳需要的熱量可能比較少，但是也別突然大量減少熱量的攝取，一心盼望能快速減重，妳需要有很好的精力，並保持水分的攝取。

其他須知

解除分娩時的疼痛

妳的子宮必須做大量的收縮動作，孩子才生得下來，而陣痛是非常疼痛的。當妳對即將到來的分娩疼痛感到恐懼時，身心就會緊繃，

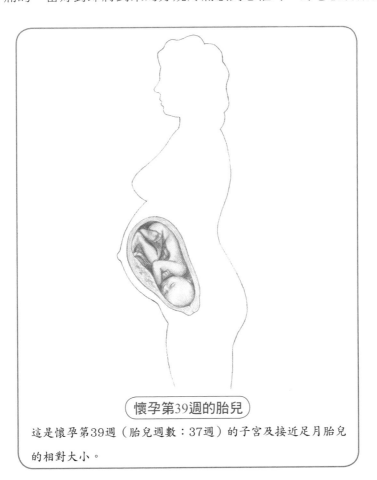

懷孕第39週的胎兒

這是懷孕第39週（胎兒週數：37週）的子宮及接近足月胎兒的相對大小。

情況也就更加惡化了。傾
聽身體說的話吧！做必須
做的事來度過陣痛與分娩
過程。如果妳選擇以麻醉
方式止痛，研究顯示，這
有助於陣痛的加速，因為
妳的身體比較放鬆。另一
項研究也指出，早期陣痛
就使用麻醉，並不會增加
必須剖腹產的比例。

• **紓緩陣痛疼痛的方式有很多。**當妳接受藥物止痛時，請記得這
關係到妳自己和妳未出世的**寶寶**，因此，最好能預先找到適合妳及胎
兒的止痛方法，再根據陣痛時的臨場情況做最後的決定。

麻醉是完全阻斷妳所有的痛感以及肌肉活動。而止痛型則是全面或
局部的紓解疼痛。麻醉型的止痛藥物則會透過胎盤，傳送給胎兒，可能
會降低新生兒呼吸道的功能，影響到阿帕嘉新生兒評分表上的分數。太
接近分娩時，這些藥物不應被使用。

分娩時使用的麻醉藥物可以透過注射的方式來施打，使身體特定的
部位受到影響，這種方法稱為阻斷麻醉，例如，硬脊膜外阻斷麻醉。

少數情況則必須使用全身麻醉來分娩，這種情況通常是出現在緊
急剖腹產時。緊急剖腹產時，小兒科醫師通常會在一旁待命，因為娩
出的胎兒通常也會因麻醉而睡著，必須小心處理。

硬脊膜外神經阻斷麻醉

硬脊膜外神經阻斷麻醉可用來阻斷子宮、子宮頸、與大腦之間的
痛感，效果卓越。被施打到硬脊膜中的藥物會阻擋疼痛訊息，不讓這
訊息經由脊，傳達到大腦去。

專注在呼吸上可以讓妳陣痛時比較放鬆。

　　硬脊膜外神經阻斷是現在最常採用的麻醉方式，可以解除子宮收縮及分娩所產生的疼痛，但其執行的方式只能由受過訓練、有經驗的麻醉人員來執行。

　　要做硬脊膜外阻斷麻醉，必須採取坐姿或側臥，麻醉科醫師會在下背部近脊椎中央的位置先做局部麻醉，再用一個長針頭，穿透麻木的皮膚，進入脊髓硬膜外，然後將一條塑膠小管留置固定，然後將麻醉藥物直接注入脊髓管周圍，但不會進入脊髓管內。止痛效果要發揮，最多可能要25分鐘後。

　　硬脊膜外阻斷麻醉藥物必須經由點滴注射輸液器給藥。麻醉科醫師會使用自動注射輸液器，間隔給予少量藥物，或在需要時才給藥。

平均來說使用硬脊膜外阻斷麻醉會使產程延緩45分鐘。

　　許多醫院都採用病患可以自行控制的硬脊膜注射輸液器──病人覺得疼痛，需要藥物止痛時，自己按一下就可以了。

　　關於什麼時候可以做硬脊膜外阻斷麻醉，眾說紛紜，大多數的醫師認為應該視疼痛的程度施予。多數醫師也都同意，產婦在活動期陣痛開始後，隨時都可以施以硬脊膜外阻斷麻醉，不必等子宮頸開到某個程度。

　　有些病況也可能讓妳無法使用硬脊膜外神經阻斷麻醉，像是開始陣痛時有嚴重感染、脊椎側彎、之前背部動過手術、或是某些凝血的問題。

　　如果妳使用硬脊膜外神經阻斷麻醉，推送時可能會出現問題，但

其實，妳應該可以有足夠
的力量將胎兒推送出去
的。使用硬脊膜外神經阻
斷麻醉時，必須利用產鉗
或真空吸引器的機率會增
加。

硬脊膜外神經阻斷可
能會造成妳的血壓下降，

第39週的小提示

親友事先送給寶寶，祝
賀出生的禮物請先別急著拆標
籤，最好等到寶寶出生以後。
這樣萬一大小、顏色或「性
別」不合，才能更換。

而低血壓則會影響到送給胎兒的血流量。幸好，做硬脊膜外神經阻斷
時同時施予靜脈注射，可以使這種風險降低。

研究並未顯示，採用硬脊膜外神經阻斷會提高必須採剖腹產的機
率，也沒有任何證據顯示，在陣痛時採用硬脊膜外神經阻斷與產後的
背痛有關。

硬脊膜外神經阻斷倒是可能會造成顫抖、發癢以及頭痛，但這
些毛病都可以治療。如果妳有發抖的情形（將近50%陣痛中的女性都
會），可以請人給妳毛毯、加熱墊或熱水抱瓶。

如果妳發癢，請等一下，這種癢通常很輕微，會自己消退。在癢
的部位放一條毛巾，或是塗上大量的乳液也有幫助。如果發癢的情形
還是無法消除，醫師就會建議用藥，如naloxone（Narcan）。

有極少數的例子會出現頭痛的情形，這時可以喝一杯含咖啡因的
飲料，如咖啡、茶或是含咖啡因的碳酸飲料，試著平躺看看。如果頭
痛持續24小時以上，請跟醫師說。如果妳出現噁心現象，深呼吸會有
幫助，用鼻子吸氣，嘴巴吐氣。

其他止痛方式

當子宮的收縮變得固定，子宮頸也開始打開後，子宮收縮可能會變
得極不舒服，如果是陣痛早期的疼痛，可以透過靜脈注射或肌肉注射

給藥。這時給的是混合了麻醉型藥物，如narcotic，和鎮定型藥物，如promethazine （Phenergen）的綜合。這種藥物會降低疼痛感，但也會引起昏睡或出現鎮定效果，藥物也會進入胎兒的血液中，讓他昏昏欲睡。

脊椎麻醉法經常用於剖腹產時，作用的時間從幾秒鐘開始，最長達45分鐘，止痛的時間已經足以完成剖腹產手術了。不過，生產時採用硬脊膜外麻醉比脊椎麻醉普遍。

陣痛和分娩時的止痛方式是沒有十全十美的，不過，妳可以與醫師討論各種止痛法，並提出妳的疑慮，找出可行的麻醉方式，以及各種麻醉方式的優缺點。

麻醉問題與併發症

麻醉或止痛時，還可能產生其他併發症。例如，使用Demerol等止痛劑時，很容易使胎兒過度鎮靜，出生後的阿帕嘉新生兒評分表分數可能較低，也可能會抑制呼吸。這時，就必須對新生兒進行復甦術，或給予其他藥物來拮抗（如naloxone）。

母親如果採取全身麻醉時，胎兒也可能會同時產生過度鎮靜的情形，因而出現呼吸緩慢、心跳減緩等現象，必須特別注意。全身麻醉的母親，通常會昏睡一個小時以上，必須等清醒才能見到她剛生的寶寶。

陣痛前是無法判定，哪一種麻醉方法最適合妳。不過，了解有哪些可採用的麻醉方法還是很有幫助的。

臍帶血銀行

臍帶血是指胎兒娩出後，留存在臍帶及胎盤中的血液，現在已經證實幹細胞對某些疾病的治療是有效的，可以治療並取代得病或受損的細胞。

幹細胞就存在臍帶血中，是用來製造所有血液細胞的先驅細胞。在臍帶血中，這些特殊的細胞是尚未分化的，能夠成為各種不同的血液細

胞。臍帶血移植時不需要嚴格配對，這個特質對於少數族群或罕見血型的人來說非常重要，因為他們很難找到可以配對接受的捐血者。

• **臍帶血的使用。**臍帶血對於治療影響血液與免疫系統方面的疾病，成效頗佳。由臍帶血衍生的幹細胞，現在已被應用在75種以上致命疾病的治療上，而未來的使用性可能還有更多發現。

如果妳或妳的配偶有某些特定疾病的家族病史，或許會想考慮把孩子的臍帶血儲存起來，未來可能可以作為治療之用。臍帶血可以被兄弟姊妹或父母親所使用；不過，所儲存的臍帶血是無法用來治療收集者本身之遺傳疾病的，因為這分幹細胞的基因有著相同的問題。

做任何決定之前，請先問問臍帶血將如何被儲存、儲存的場所，以及相關的費用。這是妳們夫妻必須一起做的決定，但下任何決定之前，一定要有充足的資訊，像是費用。

• **收集並儲存臍帶血。**臍帶血銀行會寄送一套收集組給妳，讓妳在生產之後就能立刻收集寶寶的臍帶血。臍帶血必須在產後的9分鐘之內、胎盤尚未排出之前，直接從臍帶裡面收集。進行剖腹產也可以收集臍帶血。

如果要貯存臍帶血，必須在孩子一出生時立刻收集，並將血液送到貯存臍帶血的機構冷凍及低溫貯藏。收集的動作對孩子及母親都不具有危險性，也不會痛。

臍帶血收集好之後，通常會由快遞直接遞送到臍帶血將要冷凍並儲存的機構。現在，我們還不清楚冷凍的細胞可以維持多久。臍帶血的儲存是從1990年才開始的，不過可以確定的是，現在的冷凍儲存技術，肯定比當初開始時要好。不過收集並儲存臍帶血費用很高。

臍帶血銀行有公立和私立兩種，如果妳有特定疾病的病史，可能會被告知臍帶血最好儲存在私立的臍帶血銀行。私立的臍帶血銀行可以保證，妳一定可以使用到自家或是親人儲存的臍帶血，這樣萬一妳或家族之中有人未來需要用到，就可以使用了。

公立的臍帶血銀行提供給需要幹細胞的人那些捐贈者的臍帶血。不過，捐贈的人未必保證能取到自己或親人的臍帶血，任何需要臍帶血的人都可能得到該分臍帶血。

大多數的臍帶血銀行在接受捐贈前，都需要母親進行各種感染檢驗，這會讓儲存臍帶血的費用又升高了些。

第39週的運動

站立，雙腳微微分開，膝蓋放鬆。需要的話，以左手扶住檯面或椅子，以保持平衡。腹部肌肉縮緊，右腿往後抬高，直到腳底碰到妳的臀部。將腳放回地面，然後轉向。這次用右手穩住身體，抬左腳。每一邊的腳都重複8次。鍛鍊股四頭肌。

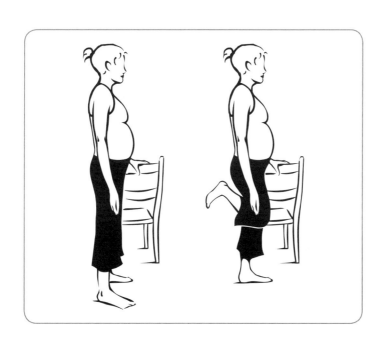

第四十章

懷孕第40週

〔胎兒週數38週〕

40 week

寶寶有多大？

胎兒現在重約3500公克，頭頂到臀部的長度37～38公分，身長全長約51公分。這個時候，**寶寶**已經把妳的子宮撐得滿滿的，幾乎沒有空間可以活動了。

妳的體重變化

都這個時候了，妳可能已經完全不在意自己體重器上的數字到底如何。反正，妳覺得自己已經臃腫到不能再臃腫，而且妳已經做好生孩子的準備了！

從恥骨連合量到子宮底部為36～40公分，從肚臍量到子宮底部則是16～20公分。

寶寶的生長及發育

這個時候，**寶寶**已經完全成熟了。如果妳上次月經的時間有算準，預產期是本週，那麼**寶寶**很快就要出生了。不過，讓妳知道，只有5% 的孩子是在預產期時出生的，對妳可能有幫助。預產期如果改來改去的也不必感到挫折，**寶寶**很快就會來報到的！

妳的改變

上醫院前的等待

如果妳正在家數著時間上醫院，而且疼痛已經開始了，下面所說的事情或動作可以在家先做，以減輕疼痛。在每次收縮之前，先深呼吸，然後慢慢吐氣，收縮結束時，一樣也是深呼吸。收縮開始時，腦海裡想著愉快或令人感到舒緩的畫面來讓自己分心。

起來走動！走動可以讓妳分心，還能紓解背痛。請妳的伴侶幫妳按摩肩膀、頸部、背部和腳，紓解妳緊繃的狀況。按摩的感覺是很棒的！熱敷或冷敷都能減少痙攣以及各種疼痛；沖或泡個溫水澡能讓妳感到舒服得多。

> 在上醫院的途中急產的機會很低。第一胎的陣痛通常會持續12到14個鐘頭。

哪些行為會影響胎兒發育？

入院

把身分證和健保卡、媽媽手冊準備好。先請問醫師妳上醫院前應做的準備，他可能有一些特別的指示給妳。妳或許會想提下列的問題：

- ♥ 我陣痛後，什麼時候應該上醫院？
- ♥ 早期開始陣痛時，有什麼特別需要注意的指示嗎？
- ♥ 我們進了醫院要上哪裡？急診處，還是婦產科的產房？

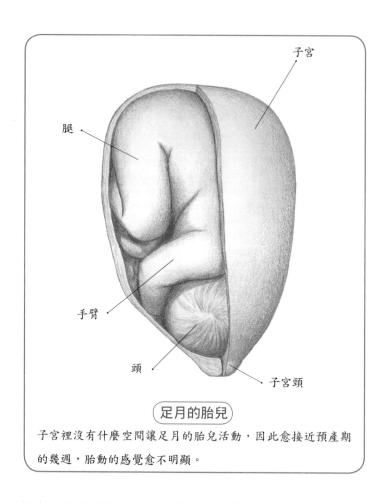

子宮

腿

手臂

頭

子宮頸

足月的胎兒

子宮裡沒有什麼空間讓足月的胎兒活動，因此愈接近預產期的幾週，胎動的感覺愈不明顯。

很多夫妻都被告知，在每隔5到10分鐘收縮一次的情形持續一個小時的時候上醫院。不過，如果醫院很遠、交通擁擠或是天候狀況不佳，還是早點出門。

•**到了醫院。**產科裡面通常已經準備好一分妳平時的產檢資料了，裡面有妳的健康和懷孕的基本資料。當妳進入產科（或安產中心）之後，可能還會被問很多問題。茲列出如下：

♥　妳破水了嗎？什麼時候？

♥　現在有出血嗎？

♥　子宮已經開始在收縮了嗎？頻率如何？持續多久了？

♥　上次吃東西是什麼時候？吃了什麼？

接著做簡單的懷孕描述，生命跡象包括了血壓、脈搏、體溫、胎兒的心跳等等都會被記錄下來。如果妳患有任何疾病、在吃藥，或是懷孕期間吃了什麼藥，都請一併告知。如果妳有併發症，一開始陣痛時就要告訴他們，這時候也請把上次醫師幫妳做內診時告知的資訊，一起告訴他們。

• **做內診。**是為了了解現在陣痛的階段，並用來作為後面陣痛檢查的參考點。這項檢查和生命跡象都是由產科護士來執行的（護士的性別不一定是女性）。只有在特殊情況下，例如有緊急狀況時，這個最初的檢查才會由妳的醫師來執行。事實上，妳可能還要好一段時間才會見到妳醫師本人，大多數的醫師都是在產婦快生產時才會抵達。

• **辦理住院。**如果檢查結果證實妳已經在陣痛，而且必須繼續留在醫院，但妳事先並未先填妥住院表格，這時候，妳的伴侶就必須先幫妳辦理住院手術了。接著醫院的人員會告訴妳即將進行的程序，以及可能產生的風險，然後請妳簽署醫院的各種保證書和同意書，醫師和麻醉師都會確認妳已經簽收了這項資訊。

入院以後，院方可能開始幫妳灌腸和抽血。醫師會和妳討論要採取哪種止痛方式，又或者，如果妳事先已經要求使用無痛分娩，硬脊膜外神經阻斷麻醉可能已經準備就緒。如果妳已經決定採用硬脊膜外阻斷麻醉，或是陣痛看起來可能會持續好一陣子，那麼醫護人員會先幫妳打上點滴。不過，妳還是可以走動的。

這段時間內，妳和妳的伴侶可能是單獨留在妳們的待產室，而護士會進進出出，進行各種工作，然後又離開。妳的肚子上會被放置監

視器來記錄子宮收縮的情況和胎兒的心跳，監視器的結果，待產室和護理站都看得見。

　　醫護人員會定時來量妳的血壓，並做內診，檢查妳的產程進度。在大多數的醫院，在妳入院待產後，醫師就會收到通知，並定時收到妳的產程進度報告。

　　有少數產婦在到達醫院後，會被通知將由其他醫師代為接生。如果妳的醫師事先已經知道，當妳生產時他另有要事，無法親自幫妳接生，那就請他安排讓妳先見見「代班支援」的醫師。

　　妳可能沒有發現，但是懷一個寶寶真的非常辛苦。雖然辛苦，但妳一定辦得到的。

保持彈性

　　在訂定分娩計畫時，有一點非常重要，那就是妳度過產程的方式。妳想做硬脊膜外阻斷麻醉嗎？妳要嘗試不用止痛藥的生產方式嗎？妳會需要做會陰切開術或灌腸嗎？

　　每位產婦都不同，每一次陣痛也都不同。妳不知道分娩時要發生什麼事，也不知道妳會需要用到什麼方式來止痛。我們事先完全無法預測陣痛的長度是3個小時，還是20個鐘頭，所以最好的辦法就是要有彈性。

不使用藥物止痛

　　有些產婦在陣痛時，不希望用藥物來止痛，她們想要不同的技巧來紓解疼痛。

　　利用非藥物的技巧來管理陣痛時的疼痛方法很多，像是持續性的陣痛支援、水療法、催眠法等。

•**持續性的陣痛支援**。通常是由護士、助產士或陪產員來提供支援，實際的手法包括了撫摸、按摩、運用冷敷或熱敷，以及其他方式來讓身體較為舒適。這種方式也包括了情感上的支援，而這支援則是告訴妳各種資訊、幫助妳跟關心妳的人溝通。

•**水療法**。對於某些產婦來說，陣痛期間採用水療法證實可以讓身體減少壓力荷爾蒙的釋放，也能減少收縮的頻率。部分產婦在水中感覺比較不痛，也比較放鬆。水也能讓會陰部位變得更柔軟，要伸展就比較容易。溫水澡（不是熱水澡）可以讓身體放鬆，有被按摩的感覺。浸泡法包括了陣痛早期泡溫水澡，在某些醫院也設有產婦水池，不過，產婦還是得出水池才能生產。

如果妳的陣痛速度慢下來，醫師可能會給妳催產素。

•**催眠法**。利用催眠來紓解陣痛引起的疼痛，不是所有地方都有，也不是所有人都會覺得有用。視覺法、放鬆和深呼吸都可以幫助產婦進入深層的放鬆狀態，幫助產婦處理面對疼痛的恐懼感。

•**使用生產球**。可以從球的一邊搖到另外一邊、可以改變位置，也可以在球上滾動，這些動作都可以舒緩產婦的不適。由於使用球的時候身體是直立的，所以地心引力的作用可以幫助產程的推進。走動也可以幫助妳保持直立，而直立的姿勢自然而然的就幫助了子宮頸的擴張。

•**芳香療法**。也就是使用數種芳香精油按摩的方式，對於放鬆也是極有幫助的。在早期的活動期陣痛時，傾聽器樂曲3個小時以上也有放鬆之效，有助於疼痛的處理。

陣痛時進行按摩是一種感覺美妙又溫和的方式，可以讓產婦感覺較為舒適。按摩的觸感和撫摸可以讓人放鬆，降低疼痛。一項研究顯示，在活動期陣痛時每小時按摩20分鐘的產婦，焦慮感和疼痛感都較少。

陣痛中的產婦，身體的許多部位都可以被按摩。頭、頸部、背部和腳的按摩都可以讓產婦舒適、放鬆。幫忙按摩的人則必須密切注意產婦的反應，好好控制力道。

不同類型的按摩對產婦的影響是不同面向的。妳和妳的伴侶在陣痛開始前或許可以先練習以下敘述的兩種按摩方式：

- 「**指尖按摩法**」是以指尖輕柔的按摩腹部和大腿上方，適用於早期陣痛時。力道要輕，但不能輕到讓產婦覺得癢，指尖不可以離開皮膚。將雙手放在肚臍的任何一側，然後往上、往外輕推，再往下回到恥骨部位。之後，手再推回肚臍附近。按摩時可以往下延伸到大腿側，也可以做十字交叉動作，繞著胎兒監視器的帶子。指尖從肚子的一側橫越到另外一面，範圍就在帶子之間。

- 「**反壓式按摩**」可以舒緩背部陣痛的痛感。請妳的生產教練將手根或拳頭平的地方放在妳的尾椎骨上（可以使用網球）畫小圈，施力要固定而有力。

分娩姿勢

妳和妳的伴侶（或生產教練）可以一起利用不同的分娩姿勢，找出陣痛期間比較舒服的方式，這種互動會讓妳們更親密，也共享經驗。有些產婦表示，這些不同的方法拉近

第40週的小提示

如果妳想採用不同的分娩姿勢、按摩、放鬆技巧來減輕陣痛的疼痛，那麼不要等到陣痛了才要求，請找一次產檢，先跟妳的醫師討論。

了她們與伴侶間的距離，讓分娩經驗更加愉快。

在北美和歐洲甚至台灣，大多數的產婦都平躺在床上生產的。不過，現在有些產婦正在嘗試利用不同的姿勢，希望能舒緩疼痛，讓分娩變得容易一點。

現在許多產婦都要求選擇自己覺得最舒服的姿勢，擁有選擇的自由讓產婦對於分娩和陣痛的管理更有自信。如果這一點對妳很重要，請跟醫師討論。請教他醫院可以使用的設備；有些醫院有特殊的生產器材，像是生產椅、蹲姿扶手或生產床。妳可以考慮的陣痛姿勢如下：

在早期陣痛時，走動和站立是很好的姿勢。走動可以讓妳呼吸比較容易，也較輕鬆。當妳走動時，一定要有人攙扶，提供支持。而站在溫水蓮蓬頭下也有舒緩的作用。

關於陣痛時走動，還有一些爭論的聲音。有些專家相信走動可以讓寶寶較快進入生產位置、子宮頸擴張得會比較快、陣痛也比較不痛。而另一些專家則認為走動會讓產婦產生跌倒的風險，也無法安置胎兒監視器。一項針對一千位以上產婦進行的研究顯示，走動是沒效的，我們相信，底線在哪裡是妳個人的決定，妳應該有權決定最適合自己的方式。

坐姿會讓陣痛變慢。走動或站立後坐下休息沒有關係，但是子宮收縮時坐著會不舒服。

手腳跪姿是舒緩腰背部陣痛的好方式。靠著支撐跪著，例如靠著椅子或

給爸爸的叮嚀

寶寶隨時都可能來報到。當你家小寶貝決定出現時，請務必幫你的伴侶做好她可能會忘記的事。如果她有上班，一定要幫她打電話到她工作的場所，告知同事她人已經在醫院待產，看看她是否有訂好的計畫或約會，必須臨時代為更改；問問她，家裡還需要做好什麼準備，以便迎接寶寶的到來。

妳的伴侶，可以讓妳伸展背部的肌肉。跪姿的效果和走動、站立類似。

　　不能站立、走動或採跪姿的時候，就側躺。如果妳有被施以止痛藥物，那就需要躺下。躺左側，然後再轉到右側。

　　雖然平躺是最常採用的分娩姿勢，但卻會讓陣痛變慢、血壓下降、讓寶寶的心跳也下降。如果妳平躺，請將床頭抬高，在某邊的屁股下放一顆枕頭，讓妳不是平平躺著。

妳的營養

　　如果妳的陣痛情況很正常、沒有併發症，那麼開始陣痛時妳可以喝適量清澈的液體，像是開水、沒有果粒的果汁、碳酸飲料、清茶、黑咖啡和運動飲料等。但如果妳有任何風險因子，例如肥胖病症或糖尿病，又或者妳在生產時，可能有用到產鉗或真空吸引氣，那麼流質的攝取就應該被限制或刪減。

　　如果妳是事先安排好要做剖腹產，那麼麻醉開始兩個鐘頭以前，可以吃一些清湯流質，但手術前8小時不要吃固體食物。

　　如果妳的陣痛拖得太久，可能會注射點滴來補充水分。當寶寶出生後，如果一切平安，那麼或許就不必限制飲食了。

其他須知

分娩教練

　　在妳陣痛和分娩的時候，分娩教練會是妳最寶貴的助力之一。教練可以幫助妳做準備，在妳經歷陣痛過程時，在場支持妳，和妳一起度過，更可以與妳分享孩子出生時的喜悅。

　　大多數產婦的分娩教練都是自己的伴侶，不過，並非絕對如此。分娩教練也可以是親密的朋友或家人，像是妳的母親或姊妹。要請人擔任分娩教練必須提前說，給他時間做好準備，也確保到時他一定能

到產房陪妳。

如果妳的伴侶或分娩教練不想全程觀看分娩過程，也不要強迫。我們曾經不只一次見過，分娩教練或伴侶光聽到醫師談到分娩計畫，或是剖腹產的事就暈了過去，或是眼冒金星呢！

分娩教練重要的職責之一就是確保妳會及時趕到醫院。在生產前4到6週就先做好計畫，這樣才知道到時要如何與教練取得聯繫。請家人、鄰居或朋友當妳的備用司機幫助很大，這個人必須是妳萬一聯絡不上分娩教練時，馬上就能幫助妳，送妳到醫院的人。

在去醫院之前，分娩教練可以先幫妳測量子宮收縮的時間，這樣妳才知道陣痛的進展。妳的教練可以做下列建議的事來幫助妳們兩人放鬆：

- ♥ 開始分娩時，跟妳說話，分散注意力，讓妳放鬆。
- ♥ 分娩時，鼓勵妳，告訴妳何時該開始用力推。
- ♥ 幫妳注意門口是否有閒雜人等，保護妳的隱私。
- ♥ 分娩時，幫助妳解除緊張情緒。
- ♥ 摸妳、擁抱妳，親吻妳（如果妳分娩時不想被碰，請告訴妳的教練。）
- ♥ 當妳感覺疼痛，想要大叫時，他會告訴妳大聲叫出來，沒有關係。
- ♥ 幫妳用濕毛巾擦臉、擦嘴。
- ♥ 幫妳按摩肚子及背部。

♥ 當妳用力推時，撐住妳的背。

♥ 幫忙在產房營造出一種情調，包括了音樂和燈光（事先討論，把妳生產時想用的東西帶來）。

♥ 照相（很多夫妻都發現，寶寶出生後立刻拍攝的照片，可以讓他們記住那一刻的喜悅與感動）。

在妳分娩時，分娩教練可以偷空休息、喘個氣，特別是如果陣痛分娩的過程十分漫長時。教練如果能在會客室或醫院的餐廳填填肚子會比較好，身為分娩教練不應該把工作帶進產房——這對陣痛中的產婦太不支持了。

許多夫妻都嘗試許多不同的事來分散注意力，熬過陣痛的時刻，像是幫寶寶挑選名字、玩遊戲、看電視或聽音樂。

如果妳的分娩教練想參與分娩的過程，例如，剪臍帶或是在寶寶出生後幫忙洗澡，請先跟醫師說。這種事情的作法可能因為地方不同而有差異。醫師的責任是要確保妳和寶寶的平安健康——請不要提出可能會讓事情複雜化的要求。

請先想好寶寶出生後要打電話給誰。有些電話可能是妳希望能親自撥打的。

如果妳希望親友看寶寶時，妳也能在場，那麼請先說清楚。在大多數的例子中，產婦都必須先行清理後，才好見客。請讓自己和寶寶先有一些相處的時間，之後，妳再將寶寶抱給眾親友看，讓大家分享妳的喜悅。

陰道自然產

在 37 週中的內文中，我們已經探討過剖腹產了。大多數的產婦都

不是用剖腹產，而是採用自然產的。

如前面所討論，分娩可以分為三個明顯的階段。第一個階段是子宮以足夠的強度、長度、和頻率開始收縮，讓子宮壁變薄、擴張。

• **分娩的第一階段**。在子宮頸完全擴張，胎頭可以穿越後結束。

• **分娩的第二階段**。則從子宮頸完全擴張到10公分開始。

當子宮頸已經完全擴張後，就要開始用力推送。推送可能需要一到兩個小時（頭胎或第二胎），到幾分鐘（有經驗的產婦）。最後一個階段在孩子產下後結束。

這個階段的分娩過程以孩子娩出作為結束。研究顯示，有辦法可以咬住護牙套的產婦，第二階段的分娩過程比沒咬的產婦短非常多。部分專家則相信，咬住護牙套的產婦可以推送得更用力，因此第二階段的分娩過程才會縮短。

研究顯示，如果多等個3、4分鐘再剪斷寶寶的臍帶，流到他體內的血液會增加，而在他生命最初的6個月內，體內鐵質濃度也會提高。

• **分娩的第三階段**。過程從孩子生下來後才開始，在胎盤和圍繞著胎兒的羊膜被排出後結束。娩出寶寶和胎盤、修復會陰切開術的切口（如果妳有的話）一般需要20到30分鐘。

生產之後，妳和**寶寶**就會開始進行評估。在這段時間內，妳可以看到並抱到妳的**寶寶**，甚至可以餵奶。

看妳生產醫院或安產中心的作法，妳有可能是在陣痛的房間生產，也可能被移到附近的產房。在孩子出生後，妳會被送去恢復室休息一段短時間，然後再移到醫院的病房，直到出院回家。

產後，妳可能會留在**醫**院24～36 小時觀察，如果沒有任何併發症

就可以回家。萬一出現什麼情況，醫師會和妳一起決定要採取哪種最適合妳的處理方式。

第40週的運動

　　站立，雙腳稍微打開，膝蓋放鬆。右手手臂橫胸掛在肩上。用左手輕輕的把右手手肘推向身體。輕拍自己的背部，告訴自己，妳順利的生完孩子了，真棒！保持這個伸展動作10秒鐘，每邊手臂重複4次。讓上背部獲得良好的舒展。

第四十一章

預產期過了

過了預產期會怎樣？

　　預產期到了，又過了，而寶寶還沒來報到。妳在這件事情可不孤獨——將近有10%的胎兒比預產期晚兩週出生。

　　只有懷孕42週以上，或是從上次月經第一天算起超過294天的懷孕才能被稱作「過熟」，（在懷孕第41週生的孩子，只超過6天，就算妳覺得，也不能被稱作過熟兒！）

　　醫師會幫妳檢查寶寶在子宮裡是不是有胎動，也會檢查看看羊水的量是否正常、健康。如果寶寶健康活潑，醫師通常只會進行監視，然後等妳自然陣痛。

　　這時會做些檢驗，確保過熟胎兒平安無事，可以待在子宮裡。萬一胎兒有窘迫跡象，就會進行引產。

　　胎兒過熟有其危險性。胎盤功能會開始變得不佳，而且寶寶會長得太大。

好好照顧自己

　　胎兒過熟，要保持正面的態度很難，不過，還別放棄！飲食要健康均衡，保持水分的攝取。如果身體可以的話，做一點溫和的運動，像是散步或游泳，應該會比較舒服。

　　無論妳體型變得多笨重，下面的運動都很容易做。左面側躺在地

上或床上。頭用枕頭墊高，膝蓋彎曲，雙手手臂靠著身體。吸氣的時候，右手越過頭頂向上舉，右腳伸直，腳尖向下。持續3秒鐘。恢復到起始位置時，吐氣。每一邊各做4次，可以讓背部肌肉伸展。

美國婦產科學院不建議對懷孕39週的胎兒施行非醫療理由的引產。

這個時候妳最適合做的運動之一就是水中運動了。妳可以游泳、可以在水中運動而不必擔心跌倒或失去平衡。就算在游泳池中來回走動，也都可以讓妳覺得很舒服。

現在就多多休息、放輕鬆吧！因為寶寶很快就要出生，到時候妳可就忙翻了。找時間把寶寶的東西準備好，這樣當妳從醫院回家後，一切都已經就緒。

過期妊娠

大部分過預產期2週或更久生下來的孩子都是安全順產的。不過，懷孕超過42週以上的確可能產生一些問題，所以醫師必須幫產婦做檢查，必要的話，可能需要引產。

胎兒的發育成長，依賴的是由胎盤執行的兩個重要功能——呼吸與營養供應。當妊娠時間已經超過，胎盤可能會無法提供呼吸功能，與胎兒所需的營養，因此胎兒可能開始有營養流失的問題。這時胎兒就稱為「過熟兒」。

過熟兒出生時可能乾巴巴、皮膚龜裂脫皮、充滿皺紋，指甲長、毛髮茂密，覆在身上的胎兒皮脂也可能會比較少。過熟兒的皮下脂肪也會比較少，一副營養不良的模樣。

　　嬰兒出生時如果過熟，會有胎盤營養供應不良的情況發生，所以知道懷孕真正的日期是很重要的。這也是為什麼不要錯過任何一次產檢的重要理由。

可能採取的檢查

　　有很多檢查可以讓妳和醫師知道肚子裡過熟的寶寶是否平安無事，能夠繼續待在子宮裡。在評估胎兒時，醫師會看很多不同的資料。舉例來說，妳是否有子宮收縮的情形，了解寶寶受收縮影響的反應很重要。

　　醫師會幫妳做一些檢查，來判斷胎兒的健康情形，而其中最早做的檢查之一就是陰道檢查。這項檢查醫師可能每週都會做，看看妳的子宮頸是否已經開始打開。妳可能也會被要求記錄寶寶胎動的次數。一週一次的超音波可以判斷寶寶現在多大、還有多少羊水，確認胎盤是否有問題也很重要，因為胎盤可能會造成胎兒的問題。

　　此外，當胎兒過熟時，通常還會另外加做三種檢查，來判斷子宮中胎兒的健康。這三種檢查分別是無壓力測試、子宮收縮壓力試驗和胎兒生理評估。

無壓力測試

　　無壓力測試是一種可以在醫師門診或醫院產科進行的檢查。孕婦躺下後，胎兒監視器就會被連接到肚子上。孕婦感受到寶寶的胎動時，就按下按鈕，在監視器的記錄紙上留下註記，監視器也會將寶寶的心跳速率記錄下來。

　　胎兒開始活動時，心跳速率通常也會隨著增加。因此，醫師可以藉由觀察胎兒監視器的紀錄，來評估胎兒的健康狀態。如果有需要，醫師還會安排其他進一步的檢查。

子宮收縮壓力試驗也稱作壓力試驗可以偵測胎兒對子宮收縮及分娩壓力的耐受程度，並評估胎兒的健康狀況。如果胎兒對子宮收縮的反應不佳，就可能會出現胎兒窘迫的情況。有些人認為，用這項試驗來評估胎兒的健康狀況比無壓力試驗準確。

進行這項試驗時，會將胎兒監視器連接在孕婦的肚子上觀察胎兒的變化，並將少量的催產素加入點滴中，讓孕婦施打，促使子宮收縮。有時候，醫護人員會採用乳頭刺激法讓子宮收縮，這樣就不必注射點滴了。接著會觀察胎兒對子宮收縮產生反應時的心跳，如果胎兒的反應情況不佳，表示可能會有胎兒窘迫的情況發生。

胎兒生理評估

胎兒生理評估可用來評估胎兒的健康狀況，而評估的方式是採計分制。以下列出的五個項目中，前四項是以超音波檢查，而第五項則採用外接式的胎兒監視器資料。每個項目都會得到一個分數，而被評估的五個項目分別是：

- ♥ 胎兒呼吸的律動。
- ♥ 胎兒的活動力。
- ♥ 胎兒的張力。
- ♥ 羊水總量。
- ♥ 胎兒心跳速率的反應（無壓力試驗）。

在這個檢查中，醫師會評估胎兒的「呼吸」動作（指胎兒胸腔的活動或胸腔擴張的動作），評分標準是記錄胎兒出現呼吸動作的次數。

在進行試驗時，醫師會評估胎兒的「呼吸」──也就是胎兒在子

宮中胸部運動或擴張的情形，並依照胎兒呼吸的量給分。

其次是注意胎兒的身體活動。分數正常代表身體活動正常，如果分數出現異常，表示在某一段特定時間內，見不到胎兒的活動或動得很少。

胎兒的狀況和姿勢也在評估之列。胎兒的狀況如果好，肯定是個好徵兆。

要透過超音波來評估羊水的總量就需要經驗了。如果檢查結果正常，表示胎兒周圍羊水的量是適中的；如果結果異常，代表胎兒周圍羊水很少，或甚至沒有羊水。

胎兒心跳速率的評估（無壓力試驗）由外接的胎兒監視器進行。胎兒監視器能記錄胎兒活動時的心跳速率及變化。不過，胎兒心跳速率的改變及變化情形，會隨著操作人員而改變，正常值的定義也因操作者不同而有差異。

每項檢查，正常分數是2，異常時分數為0，1則屬於中間的得分數，五個項目分數，加總計算後評估。評估的結果會依儀器的精密程度及操作人員的專業程度而有所不同。分數愈高，表示胎兒的健康狀態愈佳；分數較低時，醫師就會擔心胎兒的健康狀態是否良好。

如果分數很低時，醫師就會建議將胎兒娩出。如果檢查的結果還好，同樣的檢查一段時間後還會再做一次，如果檢查的結果不甚明朗，隔天醫師可能會再做一次。醫師在做任何決定之前，會審慎評估所有資訊。

引產（催生）

懷孕到了某個關鍵時刻，醫師可能會決定幫妳引產（催生），也就是讓妳的陣痛開始，以便產下寶寶。這是相當常見的作法；每一年，被醫師催生產下的胎數約有45萬次。除了對過熟兒進行引產外，當孕婦有其他問題，胎兒有危險性時，醫師也會進行引產。

這時醫師會幫妳進行骨盆檢查，可能還會一起評估看看是否可以

引產。醫師會考慮進行引產的情形如下：

- ♥ 預產期已經超過2週了。
- ♥ 胎兒狀況不佳（從檢驗中得知）。
- ♥ 子癲前症。
- ♥ 有徵兆顯示胎盤已經無法正常發揮功效了。
- ♥ 發生危及母親或胎兒的疾病。
- ♥ 妊娠引起的高血壓。
- ♥ 胎膜提前破裂。
- ♥ 破水後一段時間，子宮收縮還遲遲不開始。
- ♥ 子宮內膜發生感染。

　　這個時候也會參考子宮頸擴張指數。這是一種用來預測引產成功機率的評分方式，評分的項目包括了擴張度、變薄度、停高位置、持續性，以及子宮頸的位置。每一項目一個分數，然後加總後得到一個總分，醫師則參考這個分數來決定是否要引產。

子宮頸是否已成熟？

　　在開始引產前，醫師通常會先催熟子宮頸。所謂催熟子宮頸就是利用藥物來讓子宮頸變軟、變薄，並打開。

　　要達到這個目的，作法很多種。最常採用的兩種是Prepidil Gel和Cervidil。醫師通常會在進行引產的前一天先施用Prepidil Gel 和Cervidil，讓子宮頸做好準備。這兩種凝膠型藥劑都是塗抹放在陰道頂端、子宮頸之後的位置。藥物會直接釋放到子宮頸上，促使子宮頸成熟。這個程序是在醫院的產科進行的，這樣才能監視胎兒的狀況。

美國疾病管制與防治中心的研究指出，在美國有大約25%的引產是自選性，或沒有醫療之必要性的。如果妳是因非醫療理由，希望在懷孕第37或38週時進行催生，就是在大幅提高新生兒發生併發症的機會，最後可能導致必須以剖腹產來完成生產。

引產

醫師幫妳進行引產時，必須先讓妳的子宮頸熟化，所以就要透過點滴施打催產素。催產素會啟動子宮的收縮，讓陣痛開始，進入分娩程序。但是整個過程的時間長度（從催熟子宮頸到產下胎兒），則是因人而異。

催產素是逐漸增加劑量，直到收縮開始的。妳施打的劑量由點滴注射輸液器控制，因此不會超量。在妳施打催產素的時候，胎兒對於陣痛的反應也會被密切監視。

做催生引產未必保證一定能自然陰道產，了解這一點是非常重要的。有許多例子，催生都是無效的，催生反而會讓緊急剖腹產的機率提高。

試試一些證實對某些產婦有效的「自然」催生方法也不錯。這些方法包括了：

- 走動。
- 吃新鮮的鳳梨（含有鳳梨酵素，有助於子宮頸組織的軟化）。
- 刺激乳頭。
- 性交（精液中含有前列腺素，有助於子宮頸組織的軟化）。

42
week

第四十二章

妊娠之後

寶寶出生之後，妳生活上會有重大的改變。先看看這個簡介，妳對生活中新手媽媽即將發生的種種事情，會比較有概念。

在醫院

- ♥ 因為生產和陣痛而肌肉痠痛。
- ♥ 臀部又酸又腫。如果有做會陰切開術，傷口還會痛。
- ♥ 如果妳是剖腹產或做結紮手術，手術傷口會痛。
- ♥ 只要需要，就按護理站的呼叫鈴吧！
- ♥ 和伴侶一起試試各種不同的方法，和寶寶產生親密牽絆。
- ♥ 哺育（母乳或餵嬰兒奶粉）懷中的小小奇蹟可能有點可怕，不過，用不了多久，妳就有職業水準了！
- ♥ 嚴重出血或排出比雞蛋大的血塊可能表示出了問題。
- ♥ 血壓太高或太低都表示要再檢查。
- ♥ 止痛藥應該要能解除疼痛。如果沒用的話，告訴護士。
- ♥ 發燒攝氏38.5度就要注意了。
- ♥ 想哭或情緒起伏大，都是正常的。
- ♥ 記得申請幾分出生證明，可以幫寶寶報戶口並作為各類保險申請之用。
- ♥ 多休息。關掉手機，限制訪客人數。
- ♥ 雖然妳才因為生了寶寶減掉4.5到7公斤，要甩掉剩下多出來的體重可還要好一陣子。

- ♥ 如果餵母乳的話，飲食要營養，才能保持體力並分泌乳汁。
- ♥ 把陣痛、分娩以及寶寶出生後幾個小時內的感想寫下來。鼓勵伴侶也做同樣的事。
- ♥ 看醫院關於如何照顧新生兒的影片。有問題的話請醫護人員澄清或提供協助。
- ♥ 找出寶寶醫師的姓名、診所住址和電話。
- ♥ 有問題就問，請護士或醫院的人員提供幫助。
- ♥ 請伴侶陪妳到病房外面散散步。
- ♥ 找出時間，建立屬於你們夫妻和寶寶之間家人的親密感。

回家的第一週

- ♥ 妳的子宮還是會因收縮而疼痛，特別是當妳餵母乳時。
- ♥ 乳房漲奶、充血和漏奶都是正常現象。
- ♥ 會陰切開傷口或撕裂傷可能還是會痛。
- ♥ 肌肉還會痠痛。
- ♥ 這時候穿孕婦裝還是最舒服的。
- ♥ 兩腿依然浮腫。
- ♥ 還會有滲尿或不小心排便的情形，無法控制。
- ♥ 如果出血情況變得更嚴重，或排出血塊，請和醫師聯絡。
- ♥ 乳房出現紅色條紋或硬塊可能表示有問題。
- ♥ 如果發燒，請和醫師聯絡。
- ♥ 放輕鬆，別去擔心家事做不完。
- ♥ 沒有任何理由就哭泣、嘆氣或大笑都是正常的。
- ♥ 一定要請親友幫妳忙。
- ♥ 從身型上來看，還是有點懷孕的樣子。
- ♥ 因為懷孕增加的體重，還沒全甩掉。

- ♥ 幫寶寶預約第一次的小兒科門診。
- ♥ 把寶寶的重要的文件放在一起，像是出生證明、預防接種卡等等。
- ♥ 幫寶寶取名，做報戶口的準備。
- ♥ 幫寶寶加入健保。但是寶寶若尚未報戶口，出生60日內得以父母健保卡就醫。
- ♥ 預約產後6週的回診檢查。
- ♥ 如果還沒開始做白天保母的安排，現在就開始進行。
- ♥ 幫伴侶指定一個工作或差事，讓他能夠幫助妳、覺得自己還有用。
- ♥ 如果在哺育母乳上遇到問題，可以請問相關單位。

回家的第二週

- ♥ 乳房（無論是否餵母乳）很飽漲，感覺不舒服。
- ♥ 痔瘡還會痛，不過情形應該有改善。
- ♥ 浮腫和水腫的情形逐漸消褪，現在應該可以穿回從前部分的衣服和鞋子。
- ♥ 餵寶寶的工作開始得心應手了。
- ♥ 咳嗽、大笑、擤鼻涕或拿重物時，滲尿或糞便的情形還是無法控制。
- ♥ 妳可能非常疲憊。照顧寶寶需要很多時間和精力。
- ♥ 陰道分泌物若有腐敗的味道或呈黃綠色，代表可能有問題。分泌物應該要減少了，如果還沒有，請和醫師聯絡。
- ♥ 寶寶哭鬧的時候，讓他稍微哭一下再去檢查也沒關係。
- ♥ 低頭往下看時，幾乎可以看見久違的腳了（肚子變小了）。
- ♥ 把帶寶寶去看小兒科醫師時想問的問題寫下來。

♥ 如果剖腹產或做結紮手術，一定要在約定時間回診，檢查切口。

♥ 在日誌中，把妳的想法和感受寫下來。

回家的第三週

♥ 屁股周圍的腫脹和疼痛已經漸漸減輕，但久坐還是不舒服。

♥ 手的浮腫情形減輕了。如果妳在懷孕期間拿掉了戒指，現在可以試著戴戴看。

♥ 寶寶不知道有日夜之分，所以妳的睡眠模式也會被干擾。

♥ 不論打算上哪裡，都像一趟大旅行。有了寶寶，出門的準備時間長了三倍。

♥ 如果妳的腿上出現了紅色條紋或感覺疼痛、有硬塊，尤其是小腿肚，那就可能是血塊。請和醫師聯絡。

♥ 有時候會覺得很悲傷或是鬱鬱寡歡，甚至還會哭。

♥ 妳可能會出現靜脈曲張，就跟妳母親一樣！當妳從懷孕中恢復，並重拾運動之後，情形就會改善。

♥ 站起來時，腹部的肌肉看起來仍然鬆鬆垮垮。

♥ 多多拍照和攝影。妳會覺得很驚奇，寶寶居然在轉眼之間就改變、長大了。

♥ 讓另一半有參與感。讓他也試著照顧寶寶，並請他幫忙處理家務雜事。

♥ 這個時候，妳應該已經換過兩百片尿布了──妳已經變成換尿布達人囉！

回家的第四週

- ♥ 肌肉痠痛的情形已經好轉，現在已經可以做比較多事了。不過，請妳要知道，久不用的肌肉比較容易拉傷或扭到。
- ♥ 控制大小便的情況已經在改善中。當初做凱格爾運動開始有回報了。
- ♥ 寶寶已經開始出現能適應固定作息表的跡象了。
- ♥ 彎腰或抬起東西可能還有困難。拿東西時，慢慢的拿，即使是最容易的事，也讓自己有充分的時間做。
- ♥ 產後的第一次月經，現在隨時可能出現。如果妳沒有餵母乳，產後第一次月經通常在產後4到9週出現，不過，出現的時間也可能提早。
- ♥ 尿液中有血、尿液呈現深色或混濁，排尿時出現嚴重的痙攣或疼痛，可能是泌尿道感染的症狀，請與醫師聯絡。
- ♥ 妳已經開始在散步，做些輕鬆的運動了，感覺應該還不錯。請繼續保持！
- ♥ 請幫產後6週後的回診預做準備。把任何想到的問題都記下來。
- ♥ 找個晚上和另一半出門是個好主意。請寶寶的祖父母或其他親友先幫妳帶一下孩子。
- ♥ 和新生寶寶相處的時間是寶貴的。妳很快就要回去工作，或恢復其他活動了。

回家的第五週

- ♥ 當妳恢復規律的活動後，可以預期的是肌肉痠痛和腰痠背痛。
- ♥ 在妳進行會陰切開的部位或直腸所在的位置，有時候排便會不舒服。
- ♥ 大小便的控制已經恢復。

- ♥ 對於要重回職場，妳可能有些焦慮。不過，妳可能已經在思念妳的朋友和工作了。

- ♥ 要回去上班了，無法時時刻刻跟妳的寶寶在一起，對妳來說可能有點困難。

- ♥ 計畫一下產後避孕的問題。選好避孕的方法，並開始實施。

- ♥ 妳的產後憂鬱症就算還沒全好，也應該消失得差不多了。

- ♥ 要回去工作了，妳可能會感到有點緊張呢！

- ♥ 懷孕前有些鬆垮的衣服，現在穿起來可能正好合身。

- ♥ 告訴自己，懷孕增加的體重是長達9個月的努力結果，所以要恢復懷孕前的身材，也需要一段時間。

- ♥ 重回工作崗位需要事先計畫。現在就開始展開「返回工作崗位」作息時間大作戰。

- ♥ 幫寶寶找到白天的保母、照看和照護等等都需要儘快就緒。親友會是重要的助力。

回家的第六週

- ♥ 產後6週回診時的骨盆檢查，情形通常沒妳想像得糟。

- ♥ 寶寶出生後6週，妳子宮的體積已經從西瓜恢復成拳頭大小了。現在子宮的重量大約不到60公克。

- ♥ 產後6週的門診回診，可以準備跟醫師談一些重要的課題，像是避孕、限制以及將來再懷孕的事。

- ♥ 醫師看診室裡的醫護人員可能給過妳一些幫助，可以謝謝他們，並請問未來如果還有問題，是否可以繼續請教。

- ♥ 如果妳還有產後憂鬱的情形，或是每天還覺得鬱鬱寡歡，請告訴醫師。

- ♥ 如果陰道還出血，或是分泌物有腐敗的氣味，請通知醫師。

- ♥ 如果妳的腿疼痛或浮腫，或是乳房紅腫疼痛，看門診一併告訴醫師。

- ♥ 有問題就提出，事先列一張清單。
  - 我有什麼避孕的選擇？
  - 我在運動和性事上有什麼限制嗎？
  - 從這次懷孕中，有什麼是我下次懷孕時，必須借鏡的？
  - 如果妳在產後回診打算帶寶寶同行，多準備一些備品，妳可能得等候。
  - 如果妳很快就要重回工作崗位，儘快做好托嬰的安排。
  - 跟之前一樣，盡量多讓伴侶參與。
  - 繼續把妳這段時間的想法和感受寫進日誌，鼓勵妳的伴侶也做同樣的事。

三個月

- ♥ 肌肉可能因運動而痠痛──比1個月前稍微痠痛些，因為妳已經被允許做任何想要的運動了。
- ♥ 這段期間，產後的第一次月經應該會來。這次月經的經血量比較多、比較久，跟懷孕之前的不一樣。
- ♥ 如果還沒採取任何避孕措施，現在就開始吧！（除非妳想要在同一年慶祝兩次寶寶的生日。）
- ♥ 當寶寶有點龜毛時，需要安撫一下自己時，讓他哭一下沒有關係。
- ♥ 妳身上肥肉消失的速度可能不如預期中迅速，請繼續保持運動，注意飲食的均衡與營養。妳會瘦下來的！
- ♥ 寶寶有什麼重要大事時，請幫他寫到寶寶日記，或日誌裡。
- ♥ 找找看，有什麼照顧工作是妳伴侶可以參與的，讓他在能力範圍內，幫忙照顧寶寶。
- ♥ 停止餵母乳後，讓寶寶的爸爸可以幫忙用奶瓶餵奶。

六個月

- ♥ 站上體重秤可能還是一件令人畏縮的事。不過,保持下去,繼續好好的吃、好好運動!
- ♥ 如果妳以母乳哺育,產後第一次月經可能出現在此時。這次月經的經血量可能會比較多、時間比較久,跟懷孕之前的不一樣。
- ♥ 不要什麼事情都攬在身上自己做,讓妳的伴侶也能幫些忙。
- ♥ 現在寶寶的餵奶時間應該已經固定下來了。
- ♥ 找一些屬於自己的時間。
- ♥ 安排時間進行固定的活動,像是運動、寶寶遊戲時間,並見見其他的新手媽媽。
- ♥ 懷孕前穿的衣服,有些已經開始穿得下了。
- ♥ 和伴侶共享與寶寶在一起的特別時光。
- ♥ 把寶寶哭鬧的樣子記錄下來,或拍照下來。這種時刻,用攝影機錄下來真是太好不過了!
- ♥ 找個也有寶寶的朋友,互相分享照顧寶寶的職責。這是妳們兩個分別讓自己偷閒一下的好辦法。

一年

- ♥ 所有的系統都恢復運作了!雖然需要一些時間、經歷,也很辛苦,不過妳的生活又再次步入正軌,順利運轉。
- ♥ 寶寶現在能睡上大半夜了。
- ♥ 不要忘記妳一年一次的檢查,或是子宮頸抹片檢查。
- ♥ 妳的身材已經恢復產前的模樣。肚子平了,懷孕期間增加的體重大部分已經減掉,妳覺得很棒。
- ♥ 繼續好好照顧自己。飲食均衡營養,要有充分的休息與運動。

♥ 把這段時間生活中的點點滴滴感受寫下來，鼓勵妳的伴侶也做同樣的事。

♥ 共同分攤照護寶寶的工作，可能是建立寶寶遊戲的好辦法。

♥ 寶寶就快滿週歲了，恭喜恭喜！

♥ 享受寶寶牙牙學語的第一句話、搖搖擺擺的第一步路，以及其他許多的第一次。

♥ 繼續幫寶寶照相。

♥ 妳可以開始考慮要不要再生一個囉！

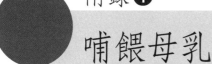

母乳是餵養寶寶最健康的方式，對很多女性來說，這是一段美妙、充滿愛意的時光，常常讓母親有完成產程的圓滿感覺。

母乳有許多優點是嬰兒配方奶粉無法複製的，母乳是寶寶最佳的營養來源。

通常來說，產後一個鐘頭以內（或更快），妳就可以幫寶寶餵奶了。一旦開始，妳就開始建立屬於自己的母乳供給方式了。妳也可以善用寶寶天生的吸吮直覺，盡快開始提供餵奶可以讓寶寶喝到由乳房分泌出來的初乳。初乳可以提昇寶寶的免疫系統，而母乳則在產後的12到48小時開始出現。

母乳諮詢師和泌乳顧問

如果妳在寶寶出生後，對於以母乳哺育有任何問題，有專門的人員可以提供協助。妳可以撥打衛生福利部國民健康署的母乳哺育諮詢專線，尋求支援，這是一支免費諮詢專線，電話為0800-870870，也可以上他們的母乳哺育網站：http://www.bhp.doh.gov.tw/breastfeeding，裡面有更多與母哺育的相關資訊，可供查詢。各地的衛生所也都設有母乳哺育諮詢專線，妳可以打電話查詢。

當妳諮詢的母乳問題時已經出乎服務人員的範圍時，她會推薦你去看泌乳顧問。泌乳顧問是專業人員，他們執業的地方在醫院、居家照護服務場所、衛生機構，以及私人的診所等等。

如果有需要，也可以聯絡國際泌乳諮詢協會，尋求更多資訊。台灣也有認證的國際泌乳顧問提供諮詢服務。

> 如果妳抽菸，最好還是選擇以母乳哺育寶寶，母乳哺育的好處大於寶寶可能曝露於抽菸的危害。尼古丁雖然會透過母乳傳給寶寶，但是香菸中的致癌物卻不會。如果妳非抽菸不可，請在抽菸後90分鐘再餵寶寶母乳，而且切記，千萬不要在寶寶附近抽菸！

餵母乳的優點

所有的寶寶在出生前都是從母親身上取得保護，對抗疾病的。在懷孕期間，母親的抗體會透過胎盤傳給胎兒，並在胎兒體內的血液中循環幾個月。而以母乳哺育的孩子則可以持續的從母親身上獲得保護。

在寶寶出生的最初四週親自以母乳哺育，給孩子提供的保護最多，也能提供孩子妳體內釋出的最佳荷爾蒙。即使只以母乳哺育短短的3個月，就能降低孩子過敏及感染的風險。而出生6個月內以母乳哺育，則可以降低孩子發生氣喘、黃疸、糖尿病、小兒白血病、胃部病毒及耳內感染的風險，寶寶發生新生兒猝死症的機率更可以降低50%之多！

美國小兒科學會建議母親在孩子出生的6個月內以全母乳哺育。母乳中有許多可以預防感染的物質，可以降低疾病持續的強度與時間。如果以母乳哺育，孩子有一段時間可以持續接收到媽媽的免疫力來對抗疾病。不過，母乳若以微波爐來加熱，這些可以幫助寶寶對抗疾病的抗體就會被殺死，所以，絕對不要以微波爐來加熱母乳。

母乳中的多元不飽和脂肪酸以及花生四烯酸對寶寶是非常重要的。研究顯示，飲食中有這些成分的寶寶智商較高，視力的發展也比較好。

母乳哺育對媽媽的益處

親自哺育寶寶對媽媽也會有影響。親自餵母乳對於減重有幫助，不過研究顯示，時間必須持續3個月以上，才可看到效果。在妳泌乳模式建立之後（大約6週），就算費力的運動也不會影響到妳的泌乳。不過，失眠會影響泌乳。

餵母乳也會降低往後妳得糖尿病、高血壓以及心臟疾病的風險。此外，新的研究顯示，親餵母乳，母親得到乳癌的風險也會降低60%左右！一項研究更是強烈建議，有乳癌家族病史的女性應該親餵母乳。

餵母乳不會讓妳的乳房下垂。生產前的年齡、體重、胸部的大小以及是否抽菸對生完孩子後，乳房是否下垂的影響才更大。

還在小心計較咖啡因的攝取量嗎？每天喝一到兩杯咖啡對寶寶是不會造成影響的。不過，如果妳發現寶寶有躁動的情形，還是減量攝取比較好。

酒精的攝取必須注意。別相信喝啤酒可以讓泌乳量增加的說法。如果要喝含酒精的飲料，那就在餵乳完後馬上喝，但不要喝一杯以上。選擇葡萄酒或啤酒，因為這類酒中的酒精含量比烈酒低，大約三個鐘頭左右就會從體內褪去。研究顯示，烈酒要高達13個鐘頭才會消褪。

餵母乳的缺點

我們必須老實說——餵母乳的確也有缺點。親餵母乳會把妳和寶寶牢牢地綁在一起，因為寶寶肚子一餓，妳就必須餵奶，其他家人可能會覺得沒有他們參與的份。

由於母乳很容易消化，所以多數的新生兒大約每隔兩、三個小時就得餵一次，妳花在餵寶寶上面的時間，可能比妳事先預想得多。還有要注意妳自己的飲食。妳吃喝下肚的食物（或是從嘴巴吃進去的東西，像是藥物）都會透過母乳傳給寶寶，因此也可能造成問題。

哺餵母乳的問題

　　餵母乳期間發生問題不算罕見。下一頁列的就是最常遇到的兩三種問題。

脹奶

　　餵母乳時最常遇到的問題就是脹奶。脹奶時，乳房會變得腫脹、觸痛且充滿了乳汁，那麼，脹奶應該怎麼辦呢？

　　最好的方法是盡可能將乳房內的乳汁排空，就像妳餵奶時一樣的作法。有些媽媽會沖洗熱水澡，並在熱水中將剩餘的乳汁擠出。痛得厲害時，冰敷可以解除疼痛。

　　每次餵母奶時，兩邊乳房交替哺餵，不要只餵一邊。必須暫時離開寶寶身邊時，盡可能按時將乳房內的乳汁排空，讓乳汁流動，保持乳管暢通，會感覺較舒適。

　　乙醯胺酚（acetaminophen，如普拿疼）這類的止痛成藥，常用來解除脹奶引起的疼痛。乙醯胺酚成分的止痛藥，已經經過美國小兒科學會的認可，哺餵母乳的女性可以安心服用。

　　如果痛得很厲害，可能需服用較強效的止痛劑，例如含有可待因成分的乙醯胺酚。如果實在很痛，最好去掛門診，請醫師開藥。

乳房感染發炎

　　哺餵母乳期間，乳房也可能感染及發炎。乳房感染、發炎時，會引起疼痛，乳房也會變得又紅又腫，出現明顯的紅色腫塊，妳也可能出現類似流行性感冒的症狀。

　　如果妳覺得自己的乳房好像受到感染，發炎了，趕快去求診。醫師會幫你治療，必要的時候開藥給妳。

乳頭疼痛

多數餵母乳的媽媽，都曾有乳頭疼痛的經驗，特別是第一次哺餵母乳的新手媽媽。妳可以採取下列幾個步驟來減輕疼痛：

- ♥ 盡量保持乳房的乾燥及清潔。
- ♥ 不要讓乳頭過度風乾，否則容易形成痂皮，乳頭的疼痛會更不容易消除。
- ♥ 保持乳頭的濕潤是最好的治療方式，例如，塗抹綿羊油。
- ♥ 每次餵完寶寶，就把整個乳頭的範圍塗滿綿羊油。
- ♥ 餵奶之後，擠一點乳汁出來，按摩一下乳頭周遭。

研究顯示，母乳中含有類似抗生素的成分，有助於避免並治療乳頭疼痛、皸裂的問題。

好消息是，用不了幾天，最多只要幾個禮拜，妳的乳頭就會適應寶寶的吸吮，問題就可以減輕了。

母親授乳時的營養

在餵母奶的時候，妳必須考慮到自己的營養。這對於乳汁的分泌非常重要。

•**哺餵母乳時，每天至少要多補充500大卡的熱量。**妳的乳汁每天提供425到700大卡的熱量給寶寶！而多補充的熱量是要幫助妳維持良好的健康，所以應該要攝取有營養的食物，就像在懷孕期間攝取的一樣。每天從麵包／麥片／麵食／米飯類別選擇九分攝取，從其他乳製品中選擇三分攝取。水果的攝取量應該要四分，蔬菜則是五分。授乳期間，每天蛋白質的攝取量應該要有225公克；而脂肪、油脂、和糖分的攝取要注意，每天限制在四茶匙。

•**有些食物會經由乳汁傳給寶寶，讓寶寶在喝完母乳後胃不舒服。**

所以不要吃巧克力、容易引起脹氣的食物、太過辛辣的食物，以及會讓妳不舒服的其他食物。如果有問題，請跟妳的醫師或寶寶的醫師討論。

• **妳必須持續大量攝取水分。**保持適度的濕潤可以增加妳的泌乳量和精力。每天至少要喝2300cc的水分；天氣熱的時候，要喝更多水。盡量避免含有咖啡因的食物和飲料，因為咖啡因利尿。

• **鈣質也要繼續攝取。**請教醫師妳應該吃哪種維生素補充品。有些媽媽在授乳期間持續吃孕婦維生素，有些新媽媽則吃特別為泌乳設計的補充品，這類補充品中，有部分維生素與礦物質的劑量比孕婦維生素高，但鐵質的劑量則減少了。

授乳會消耗妳的膽鹼，所以妳每天需要補充550毫克的膽鹼。

自信授乳──開始的訣竅

開始餵母乳的時候，妳可能有些問題。如果有問題，也不要感到挫折，妳需要一些時間磨合，才能找出和寶寶最佳的配合方式。

> 餵母乳的寶寶維生素D的攝取會不足，因為母乳中不含這種重要的維生素。請跟小兒科醫師討論一下，是否從寶寶出生後，每天就添加400國際單位的液態維生素D給寶寶。

餵母乳是需要練習的！雖然母親餵母乳是再自然不過的事，但是要熟練是需要時間及不斷練習的。

寶寶有需要才餵──所以每天餵哺的次數可能會高達8到10次，甚至更多！不過，到了4個月後，通常就會減成每天4到6次。餵母乳的寶寶只會喝他需要的量，因此妳的泌乳量通常也會跟著他的需要自然調整。

餵乳時，摟著寶寶，讓他能輕易接觸妳的乳房。把他抱住，橫過胸前，或是躺在床上餵。他的肚子應該與妳的相接，把他的下手臂夾在妳的手和身體之間。

幫助他含上乳房，用乳頭輕輕刷過他的嘴唇，當他張開嘴巴的時候，盡量把乳頭含最多的乳暈放進他嘴裡。當他開始吸吮的時候，妳應該可以感覺到他的拉扯，但應該不會痛。

每邊乳房哺餵5到10分鐘，讓他在一開始吃的時候就吸到大部分的乳汁。不要催促他——他可能得吃30分鐘才會結束。寶寶不一定需要打嗝，不過如果妳幫他拍，請在乳房換邊時和吃完後。如果他沒打嗝，不要勉強，他可能不需要。

> 如果妳在以母乳餵哺時有問題，每次餵奶的時候，請記錄餵奶的時間、長度，以及是以哪一邊乳房餵哺的。這些記錄可以幫助妳看清每天到底花了多少時間來餵寶寶。

部分專家認為大概從醫院回家後，妳就可以開始用奶瓶餵寶寶了。如果妳要使用奶瓶餵他，請給他擠出來的母乳，因為味道他比較熟悉。此外，請在親餵以後一、兩個鐘頭後，用奶瓶餵他，這樣寶寶在不太餓的情況下，比較容易去試試奶瓶。

以母乳餵一個以上的寶寶

要以母乳同時餵養一個以上的寶寶是一種挑戰，不過，即使妳有一個以上的寶寶，應該還是可以用母乳餵的。每天以母乳餵一、兩次，可以讓他們擁有母乳才能提供的保護，對抗感染。研究顯示，即使是最少量的母乳，帶給寶寶的好處也勝過只喝嬰兒配方奶粉。

如果寶寶是早產，妳還無法餵他們，那麼請開始擠奶！從第一天開始就擠奶，把母乳存放起來，直到他們能夠喝為止。此外，用擠奶器擠奶可以讓身體持續分泌乳汁——要擠，乳汁才會繼續來，擠奶只需要花妳一些時間。

妳會發現，寶寶可能在親餵和瓶餵方面都做得很好。瓶餵未必一定是餵嬰兒奶粉，妳也可以餵擠出來的母乳。

用嬰兒配方奶粉配合補充可以讓妳的伴侶和其他家人也有機會幫忙餵寶寶。妳可以親餵其中一個，然後另外一個用瓶餵；又或者，每個寶寶每次餵一段時間，然後用嬰兒奶粉餵飽。無論是哪種情況，別人都可以幫忙。

哺育時吃的藥物

如果妳以母乳哺育寶寶，吃藥就要非常小心了，即使人還在醫院。如果妳在產後吃可待因止痛，要注意寶寶是否有呼吸困難、有氣無力和重度昏昏欲睡的徵兆。

非必要，不要吃藥；吃藥時，只吃醫師開的藥。請醫師盡量給妳最低劑量的藥，也請教他藥物對寶寶可能造成的影響，這樣妳才能提高警覺。可以等的話，晚一點再治療。可以考慮在一餵哺完就吃藥，讓藥效對寶寶的影響減低。

許多新手媽媽都擔心授乳期間吃抗生素會影響到寶寶，大多數常用的抗生素在授乳期間是可以安全使用的。咪唑尼達（metronidazole，Flagyl）在使用上倒是有些疑慮，美國小兒科學會建議授乳期間不應使用咪唑尼達；服用藥物24小時內的乳汁也應擠出丟棄，然後再重新餵哺。

授乳期間可以安全使用的抗生素如下：acyclovir、amoxicillin、aztreonam、cefazolin、cefotaxime、cefoxitin、cefprozil、ceftazidime、ceftriaxone、chloro- quine、ciprofloxacin、clindamycin、dapsone、erythromycin、ethambutol、fluconazole 以及 gentamicin。也算安全的

還有 isoniazid、 kanamycin、 nitrofurantoin、 ofloxacin、 quinidine、 quinine、 rifampin、 streptomycin、 sulbactam、 sulfadiazine、 sulfisoxazole、 tetracycline 以及 trimethoprim-sulfamethoxazole。

如果藥物對寶寶造成嚴重的影響，妳在服藥期間可以採用瓶餵，但是乳汁還是要照樣擠出（然後丟棄），以維持正常的泌乳量。

寶寶飽了嗎？

妳可能會關切，每次寶寶餵奶時，到底喝下了多少母奶？這裡有些線索可以讓妳參考看看。喝奶的時候，觀察他的下顎及耳朵——他有認真在吸吮？每次餵完之後，他很容易就睡著或安靜下來嗎？兩次餵奶之間，能夠撐上1.5小時嗎？如果寶寶有以下情形，妳就知道他吃飽了：

- ♥ 經常餵，例如每隔2到3小時餵一次，或是每天24小時內餵 8到12次。
- ♥ 尿布每天濕6 到8片，以及／或是排便2到5次。
- ♥ 每週體重增加115到200公克，或是每個月至少重450公克以上。
- ♥ 顯出健康的模樣，肌肉彈性良好，靈敏而活潑。

• **有些警訊是妳必須留意的。**如果妳的乳房在懷孕期間變小或是沒有改變、產後沒有脹乳，或是到了第5天還沒有乳汁分泌，就要特別注意了。如果寶寶在吸奶時，妳聽不見他吞嚥的聲音，或是他比出生時減少了10%體重，都必須加以關切。如果寶寶似乎總是吃不滿足的樣子，請找小兒科醫師討論。

> 如果妳的寶寶是男生，妳乳汁中的熱量就會比寶寶是女生時多出25%。

附錄 **②**

用奶瓶餵寶寶

許多女性選擇以奶瓶來餵寶寶——研究顯示，以奶瓶餵寶寶的女性多於親自以母乳餵哺的。

如果妳決定改採奶瓶餵寶寶，也不要有罪惡感，這完全是個人的決定。不要因為沒有用、或無法用母乳哺育寶寶，而覺得自己是「糟糕」的媽媽。

有時候，媽媽是無法親自用母乳餵哺的。體重過輕、或是身上有病痛，都可能讓妳無法親自餵母乳。有時候寶寶在吸母乳時會出現問題，或者因為身體有問題，而無法讓媽媽親自以母乳哺育。有乳糖不耐症也會造成以母乳哺育上的問題。

有些媽媽曾經嘗試以母乳哺育，不過沒能成功。妳可能因為時間的關係，像是要工作、或是有其他孩子要照顧，所以也選擇不以母乳哺育。用奶瓶餵哺的寶寶還是可以得到所有的愛、關注與營養的，所以別擔心，真的沒關係的！

用奶瓶餵奶未必一定是餵嬰兒配方奶粉，妳也可以選擇餵擠出的母乳。選擇換成奶瓶餵哺的理由很多，其中之一，就是孩子的爸爸也可以參與餵哺寶寶；另一個理由則是，媽媽可以稍微獲得一些休息。萬一新手媽媽身上有病，或是罹患了產後憂鬱症，這一點尤其重要。

瓶餵的優點

如果妳用添加鐵質的嬰兒配方奶粉來餵寶寶，寶寶可以獲得很好的營養。部分媽媽很喜歡以奶瓶餵哺時的自由，因為其他人比較方便提供幫助，而且妳可以決定，寶寶每一次餵哺時，到底要攝取多少

量。除此之外，用奶瓶餵哺還有其他好處：

♥ 要學習奶瓶餵哺比較容易；就算方法不對，也不會疼痛。

♥ 在帶孩子這方面，爸爸可以有比較多的參與機會。

♥ 用奶瓶餵嬰兒奶粉的寶寶，兩次餵哺之間可以撐比較久，因為寶寶消化嬰兒配方奶粉的速度比母乳慢。

♥ 一天所需的奶粉量可以一次先裝起來，省時省力。

♥ 妳不用擔心必須在其他人面前餵哺寶寶。

♥ 如果妳打算在生產後不久就重回工作崗位，選擇用奶瓶餵奶比較方便。

♥ 如果妳幫寶寶選擇補鐵的嬰兒配方奶粉，寶寶就不用另外添加鐵劑了。

♥ 外出時，使用事先量好分量的配方奶粉非常方便。

如果不以母乳餵哺，乳汁的分泌大概要10 到 15 天才會停止。最不舒服的時候大約在產後的第3天到第5天之間，不論是白天或晚上睡覺都穿上運動胸罩，服用乙醯胺酚或普羅酚來紓解疼痛，也可以採用冰敷。

大多數父母都想和孩子建立緊密的牽絆，所以，有些人會擔心用奶瓶餵孩子無法建立親密感。他們害怕孩子和父母親之間沒有牽絆感，其實，這不是事實。媽媽不必非得餵母乳，才能和孩子產生親密的牽絆。

用奶瓶餵哺時的肌膚相親，會讓媽媽（或餵他的人）和寶寶有親密感。餵寶寶的時候，請選擇安靜的地點，讓寶寶可以專心吃奶，並

建立這種親密。

妳的營養

即使妳是以奶瓶餵寶寶，自己的飲食也要注意營養均衡，就跟懷孕期間一樣。要持續攝取複合式碳水化合物，像是五穀雜糧類和蔬菜水果。瘦肉、雞肉、和魚肉都是優質的蛋白質來源。至於妳的乳製品，可以選擇低脂或去脂產品。

和以母乳哺育相比，妳現在需要的熱量沒那麼多，但也不要想趁機大幅削減所攝取的熱量，期望能快速減重。飲食要營養，妳才有精力。請確保妳的熱量不是從垃圾食品中獲得。

以下是你應該嘗試每天攝取的食物種類與量。每天從麵包／麥片／麵食／米飯類別選擇六分攝取，水果的攝取量應該要三分，蔬菜也是三分。乳製品中則是選擇兩分。每天蛋白質的攝取量應該要有170公克。脂肪、油脂、和糖分的攝取要注意，每天限制在三茶匙。保持足夠的水分攝取。

考慮嬰兒奶粉的配方

今天，各式各樣嬰兒奶粉的類型、品牌配方琳瑯滿目，妳可以請問小兒科醫師，妳應該用什麼樣的配方來餵妳的寶寶。

選擇嬰兒奶粉時，市面各大品牌之間，配方的差異性並不大。大部分寶寶喝以牛奶為基底的奶粉，效果都還不錯。基本的嬰兒奶粉是以牛乳為基底，再加以調配修改，讓品質更接近母乳。大部分的配方中都有添加鐵質，因為寶寶需要鐵才能正常成長；最近的研究也顯示，鐵質太少容易引起問題。

配方奶是以奶粉的方式包裝出售的，也有濃縮的液態奶和不需沖調的即食奶。奶粉的價格最親民，但是三種產品最終都是一樣的。選擇配方奶時可以選擇罐裝的嬰兒奶粉；濃縮液態奶通常是以含有雙酚A

的塑膠容器盛裝的，為了要避免嬰兒接觸到雙酚A，許多公司都採用玻璃瓶或不含雙酚A的容器。

市面上許多嬰兒配方奶都含有兩種母乳中的營養素——DHA和ARA。DHA，也就是多元不飽和脂肪酸，對於嬰兒眼睛的發育有幫助；ARA，即花生四烯酸，對於寶寶腦部的發育很重要。研究顯示，餵食配方中含DHA和ARA的寶寶，在認知測試中的表現比餵食配方中不含這兩項成分的寶寶來得優異，視力也比較銳利。

美國小兒科學會建議寶寶第一年的配方奶粉中應該要使用補鐵的配方，如此餵哺一年，讓寶寶保有適當的鐵質攝取量。

餵奶的用具

不要買塑膠奶瓶或是底下標有數字7的奶瓶，以避免寶寶接觸到雙酚A。用奶瓶餵奶時，有斜度的奶瓶比較容易餵。研究顯示，奶瓶的斜度設計可以讓奶嘴充滿牛奶，換句話說，寶寶吸到的空氣會比較少。有斜度的奶瓶也可以確保寶寶要坐起來喝奶，因為寶寶若躺著喝，奶水有可能流進耳咽管，引起耳朵的發炎。

妳也必須幫寶寶選適合的奶嘴。寬又圓、柔軟彈性佳的奶嘴可以讓寶寶在張大嘴時容易含住，和吸母乳時類似。也有奶嘴的設計是可以讓配方奶或擠出的母奶以與母乳相同的速度流出。轉動奶嘴則可以調節流速，選擇快、中或慢。有了這種裝置，妳就可以找出最適合妳家寶寶的流速了。奶嘴適用於大多數的奶瓶，有興趣的話，不妨去妳家附近的嬰兒商品店逛逛。

餵奶後注意事項

以奶瓶餵哺的寶寶一次大約吃50～140cc的嬰兒牛奶。一個月大的寶寶，大約每3到4個小時餵一次（每天餵6到8次）。如果寶寶的奶瓶空了但是還吵著要，多給他一點也沒關係；當寶寶年紀稍微大一點，

喝奶的次數就會減少，但是每次喝的量就會增加。

如果寶寶把奶瓶推開，一般是表示他吃飽了。不過，在結束餵奶前，還是可以試著拍拍他，看是否會打嗝。

妳知道，寶寶的尿布如果每天濕6到8片，那就代表他奶水足夠。寶寶排便的次數可能每天1到2次。餵嬰兒奶粉的寶寶糞便比喝母奶的寶寶要硬些，顏色也偏綠色。

如果寶寶在餵哺完後大聲的排氣，那是因為胃大腸反射作用（gastrocolic reflex）引起的。這種反射作用是寶寶在餵奶的時候，胃伸展開來，造成腸子之間會互相擠壓的結果。這種情況在新生兒身上很明顯，但是通常在出生兩、三個月後就會減少。

在寶寶喝完50cc以後，就拍拍他，讓他打嗝。每次寶寶喝完奶後，如果都能拍他，讓他打嗝，就能幫助他把肚子裡多餘的空氣排出來。如果寶寶不想喝奶，也不要勉強他，兩個小時後再餵餵看。不過，如果他一連兩次餵奶都不想吃，請與小兒科醫師聯絡，寶寶可能是生病了。

早產兒

早產兒的定義是懷孕37週之前出生的寶寶，大約有12%的新生兒是早產兒或不足月生產的。

早產兒需要的照護得看他是提前多早出生。有些寶寶並未提前太多，所以不需要太多特別的照護；不過有些早產兒則需要長時間的照護，可能要在醫院住好幾個禮拜，甚至幾個月才能回家。而經驗法則就是寶寶愈早出生，需要照護的時間愈久。

所有早產兒的情況都必須個別來看。妳的寶寶會先進行評估，然後根據他個別的需求來加以照護。

新生兒的立即照護

當寶寶提前出生時，很多事情可能會在很短的時間內擠在一起發生。早產兒比足月的寶寶需要更多照料，因為他的身體無法接管或執行一些正常的身體功能。如果寶寶有呼吸上的困難，醫療團隊會在許多方面提供他協助。當早產兒在產房被照護過後，就會被移到嬰兒室或專為治療、評估與照護設置的特殊單位。

如果寶寶需要的是廣泛、深度的照護，就會被送進新生兒加護病房，簡稱NICU。在這些單位服務的醫師和護士都受過這方面的特殊訓練，可以好好照顧這些早產的寶寶。

妳第一次看到寶寶，不論時間長短，可能是在他被移入新生兒加護病房之後。看到他的體型，妳會感到驚訝的，寶寶愈早出生，體型愈小。

一段時間以後，當寶寶長大些，妳或許才可以抱抱他。醫療人員會鼓勵妳親自照顧他，像是幫他洗澡、換尿布、餵他喝奶。對早產兒

來說，無尾熊式的照顧──讓赤裸的寶寶靠在妳赤裸的胸前，對他的健康有許多好處，次數可能是一週數次，每天1個小時。

妳在加護病房會看到許多儀器和機器，可以提供寶寶最好的照護。監視器會記錄各種不同的資訊、呼吸器可以協助寶寶呼吸、燈光可以讓寶寶保持溫暖，或治療黃疸，甚至連每一位寶寶的床都不一樣。

餵早產兒喝奶

餵哺早產的寶寶喝奶是一件非常重要的事。事實上，如果寶寶可以在每次餵哺時都自己喝奶，就是醫師在等待的重要里程之一，可以考慮讓他出去的時候了。對早產兒來說，每次能餵媽媽的母奶或是嬰兒奶粉都是一件很大的成就。

早產兒在出生之後的頭幾天，或是幾週，通常都是以點滴補充營養的。寶寶早產的時候，可能沒有自行吸吮和吞嚥的能力，所以無法讓媽媽餵母乳，也不能喝嬰兒奶粉。他的腸胃系統還不成熟，不能吸收營養，用點滴補充營養是以他能消化的方式，提供所需的營養。

早產兒通常有消化的問題。每次餵食量都很少，所以必須經常餵哺。如果妳打算以母乳餵寶寶，那麼就必須借助擠乳器提供母乳。研究顯示，即使是最少量的母乳，對早產兒來說都是好的，所以請慎重考慮做這項工作。

多元不飽和脂肪酸DHA以及花生四烯酸ARA是母乳中可以真正幫助早產兒的營養成分。如果妳無法親自提供母乳，請新生兒加護病房的

> ### 幫早產兒選小兒科醫師
>
> 妳的寶寶在出院之後的照護是非常重要的，所以請努力幫寶寶找一位有照護早產兒經驗的小兒科醫師。在寶寶出生的頭一年，帶他去看這位醫師的機會可能很多，所以妳一定要能跟這位醫師處得來，這點很重要。

護士看看，妳的寶寶是否能以含這兩種營養的早產兒配方奶粉來餵哺。

當寶寶早產時，妳的乳汁成分和寶寶如果足月生產時，成分不同。就因為這種差異，所以寶寶還需要以專用的配方奶粉來補充營養。

早產兒健康問題

寶寶早產時，沒有足夠的時間在子宮裡面完成生長和發育，所以太早出生，對寶寶在許多方面的健康都有影響。然而，今天的醫療技術與醫藥水準非常進步，所以我們很幸運，很多寶寶的長期問題並不多。

以下是寶寶出生後，可能會立即出現的一些問題。某些問題是短期性的，但有些則需要終生照護。

- ♥ 黃疸
- ♥ 呼吸暫停
- ♥ 呼吸窘迫症
- ♥ 支氣管發育異常
- ♥ 隱睪症
- ♥ 開放性動脈導管
- ♥ 腦內出血
- ♥ 早產兒視網膜病變
- ♥ 呼吸道融合病毒

帶寶寶回家

一段時間後，妳就可以帶寶寶回家了。當他已經沒有必須住院處理的病症、能夠保持穩定的體溫、能夠自行吃奶（不必靠餵食管進食），並且體重已經在持續增加時，寶寶就可以準備可以回家了。

新生兒加護病房裡面的醫護人員會幫忙妳準備這項大事的。在妳帶寶寶出院回家之前，如果需要進行任何特殊照護，他們會幫妳擬定計畫。回家後，大多數早產寶寶情況都不錯。

早產兒發生新生兒猝死症的機率比較高。為了保護寶寶，寶寶一

歲之前，都請遵循照護指南上的方式來照顧寶寶，以期降低新生兒猝死症發生的機率。每次把寶寶放在嬰兒床或嬰兒搖籃中時，一定要讓他背部平躺！

寶寶的身心發展

寶寶在發育成長時，妳一定要時時刻刻牢記，他是早產的孩子。在2歲之前，他的發育可能比接近足月生產的孩子慢。妳的寶寶有兩種年齡──實際年齡（根據出生的日期）和發育年齡（根據他應該足月生產的年齡）。發育年齡也稱為矯正年齡。

專家相信，早產的孩子在最初幾年需要幫助，身為父母的你們要參與，一起來衡量孩子的學習與行為活動。請跟醫師討論，組成一個小組來幫助孩子。

孩子早產時，要做到一件可以被視為新的發育階段的事件，可能需要較長的時間。這些事件就稱為「里程」，可以幫助妳了解孩子進步的情形。事實上，孩子什麼時候完成一個里程並沒有關係，重要的是，他能做到！

當妳評估孩子的發育狀況時，請根據他提早的週數來修訂他的年齡。你應該使用的是他的發育年齡，而不是實際的出生年齡！舉例來說，如果寶寶的出生日期是四月十八日，但是他的預產期實際上是六月六日，那麼請從六月六日算起，來衡量他的發育情況。請把這個日期視為他的「發育生日」。

附錄 ❹

選擇保母

幫寶寶找到適合的托嬰場所需要時間，所以請在有迫切需要之前就開始找。這通常是說，妳得在寶寶出生之前就開始找，有些好的地方，甚至必須排後補。

照護兩歲以下寶寶的優良照顧場所是很缺乏的。如果妳發現了覺得還不錯的托嬰地方，但是寶寶還不到離開妳的時候，請先給訂金，說好抱寶寶過去的日期，以免保母接了別人。請與提供照料的保母保持聯絡，在妳把孩子託付過去之前要先見過面。

在挑選照顧寶寶的人選時，有很多決定必須先做。妳想讓寶寶有最好的環境、最好的人來照顧，而要能做到這一點，就必須在開始之前，先了解妳有的選擇。托嬰的選擇很多，很多不同的情況可能也都適合妳的寶寶。在決定怎麼做之前，請先審視妳自己和妳孩子的需求。

做最後決定之前，一定要看看別人的推薦如何！無論是托嬰中心或個人保母（在妳家中，或送過去）都一樣。

托嬰場所的檢查表

當妳在幫寶寶選擇地方照顧時，在看各個不同場所時，請牢記下面幾點：

♥ 場所一定要乾淨、適合孩子，遊戲區必須有圍欄護住。查看一下器材和玩具，看看是否安全、清潔、保持得很好。

♥ 觀察照護孩子的保母是如何跟孩子互動的。有積極參與孩子的事嗎？

♥ 查詢一下裡面人員的替換率，看看督導是如何跟保母互動的。也要檢查，所有照顧寶寶的保母在被中心聘僱之前，是否有被徹底調查過？

♥ 問問看妳是否可以探視寶寶？還是只有固定時段可以去看，以免干擾了他們的固定作息？

♥ 看看他們提供的點心是否營養？準備點心的廚房或料理台是否乾淨？

居家照顧

居家照顧指的是有人來妳家照顧寶寶。而在家幫忙照顧的人，可能是親戚或是沒有關係的人。

請人進來家裡照顧寶寶，對妳來說比較輕鬆。妳不必每天早起，匆匆忙忙幫寶寶準備。天氣惡劣時，也不必帶著寶寶出門；如果寶寶生病了，妳不必請假回來，或是找人陪他。如果妳每天上下班時不必接送寶寶，交通上所花的時間也會比較少。

當寶寶還是嬰兒或是還很幼小時，找人來家裡照顧是個很好的選擇，因為這樣可以提供孩子一對一的照顧（如果家裡只有一個孩子）。家裡的環境也是孩子非常熟悉的。

帶孩子到保母家也是

照顧嬰兒

妳幫小寶寶選擇的場所一定要能符合寶寶的需求。寶寶必須常換尿布，並好好餵哺。但除此之外，寶寶還必須被抱，和照顧的人有互動，害怕的時候有人安慰，每天固定的時間休息。

幫寶寶找地方的時候，請記住寶寶需要什麼。評估一下每個場所，看是否能符合寶寶的需要。

居家照顧的另一種選擇。這樣的家庭中通常有一小群人，可以提供父母更大的彈性，例如，萬一妳當天開會開太晚，孩子可以留久一點沒有關係。這種環境提供的是像家一樣的環境，妳的孩子會受到許多關注。如果保母家有一群孩子，兩歲以下的孩子最多只能有兩個。

無論妳是請人來家裡，或是把寶寶送到保母家，找保母是有方法的。以下的一些辦法可以幫助妳找到最適合孩子的保母。

要說清楚，需要照顧的孩子有幾個，年齡是幾歲。這分資料也應該包括哪幾天需要照顧、照顧幾個小時、妳希望照顧的人必須具備的經歷，以及其他任何特別要求。要求列出推薦人，並清楚表示妳會打電話諮詢。

先在電話上談談看，再決定是否要面談。請他們告訴妳經歷、資格、照顧小孩的想法，以及從這分工作希望獲得什麼。之後再決定，妳是否要親自面談。把妳關心的事都列清楚，包括用人的時間要幾天、一天幾小時，以及要保母執行的職責。

如果打算聘用某個人選，一定要打電話諮詢他的推薦人！請可能成為保母的人給妳他之前工作過雇主的姓名和電話。親自打電話給每一個家庭，讓他們知道妳正在考慮聘用這個人，並和他們討論。

偶而不定期、沒有預警的至保母家或返家探視，看看情況如何。注意一下寶寶在妳出門或是回家時的反應，這樣寶寶對於照顧者的感覺如何，妳心裡可能就有譜了。無論選擇哪種形式來照顧孩子，妳都必須做相同的事。

托嬰中心

托嬰中心提供較大的場所，讓許多孩子可以同時被照顧。每一個托嬰中心提供的設備與活動、花在每個孩子上的注意力、接收的孩子人數、以及照顧孩子的理念都有很大的差異。日間托嬰中心通常會收很多孩子。

有些托嬰中心不收嬰兒，只收較大的孩子上，因為照顧嬰兒需要花費很多時間和注意力。如果托嬰中心有收嬰兒，那麼一個保母照顧的嬰兒人數應該在3、4個左右（最大到兩歲）。

詢問一下照顧孩子的保母或老師有沒有受過訓練。有些機構對保母的要求比較高，例如說，只聘用受過訓練的合格人員，或是自行訓練並提供更多的在職訓練。

保母的費用

保母的費用在家用支出上可能會占很高的預算。對某些家庭來說，可能要到家用支出的25%，或是更高。有些地方政府有提供一些費用上的補貼，妳可以打電話到當地的公家部門詢問。

特殊的照顧需求

在某些狀況下，妳的孩子可能有特殊的需求。例如，孩子生下來如果就有病，需要一對一的照顧，那麼要找到地方照顧就比較困難。如果是這種特殊的例子，妳必須多花一些時間來尋找合格的保母。

妳可以聯絡孩子出生、接受照護的醫院，請他們幫妳介紹。也可以聯絡孩子的小兒科醫師，而小兒科診所中的人員可能有這方面的聯繫。有特別需求的孩子，最好能夠請保母來妳家裡就近照顧。

附錄 ❺

產後憂鬱症

孩子出生後，妳可能會經歷許多情緒上的變化。情緒起伏不定、多愁善感、悶悶不樂，或是出現想哭的衝動，這些都不算少見。心情上的轉變通常都是妳產後體內荷爾蒙改變的結果，就像當初懷孕時一樣。

生產過後，許多產婦都有過不同程度的抑鬱症狀，這就稱為產後憂鬱症候群。部分專家認為產後憂鬱症是在懷孕期間開始的，但是症狀一直等到產後幾個月才出現。出現的時間可能是剛開始恢復月經週期，並經歷荷爾蒙改變的時候。

產後憂鬱症有可能會自行痊癒，但病情也可能長達一年。有些嚴重的問題，要治療幾個禮拜才能看到症狀減輕，而明顯的改善則要6到8個月。要完全恢復，通常必須借重藥物。

如果妳的產後憂鬱症情形在幾個禮拜內還沒起色，或者，妳覺得自己非常的憂鬱，請去看醫師，妳可能需要藥物來幫助治療。

不同程度的產後憂鬱症

• **產後憂鬱症有幾種不同的程度，其中最輕微的稱為「產後情緒失調症」**。事實上，高達80％的婦女都曾有這種產後情緒失調的經驗。這種現象多半出現在產後2天到2週之間，多半都是暫時性的，來得快去得也快，症狀不會惡化。

• **比較嚴重的產後情緒失調症就稱為產後憂鬱症**。大約有10％的新手媽媽會罹患產後憂鬱症。產後情緒失調症與產後憂鬱症的區別，在於症狀出現的頻率、症狀的強度及症狀持續的長短。

產後憂鬱症持續的時間，從產後兩週到一年不等。產婦可能會覺

得氣憤、困惑、恐慌及絕望無助，飲食起居及睡眠狀況也有很大的變化。她可能會擔心自己做出傷害孩子的事情，也覺得自己快要崩潰了。這種極度的焦慮，就是產後憂慮症最主要的症狀。

・**最嚴重的產後憂鬱症稱為產後精神病**，會出現幻覺，想要自殺或想傷害自己的孩子。許多演變成產後精神病的產婦也會出現躁鬱症，這種病症跟生產無關。如果有疑慮，請跟醫師討論。

覺得極度疲憊是很正常的，特別是在經歷陣痛和分娩的辛苦後，還必須調適自己，成為新手媽媽。不過，假如產後兩週，妳還跟剛生產完之後一樣疲憊，可能就有產後憂鬱症的風險了。

產後憂鬱症候群的原因

研究人員並不清楚產後憂鬱症發生的原因，也不是每位產婦都會出現這些症狀。每位產婦個人對於荷爾蒙改變的敏感度不同可能是部分原因，雌性激素與黃體激素在產後大幅降低，可能也是造成產後憂鬱症的原因之一。

新手媽媽要調適的地方很多，她肩上承擔著許多需求，無論是哪種情況，都會造成她的壓力。如果妳是以剖腹產生下孩子的，出現產後憂鬱症的風險也會較高。

其他可能的風險因子包括了家族的憂鬱症病史、產後缺乏家人的支持、隔離感及慢性疲勞等等。如果有以下情形，發生產後憂鬱症候群的可能性會比較高：

♥ 妳的母親和姊妹也曾有過相同的問題——這問題似乎有家族遺傳性。

♥ 之前懷孕曾經發生過產後憂鬱症候群——妳有可能再發！

♥ 妳是經過不孕症治療，這次才成功懷孕的——荷爾蒙起伏的情況更劇烈，可能導致憂鬱症候群。

- ♥ 懷孕之前，妳就有非常嚴重的月經症候群──荷爾蒙失調的問題在產後會更嚴重。
- ♥ 妳有憂鬱症病史，或是懷孕前的憂鬱症沒有治療。
- ♥ 荷爾蒙下降。
- ♥ 妳很焦慮或是自信很低。
- ♥ 妳和寶寶的爸爸關係糾葛，不穩定。
- ♥ 妳在經濟和健康照護上能夠取得的資源有限。
- ♥ 社交上的支援很少。
- ♥ 妳有一個以上的孩子，或者孩子有疝氣痛，或是比較難照顧。
- ♥ 妳在懷孕期間有失眠的問題，24小時內的睡眠時間少於6小時，或是一晚醒來三次或三次以上。

此外，如果以下描述的情況，妳的回答是「大多時候如此」或是「有時候如此」，那麼妳發生憂鬱症候群的風險也會增加。

- ♥ 事情出錯時，我總是自責（即使根本與妳無關）。
- ♥ 我經常沒有任何理由的恐懼或是驚慌。
- ♥ 我沒有特別理由，卻會感到焦慮或擔憂。

處理產後情緒失調

　　幫助自己，處理產後情緒失調最重要的，是身邊就有很好的支援系統，請家人或好友幫助妳。請妳的母親或婆婆來家裡住一段時間；請妳的先生休一點假陪妳；或是每天請人進來家裡幫忙。

　　寶寶睡著時趕快休息。找一些情況跟妳一樣的媽媽們，互吐苦水，交流經驗也有幫助。不要強迫自己去做一個完美的人，多寵愛自己一些。

每天適度運動，即使只是散個步都好。不要每天悶在房間裡，出去走走走。營養要均衡，喝大量水分；多吃一些複合式碳水化合物也可以幫助妳提振情緒。幫寶寶按摩一下對妳也有幫助，因為可以讓妳覺得和寶寶之間有一種聯繫。

如果以上的辦法都不見效，跟醫師談談，是否開個暫時性的抗憂鬱藥物給妳。罹患產後憂鬱症的產婦，大約有 85%需要以藥物治療，最長可達一年。

治療更嚴重的憂鬱症候群

除了相當輕微的產後情緒失調症狀之外，憂鬱症候群還可能以兩種方式出現。有些產婦有急性的憂鬱症，時間從幾週到幾個月都有，她們睡不著、吃不下，覺得自己一點價值都沒有，而且被孤立，她們很悲傷，常常大哭。而另外一些產婦則時常焦慮異常、坐立難安，很容易被激怒，心跳也會變快；另有些產婦兩種症狀皆同時出現。

萬一妳有上述任何症狀，請立刻聯絡醫師。醫師可能會要妳去掛他門診，以便幫妳開療程治療。為了自己，也為了家人，都請去看醫師。

妳的壓力會影響另一半

如果妳有產後情緒失調情形，或是產後憂鬱症，妳的伴侶也會受到影響。請在寶寶出生前，讓他先有心理準備，跟他說明，就算妳發生這種狀況，也只是暫時性的。

有些事情，或許妳可以先跟他提出建議，這樣萬一妳真的發生產後情緒失調或憂鬱症時，他也可以為自己做些事。告訴他，不要跟妳較勁認真，建議他可以跟朋友、親人、其他當爸爸的人或是專業人員聊一聊。他要好好吃、好好休息睡覺，並好好運動，請他對妳要有耐心，在這段艱辛的日子裡，給予妳愛和支持。

懷孕40週全指南

作　　　者／葛雷德·柯提斯（Glade Curtis）＆茱蒂斯·史考勒（Judith Schuler）
翻　　　譯／陳芳智
選　　　書／林小鈴
副 主 編／陳雯琪
特 約 編 輯／蘇麗華、陳素華

行 銷 主 任／高嘉吟
業 務 副 理／羅越華
總 編 輯／林小鈴
發 行 人／何飛鵬
出　　　版／新手父母出版
　　　　　　城邦文化事業股份有限公司
　　　　　　台北市中山區民生東路二段141號8樓
　　　　　　電話：（02）2500-7008　傳真：（02）2502-7676
　　　　　　E-mail：bwp.service@cite.com.tw
發　　　行／英屬蓋曼群島商家庭傳媒股份有限公司城邦分公司
　　　　　　台北市中山區民生東路二段141號11樓
　　　　　　書虫客服服務專線：02-25007718；25007719
　　　　　　24小時傳真專線：02-25001990；25001991
　　　　　　讀者服務信箱 E-mail：service@readingclub.com.tw
　　　　　　劃撥帳號：19863813
　　　　　　戶名：書虫股份有限公司
香 港 發 行／城邦（香港）出版集團有限公司
　　　　　　香港灣仔駱克道193號東超商業中心1樓
　　　　　　電話：(852)2508-6231　傳真：(852)2578-9337
　　　　　　電郵：hkcite@biznetvigator.com
馬 新 發 行／城邦（馬新）出版集團 Cite(M) Sdn. Bhd. (458372 U)
　　　　　　11, Jalan 30D/146, Desa Tasik,
　　　　　　Sungai Besi, 57000 Kuala Lumpur, Malaysia.
　　　　　　電話: (603) 90563833　傳真: (603) 90562833

封面、內頁設計／徐思文
內 頁 排 版／紫翎電腦排版工作室
製 版 印 刷／卡樂彩色製版印刷有限公司
初 版 一 刷／2014年01月14日
初版14.8刷／2023年05月16日
定　　　價／550元

城邦讀書花園
www.cite.com.tw

I S B N　978-986-5752-01-9

YOUR PREGNANCY WEEK BY WEEK,7th Edition
By Glade B. Curtis and Judith Schuler
Copyright © 2011 by Glade B. Curtis and Judith Schuler
Complex Chinese translation copyright ©2013
by PARENTING SOURCE PRESS, A Division of Cite Publishing Ltd.
Published by arrangement with Da Capo Press, a Member of Perseus Books Group
through Bardon-Chinese Media Agency
博達著作權代理有限公司
All Rights Reserved.

國家圖書館出版品預行編目資料

懷孕40週全指南／葛雷德·柯提斯（Glade Curtis），茱蒂斯·史考勒（Judith Schuler）著；陳芳智翻譯 . -- 初版 . -- 臺北市：新手父母, 城邦文化出版：家庭傳媒城邦分公司發行, 2014.01

面； 公分 . -- （準爸媽系列；SQ0018）

譯自：Your pregnancy week by week, 7th ed.

ISBN 978-986-5752-01-9（平裝）

1.懷孕 2.胎兒發育 3.分娩

429.12   102023288